工业和信息化部"十二五"规划教材
教育部高等学校软件工程专业教学指导委员会
软件工程专业系列教材

新工科软件工程专业
卓越人才培养系列

微课版

软件项目管理 第3版

朱少民 成丽君 晏瑞宇 霍玉洁◎编著

人民邮电出版社
北京

图书在版编目（CIP）数据

软件项目管理 ： 微课版 / 朱少民等编著. -- 3 版.
北京 ： 人民邮电出版社, 2025. -- (新工科软件工程专业卓越人才培养系列). -- ISBN 978-7-115-65785-5

Ⅰ. TP311.52

中国国家版本馆 CIP 数据核字第 2024WR4685 号

内 容 提 要

本书借鉴了工业界项目管理的理论、方法和实践，结合敏捷软件开发模式的特点，全面介绍软件项目管理。本书按照软件项目管理的生命周期演进顺序，详细介绍项目立项和启动、项目计划、项目估算、项目进度和成本管理、项目质量管理、项目风险管理、项目团队与干系人、项目监督与控制、项目收尾等内容，揭示了软件项目管理的本质，以使读者全面掌握软件项目管理所需的知识体系。

本书充分吸收了《人月神话》《人件》《梦断代码》《敏捷革命》《敏捷实践指南》等软件工程名著的精华，参考了 PMBOK 7.0，并兼顾了敏捷开发和 DevOps 的思想和实践，通过完整的案例来讨论和解决软件项目管理活动中遇到的问题，希望能够对读者及其所在的软件组织带来启发和帮助，助其完善项目管理体系，将项目管理落到实处，按时、按量地开发出高质量的软件产品。

本书条理清晰、语言流畅、通俗易懂，内容丰富、实用，理论和实践有效结合。本书可作为高等学校软件工程、计算机科学与技术和其他相关专业的教材，以及软件项目经理和其他各类软件工程技术管理人员的参考书。

◆ 编　　著　朱少民　成丽君　晏瑞宇　霍玉洁
　责任编辑　刘　博
　责任印制　陈　犇

◆ 人民邮电出版社出版发行　　北京市丰台区成寿寺路 11 号
　邮编　100164　　电子邮件　315@ptpress.com.cn
　网址　https://www.ptpress.com.cn
　三河市中晟雅豪印务有限公司印刷

◆ 开本：787×1092　1/16
　印张：20.75　　　　　　2025 年 1 月第 3 版
　字数：609 千字　　　　　2025 年 1 月河北第 1 次印刷

定价：79.80 元

读者服务热线：(010)81055256　印装质量热线：(010)81055316
反盗版热线：(010)81055315
广告经营许可证：京东市监广登字 20170147 号

前 言 PREFACE

在当今的数字化时代，软件已渗透到我们生活的每一个角落，成为推动社会进步和经济发展的关键力量。软件项目管理作为确保软件开发成功的重要环节，其重要性不言而喻。随着敏捷开发模式的兴起和“管理 3.0”思想的融入，传统的项目管理方法正在经历一场深刻的变革。

在这样的背景下，我们针对本书第 2 版进行了修订，以适应时代发展和满足软件项目管理人才的培养需求，旨在为软件项目管理领域的教育和实践提供一本全面、深入、实用的教材。本书第 2 版已经有近百所大学使用，深受不少教师和学生的喜爱；本书第 3 版入选教育部高等学校软件工程专业教学指导委员会软件工程专业系列教材，非常感谢读者的这份信任和支持。

1. 教材特色

（1）敏捷开发模式的融入。本书是以敏捷开发模式为核心的软件项目管理教材，反映了当前软件工程领域的最新趋势。

（2）“管理 3.0”思想的吸收。本书不仅关注技术层面，更强调人的因素，将“管理 3.0”的理念融入项目管理的各个方面。

（3）生命周期的系统性介绍。本书按照项目管理的生命周期——启动、计划、执行、控制和结束的顺序，系统性地介绍软件项目管理的各个环节。

（4）理论与实践的结合。本书充分吸收了《人月神话》《人件》《梦断代码》《敏捷革命》《敏捷实践指南》等名著的精华，结合一流的国际软件公司的案例，将理论与实践紧密结合。

（5）问题驱动的教学模式。本书采用问题驱动的教学模式，先提出问题，再分析和解决问题，以有效培养学生分析和解决问题的能力。

（6）案例教学。将一个实践案例贯穿全书，使授课内容更加生动、易懂。

2. 新增内容

在第 3 版中，我们对本书进行了全面的更新和扩充，新增了以下内容。

（1）第 1 章增加了十大项目管理原则，并介绍了 PMBOK 7.0 的主要变化。

（2）增加了第 2 章的内容，对项目管理中关键的 8 个绩效域进行全面介绍，使读者对项目管理形成整体的认识，再深入具体的项目管理的实际工作中，帮助读者管理好项目绩效。

（3）从敏捷开发到 DevOps 流水线：探讨了敏捷开发与 DevOps 实践的结合，以及如何构建高效的 DevOps 流水线。

（4）真实案例贯穿全书：通过引入一个真实案例，包括项目角色的形象刻画和真实场景的展现，逐步揭示软件项目管理原则和理论应如何在实际项目过程中应用。

（5）更多的实验：增加了更多的实验环节，使读者能够在实践中学习和应用理论知识，提高动手能力。

3. 本书结构

本书共 11 章，内容涵盖软件项目管理的各个方面，每章有相应的小结和习题，第 3～10 章末尾还有相应的实验。

- 第 1 章 概述：介绍项目管理的基本概念、原则和基本方法等。
- 第 2 章 项目绩效域：探讨项目绩效域的多个维度，包括干系人、团队、开发模式和生命周期、计划等。
- 第 3 章 项目立项和启动：讨论项目建议书、项目可行性分析、项目投标等项目立项和启动阶段的关键活动。

- 第 4 章 项目计划：详细介绍项目计划的概念和内容，以及项目计划的方法、计划各项内容的制订等。
- 第 5 章 项目估算：探讨项目估算的挑战、基本内容和方法等。
- 第 6 章 项目进度和成本管理：介绍如何标识项目活动、确定项目活动的次序、关键路径法等。
- 第 7 章 项目质量管理：涉及质量管理概述、项目质量的组织保证、质量计划、软件评审方法和过程等。
- 第 8 章 项目风险管理：讨论风险管理模型、风险识别、风险评估、风险监控和规避等。
- 第 9 章 项目团队与干系人：涵盖项目团队建设、知识传递和培训、沟通和协作、项目绩效管理等。
- 第 10 章 项目监督与控制：介绍项目过程度量、数据收集、可视化管理、数据分析等。
- 第 11 章 项目收尾：讨论持续交付流水线发布、验收、项目总结和改进等收尾阶段的活动。

此外，本书还提供了项目管理常用缩写、项目管理中英文术语对照、模板和常用项目管理工具特性对比等实用信息，由于篇幅所限，上述资源将放在人邮教育社区（www.ryjiaoyu.com）供读者下载。

贯穿本书的案例“喧喧”项目，会用到云禅道软件，软件使用说明可扫描右侧二维码观看，“喧喧”的 Demo 环境，可在人邮教育社区下载。

云禅道介绍

4. **教学建议**

为了更好地利用本书，我们提出以下教学建议。

- 结合实际案例：在讲解理论知识时，结合实际案例，以帮助学生更好地理解和掌握。
- 鼓励学生参与：鼓励学生积极参与课堂讨论，提出问题，增强学习的主动性。
- 实践与理论相结合：通过实验和案例分析，让学生在实践中学习和应用理论知识。
- 持续更新内容：随着软件工程领域技术的不断发展，教学内容（课件）也应不断更新，以反映最新的研究成果和行业实践。

随着技术的不断进步和市场环境的不断变化，软件项目管理领域面临着新的挑战和机遇。我们希望通过本书，激发学生对软件项目管理的兴趣，培养他们成为能够应对未来挑战的软件项目管理专家。让我们一起努力，为推动软件工程领域的技术发展贡献力量。

最后，感谢参与本书编写工作的山西农业大学的成丽君、霍玉洁两位老师和禅道项目管理软件团队的晏瑞宇、李文睿、刘诺琛、郑乔尹、韩笑、佘若兰、路婕、刘振华等，其中成丽君负责编写第 2、5 章，霍玉洁负责编写第 6、9 章，禅道项目管理软件团队提供了案例素材，并负责案例开发、插图设计、实验环境搭建、案例视频录制等。未来，我们这个团队会更加努力，继续完善本书，为软件项目管理的教学提供更多的教学素材（包括课件、视频和习题解答等）和更好的服务。

朱少民

2024 年 8 月

目 录 CONTENTS

01 第1章 概述 1

1.1 什么是项目管理……2
- 1.1.1 项目……2
- 1.1.2 项目管理……4
- 1.1.3 产品管理……5
- 1.1.4 项目管理职能……6
- 1.1.5 项目管理的起源……7

1.2 项目管理的本质……8
- 1.2.1 太多的软件项目失败……8
- 1.2.2 失败和管理有着千丝万缕的关系……9
- 1.2.3 项目管理的对象与所处的环境……10
- 1.2.4 项目管理的成功要素……11
- 1.2.5 项目创造价值……12

1.3 十大项目管理原则……13

1.4 项目管理基本方法……17

1.5 项目的生命周期……18

1.6 项目管理知识体系……20
- 1.6.1 PMBOK演化的历史……20
- 1.6.2 PMBOK 7.0的主要变化……23
- 1.6.3 PRINCE2……24
- 1.6.4 WWPMM……25

1.7 软件项目管理……26
- 1.7.1 软件项目管理的特点……26
- 1.7.2 软件项目管理的目标和范围……27
- 1.7.3 软件项目的分类……28

小结……29

习题……29

02 第2章 项目绩效域 30

2.1 干系人绩效域……30
- 2.1.1 绩效要点……31
- 2.1.2 与其他绩效域的相互作用……31
- 2.1.3 执行效果检查……32

2.2 团队绩效域……32
- 2.2.1 绩效要点……32
- 2.2.2 与其他绩效域的相互作用……34
- 2.2.3 执行效果检查……34

2.3 开发模式和生命周期绩效域……35
- 2.3.1 绩效要点……35
- 2.3.2 与其他绩效域的相互作用……38
- 2.3.3 执行效果检查……38

2.4 计划绩效域……38
- 2.4.1 绩效要点……38

2.4.2 与其他绩效域的相互作用 ……… 40
2.4.3 执行效果检查 ……… 40
2.5 项目监控绩效域 ……… 41
2.5.1 绩效要点 ……… 41
2.5.2 与其他绩效域的相互作用 ……… 42
2.5.3 执行效果检查 ……… 42
2.6 交付绩效域 ……… 43
2.6.1 绩效要点 ……… 43
2.6.2 与其他绩效域的相互作用 ……… 44
2.6.3 执行效果检查 ……… 44
2.7 度量绩效域 ……… 45
2.7.1 绩效要点 ……… 45
2.7.2 与其他绩效域的相互作用 ……… 51
2.7.3 执行效果检查 ……… 51
2.8 不确定性绩效域 ……… 51
2.8.1 绩效要点 ……… 52
2.8.2 与其他绩效域的相互作用 ……… 53
2.8.3 执行效果检查 ……… 53
小结 ……… 54
习题 ……… 54

03 第 3 章 项目立项和启动 56
3.1 项目建议书 ……… 57
3.2 项目可行性分析 ……… 60
3.2.1 可行性分析的前提 ……… 61
3.2.2 可行性因素 ……… 62
3.2.3 成本效益分析方法 ……… 62
3.2.4 技术及风险分析方法 ……… 63
3.2.5 可行性分析报告 ……… 63
3.3 项目投标 ……… 71
3.4 软件项目合同条款评审 ……… 72
3.4.1 合同计费的种类 ……… 72
3.4.2 签订合同 ……… 73
3.5 软件开发模型 ……… 73
3.5.1 瀑布模型与V模型 ……… 73
3.5.2 以Scrum为代表的敏捷开发 ……… 75
3.5.3 进入软件工程3.0时代 ……… 78
3.5.4 软件工程3.0之下的研发活动 ……… 79
3.6 软件项目组织结构和人员角色 ……… 81
3.6.1 项目的组织结构 ……… 82
3.6.2 敏捷研发组织 ……… 84
3.6.3 软件项目经理 ……… 85
3.6.4 高校即时聊天软件项目的团队 ……… 86
3.7 软件项目干系人 ……… 87
3.8 软件项目启动动员会 ……… 88
小结 ……… 89
习题 ……… 89
实验1：软件开发梦想秀 ……… 90
实验2：编写用户故事及其验收测试标准 ……… 90

04 第 4 章 项目计划 92

4.1 什么是项目计划 …… 93
4.2 项目计划的内容 …… 93
4.2.1 项目计划内容 …… 94
4.2.2 输出文档 …… 96
4.3 项目计划的方法 …… 96
4.3.1 滚动计划方法 …… 96
4.3.2 软件研发中的滚动计划 …… 98
4.3.3 WBS方法 …… 101
4.3.4 网络计划方法 …… 103
4.4 如何有效地完成项目计划 …… 103
4.4.1 软件项目特点 …… 104
4.4.2 项目计划的错误倾向 …… 105
4.4.3 项目计划的原则 …… 106
4.4.4 计划的输入 …… 109
4.4.5 计划的流程 …… 111
4.5 计划各项内容的制订 …… 112
4.5.1 确定项目范围 …… 113
4.5.2 策略制订 …… 115
4.5.3 资源计划 …… 117
4.5.4 进度计划 …… 119
4.5.5 成本计划 …… 122
4.5.6 风险计划 …… 123
4.5.7 质量计划 …… 124
4.6 项目计划工具 …… 126
小结 …… 129
习题 …… 129
实验3：项目计划会议 …… 130

05 第 5 章 项目估算 131

5.1 项目估算的挑战 …… 132
5.2 项目估算的基本内容 …… 132
5.3 基本估算方法 …… 133
5.4 软件规模估算 …… 134
5.4.1 德尔菲法 …… 134
5.4.2 代码行估算方法 …… 134
5.4.3 功能点分析方法 …… 135
5.4.4 标准构件法 …… 137
5.4.5 综合讨论 …… 137
5.5 工作量估算 …… 138
5.5.1 COCOMO方法 …… 138
5.5.2 多变量模型 …… 139
5.5.3 基于用例的工作量估计 …… 140
5.5.4 IBM RMC估算方法 …… 142
5.5.5 扑克牌估算方法 …… 145
5.5.6 不同场景的估算法 …… 146
5.6 资源估算 …… 147
5.7 工期估算和安排 …… 150
5.7.1 工期估算方法 …… 151
5.7.2 特殊场景 …… 151
5.8 成本估算 …… 152
5.8.1 成本估算方法 …… 152

5.8.2 学习曲线 153
小结 154
习题 154
实验4：用扑克牌估算工作量 155

06 第6章 项目进度和成本管理 156

6.1 标识项目活动 156
6.2 确定项目活动的次序 158
6.2.1 项目活动之间的关系 159
6.2.2 项目活动排序 160
6.2.3 实例 161
6.3 关键路径法 162
6.3.1 关键路径和关键活动的确定 162
6.3.2 活动缓冲期的计算 162
6.3.3 压缩工期 162
6.3.4 准关键活动的标识 163
6.4 网络模型的遍历 163
6.4.1 正向遍历 163
6.4.2 反向遍历 165
6.5 里程碑 166
6.5.1 什么是里程碑 166
6.5.2 如何建立里程碑 167
6.5.3 管理里程碑 171
6.6 进度计划编制 171
6.6.1 编制进度表 171
6.6.2 进度编制策略 172
6.6.3 进度编制方法 175
6.6.4 审查、变更进度表 177
6.7 进度和成本控制 178
6.7.1 影响软件项目进度的因素 178
6.7.2 软件项目进度控制 180
6.7.3 进度管理之看板 183
6.7.4 影响软件项目成本的因素 185
6.7.5 成本控制的挣值管理 186
6.7.6 软件项目进度——成本平衡 187
小结 188
习题 188
实验5：燃尽图的分析实践 189

07 第7章 项目质量管理 193

7.1 质量管理概述 194
7.2 项目质量的组织保证 195
7.3 质量工程 196
7.3.1 质量工程的内涵 196
7.3.2 测试左移和右移 197
7.3.3 持续集成和持续交付（CI/CD） 199
7.3.4 从性能测试到性能工程 201
7.3.5 从安全测试到安全工程 201
7.3.6 用户体验工程 202
7.4 质量计划 203
7.4.1 质量计划的内容 203
7.4.2 质量计划制订的步骤 204
7.4.3 如何制订有效的质量计划 206

7.4.4 质量计划的实施和控制…………207
7.5 软件评审方法和过程……………207
7.5.1 软件评审的方法和技术…………208
7.5.2 角色和责任……………………209
7.5.3 软件评审过程…………………210
7.5.4 如何有效地组织评审……………212
7.6 缺陷预防和跟踪分析……………213
7.6.1 缺陷预防………………………213
7.6.2 缺陷分析………………………214
7.6.3 鱼骨图…………………………216
7.7 产品质量度量……………………218
7.7.1 度量要素………………………218
7.7.2 基于缺陷的产品质量度量………219
7.8 过程质量管理……………………220
7.8.1 过程质量度量…………………221
7.8.2 缺陷移除和预防………………222
小结……………………………………223
习题……………………………………223
实验6：代码评审实践…………………224

08 第 8 章 项目风险管理 226

8.1 项目风险带来的警示……………227
8.2 什么是风险管理…………………228
8.3 风险管理模型……………………231
8.4 风险识别…………………………234
8.4.1 软件风险因素…………………234
8.4.2 风险的分类……………………235
8.4.3 风险识别的输入………………238
8.4.4 风险识别的方法和工具…………238
8.4.5 如何更好地识别风险……………238
8.5 风险评估…………………………239
8.5.1 风险度量的内容………………240
8.5.2 风险分析技术…………………240
8.6 风险监控和规避…………………242
8.6.1 风险应对………………………243
8.6.2 风险监控………………………244
8.7 风险管理的高级技术……………244
8.7.1 VERT…………………………245
8.7.2 蒙特卡罗方法…………………247
8.7.3 SWOT分析法…………………247
8.7.4 关键链技术……………………248
8.8 风险管理最佳实践………………250
小结……………………………………251
习题……………………………………251
实验7：项目风险管理…………………252

09 第 9 章 项目团队与干系人 253

9.1 项目团队建设……………………254
9.1.1 制度建立与执行………………254
9.1.2 目标和分工管理………………255
9.1.3 工作氛围………………………256

9.1.4 激励 …… 257
9.1.5 过程管理 …… 260
9.2 知识传递和培训 …… 261
9.2.1 知识传递 …… 262
9.2.2 培训 …… 264
9.3 沟通和协作 …… 264
9.3.1 有效沟通原则 …… 265
9.3.2 消除沟通障碍 …… 266
9.3.3 沟通双赢 …… 268
9.4 经验、知识共享 …… 268
9.5 项目绩效管理 …… 269
9.5.1 绩效管理存在的问题 …… 270
9.5.2 如何做好绩效管理 …… 271
9.5.3 软件团队绩效考核方法讨论 …… 272
9.6 项目干系人管理 …… 273
9.6.1 识别干系人 …… 273
9.6.2 分析了解干系人 …… 274
9.6.3 管理干系人的期望 …… 275
小结 …… 276
习题 …… 276
实验8：Lean Coffee讨论法 …… 277

10 第 10 章 项目监督与控制 278

10.1 项目过程度量 …… 279
10.1.1 内容 …… 279
10.1.2 过程 …… 281
10.1.3 方法 …… 282
10.1.4 规则 …… 283
10.2 数据收集 …… 283
10.2.1 数据收集方式 …… 283
10.2.2 数据质量 …… 284
10.3 可视化管理 …… 285
10.3.1 全程可视化 …… 285
10.3.2 进度可视化监控方法 …… 288
10.3.3 研发质量看板 …… 291
10.3.4 研发效能看板 …… 292
10.4 数据分析 …… 293
10.4.1 设定不同阶段 …… 294
10.4.2 分析方法 …… 294
10.5 优先级控制 …… 297
10.5.1 优先级设定与处理 …… 297
10.5.2 缺陷优先级和严重性 …… 298
10.6 变更控制 …… 299
10.6.1 流程 …… 300
10.6.2 策略 …… 302
10.7 DevOps实践 …… 303
10.7.1 需求与计划 …… 304
10.7.2 编码与构建 …… 304
10.7.3 持续集成 …… 305
10.7.4 持续测试 …… 306
10.7.5 持续部署 …… 306
10.7.6 持续监测与反馈 …… 307
10.8 合同履行控制 …… 307
小结 …… 308
习题 …… 308
实验9：任务优先级排序 …… 309

11 第 11 章　项目收尾　311

11.1　持续交付流水线发布 ······ 312

11.1.1　持续部署 ······ 312

11.1.2　灰度发布 ······ 312

11.2　验收 ······ 313

11.2.1　验收前提 ······ 313

11.2.2　验收测试 ······ 314

11.2.3　验收流程 ······ 315

11.2.4　验收报告 ······ 316

11.3　项目总结和改进 ······ 316

11.3.1　总结目的和意义 ······ 316

11.3.2　总结会议 ······ 317

11.3.3　总结报告 ······ 319

11.3.4　项目改进 ······ 320

小结 ······ 320

习题 ······ 320

01 第1章 概述

公元前 256 年，李冰任蜀郡太守，组织民众巧妙地利用岷江出山口处特殊的地形和水势，筑鱼嘴分流，凿宝瓶口引水，修飞沙堰泄洪，在成都平原上穿二江引水行舟溉田，分洪减灾，立石人以观测水位变化，创造出神奇的都江堰。

概述

都江堰是全世界持续运行至今年代最久的宏大水利工程。都江堰是工程项目管理的典范，蕴含着许多值得我们称道的东西。

- 高质量的管理：2000 多年来，它一直发挥着防洪灌溉作用。
- 资源管理：在那样的年代，完成这样巨大的工程，在人力、物力上都是非常不容易的。
- 设计巧妙：充分利用当地西北高、东南低的地理条件，根据江河出山口处特殊的地形、水脉、水势，因势利导，无坝引水，自流灌溉。
- 系统架构完美：做到堤防、分水、泄洪、排沙、控流相辅相成，构成完整、统一的体系，发挥了水利工程的最大效益。
- 创新：火药还未发明，李冰就率众以火烧水浇的施工方法使岩石爆裂，在玉垒山硬凿出了一个宽约 20m、高约 40m、长约 80m 的山口。

都江堰的项目管理发生在 2000 多年前，那时“项目管理”还没有形成一门学科。今天我们讨论软件项目管理，许多内容还是来源于传统的工程项目管理，二者在本质上是一样的，包含相同的主题—范围管理、质量管理、（人力）资源管理、时间（进度）管理、沟通管理、成本管理、风险管理、采购管理和整合管理等。所不同的是，软件项目管理会从软件自身特性出发，将项目管理的最佳实践融于整个软件开发过程，以满足各方面的要求，获得软件项目的最大收益。

1.1 什么是项目管理

项目管理可能让大家觉得既熟悉又陌生，人们在日常生活中经常谈及项目或项目管理，如学校活动、道路工程、房屋建筑工程等。项目管理并不神秘，人类数千年来进行的组织工作和团队活动，包括前面介绍的都江堰工程，都可以视为项目管理行为。但同时，人们又很难解释清楚什么是项目管理，“不识庐山真面目”。

1.1.1 项目

“项目”一词是从英文“project”翻译过来的，在汉语中出现得比较迟，大概是在20世纪50年代。英文“project”一词很早就有了，来源于中世纪英语“projecte”和中古拉丁文“projectum”，其主要含义是已计划好的活动、承诺或事业，如以下几种。

- 特定的计划或设计。
- 公共的房屋开发，包括计划、设计和实施。
- 可以明确表述的研究活动。
- 政府支持的大型活动。
- 由一群人参与的活动，目的是解决某个特定的问题或完成某个特定的任务。

项目是指为创造独特的产品、服务或结果而进行的临时性工作。项目的临时性表明项目工作或项目工作的某一阶段有开始也有结束，而“独特”则意味着任何一个项目具有自己的特点，即与其他项目一定存在不同之处，这些不同之处表现在项目的目标、范围、质量、成本、时间、资源等方面。项目可以独立运作，也可以是项目集或项目组合的一部分。所以，我们还可以说：

（1）项目就是在特定的时间内解决特定的问题或达到特定的目标；

（2）项目是指一种一次性复合任务，具有明确的开始时间、明确的结束时间、明确的规模和预算，通常还有临时项目组；

（3）项目包含一系列独特且相互关联的活动，这些活动有明确的目标，必须在特定的时间、预算、资源等条件下，依据规范完成特定的任务。

如今，项目随处可见，小到一次聚会、一次郊游，大到一场文艺演出、一次全国性体育比赛、一项建筑工程、一个新产品的开发等。例如，著名的项目有曼哈顿计划、北极星导弹计划、2008年北京奥运会的开幕式等。

项目管理的有关概念

- **顾客**：委托工作并将从最终结果中获益的个人或团体。
- **用户**：使用项目的最终交付物的个人或团队，有可能和顾客是同一个（类）人。
- **提供者**：负责提供项目所需物品或专业知识的一个或多个小组，有时又称为供应者或专家，他们负责项目的输入。
- **程序**（Program）：按照协调原则选择、计划和管理的项目集，习惯称为项目集。
- **资产组合**（Portfolio）：为实现战略目标而组合在一起管理的项目、项目集、子项目组合和运营工作，习惯称为项目组合。
- **成果**：某一过程或项目的最终结果或后果。成果不仅包括输出和工件，还通过聚焦于项目所交付的收益和价值，使得成果具有更广泛的意义。
- **项目委员会**：由顾客、用户方代表、供应方代表组成。项目经理定期向项目委员会报告项目的进程和面临的突出问题。项目委员会负责向经理提供项目进程中突出问题的解决方案。
- **项目委任书**：来自项目外部的、形成参考条款并用于启动项目的信息。
- **交付物**：项目的产出项，是项目要求的一部分。它可以是最终产品的一部分或是一个或更多后续的交付物所依赖的某一中间产物。依据项目的类型，交付物有时又称“产品”。

- **项目经理**：被授予权力和责任管理项目的个人，负责项目的日常性管理，按照同项目委员会达成的约束条件交付必需产品。
- **项目质量保证**：项目委员会确保其自身能正确管理项目的职责。
- **检查点报告**：在检查点会议上收集的关于项目进展情况的报告。该报告由项目小组向项目经理提交，内容包括在项目起始文档中定义的报告数据。
- **例外报告**：由项目经理向项目委员会提交的报告。报告描述例外，对后续工作进行分析，提出可供选择的解决方案并确定推荐方案。

项目的有限特性和一次性特性，使它区别于流程（Process）、日常操作（Operation）等活动，这些活动一般是永久的或长期的，服务于一个产品系列的长期开发过程或一个服务的长期运作。项目是为完成某个独特的产品或服务所做的一次性任务，概括起来，项目具有下列特性。

- 目标性，项目的结果只可能是一种期望的产品或服务。
- 独特性，每一个项目都是唯一的。
- 一次性，有确定的起点和终点。
- 约束性，每一个项目的资源、成本和时间都是有限的。
- 关联性，所开展的活动是密切相互关联的。
- 多方面性，一个项目涉及多个方面、多个利益相关者，如委托方、总承包商、分承包商、供应商等。
- 不可逆转性，不论结果如何，项目结束了，结果也就确定了。

在讨论项目管理（Project Management）的时候，需要区分程序管理（Program Management）和资产组合管理（Portfolio Management）。在介绍程序管理、资产组合管理之前，先要了解程序（项目集）、资产组合（项目组合）和项目的关系与区别。

在这三者中，简单地说，多个项目构成项目集，多个项目集构成项目组合。项目组合处于最高层次，将项目、项目集、项目组合和业务操作等作为一个组合，以实现业务战略目标。而项目集也是一个组合，是在项目组合之下的组合，由子集、项目或其他工作构成，通过组织有序、协调的方式来支持项目组合，如图 1-1 所示。项目和项目集不一定具有直接关系或依赖性，但它们的目标最终都指向组织战略规划。项目组合与项目集、项目集与单个项目和组织的策略及其优先级都有直接联系，组织在进行战略规划时，基于收益、风险、成本、资源等因素考虑对项目进行优先级排序，也可以直接参与项目资源的调度与管理。

实 例

曼哈顿计划（Manhattan Project）

曼哈顿计划（1942 年 6 月至 1945 年 7 月）是第二次世界大战期间美国陆军开发核武器计划的代号，也称曼哈顿工程、曼哈顿项目。曼哈顿计划的总负责人为美国陆军的莱斯利·R.格罗夫斯（Leslie R. Groves）上校，而美国著名理论物理学家、有“原子弹之父”之称的罗伯特·奥本海默（Robert Oppenheimer）为技术总顾问，整个计划的经费是 25 亿美元，历时 3 年完成。

1941 年 12 月 7 日，日本偷袭美国珍珠港。此后不久，美国正式成为第二次世界大战参战国。面对德国已从 1939 年就开始研制原子弹的情况，加之反法西斯的许多科学家上书建议，美国秘密拨款共 25 亿美元，加紧核武器的研发。由于研制计划的总部一开始设在纽约市曼哈顿区，所以称为曼哈顿计划。1942 年 6 月，英国首相丘吉尔和美国总统罗斯福在华盛顿会晤，决定两国联合研制原子弹，即把英国原来研制原子弹的“合金管”计划逐步融入美国的曼哈顿计划。

曼哈顿计划主要在新墨西哥州沙漠地区洛斯阿拉莫斯（Los Alamos）附近的一个专为此项目开辟的绝密研究中心进行。为提高效率，美国决定将所有分散在军队、大学和各实验室研制原子弹的单位联合起来，这种体制被称为“三位一体”制，罗斯福总统还赋予该计划“高于一切的特别优先权”。在奥本海默的领导下，大批物理学家和技术人员参加了这一计划，高峰时期参加者逾 10 万人，著名的科学家费米、波耳、费曼、冯·纽曼、吴健雄等也参与了研制工作。与此同时，罗斯福还命令空军组成一支秘密分队，主要任务就是执行原子弹投放。这支被命名为 509 大队的特殊航空部队于 1944 年 12 月 7 日组建完成，至 1945 年 7 月 29 日，509 大队完成了一切战前训练和准备。

1945 年 7 月 16 日，第一颗原子弹试验成功，爆炸当量约相当于 2.1 万吨三硝基甲苯（TNT）。由于当时欧洲的两个主要轴心国均已战败，原子弹投放的目标转向了日本。而冲绳岛之战，美军伤亡人数超过 8 万人，如此惨重的伤亡让美国坚定了使用原子弹的决心（冲绳岛是盟军和日军在太平洋战场争夺的最后一座岛屿，尽管美国最终取得了胜利，但死伤惨重）。1945 年 8 月 6 日上午 8 时 15 分，美国向广岛投放了被称为“小男孩”的原子弹，8 月 9 日又向长崎投放了被称为“胖子”的原子弹。8 月 15 日，日本裕仁天皇不得不宣布接受《波茨坦公告》；日本宣布无条件投降，第二次世界大战宣告结束。

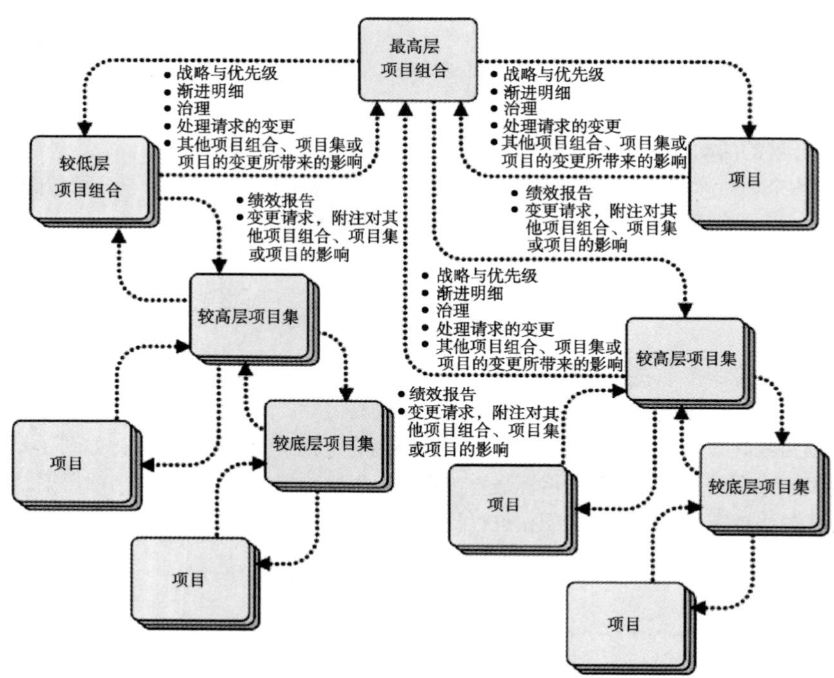

图1-1　项目组合与项目集、项目的关系及其说明

1.1.2　项目管理

项目管理，就是将知识、技能、工具与技术应用于项目活动，以满足项目的需求。项目管理指的是指导项目工作，有计划地、有序地、有控制地开展项目活动，以交付预期成果。项目团队可以使用多种方法（如预测型方法、混合型方法和适应型方法）实现成果，或者说通过对项目的管理，才能在时间、资源和成本的限制下完成项目的任务。生活中充满了项目管理，例如我们去做一件重要的事情，一定会深思熟虑，把各种可能会出现的问题过一遍，找到对应的方法，做到心中有数，然后一步一步地去做。也就是事先有计划，然后有步骤地去实施，不断调整，力求获得满意的结果。

从严格意义上看，项目管理是一门有关计划、组织、协调、控制和评价的学科，是管理学和工程学的有机结合。它探求项目活动的计划、组织、管理所需要的理论与方法，从而确保成功地完成特定项目的任务。项目管理活动就是在有限的资源约束下，按照项目的特点和规律，科学、系统地对项目进行计划、组织、协调和控制，对项目涉及的全部工作进行有效的管理。下面给出一些其他常见的项目管理定义。

其他常见的项目管理定义

1. PMBOK（Project Management Body of Knowledge，项目管理知识体系）给出的定义：项目管理是为了满足项目需求，在项目活动中采用的知识、方法、技术和工具的集合。
2. PRINCE（PRoject IN Controlled Environments，受控环境中的项目）2 给出的定义：项目管理是对项目各个方面的计划、监督和控制，并激励项目的所有参与人员去达到项目的时间、质量、成本、性能等多方面的目标。
3. 德国国家标准 DIN 69901 给出的定义：项目管理是项目活动中所应用的一系列的任务、技术和工具。
4. 美国著名项目管理专家 James Lewis（詹姆斯·刘易斯）给出的定义：项目管理就是组织实施为达到项目目标所必需的一切活动的计划、安排与控制。

概括起来，项目管理就是以项目为对象的系统管理，通过特定的柔性组织对项目进行高效率的计划、组织、指导和控制，不断进行资源的配置和优化，不断与项目各方沟通和协调，努力使项目执行的全过程处于最佳状态，获得最好的结果。项目管理是全过程的管理，是动态的管理，是在多个目标之间不断地进行平衡、协调与优化的体现。

项目管理包含对人、工具和过程的管理，并受多方因素的约束，如图 1-2 所示。项目组是由人组成的，过程的处理靠人，使用工具的也是人，所以人是项目管理的主体；工具包括工作分解结构法、PERT（Program Evaluation and Review Technique，计划评审技术）、挣值分析法、进度表等；过程是将项目推进所经历的时间历程，过程总是决定任务的成败，管理也是一个过程。

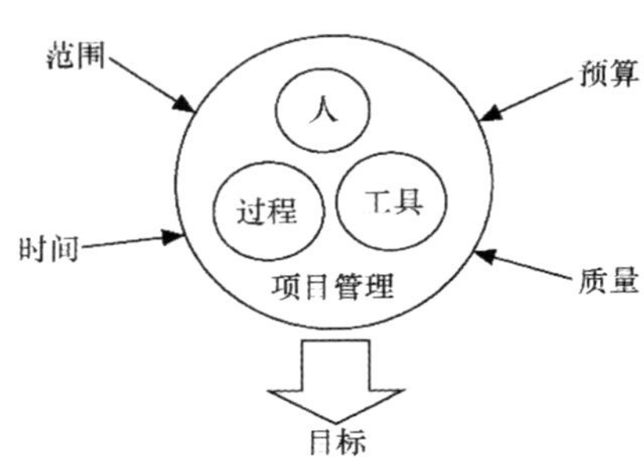

图1-2 项目管理的构成和约束

项目管理最大的挑战是在范围、时间、质量和预算等条件限制下达到项目的各项目标。另一个挑战是，为达到预先定义的项目目标而需要的各种资源的分配、整合和优化。这些资源包括资金、人员、材料、设备、能源、空间、供应、沟通和文化等。

1.1.3 产品管理

产品管理涉及将人员、数据、过程和业务系统进行整合，以便在整个产品生命周期中创建、维护和开发产品或服务。产品生命周期是指产品从引入、成长、成熟到衰退的整个演化过程。虽然产品管理是一个单独的领域，有自己的知识体系，但它是项目集管理和项目管理这两个领域中的关键整合点。

产品管理可以在产品生命周期的任何时间点启动一个项目（或项目集），以构建或增强软件或特定组件的功能特性（见图 1-3）。初始产品可以是项目集或项目的可交付物。在整个生命周期中，新的项目可能会增加或改进给客户（或某发起组织）带来新价值的特定功能特性或组件。产品管理可以表现为不同的形式，包括（但不限于）以下形式。

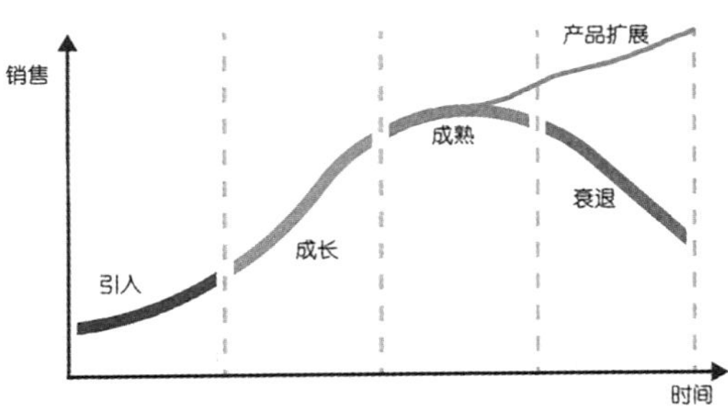

图1-3 产品生命周期示例

- *产品生命周期中的项目集管理*。这种方法包括相关项目、子项目集和项目集活动。对于规模很大或长期运作的产品，一个或多个产品生命周期阶段可能非常复杂，因此需要一系列协同运作的项目集和项目。

- **产品生命周期中的项目管理**。这种方法将产品功能从开发到成熟作为持续的业务活动进行监督。项目组合治理会根据需要特许设立单个项目，以执行对产品的增强和改进或产生其他独特成果。
- **项目集内的产品管理**。这种方法会在给定项目集的范围内应用完整的产品生命周期。为了获得产品的特定收益，将特许设立一系列子项目集或项目，可以通过应用产品管理能力（例如竞争分析、客户获取和客户代言）增加这些收益。

1.1.4 项目管理职能

从更广的视角看项目管理，有相对集中化的协调与管理，这一般由指定的项目经理或类似角色来领导和指导；也有相对扁平化的自组织或自我管理的方式，如敏捷团队，没有项目经理，靠团队中一些角色（如敏捷专家、产品负责人）来协调。总之，项目管理与协调工作对任何项目都至关重要。而且，这项工作不能只限于团队内部，更重要的是与团队外部的干系人（Stakeholder）之间的互动，有效、持续的互动才是项目成功的基础。

职能 1：提供业务方向和洞察

首先，项目要做正确的事，即拿到正确的需求，以确保最终交付有价值的成果给用户。所以第一职能就是指导并澄清项目的业务方向、定义产品方向，即根据商业价值、客户期望、市场风险等确定需求或待办事项及其优先级。这个过程是动态的，虽然“提供业务方向和洞察”是软件开发初期或每一个项目（每一次软件版本迭代）启动之前主要的工作，但在项目进行过程中应持续洞察、根据了解的情况进行调整和优化业务方向，在项目结束后根据用户和市场的反馈进一步洞察客户的期望和市场的变化，收集客户和最终用户的新的观点、见解，并将之输入下一个项目。此职能涉及与其他干系人、客户及项目团队互动，目标是使项目可交付物的价值最大化。

职能 2：提出项目目标和制订计划

基于确定的业务方向和要满足的业务需求，需要明确项目的目标，包括交付的时间、交付的内容和要求等，而且这些目标需要得到用户或客户的认可。基于项目的目标，制订项目的计划，明确项目的范围、时间表和所需的资源（特别是人员的安排）等。在项目实施过程中，为确保达到项目的目标，可以根据实际的情况、团队和干系人的反馈对计划进行调整和优化。项目需要获得持续反馈，因为项目团队正在探索和开发产品的一些新特性，存在不确定的因素。在某些项目环境中，客户、客户代表或最终用户会参与到项目团队中，以便进行定期审查和实时反馈。

职能 3：提供监督和协调

这些职能主要包括领导规划、协调、监督和控制活动，即通过精心安排项目工作，全程跟踪项目，包括采用度量、沟通等方式，及时了解项目状态，一旦发现问题或风险就及时处理，以提高项目绩效或满足客户需要，帮助项目团队达到项目目标。在项目前期，这一职能可能涉及一些评估和分析活动，也可以为项目启动所在的项目组合和项目集提供支持。

职能 4：开展工作并贡献洞察

项目团队成员拥有开发/生产产品和交付项目成果所需的知识、技能和经验，可以在项目持续期间开展工作。这项职能也算项目的基本工作。跨职能项目团队成员可以获得更多更深的洞察，可以提供多种内部观点，与关键业务部门建立紧密联系，加强协作，共同推动技术变革或业务转型。

职能 5：引导和支持

引导和支持在项目中不可或缺，其工作涉及鼓励项目团队成员参与、协作，以及树立对工作输出的共同责任感。引导是团队前进的牵引力，支持是团队遇到困难时获取的动力。引导职能有助于项目团队就解决方案达成共识，解决冲突并做出决策，也可以帮助团队学习、适应和改进，并评估绩效，以公正的方式推动实现项目目标。项目工作的开展需要提供与项目特定主题相关的专业知识，并为项目团队的学习过程和工作准确性做出贡献。当团队遇到困难或挫折时，需要支持和鼓励，甚至需要变革，以帮助团队克服项目中的困难。引导和支持的职能可能与监督和协调密切相关，具体取决于项目性质。

职能 6：提供资源

这项职能提供项目所需的资源，包括人力、资金、硬件和软件资源等，从而确保项目按计划进行。这项职能也常常要求我们与更广泛的干系人对组织的愿景、目标和期望进行有效沟通，为项目与商业目标保持一致发挥支持作用，从而获得更多或足够的资源，甚至可消除障碍并解决项目团队决策权范围之外的问题，帮助项目获得推进所需的决策和职权，或者为项目团队无法自行解决或应对的问题、风险提供上报路径；也可以识别项目中出现的机会，并将这些机会反映给高级管理层，从而促进创新。

职能 7：维持治理

该职能会批准并支持项目团队提出的建议，以及监督项目在实现预期成果方面的进展；会维持项目团队与战略或商业目标之间的联系，而这些目标在项目实施过程中可能会发生变化。

1.1.5 项目管理的起源

工程项目的历史悠久，相应的项目管理工作也源远流长。我国古代的工程项目主要来源于建筑工程，如前文提到的都江堰水利工程，还有长城、紫禁城、赵州桥等著名建筑工程，主要为房屋建筑、水利、道路桥梁等方面的工程。虽然当时没有明确的项目管理的概念，也没有系统的管理方法，主要依赖于管理者的能力和经验、严厉的惩罚措施和行政手段等，但是所有成功的项目，总是有严密的组织管理体系来保障，包括详细的工期安排、任务分配、人力管理、进度控制、质量检验等。从学科的视角看，虽然那时存在项目管理的痕迹和内容，但还不是现代意义上的项目管理。

人们通常认为，项目管理学是第二次世界大战的产物，如前文介绍的曼哈顿计划，建立了完整的项目概念，包括项目负责人、项目组织形式、独立的项目经费、项目计划、项目进度和风险的控制方法等，很好地完成了既定的任务。但项目管理学的全面发展发生在 20 世纪 50 年代后的几十年，可以说是苏联和美国的军备竞赛促进了项目管理学的发展。

20 世纪五六十年代，苏联和美国处于冷战状态，而苏联发射了第一颗人造卫星，使得美国决心加紧航空技术的开发。为了尽快超过苏联，美国认为其必须提高项目的管理水平，研究新的项目管理方法和工具。例如，这个时期诞生了计划评审技术（PERT）以及关键路径法（Critical Path Method，CPM）。

- 1957 年，美国杜邦公司把 CPM 应用于设备维修，使维修停工时间由 125 小时锐减为 7 小时。
- 1958 年，美国在北极星导弹潜艇项目中应用 PERT，把设计完成时间缩短了两年。
- 20 世纪 60 年代，美国阿波罗登月项目耗资 300 亿美元，2 万多家企业参加，40 多万人参与，使用了约 700 万个零部件，由于使用了网络计划方法，各项工作进行得有条不紊，取得了很大的成功。

此后，人们开始借助大型计算机来进行网络计划的分析，从而建立更合理、可靠的进度计划。在这种背景下，现代项目管理逐渐形成自己的理论和方法体系。1965 年，欧洲成立了国际项目管理协会（International Project Management Association，IPMA）；1969 年，美国也成立了项目管理学会（Project Management Institute，PMI）。

20 世纪七八十年代，人们开始将信息系统的方法引入项目管理，相继建立项目管理信息系统。通过项目管理信息系统，可以由计算机辅助制订资源和成本的计划，控制和优化项目实施的过程，由此使项目管理工作变得更为有效、全面，项目管理覆盖面越来越广。项目管理信息系统的应用，进一步促进了项目管理学的发展，人们开发了许多新的方法及其对应的管理工具，反过来，这些方法和工具又融于项目管理信息系统之中，为项目管理服务。此后，项目管理越来越普及，不断获得新的发展。项目管理学成为独立的学科，其中著名的项目管理知识体系有 3 个。

（1）**美国 PMI 推出的 PMBOK**。目前最新版是 PMBOK 7.0。PMBOK 总结了项目管理实践中成熟的理论、方法、工具和技术，从知识领域的角度将项目管理过程分成 10 个项目管理知识领域，定义了 47 个基本的项目管理过程，从过程输入、输出以及采用的工具和技术的角度给出了项目管理过程的详细描述。

（2）**英国政府商务部（OGC）出资研究开发的 PRINCE**。它是基于过程的（Process-Based）、结构化的项目管理方法，适合所有类型项目（不管项目的大小和领域，不局限于 IT 项目）的易于剪裁和使用灵活的管理方法。每个过程定义关键输入、需要执行的关键活动和特殊的输出目标。

（3）**IBM 公司的全球项目管理方法（World-Wide Project Management Method，WWPMM）**。该体系由 4 个有机部分组成，即项目管理领域、项目管理工作产品、项目管理工作模式和项目管理系统。项目管理领域可以理解为项目管理的知识领域，与 PMBOK 中的项目管理知识领域类似，但在深度和广度两个方面对 PMBOK 进行了扩展，以符合大型 IT 项目管理的行业特点和现代管理理念。

1.2 项目管理的本质

项目管理的目标，就是以最小的代价（成本和资源）最大限度地满足软件用户或客户的需求和期望，也就是协调好质量、任务、成本和进度等要素相互之间的冲突，获取平衡。概括地说，项目管理的本质，就是在保证质量的前提下，寻求任务、进度和成本三者之间的最佳平衡，如图 1-4 所示。

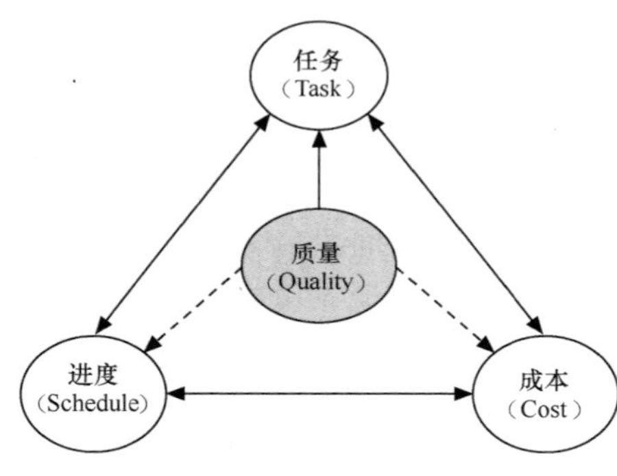

图1-4 项目管理的实质

在一个项目中，一般说任务、进度和成本中的某项是确定的，其他两项是可变的。这样，我们就可以控制不变项，对可变项采取措施，以保证项目达到预期效果。例如，产品质量是不变的，要有足够的时间和成本投入去保证产品的质量。但同时市场决定产品，时间受到严格限制，这时，如果要保证产品的功能得到完整的实现，就必须有足够的成本投入（人力资源、硬件资源等）。如果成本也受到限制，就不得不减少功能，实现产品的主要功能。如果从不同的角度去观察项目管理，我们可以从不同方面来描述项目管理的本质。

- 管理对象是项目全生命周期内的各个要素（如范围、进度、成本、质量等）以及被当作项目管理的业务活动所涉及的相应要素（包括范围界定、资源分配等）。
- 管理思想是系统管理的系统方法论。
- 管理组织通常是临时性、柔性、扁平化的组织。
- 管理机制是项目经理负责制，强调责权的对等。
- 管理方式是目标管理，包括进度、费用、技术与质量等。
- 管理要点是创造和保持一个使项目顺利进行的环境。
- 管理方法、工具和手段具有先进性和开放性。

1.2.1 太多的软件项目失败

据美国国家标准与技术研究院（National Institute of Standards and Technology，NIST）2002 年的研究，软件错误每年在美国造成约 595 亿美元的经济损失，2/3 的项目明显延误或超出预算，甚至无疾而终。根据 Standish 提供的调查数据，在 2013 年还有约 24%的软件项目失败。

几乎所有软件工程课本都会讲到 IBM 那场空前绝后的软件灾难——美国联邦航空管理局（FAA）1981 年上马的 AAS（Advanced Automation System，高级自动化系统）项目。该项目在花费数十亿美元、历经 13 年、耗尽数千人的心血后颗粒无收。FAA 的需求远远超过人和机器的工作能力，项目组成员们被挫败感而不是工作负担压垮，有人砸烂自己的汽车，有人发疯，有人自杀身亡。一位项目经理甚至吃纸上瘾，随着进度一再延误，开会时往自己胃里塞的纸片越来越大。

在经过 12 年的开发历程之后，《永远的毁灭公爵》（*Duke Nukem Forever*）这一游戏业内的肥皂剧终于在 2009 年 5 月宣告终结，这让已经在这款游戏中投入了 1200 万美元资金的 Take-Two 公司倍感失望，并将其开发商 3D Realms 告上法庭。

针对软件项目所处的环境，《梦断代码》的作者斯科特·罗森堡（Scott Rosenberg）有太多问题要问。

- 为什么做软件那么难？
- 如果说软件是虽不可见但构筑于物理世界之上的人造物，那么人类为什么不能像造桥筑房那样精确地制造软件？

- 软件能像乐高积木一样随意组合吗?
- 软件开发是一种工程还是一种艺术?
- 人工智能能否超越人类智慧?
- 在长达半个世纪的研究和实践之后，为什么还是很难做到按时、按预算做出计算机软件?
- 为什么还是很难开发出可靠而安全的软件?
- 为什么还是很难把软件做得易于学习、使用，且具备按需修改的灵活性?
- 软件（质量）只跟时间和经验有关吗?是否有出现某种根本性突破的可能?
- 在软件的本质特性（抽象性、复杂性及延展性）上，是否存在某种总能打倒我们的无常之物，将开发者推入充满不可挽回的延误和根深蒂固的缺陷的世界?

在《梦断代码》中，Chandler 项目的开发时间从 2002 年转眼到了 2004 年，这年 10 月 26 日 OSAF（Open Source Application Foundation，开源应用基金会）发布了 Chandler 0.4 版。两年的时间里，整个项目组的人员从几人增至 20 多人，其间有人离开，也有更多的新人加入。作为一款致力于“分布式数据处理”的开源个人信息管理（Personal Information Management，PIM）软件，项目组的所有成员似乎经历了软件工程中的一切噩梦。项目的计划不断延后、需求不断变更、技术体系不断调整、功能不断取舍。然而，世界一直在进步，许多以前为 Chandler 高唱赞歌的外部人员抛弃了它。

米切尔·考波尔（Mitchell Kapor）养活 Chandler 和 OSAF 达 6 年之久，花费了上百万美元，几十号“顶尖高手”参与，希望做出令人激动的创新 PIM 套件。但 6 年后，Chandler 仍无定形，梦幻一场。

公司中的很多人（包括 CEO 和市场部的同事）都认为 Chandler 缺乏亮点和竞争力，和他们想象中的相距甚远。等到 1.0 版出来，整整超过了考波尔预计的时间 4 年！很可惜，当初参与开发的那些人都不在一起了。

1.2.2 失败和管理有着千丝万缕的关系

《梦断代码》一书中描述的问题，不少软件团队都经历过。如果有很好的项目管理，其中大部分的问题是可以避免的。如果没有良好的项目管理，其中许多问题就会一而再、再而三地出现，人们无动于衷，项目不断失败，难以成功。这些问题包括：

- 想得太多，总想做大事，把目标定得太高，可谓眼高手低；
- 过于乐观，无论是领导还是开发工程师，总是设想得太好，实际结果却出乎意料；
- 不清楚用户需求，不知道自己到底要做什么，所有人员陷入迷惘；
- 需求不断变更，并且没有人评估变更对项目整体带来的影响；
- 需求文档不清或者文档过多，产品经理缺乏对产品的构思和描述；
- 分不清轻重缓急，所有功能一拥而上，项目完成遥遥无期；
- 不是缺乏计划就是计划不切实际，项目时间从后向前推，按主观意志办事而不是客观地依照计划办事；
- 太多成员缺乏时间计划概念，对自己、对其他团队成员都没有时间计划；
- 会议太多，或喜欢开会，同时，会议主题不明确又缺乏控制，难以快速得出结论；
- 缺乏有效的沟通方式或方法，喜欢用邮件沟通，而邮件沟通的效率极低；

……

在总结和分析足够多的失败的软件项目之后，可看出项目失败的原因大多与项目管理工作有关。在软件项目开始执行时，遇到的问题往往是：可供利用的资源太少，项目负责人的责任不明确，项目的定义模糊，没有计划或计划过分粗糙，资源要求未按时做出安排而落空，没有明确规定子项目完成的标准，缺乏使用工具的知识，项目已有变更但预算未随之改变，等等。

在软件项目执行的过程中可能会发生的问题是：项目审查只注意琐事而走过场，人员变动造成对工作的干扰，未能定期汇报项目进行情况，对阶段评审和评审中发现的问题如何处置未做出明确规定，资源要求并不像原来预计的那样高，未能做到严格遵循需求说明书，项目管理人员不足，等等。

项目进行到最后阶段可能会发生的问题是：未做质量评价，取得的知识和经验交流很少，未对人员工作情况做出评定，未做严格的移交，扩充性建议未写入文档资料，等等。

总之，问题涉及软件项目研制中的计划制订、进度估计、资源使用、人员配备、组织结构和管理方法等软件管理的许多侧面。

1.2.3　项目管理的对象与所处的环境

有效的项目管理集中在对 3P——人员（People）、问题（Problem）和过程（Process）的管理上。其中人员是决定性因素，对于软件开发，这一点更为明显，因为软件开发是人的智力密集型劳动。问题的解决依赖人的能力，过程的执行也依赖于人，这也就是为什么要在软件项目管理中强调“以人为本”的思想。

项目管理的对象、所处的环境与成功要素

项目管理虽然涉及很多管理对象，如任务、时间、成本、质量、资源和风险等，但人员、问题和过程是核心，处理好这三者的问题，其他方面的问题就会迎刃而解，如图 1-5 所示。概括起来，3P 对软件项目管理具有本质的影响，如下所述。

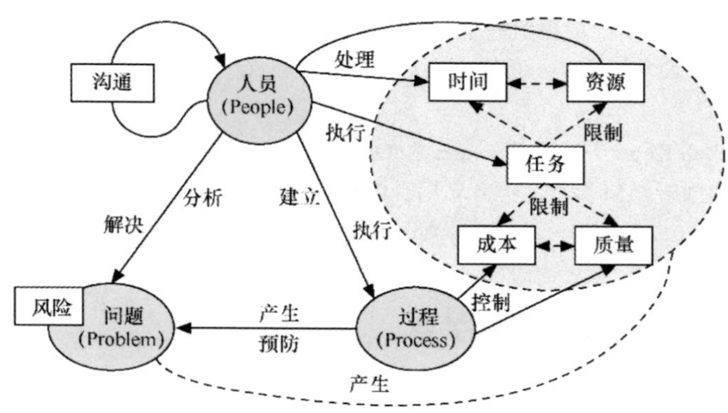

图1-5　以3P为核心的项目管理示意图

（1）**人员**必须被组织成有效率的团队，他们的潜力需要被激发出来，为此，我们要为项目团队及其成员建立有效的沟通途径和方法，以实现人员之间、团队之间、管理者和被管理者之间的有效沟通。有效的团队应建立合适的组织结构和工作文化，并通过一系列活动提高团队的凝聚力和战斗力，共享团队的目标和文化，并最终有能力圆满地完成任务。

（2）**问题**在软件项目管理中表现为流程不清楚或控制不严、应用领域知识不足、需求不断变化和不一致、沟通不顺畅等。解决办法是找出引起问题的根本原因是什么，然后针对问题本质找到解决办法，以求彻底解决问题。如果项目管理者具有缺陷预防意识，对问题有预见性，能避免问题的发生，防范风险、防患于未然，那么项目的成本就会大大降低，项目成功的机会就会更大。

（3）**过程**必须适应于人员的需求和问题的解决，人员的需求主要体现在能力、沟通、协调等方面，问题能在整个项目实施过程中得到预防、跟踪、控制和解决。也就是说，一套规范且有效的流程是保证项目平稳、顺利运行的基础。

每一个项目都处在特定的环境中，也就是通常说的，当我们启动一个项目时，都有特定的上下文，再加上项目的目标、任务、时间和实施项目的团队都可能不同，因此每个项目都是独特的。项目受到环境（包括内部环境和外部环境）的影响，这也是进行项目管理时必须考虑的要素。

（1）内部环境，一般是指项目所处组织的内部影响因素，主要有：

- **组织文化、结构和治理，**包括愿景、使命、价值观、政策、流程、领导力风格、规章制度、道德和行为规范等；
- **员工能力，**如员工素质、知识面和业务能力、技术水平，以及相关的人员招聘、培训、技能认证、绩效考核等；
- **过程资产，**包括方法论、流程、模板、框架、工具等；

- **数据资产**，包括历史项目的数据库、文件库、度量指标、度量数据等；
- **知识资产**，包括组织所建的知识库和历史项目所积累的经验（隐性知识）；
- **基础设施**，包括现有平台、设施、设备、信息技术硬件，网络通信状态及其设施的功能、可用性等，也包括配置管理系统、自动化系统、协同工作平台等；
- **其他**，如虚拟项目团队、多个跨城市或跨国家的工作地点、资源可用性、安保和安全措施等。

（2）外部环境，一般是指项目所处组织的外部影响因素，主要有：

- **市场条件**，包括竞争对手、竞争程度、品牌认知度、行业发展趋势等；
- **行业标准**，包括行业内产品、环境、质量和技术相关的标准或规范、条例等；
- **监管环境**，可能包括与安全性、数据保护、商业行为、雇佣、许可和采购相关的全国性和地区性法律法规等；
- **社会和文化影响与问题**，包括宗教信仰、道德和观念、传统风俗及其变化、公共事件、行为规范等；
- **经济环境**，包括资本市场、汇率、利率、通货膨胀、税收和关税等；
- **其他**，如气候变化、学术研究成果、行业风险研究、相关出版物等。

1.2.4　项目管理的成功要素

要了解项目管理的成功要素，首先要了解项目管理的主要职能。不同类型、不同规模的项目和不同的组织内，项目管理职能有一定的差异，但总体来说，可以概括为下列 5 点。

（1）识别需求，确定项目实施的范围。

（2）在项目计划和执行过程中阐明项目干系人的各种需求、担心和期望。

（3）在项目干系人之间建立、维护和进行积极、有效的沟通。

（4）管理好项目干系人，以满足项目需求、成功地实现项目的交付。

（5）平衡项目各种限制或条件（如范围、质量、进度、预算、资源、风险等）。

在完成上述职能后，项目成功的标志是什么？或者说什么样的结果说明项目获得成功？一般来说，项目完成了既定目标，满足了项目三要素——时间进度、成本控制和质量要求，就可以认为项目是成功的。而有时候，一旦项目的成果被客户或用户接受就可以认为项目获得成功。我们可以简单定义项目成功的标志为以下几点。

- 在规定的时间内完成项目。
- 项目成本控制在预算之内。
- 功能特性达到规格说明书所要求的水平（质量）。
- 项目通过客户或用户的验收。
- 项目范围变化是最小的或可控的。
- 没有干扰或严重影响整个组织的主要工作流程。
- 没有改变公司文化或改进了公司的文化。

项目的成败受到 4 个方面（即项目组内环境、项目所处的组织环境、客户环境、自然社会环境）的影响。从可控角度，通常需着重考虑前 3 个方面的影响。把前 3 个方面放在整个项目生命周期进行考察，可以得到影响项目成败的因素。

为了确保项目成功，需要进行有效的项目管理。项目管理，就是定义目标和流程，建设组织，通过工具、管理方法来保证项目的成功。目标、组织、流程、工具和管理形成项目的管理体系，缺一不可，如图 1-6 所示。

- 缺少目标，项目就会迷失方向，工作漫无目的，自然不够有效。
- 没有组织的保障，项目管理就成了纸上谈兵，容易半途而废。“人”是项目成功的决定性因素，所有的事情都靠人去完成，而把这些项目组的人组织起来、建立奖惩分明的制度、充分发挥他们的积极性和潜力，这些都需要组织的支持和保证。
- 没有流程，项目实施就无章可循，其结果可能会杂乱无章。流程是项目成功的制度化保证，包括里程碑设置、输入输出标准定义等。

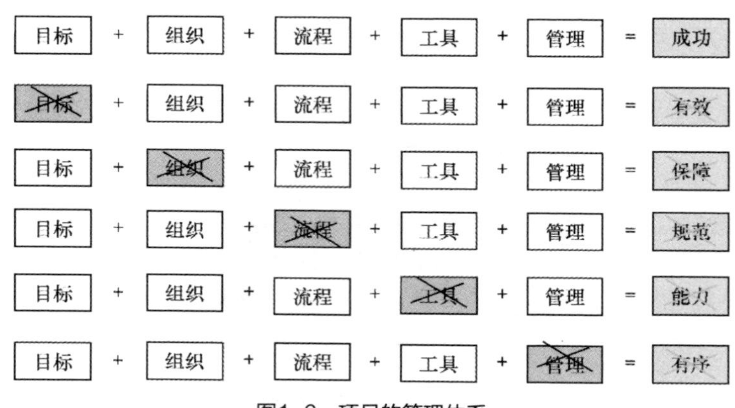

图1-6　项目的管理体系

- 工具是解决问题的有效手段，没有工具的帮助，项目管理的能力就大打折扣。
- 没有管理，项目就缺乏约束，容易偏离轨道，处于无序状态。项目管理包括风险管理、质量管理、进度和成本的控制等。

除了目标、组织、流程、工具和管理这些关键因素之外，项目管理还包括其他一些因素，如项目经理的能力、项目计划的有效性、人员沟通程度和风险控制力度等，例如：

- 项目经理是项目的灵魂人物，项目经理的能力有时会直接影响项目的成败，而项目经理的能力包括领导力、组织能力、协调沟通能力、技术能力和团队文化建设能力等；
- 计划先行，需要精心策划项目的各项计划，包括质量计划、进度计划、成本控制计划、风险防范计划等，才能进一步确保项目获得成功。如果缺乏计划，项目实施无法控制，最终往往导致项目无限期拖延等；
- 沟通流畅，不仅可以提高工作效率、降低开发成本，而且可以及时获取信息、使项目组成员达成共识，从而避免问题（缺陷）的产生，利于问题解决；
- 人们常常说“风险管理好，项目管理就成功了一半”，项目中存在各种风险，消除风险，能有力地保证项目顺利、平稳地按计划实施。

1.2.5　项目创造价值

项目会产出成果，成果也可以理解为项目的交付物，交付物承载项目的成果。在软件项目管理中成果最重要的表现形式是软件产品。但是，如果交付的软件产品或产品中某个新功能特性不能解决用户的问题，那就没有价值。价值就体现在解决了用户的实际问题，或者说更好地解决了用户的实际问题。项目创造价值就是创造了新产品或已有产品的新功能、新特性，而这些新功能、新特性解决了用户的实际问题。当组织交付的产品特性解决了问题，自然会获得收益——客户愿意为此“买单”，即项目创造了价值，会给组织带来收益。

如果项目不局限于软件项目，那么项目创造的价值就会更广，包括社会效益、社会公益或其他收益。项目创造价值的方式包括：

- 创造满足客户或最终用户需要的新产品、服务或结果；
- 做出积极的社会或环境贡献；
- 提高效率、生产力、效果或响应能力；
- 推动必要的变革，以促进组织向期望的未来状态过渡；
- 维持以前的项目集、项目或业务运营所带来的收益。

项目可以单独创造价值，也可以形成项目集、项目组合或更多种组件所构成的且符合组织战略的价值交付系统，如图 1-7 所示。任何项目或项目集都可能包括产品，而运营可以直接支持和影响项目组合、项目集和项目以及其他业务职能，例如工资支付、供应链管理等。项目组合、项目集和项目会相互影响，也会影响运营。

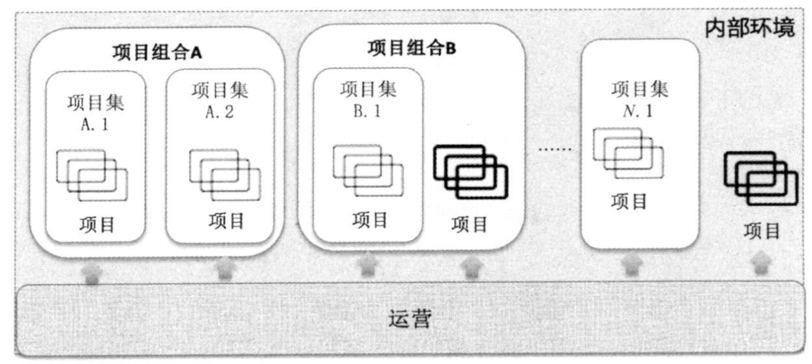

图1-7　项目价值交付系统

价值交付系统是组织内部环境的一部分，该环境受政策、程序、方法论、框架、治理结构等制约，同时受外部环境（如外部经济、竞争环境、国家法律法规等）的影响。

当信息和反馈在所有组件之间以一致的方式共享时，价值交付系统最为有效，并能使系统与战略保持一致，并与环境保持协调。例如，从高层领导的“战略决策”转化为“期望成果、收益或价值”信息，传递给项目集和项目，最终转化为支持和维护信息传递给运营部门，实现企业的战略和价值。如果实现中存在问题，客户会有所反馈，通过运营部门反馈到项目，最终反馈到高层领导，高层领导可以重新调整企业战略，形成闭环，如图 1-8 所示。

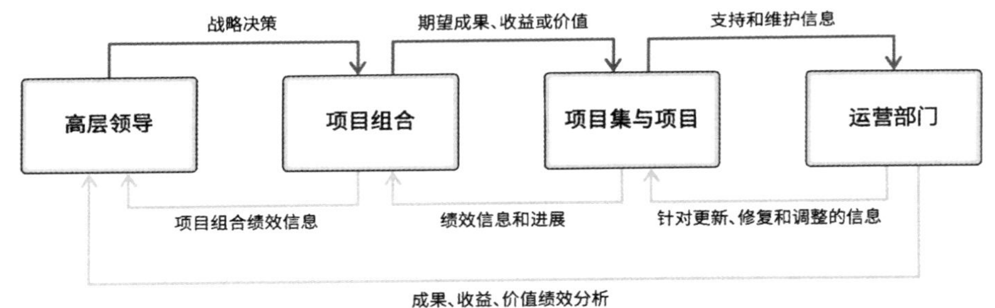

图1-8　价值信息传递与反馈

在组织层面可以存在一个治理系统，包含指导活动的职能和流程，还包括监督、控制、价值评估、风险评估、项目变更控制、问题解决和决策等要素，它与价值交付系统协同运作，更好地支持项目管理的工作与决策。在一些组织中，项目管理办公室（Project Management Office，PMO）可能会为项目组合内的项目集和项目提供支持。

1.3　十大项目管理原则

原则是指导日常项目管理工作的行为准则，我们在遇到困难时更应该恪守这些准则，才不至于误入歧途，引起更大的问题，甚至引发灾难。原则一般是基于价值观建立的，如敏捷开发的 12 项敏捷开发原则是建立在敏捷价值观（即敏捷宣言所呈现的）之上的。项目管理最重要的 4 项价值观是责任、尊重、公平和诚实。

通过全球项目从业者社区的参与，经过多轮讨论和反馈，形成了如下十大项目管理原则，为有效的项目管理提供了指导。

（1）聚焦于价值。

（2）营造协作的项目团队环境。

（3）干系人有效地参与项目。

（4）展现领导力行为。

（5）将质量融入过程和可交付物。

（6）优化风险应对。

（7）驾驭复杂性。

（8）成为勤勉、尊重和关心他人的管家。

（9）识别、评估和响应系统交互。

（10）拥抱适应性和韧性。

这些原则彼此具有内在一致性，但在实践中，这些原则可能会重叠，正如项目管理原则也可能与通用管理原则有重叠之处。例如，项目和企业通常聚焦于交付价值，无论是项目管理、产品管理还是运营管理，“聚焦于价值”这一原则都是适用的。

原则 1：聚焦于价值

价值是项目的最终成功指标和驱动因素，项目是交付有价值的产品给用户或提供有价值的解决方案以满足需要。如果交付的产品不能给用户带来价值，自然这样的交付就没有意义，这样的项目不仅没有意义还浪费资源、时间和金钱。

聚焦价值就是努力将客户、执行组织或其他干系人的价值最大化，例如在项目预算、资源和风险所允许的情况下交付所需的功能和质量水平，同时尽可能少地使用资源，并避免浪费。有时，特别是在没有预先确定范围的适应型项目中，项目团队可以与客户共同努力，确定哪些功能值得投资、哪些功能可能缺乏足够的价值而无须增加到输出之中，从而优化价值。

项目的价值可以表示为对发起组织或接收组织的财务贡献或公共利益，有价值的成果也体现在其产品或服务解决了这个组织的问题，或提供了更好的用户体验。由于所有项目都有一系列干系人，因此必须考虑为每个干系人群体产生不同的价值，并将这些价值与整体价值进行平衡，同时优先考虑客户价值。

在整个项目期间，应清晰描述、以迭代方式评估并更新期望成果。在项目生命周期内，项目可能会发生变更，项目团队会和项目干系人一起根据期望的输出、基准和商业论证不断评估项目的进展情况和方向，及时做出调整，以确定该项目仍与商业需要保持一致，并将交付预期成果。

许多项目都需要通过商业论证之后才启动。商业论证可以从定性和定量的方面来研究项目成果的预期价值贡献，包含相关战略一致性、风险敞口评估、经济可行性研究、投资回报率、预期关键绩效度量等。商业论证至少包含以下支持性和相互关联的要素。

- **商业需要**源于初步的业务需求，提供了有关商业目的和目标的详细信息。明确说明商业需要有助于项目团队了解未来状态的商业驱动因素，并使项目团队能够识别机会或问题，从而提高项目成果的潜在价值。
- **商业战略**是开展项目的原因，所有需要都与实现价值的战略相关。
- **项目理由**解释了为什么商业需要值得投资，以及为什么在此时应该满足商业需要。项目理由会附有成本效益分析和假设条件。

除了收益和可能的协议之外，商业需要、商业战略和项目理由共同为项目团队提供信息，使他们能够做出知情决策，以实现达到或超过预期的商业价值。

原则 2：营造协作的项目团队环境

项目团队由具有多方面的技能、知识和经验的个人组成。与独自工作的个人相比，协同工作的项目团队可以更有效率、更有效果地实现共同目标。协作的项目团队环境有助于：

- 与其他组织文化和指南保持一致；
- 个人和团队的学习和发展；
- 为交付期望成果做出最佳贡献。

协作环境包括团队共识、项目流程、团队成员的责权利安排等。团队成员达成共识，有相同的价值观并遵守共同的行为规范，澄清角色和职责可以改善团队文化，可以极大地提升协作效率。多元化的项目团队可以将不同的观点汇集起来，丰富项目环境。团队成员相互尊重的团队文化允许团队内部存在差异，并力图找到有效利用差异的方法，这种文化鼓励团队成员通过有效的方式管理冲突，即通过营造包容和协作的环境，更自由地交流知识和专业技能，反过来又进一步促进共同学习和个人发展，使项目实现更好的成果。

原则 3：干系人有效地参与项目

干系人会影响项目、绩效和成果，积极主动地让干系人参与项目，促进项目团队和干系人之间的沟通和理解，有助于项目团队发现、收集和评估信息、数据和意见，以便项目团队更好地了解并应对他们的利益、顾虑和权利，可形成共识和一致性，最小化潜在消极影响并最大化积极影响，提高干系人的满意度。如果干系人积极参与项目，项目团队也会更容易获得他们更大的资源支持和承诺，积极推动价值交付，从而促使项目成功、让客户满意。

有效果且有效率地参与和沟通，包括确定干系人想参与的方式、时间、频率和情形。沟通是参与的关键部分，深入的参与可让项目团队了解干系人的想法，吸收其观点以及协同努力制定共同的解决方案。通过频繁的双向沟通建立和维持牢固的关系，如通过互动会议、面对面会议、非正式对话和知识共享活动进行协作。

干系人参与程度，在很大程度上依赖于人际关系技能和态度，包括积极主动、正直、诚实、协作、尊重、同理心和信心等。这些技能和态度可以帮助每个人适应工作和彼此适应，从而增加成功的可能性。干系人可以影响项目的许多方面，包括但不限于以下内容。

- **范围/需求**：是否积极交流沟通，阐述需求范围、要素。
- **进度**：成为项目活动顺利进行的推动力或障碍。
- **成本**：如帮助减少某些计划支出，或增加一些额外的步骤、需求，从而增加成本。
- **计划**：是否为计划提供充分的信息、良好的建议，是否积极参与计划的评审或人为给计划批准设置一些障碍。
- **文化**：对项目团队文化的积极或消极的影响。
- **风险**：是否主动暴露项目的风险、是否积极参与后续的风险管理活动。
- **质量**：通过识别和要求提供质量需求。
- **成功**：参与成功因素的定义并对成功进行评估。

原则 4：展现领导力行为

项目通常涉及多个组织、部门、职能或供应商，也会涉及比较广泛的干系人，项目团队需要和他们互动，影响他们，减少冲突，引导他们积极参与项目、支持项目，所以项目对有效领导力有独特的需要。与大多数项目相比，高绩效项目会有更多的人更频繁地表现出有效的领导力行为。

领导力不应与职权混淆。职权是指对特定活动、个人行为或在某些情况下的决策承担责任，通常通过正式手段授予某人。然而，仅拥有职权是不够的，还需要领导力来激励团队实现共同目标，影响他们调整个人利益以支持集体努力，取得项目团队成功而非个人成功。

领导力行为体现在优先考虑愿景、创造力、激励、热情、鼓励和同理心的项目环境，有效的领导者会根据情境调整自己的风格，会认识到项目团队成员之间的动机差异，并在诚实、正直和道德行为规范方面展现出期望的行为。成功的领导力使人能够在任何情况下影响、激励、指导和教练他人。

有效的领导力会借鉴或结合各种领导力风格（专制型、民主型、放任型、指令型、参与型、自信型、支持型、共识型等）的要素。领导力风格没有最好的，只有最适合特定场景的。例如在混乱无序的时刻，指令型的行动比协作型解决问题方式更清晰、更有推动力；对于拥有高度胜任且敬业的员工的环境，授权比集中式协调更有效。

有效的领导力技能是可以培养的，也是可以学习和发展的。项目团队成员通过增加或实践各种技能或技术的组合，可持续改进，持续提升领导力，具体方法包括但不限于：

- 建立勇于担责、有凝聚力的项目团队；
- 阐明项目成果的激励性愿景，让项目团队聚焦于既定的目标；
- 保持透明，行为无私，追求成为在诚实、正直和合乎道德行为方面的角色楷模；
- 在项目生命周期内管理和适应变革，引导协同决策；
- 就最好的前进方式达成共识，协商并解决项目团队内部以及项目团队与其他干系人之间的冲突，为项目寻求资源和支持，克服项目进展的障碍；
- 调整沟通风格和消息传递方式，使之与受众相关；
- 教练和辅导项目团队成员，就期望的行为进行角色示范，为团队成员技能增长和发展提供机会；
- 了解激励他人的各种因素（如奖金、认可、自主权、成长机会等），了解如何以最佳方式与他人沟通、激励他人，促使大家对项目目标共担责任，促进营造健康和充满活力的环境；

- 向项目团队成员赋能并向他们授予职责，欣赏并奖励积极行为和贡献；
- 运用有效对话和积极倾听，对项目团队和干系人的观点表现出同理心；
- 对自己的偏见和行为有自我意识，通过承认错误，促进形成快速学习的思维方式。

原则5：将质量融入过程和可交付物

因为项目质量要求达到干系人的期望并满足项目和产品需求，这是对项目的基本要求，所以项目团队需要对产品及其研发过程的质量保持关注，如聚焦于达到可交付物的验收标准。

质量是产品、服务的一系列内在特征满足需求的程度，包括满足客户陈述或隐含需求的能力，可能有几个不同的维度，如功能、效率（性能）、安全性、可靠性、兼容性、合规性、一致性、可维护性等。

不仅要关注产品质量，而且要关注研发或生产产品的过程质量，例如关注产品的研发活动、评审活动以及贯穿整个过程的质量度量，最终会带来积极的影响，如提高产品交付质量、减少缺陷和返工、缩短交付周期、减少客户投诉、提升项目团队的士气和满意度等。

原则6：优化风险应对

一个成功的项目，一定对风险处置及时、妥当，而许多项目的失败则往往归咎于糟糕的风险应对。

项目团队在整个项目进行期间应努力识别和评估项目内部和外部的已知和新出现的风险，监督整体项目风险，及时应对各种风险，最小化风险对项目及其成果的负面影响。风险应对措施应该包括：

- 采用一致的风险评估规划方法，并积极主动地管理风险；
- 减少威胁的驱动因素，尽可能降低主要风险发生的可能性；
- 争取让相关干系人参与，了解他们的风险偏好和风险临界值，尽可能达成共识；
- 结合项目的实际环境，尽可能识别风险；
- 对风险发生的概率和造成的后果或影响进行准确、有效的分析与评估；
- 有相应的风险管理责任人。

原则7：驾驭复杂性

随着时间的变化，许多应用系统的规模越来越大，系统的复杂性越来越高，随之有更大的团队和更多的干系人参与项目，进一步导致开发这种复杂系统的研发活动的复杂性提高。所以在项目管理中，驾驭复杂性也是一项重要原则，即不断评估和驾驭项目复杂性，以便项目管理的方法和计划使项目团队能够成功驾驭项目生命周期。

复杂性是风险、依赖性、事件和相互关系等许多因素交互的结果，包括人的行为、系统行为、不确定性、模糊性以及技术创新等带来的复杂性。例如，有些项目由于规模大或者国际化的需求，团队人员来自不同国家或地区，导致时区、语言、宗教信仰等不同，从而给团队沟通和协作带来各种挑战。

原则8：成为勤勉、尊重和关心他人的管家

项目经理相当于管家，以一种负责任和合规的方式管理项目，以正直、关心和可信的态度开展活动。在不同的环境中，管家式管理（Stewardship）的含义和应用会略有不同。在组织内部，管家式管理一方面被委托看管某项事务，要做到与组织目标、业务战略、愿景、使命保持一致并维持其长期价值；另一方面侧重于以负责任的方式规划、使用和管理资源，重视并尊重项目团队成员的参与。在组织外部，管家式管理负责保证环境可持续性，维护与外部干系人的关系，提升项目对市场、社会和所在地区的影响和行业的实践水平。

管家式管理需要以透明且可信赖的方式进行管理。项目会影响到项目团队人员、干系人和客户的生活，这种影响有正面的，也有负面的。例如项目目标是缓解交通堵塞、生产新药物或为人们创造互动机会，但其对应的负面影响分别是绿地减少、药物副作用或个人信息泄露。项目管理应该仔细考虑这些因素和影响，以便权衡组织和项目目标与干系人更大的需求和期望来做出负责任的决定。

原则9：识别、评估和响应系统交互

项目是处在动态环境中由多个相互依赖且相互作用的活动域组成的系统，而系统要作为统一的整体才能发挥良好的作用，所以项目团队需要从整体角度识别、评估和响应项目内部和周围的动态环境，能够及早考虑项目中的不确定性和风险从而调整计划、实施应对策略，有效地整合构成系统的不同工作部件或活动域，更好地使整个系统体系保持一致（包括与有关干系人及时沟通以保持一致），从而积极地提升项目的绩效。

系统随着时间不断变化，项目团队需要始终关注内部、外部条件及它们带来的影响。例如需求发生变更，对项目成本、进度、范围和绩效都会产生直接的影响。借助系统思考，包括对内部条件和外部条件的持续关注，项目团队可以驾驭广泛的变更和影响，以使项目与有关干系人保持一致。以下能力支持项目的系统视角：

- 对商业领域具有同理心；
- 关注大局的批判性思维，挑战假设与思维模式；
- 利用建模和情景分析来设想系统动力的互动和反应；
- 寻求外部审查和建议；
- 使用整合的方法和实践，以便对项目工作、可交付物等达成共识；
- 主动管理整合，以帮助实现商业成果。

原则 10：拥抱适应性和韧性

项目很少会按最初的计划执行，项目会受到内部因素和外部因素的影响，大多数项目在某个阶段都会遇到各种挑战或障碍。如果项目管理没有适应性和韧性，项目很容易会失败或达不到预期；如果项目管理具备适应性和韧性，则有助于项目适应各种影响，可以重新组合、重新思考和重新规划，蓬勃发展下去。适应性是指应对不断变化的情形的能力。韧性由两个具有互补性的特质组成：吸收冲击的能力和从挫折或失败中快速恢复的能力。在项目中保持适应性和韧性，可使项目团队在内部和外部因素发生变化时聚焦于期望成果，也有助于项目团队学习和改进，以便他们能够从失败或挫折中快速恢复，并继续在交付价值方面取得进展。

项目期间可能会出现适应项目的机会，届时项目团队要努力抓住机会。项目系统中的意外变更和情况也可能会带来机会。为了优化价值交付，项目团队应该针对变更和计划外事件运用问题解决方法和整体思维。发生计划外事件时，项目团队应寻找可能获得的潜在积极成果。例如，将后期发生的变更包含进来，有可能得到市场上最具亮点的产品，从而增强竞争优势。

项目应该从整体的角度做到适应性，例如应采用适当的变更控制过程，以避免出现范围蔓延等问题。在项目环境中，拥抱适应性和韧性的能力包括：

- 具有丰富的技能组合、文化和经验的多样性项目团队，同时有各个所需技能领域的专家；
- 较短的反馈循环，以便快速适应；
- 预测多种潜在情景，并为多种可能的情况做好准备的能力和意愿；
- 小规模的原型法和实验，以测试想法和尝试新方法；
- 持续学习和改进，定期检查和调整项目工作，对过去相同或类似工作中所获学习成果的理解力，以识别改进机会；
- 充分运用新的思考方式和工作方式的能力；
- 平衡（工作）速度和（需求）稳定性的开放式设计；
- 多样化的项目团队，以获得广泛的经验；
- 开放和透明的规划，让内部和外部干系人参与；
- 组织的开放式对话；
- 管理层支持；
- 将决策推迟到最后责任时刻。

1.4 项目管理基本方法

项目管理方法在项目管理方法论的基础上可以分为 3 种：阶段化管理、量化管理和优化管理。阶段化管理是项目管理的基本方法；在此基础上，量化管理提高了项目管理的效率和有效性；而优化管理建立在阶段化管理和量化管理基础之上，使项目管理持续性改进。软件项目管理会涉及组队模型、过程模型和应用模型。

- 组队模型用于人力资源管理，包括明确相互依赖的角色和责任、沟通机制等。
- 过程模型用于软件开发过程管理，包括时间管理、基于里程碑的阶段划分、阶段性成果及其基线（Baseline）的管理等，以保障项目的顺利实施。
- 应用模型用于具体应用领域的需求管理和变更管理等，并在用户、业务和数据 3 个层面上定义协作的、分布的、可重用的业务逻辑网络。

1. **阶段化管理**

阶段化管理将项目的生命周期（即项目运行的全过程）分为若干个阶段，再根据不同阶段所具有的不同特点来进行有针对性的管理。在阶段性管理中，还可以将阶段进一步分为子阶段，管理的方法可以更具体、更具有针对性。

项目生命周期一般可以分为项目立项和启动、项目计划、执行、控制、收尾/结束 5 个基本阶段。对于“项目立项和启动”阶段，还可以进一步分为信息采集、信息分析、工程项目立项及项目申请书编制 4 个子阶段。

2. **量化管理**

量化管理针对影响项目成功的因素设定指标、收集数据、分析数据，从而完成对项目的控制和优化。量化管理方法是尽量通过数据说明问题、解释问题，找出问题产生的根本原因，然后解决问题。通过量化管理，可以更精确地预估工作量、所需资源（人力、物力等），更好地控制项目的成本和进度。

一般来说，在项目实施前应确定度量的指标，如每个人每日的代码行数、每千行代码的缺陷数、每个人每日可执行的用例数和每日新报缺陷数等。有了度量指标，借助数据库、信息系统等就比较容易获取数据、分析数据，如可以根据每日新报缺陷数来评估项目质量和风险，甚至可以根据每日新报缺陷数和修正的缺陷数来预测项目结束的日期。

3. **优化管理**

优化管理就是分析项目每部分所蕴含的知识，不断吸取教训、总结经验，将知识和实践更好地融合在一起，从而对项目计划、实施办法等进行优化，获得项目的最佳效益。优化管理需要知识和经验的不断积累，优化管理是一个不断分析、总结的过程，是自然的进步过程。

无论是教训还是经验，都具有一定的时效性，即不同阶段的教训或经验不能混淆。例如，计划阶段的教训或经验对下一个项目的计划阶段有很大的参考价值，而对其实施阶段不一定有意义。又如某个阶段的工作管理做得好，项目进展顺利，就应该使这一阶段内的管理经验和知识更好地发挥成效；而后一阶段管理工作没做好，就要了解这一阶段为什么不成功，如确定是客户的需求没搞清楚还是设计的问题。阶段性分析有利于进一步优化项目管理，但管理项目仅靠项目总结或阶段性总结是不够的，还需要依赖于一些方法、手段和工具，这在很大程度上要依靠量化管理。可以说，阶段化管理和量化管理是优化管理的基础。

1.5 项目的生命周期

在软件项目中，项目往往是为了交付产品，项目管理和产品管理相辅相成。所以在谈项目的生命周期前，应了解产品生命周期。

产品管理整合人员、数据、过程和业务系统，以创建、维护和开发产品或服务，涵盖整个产品生命周期，包括引入、成长、成熟和衰退阶段。管理可以在任何阶段启动项目，以开发新特性或增强现有特性（如图 1-9 所示），对于规模较大或长期运营的产品，其生命周期较为复杂，通常需要多个协同运作的项目集和项目。

但在多数情况下，产品的开发被转化为一系列有序的项目管理，即有序的迭代过程。如果某业务的解决方案需要多个产品的组合才能实现，也可以在项目组合内进行产品管理，整个项目组合为解决方案服务，而项目集下的单个项目为产品服务，完成对单个产品的改进或特性增强等。常见的情况是：产品生命周期包含多个项目的生命周期，而项目组合包含多个产品生命周期。

虽然产品管理可以看作另一个领域，有自己的知识体系和实践，但它和项目管理领域有交集，更重要的是，它们需要整合，在生命周期、流程、方法等方面存在一系列关键的整合点，需要一起考虑，有更好的流程、方法和工具实现它们的整合。

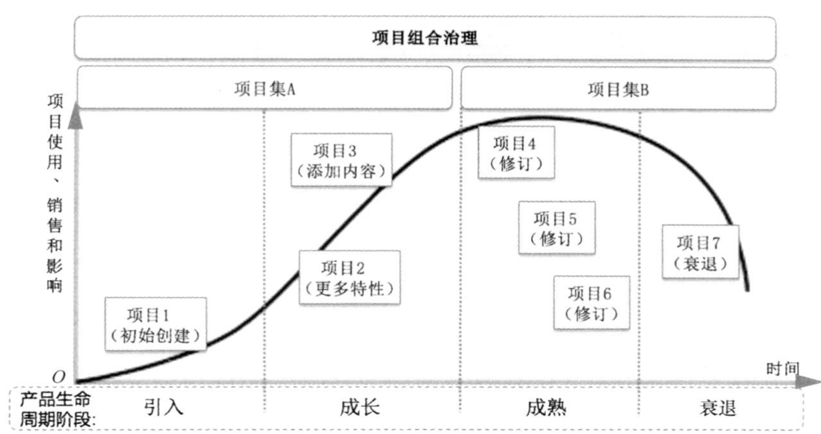

图1-9 产品生命周期示例

项目管理的基本内容是计划、组织和监控，计划包括工作范围确定、风险评估、工作量估算、日程和资源安排等；而组织包括团队的建立、协调和各种资源的调度等。项目生命周期分为5个阶段，如图1-10所示。

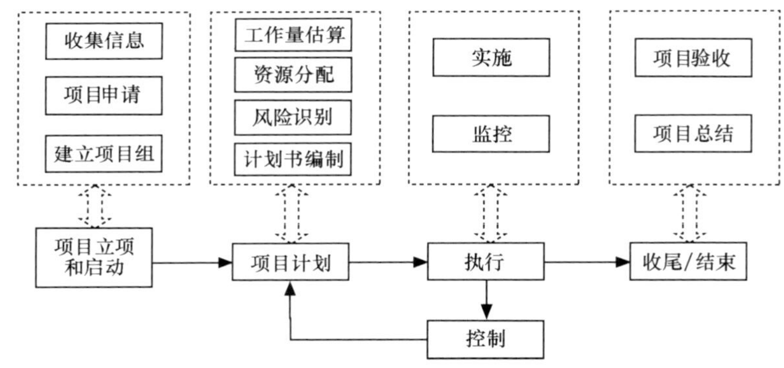

图1-10 项目生命周期示意

（1）**项目立项和启动**。项目正式被立项，并成立项目组，宣告项目开始。启动是一种认可过程，用来正式认可一个新项目或新阶段的存在。

（2）**项目计划**。定义和评估项目目标，选择实现项目目标的最佳策略，制订项目计划。

（3）**执行**。调动资源，执行项目计划。

（4）**控制**。监控和评估项目偏差，必要时采取纠正行动，保证项目计划的执行，实现项目目标。

（5）**收尾/结束**。完成项目验收，使其按程序结束。

因为执行和控制一般是同时进行的，所以可以合并为项目实施和监控阶段。项目结束后，必须进行总结分析，获取经验和最佳实践，为下一个项目打下基础（有时项目结束后还存在一个维护、支持服务的阶段），因此项目生命周期的最后一个阶段可概括为项目验收和总结阶段。

为了帮助读者更好地理解项目的生命周期，这里较详细地介绍各个阶段的主要工作和任务。

1. 项目立项和启动阶段

在项目立项和启动阶段，一般是先收集相关信息，进行项目的可行性分析；通过可行性分析后，会正式提交项目申请书，项目申请书中会说明项目目标、项目收益、项目成本以及如何建立项目组等；项目申请书被批准后，会建立项目组，并宣布项目正式启动。如果是对外项目，则涉及投标、谈判和签订合同等工作内容。

2. 项目计划阶段

项目计划阶段是非常重要的阶段，主要任务有工作量估算、资源分配、风险识别和计划书的编制等。一般会根据项目的特点，对项目作业进行分解，估算项目的工作量；确定和落实项目所需的资源；识别出项目的风险及应对措施；确定各个阶段要递交的成果及验收标准；最后确定项目具体的、整体的实施方案，生成文档。

在软件项目中，设计阶段介于计划和实施阶段之间。概要设计或系统架构设计可以纳入项目计划阶段，概要设计完成之后，才能进行工作量的估算；而详细设计或程序设计可以纳入项目实施阶段。

3. 项目实施和监控阶段

项目实施阶段就是项目计划的执行阶段，也就是根据项目实施的具体方案去完成各项任务。项目实施阶段根据项目特点，还可以继续细分出子阶段，然后完成各个子阶段的任务，并对这些阶段性成果进行检验，确保达到预先定义的技术要求和质量要求。

在执行阶段，监控是非常重要的，即要随时掌握项目的进展情况，了解有什么问题需要解决、有没有新的需求、需求是否发生变化等。如果发现项目偏离计划，就需要采取措施，纠正项目出现的偏离，使项目回到正常的轨道上。如发现有利于项目管理的方法，应及时通报各部门加以应用，以提高项目管理的整体水平。项目的监控还包括以下几方面。

- 协调项目组各方的关系，促进项目组的合作。
- 保持和客户良好的沟通，及时获得客户的反馈。
- 收集项目度量数据，对监控指标的数据进行分析。
- 向客户、项目组和上级汇报项目的状况。

4. 项目验收和总结阶段

在完成项目的各项任务和达到项目的总体目标之后，项目即将结束，应该开始安排项目验收，并进行项目总结。项目验收主要是根据合同所规定的范围及有关标准对项目进行系统验收，以确定项目是否真正达到竣工验收标准、各项指标是否达到合同要求、是否可交付使用。

不管项目是否通过验收，一般都会对项目实施过程中所产生的各种文档、技术资料等进行整理，了解哪些地方做得很好、哪些地方需要提高，分析项目实施过程中的得与失，以积累项目管理的经验，最终提交项目总结报告。除此之外，还应对项目组成员的绩效进行评价，交给相应的技术管理部门和人事部门。

1.6 项目管理知识体系

项目管理就是根据特定的规范，在预算范围内，按时完成指定的任务，即运用既有规律又经济的方法，制订计划，围绕计划对项目进行监控，在时间、费用和人力上进行控制。同时，在项目管理中，必须关注质量，质量是产品或服务立于不败之地的关键。而项目所有活动都是由项目团队来完成的，所以项目组的建设也是非常重要的任务，包括人力资源和沟通的管理。在项目实施过程中，可能会发生意想不到的情况，也有可能在项目范围、资源等方面发生一些变化，例如用户提出新的需求、项目组长突然生病了，这些都是项目潜在的风险，需要尽量预防和控制。所以项目管理涉及各方面的知识，包括计划管理、人员管理、资源管理、风险管理、成本管理、时间管理、沟通管理等。

1.6.1 PMBOK演化的历史

PMBOK 是美国项目管理学会历经近 10 年（1987—1996 年）开发的一个关于项目管理的知识体系标准，之后约每 4 年发布一个版本，目前最新版本是 2021 年发布的 7.0 版。PMBOK 受到项目管理业界的普遍认可，例如，PMBOK 第 3 版被国际电气电子工程师学会（IEEE）认定为作业标准，标准编号为 IEEE 1490-2003，在不同行业得到了广泛的应用。.

PMBOK 将软件开发划分为启动、计划、执行、控制和结束 5 个过程，每个管理过程包含输入、输出、所需工具和技术，而通过相应的输入和输出将各个过程联系在一起，构成完整的项目管理活动过程。PMBOK2000（第 2 版）根据过程的重要性，将项目管理过程分为核心过程和辅助过程两类，共有 39 个过程。

- 核心过程（共 17 个），是大多数项目都必须经历的、依赖性很强的项目管理过程，对项目管理的影响至关重要。
- 辅助过程（共 22 个），是可以根据实际情况取舍的项目管理过程。

在 PMBOK2004（第 3 版）中，为了保证项目管理的各个过程都得到足够的重视，“核心过程”和“辅助过程”概念被取消了，但增加了 7 个过程、减少了 2 个过程、对 13 个过程进行了修改，总共是 44 个过程。第 4 版在沟通管理领域增加了“识别干系人”和“管理干系人期望”，加强了对干系人的关注；第 5 版又将项目干系人管理单独作为一个知识领域，进一步体现了在项目管理过程中对干系人的关注和管理。第 5 版又增加 7 个新过程，分别是“计划（或规划）范围管理”“计划进度管理”“计划成本管理”“计划干系人管理”“管理干系人约定”“控制干系人参与”“控制沟通”，其中“计划干系人管理”“管理干系人约定”“控制干系人参与”包含在新增加的知识领域“项目干系人管理”中；删除了“沟通管理”知识领域中的“管理干系人期望”和“报告绩效”过程，并将“沟通管理”知识领域的“识别干系人”移到知识领域“项目干系人管理”中。这样，PMBOK 第 5 版就包括 10 个知识领域和 47 个过程。

2017 年 9 月，PMBOK 第 6 版发布，在第 5 版的基础上进一步加强了“敏捷”（Agile）的内容，在每个知识领域都增加了关于自适应环境注意事项的内容，说明结合实际、小步快跑的方式更加适用于当今的项目管理发展。第 6 版将“项目时间管理”知识领域调整为“项目进度管理”（Project Schedule Management）知识领域，将“项目人力资源管理”知识领域调整为“项目资源管理”（Project Resource Management）知识领域，删除了“结束采购”管理过程，增加了如下 3 个管理过程。

- 管理项目知识（Manage Project Knowledge）：属于项目综合管理知识领域的执行过程组。
- 控制资源（Control of Resources）：属于项目资源管理知识领域的监控过程组。
- 实施风险应对（Implement Risk Responses）：属于项目风险管理知识领域的执行过程组。

PMBOK 第 6 版调整了多个管理过程的内容，如“活动资源估算”从“项目时间管理”知识领域移动到“项目资源管理”知识领域，将“实施质量保证”修改为“管理质量”，将“项目团队组建”修改为“资源组建”，将“项目团队管理”修改为“团队管理”，将“控制沟通”修改为“监控沟通”，将“干系人管理计划”修改为“干系人参与计划”，将“控制干系人参与”修改为“监控干系人参与”，等等。这样，PMBOK 第 6 版依旧是 10 个知识领域，但有 49 个过程，如表 1-1 所示。

表 1-1　PMBOK 第 6 版的 10 个知识领域及其过程

知识领域	启动	计划	执行	控制	结束
项目综合管理（8 个过程）	制定项目章程；制定项目初步范围说明书	制订项目管理计划	指导与管理项目执行；管理项目知识	监控项目工作；实施整体变更控制	结束项目或阶段
项目范围管理（5 个过程）	范围计划	范围定义；制定工作分解结构；范围确认	范围控制		
项目进度管理（6 个过程）	规划进度管理	活动定义；活动排序；活动时间估算；编制进度表	进度控制		
项目成本管理（4 个过程）	规划成本管理	成本估算；成本预算		成本控制	
项目质量管理（3 个过程）		质量管理计划	管理质量	质量控制	
项目资源管理（6 个过程）		活动资源估算；资源计划；资源组建	团队建设	团队管理；控制资源	

续表

知识领域	启动	计划	执行	控制	结束
项目沟通管理（3 个过程）		沟通管理计划	管理沟通	监控沟通	
项目风险管理（7 个过程）		风险管理计划； 风险识别； 风险定性分析； 风险定量分析； 风险应对计划	风险监控； 实施风险应对		
项目采购管理（3 个过程）		采购管理计划	实施采购	控制采购	
干系人管理（4 个过程）		识别干系人； 计划干系人参与	管理干系人参与	监控干系人参与	

它将项目管理按所属知识领域分为 10 类，按时间逻辑分为 5 类。项目管理的内容一般包括综合（整合）管理、范围管理、进度管理、成本管理、质量管理、资源管理、沟通管理、风险管理、采购管理和干系人管理。

（1）**综合管理**也称整合管理、集成管理，是指为确保项目各项工作相互配合、协调所展开的综合性和全局性项目管理工作，其包括 8 个基本的子过程：制定项目章程、制订项目初步范围说明书、制订项目管理计划、指导与管理项目执行、管理项目知识、监控项目工作、实施整体变更控制、结束项目或阶段。在项目管理中，由于项目各方对项目的期望不同，要满足各方的要求和期望并不是一件很容易的事。例如，客户期望获得非常高的质量，将质量作为首要目标，而项目组可能设法降低成本，将成本作为首要目标。因此，需要在不同的目标之间进行协调，寻求平衡，这主要依靠综合管理来实现。

（2）**范围管理**是对项目的任务、工作量和工作内容的管理，包括范围计划、范围定义、制定工作分解结构、范围确认、范围控制等。说得通俗些，范围管理就是确定项目中哪些事要做、哪些事不需要做，以及每个任务做到什么程度。例如，客户总是不断提出新的需求，如果不能界定项目范围，不能对需求变化进行控制，那么项目将永无休止。

（3）**进度管理**是确保项目按时完成而开展的一系列活动，包括规划进度管理、活动定义、活动排序、活动时间估算、编制进度表和进度控制等工作。进度管理和资源管理、成本管理相互作用、相互影响，需要综合考虑。

（4）**成本管理**是为了确保项目在不超预算的情况下对项目的各项费用进行成本控制、管理的过程，包括规划成本管理、成本估算、成本预算和成本控制等工作。在小的项目过程中，成本估算和成本预算可以合并为一个过程。

（5）**质量管理**是为了确保项目达到所规定的质量要求所实施的一系列管理过程，包括质量管理计划、管理质量和质量控制等活动。质量是项目关注的焦点，成本控制、进度管理和范围管理都应该在保证质量的前提下进行。

（6）**资源管理**。为了提高项目的工作效率、保证项目顺利实施，需要建立一个稳定的团队，调动项目组成员的积极性，协调人员之间的关系，这些都在人力资源管理的范围内。“天时、地利、人和”一直被认为是成功的三大因素，“人和”就是资源管理的目标之一，在项目管理中，最大地发挥每个项目组成员的作用是资源管理的主要任务，包括活动资源估算、资源计划、资源组建、团队建设、团队管理和控制资源等。

（7）**沟通管理**是为了保证有效收集和传递项目信息所需要实施的一系列措施，包括沟通管理计划、管理沟通（包括沟通渠道建设）、监控沟通（如报告制度）等工作。沟通管理包括外部沟通管理（与顾客沟通）和内部沟通管理，而且沟通管理和资源管理之间有着密切关系。

（8）**风险管理**是对项目可能遇到的各种不确定因素的管理，包括风险管理计划、风险识别、风险定性分析、风险定量分析、风险应对计划（或策略）、风险监控和实施风险应对等。项目实施前，虽然制订了项目计划，但是随着项目的不断深入，会发现计划的不足之处，无论是项目的范围、时间还是人力资源、费用等，都存在变数。这些变数可能随时会带来风险，需要得到管理。

（9）**采购管理**是从项目组织之外获得所需的资源或服务所采取的一系列措施，包括采购管理计划、实施采购（包括询价、选择供应商等）、控制采购等工作。采购管理和成本管理有密切的关系。

（10）**干系人管理**主要包括以下4个过程：识别干系人、计划干系人参与、管理干系人参与、监控干系人参与。干系人管理在第4版的PMBOK体系中是归入沟通管理的。美国PMI认识到当今项目干系人管理对项目成败的重大影响，所以PMBOK第5版将“干系人管理”作为单独模块加以讲解。

1.6.2　PMBOK 7.0的主要变化

2017年发布的PMBOK第6版，清晰区分了美国国家标准研究所（American National Standards Institute，ANSI）标准和指南的版本，并首次将“敏捷”内容纳入正文，而非仅在示例中提及；第6版还拓展了知识领域前言部分，包括核心概念、发展趋势和新兴实践、裁剪时需要考虑的因素以及在敏捷或适应型环境中需要考虑的因素。

2021年发布的第7版（即PMBOK 7.0），更加认识到项目管理的大环境在不断发展变化，仅就过去10年，推动各类产品、服务和解决方案中采用的软件呈指数级增长，为此做了很大的变动，如图1-11所示，几乎是为软件项目管理“量身定制”的。随着人工智能、基于云的能力和新的商业模式对创新和新的工作方式的驱动，软件能够促使这种增长继续加大。同时组织模式正在进行数字化转型，这引发了新的项目工作和团队结构的产生，从而需要采用一系列方法来进行项目和产品交付，并要更多地关注成果而非可交付物。另外来自世界任何地方的个人贡献者均可加入项目团队，来承担更广泛的角色，并提出新的思考和协作方式。

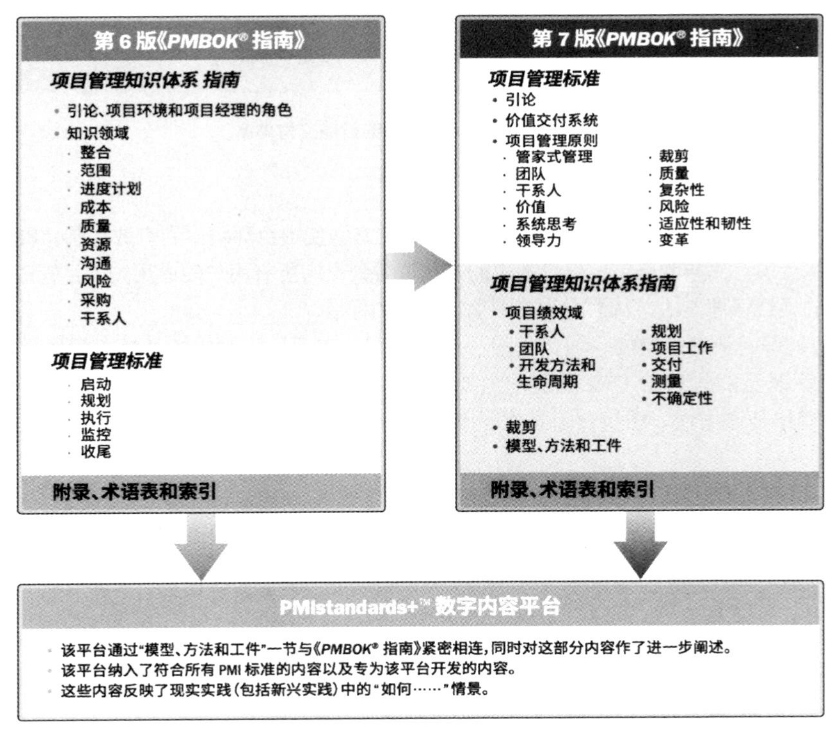

图1-11　PMBOK 7.0的主要变动

第7版将**过去10个“知识领域”转变为8个绩效域**。绩效域是一组对有效地交付项目成果至关重要的活动。总的来说，绩效域所代表的项目管理系统体现了彼此交互、相互关联且相互依赖的管理能力，这些能力只有协调一致才能实现期望的项目成果。项目团队要有整体系统思维的意识，不断审查、讨论、适应并应对这些变化，团队会通过**以成果为中心**的度量指标，而非按照各个过程或生成的工件、计划等来对各绩效域中的有效绩效做出评估。

PMBOK 7.0 更关注“交付价值”（见图 1-12），认为项目不只是产生输出，更重要的是促使这些输出推动实现成果，而这些成果最终会将价值交付给组织及其干系人。项目管理要构建“价值交付系统”，即从项目组合、项目集和项目治理到重点关注将它们与其他业务能力结合在一起的价值链，再进一步推进到组织的战略、价值和商业目标。

PMBOK 7.0 为支持项目管理提供了**高层组合的模型、方法和工件**，融合了项目管理的实践、方法、工件及其他有用的信息，从而推出了交互式数字平台 PMIstandards+，这也反映了项目管理知识体系的动态性。

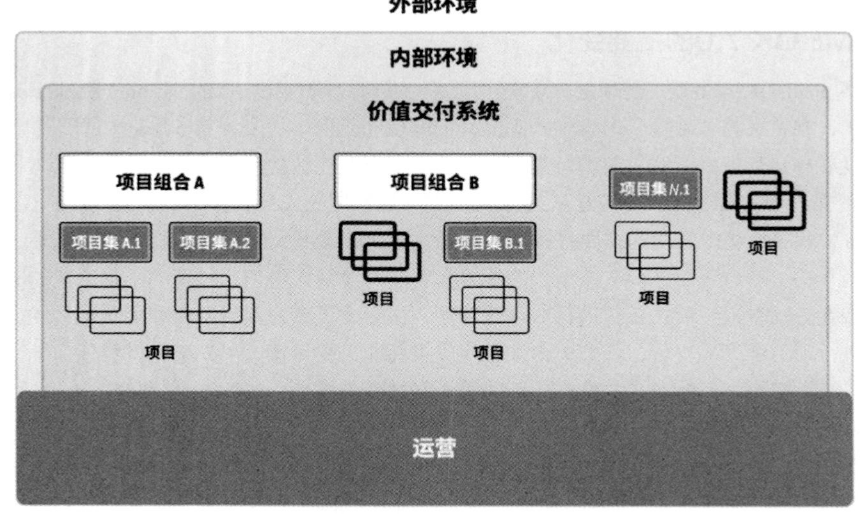

图1-12　软件项目管理的价值交付体系

1.6.3　PRINCE2

PRINCE 是组织、管理和控制项目的方法，强调通过管理方法使项目环境得到有效控制。PRINCE2 是 PRINCE 的升级版，即通过整合现有用户的需求，提炼特定的方法，得到面向所有用户的通用的项目管理方法，而且它是基于过程的、结构化的项目管理方法，从而成为英国项目管理的标准。

PRINCE2 包括组织、计划、控制、项目阶段、风险管理、在项目环境中的质量、配置管理以及变化控制 8 类管理要素。这些管理要素是 PRINCE2 管理的主要内容，贯穿整个项目周期。PRINCE2 的主要管理技术有：基于产品的计划、变化控制方法、质量评审技术，以及项目文档化技术。PRINCE2 项目管理方法的特点有以下几个。

- 项目由业务用例进行驱动，强调业务的合理性和客户需求。
- 描述了项目应如何被切分成可控的、可管理的阶段，以便高效地控制资源的使用和在整个项目周期执行常规的监督流程。
- 易于剪裁和灵活使用，可应用于任何级别的项目。
- 为项目管理团队提供定义明确的组织结构。
- 每个过程都依据项目的大小、复杂度和组织的能力定义关键输入、需要执行的关键活动和特殊的输出目标。
- 描述了项目中应涉及的各种不同的角色及其相应的管理职责。
- 项目计划是以产品为导向的，强调项目按预期交付结果。
- 引入程序管理（Program Management）和风险管理（Risk Management）的概念。

PRINCE2 提供从项目开始到项目结束，覆盖整个项目生命周期的、基于过程的、结构化的项目管理方法，共包括 8 个过程，如图 1-13 和图 1-14 所示。每个过程都描述了项目为何重要（Why）、项目的预期目标何在（What）、项目活动由谁负责（Who）以及这些活动何时被执行（When）。

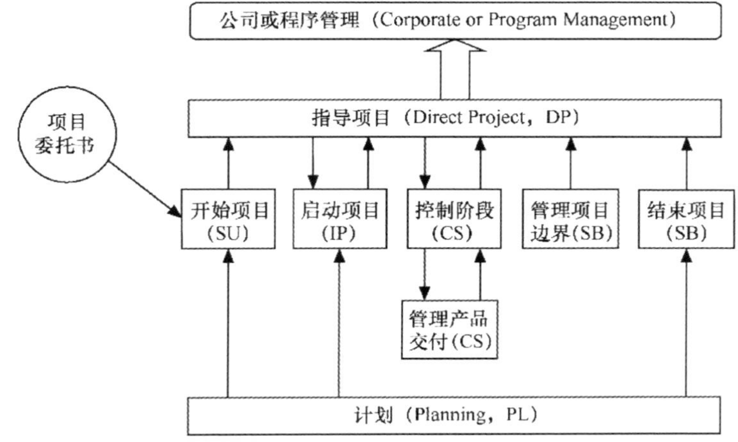

图1-13　PRINCE2知识体系结构

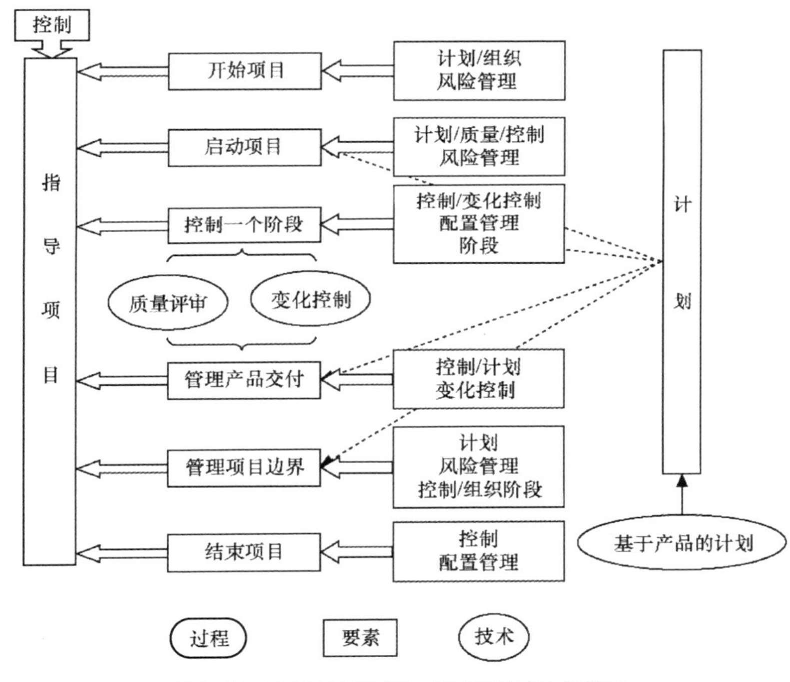

图1-14　PRINCE2过程、要素和技术之间关系

1.6.4　WWPMM

IBM公司早期的项目管理方法主要有应用开发项目的方法论、ERP软件包实施方法论、集成产品研发项目方法论等，而在20世纪90年代中期，为了满足公司向服务转型的需要，IBM公司综合了上述不同的项目管理方法，适时地推出了全球设计发布方法（Worldwide Solution Design and Delivery Method，WSDDM）方法论。随后，IBM公司成立了一个项目管理委员会（PM/COE，项目管理最佳实践中心），进一步整合了公司内部的项目管理方法，从而形成了统一的项目管理方法，称为WWPMM。WWPMM由4个有机部分（即项目管理领域、工作产品、工作模式和信息系统）组成，并定义了13个领域51个子领域（Sub-Domain），在此基础上再分解为150个过程（Process）。IBM公司项目管理方法中的13个领域如下。

（1）变更管理（Change Management）。

（2）沟通管理（Communication Management）。

（3）交付管理（Delivery Management）。

（4）事件管理（Event Management）。

（5）人力资源管理（Human Resource Management，HRM），对应 PMBOK 的人力资源管理。

（6）项目定义（Project Definition）。

（7）质量管理（Quality Management），对应 PMBOK 的质量管理。

（8）资助人协议管理（Sponsor Agreement Management）。

（9）风险管理（Risk Management），对应 PMBOK 的风险管理。

（10）跟踪和控制（Track And Control）。

（11）供应商管理（Supplier Management），对应 PMBOK 的采购管理。

（12）技术环境管理（Technical Environment Management）。

（13）工作计划管理（Work Plan Management）。

PMBOK 中没有项目管理工作产品、工作模式和项目管理系统的概念，所以 PMBOK 以静态的方式，高度概括了项目管理的知识和过程；而 IBM 公司的项目管理方法不但在应用 PMBOK 的基础上进行了扩展，还提供了项目管理的工作产品、工作模式和项目管理系统的概念，成为可以具体指导项目经理进行工作的动态方法论。IBM 公司的项目管理领域与 PMBOK 的 10 个知识领域相比，有以下几方面的异同。

- 在质量管理、采购管理、人力资源管理、风险管理方面基本采用了 PMBOK 的内容，二者比较一致。
- 将 PMBOK 中的综合管理、范围管理、时间管理、成本管理和沟通管理进行结构化，得到项目定义、工作计划管理、变更管理、交付管理、沟通管理、跟踪和控制，符合项目进行的过程，并将项目工作和管理控制工作区分开来。
- 增加了资助人协议管理，以满足公司的实际操作要求，即每一个内部项目都需要一个资助人，这个资助人一般都是副总裁级别的人物。PMBOK 有范围更广的项目干系人管理。
- 增加了事件管理，建立对突发事件的防范和处理的机制。
- 增加了技术环境管理，这是 IT 项目特点（IT 项目的技术性比较突出）所要求的。

WWPMM 项目管理方法目前依托软件 Rational Portfolio Manager（RPM）来实现。它能为企业快速打造统一的项目管理平台，提高项目全生命周期的管理能力，提高整个项目团队的项目计划、执行、监控能力和团队沟通效率，优化企业资源，提高项目执行过程的可见性。

1.7 软件项目管理

软件项目管理自然属于项目管理的范畴，项目管理的思想是相通的，一般来说，基本方法也是适用的，不同之处在于具体方法和管理工具上。软件项目管理中存在一些独特的方法和工具，这些独特之处是由软件及其生命周期的自身特征所决定的，而且受到软件技术快速发展的影响。

1.7.1 软件项目管理的特点

软件不同于一般的传统产品，它是对物理世界的一种抽象，是具有逻辑性、知识性的产品，是一种智力产品。软件突出的特征有需求变化频繁、内部构成复杂、规模越来越大、度量困难等，这些特征给软件管理带来了很大的挑战。

1. 软件项目是设计型项目

设计型项目与其他类型的项目完全不同。设计型项目所涉及的工作和任务不容易采用 Tayloristic（泰勒制）或者其他类型的预测方法，而且设计型项目要求长时间的创造和发明，需要许多技术非常熟练的、有能力合格完成任务的技术人员。开发者必须在项目涉及的领域中具备深厚和广博的知识，并且有能力在团队沟通和协作中表现良好。设计型项目同样需要用不同的方法来进行设计和管理。

2. 软件过程模型

在软件开发过程中，会选用特定的软件过程模型，如瀑布模型、原型模型、迭代模型、快速开发模型和敏捷模型等。选择不同的模型，软件开发过程会存在不同的活动和操作方法，其结果会影响软件项目的管理。例如，在采用瀑布模型的软件开发过程中，对软件项目会采用严格的阶段性管理方法；而在迭代模型中，软件构建和验证并行，开发人员和测试人员的协作就显得非常重要，项目管理的重点是沟通管理、配置管理和变更控制。

3. 需求变化频繁

软件需求的不确定性或变化的频繁性使软件项目计划的有效性降低，从而给软件项目计划的制订和实施都带来了很大的挑战。例如，人们采用极限编程的方法来应对需求的变化，以用户的需求为中心，采用短周期产品发布的方法来满足频繁变化的用户需求。

需求的不确定性或变化的频繁性还会给项目的工作量估算造成很大的影响，进而带来更大的风险。仅了解需求是不够的，只有等到设计出来之后，才能彻底了解软件的构造。另外，软件设计的高技术性进一步增加了项目的风险，所以软件项目的风险管理尤为重要。

4. 难以估算工作量

虽然前人已经对软件工作量的度量做了大量研究，提出了许多方法，但始终缺乏有效的软件工作量度量方法和手段。不能有效地度量软件的规模和复杂性，就很难准确估计软件项目的工作量。对软件项目工作量的估算主要依赖于对代码行、对象点、功能点等的估算。虽然上述估算可以使用相应的方法，但这些方法的应用还是很困难的。例如基于代码行的估算方法，不仅因不同的编程语言有很大的差异，而且没有标准来规范代码，代码的精练和优化的程度等对工作量影响都很大。基于对象点或功能点的方法也不能适应快速发展的软件开发技术，没有统一、标准的度量数据供参考。

5. 主要的成本是人力成本

项目成本可以分为人力成本、设备成本和管理成本，也可以根据和项目的关系分为直接成本和间接成本。软件项目的直接成本是在项目中所使用的资源引起的成本，由于软件开发活动主要是智力活动，软件产品是智力的产品，所以在软件项目中，软件开发最主要的成本是人力成本，包括人员的薪酬、福利、培训等方面的成本。

6. 以人为本的管理

软件开发活动是智力的活动，要使项目获得最大收益，就要充分调动每个人的积极性、发挥每个人的潜力。要达到这样的目的，不能靠严厉的监管，也不能靠纯粹的量化管理，而是要靠良好的激励机制、工作环境和氛围，靠人性化的管理，即以人为本的管理思想。

1.7.2　软件项目管理的目标和范围

软件项目的主要任务一般包括需求获取、系统设计、原型制作、代码编写、代码评审、测试等，根据这些任务可以简单定义项目所需的角色及其职能。在软件项目中，常见的项目角色及其职能如表 1-2 所示。

表 1–2　常见的项目角色及其职能

角色	职能
项目经理	把控项目的整体计划、组织和控制
需求人员	在整个项目中负责获取、阐述、维护产品需求及编写文档
设计人员	在整个项目中负责评价、选择、阐述、维护产品设计以及编写文档
编码人员	根据设计完成代码编写任务并修正代码中的错误
测试人员	负责设计和编写测试用例，以及完成最后的测试执行
质量保证人员	负责对产品的验收、检查和测试的结果进行计划、引导并做出报告
环境维护人员	负责开发和测试环境的开发和维护
其他人员	另外的角色，如文档规范人员、硬件工程师等

软件项目管理有其特定的对象、范围和活动，着重关注成本、进度、风险和质量的管理，还需要协调开发团队和客户的关系，协调内部各个团队之间的关系，监控项目进展情况，随时报告问题并督促问题的解决。虽然软件的

系统架构、过程模型、开发模式和开发技术等对软件项目管理也有影响，或者说软件项目管理对这些内容有一定的依赖性，但是它们不是软件项目管理的关注点。通过下面表 1-3 的对比，我们能更清楚地了解软件项目管理的范围。

表 1-3 软件项目管理和软件开发生命周期的活动比较

<table>
<tr><th>软件项目管理</th><th colspan="2">项目启动</th><th colspan="2">计划阶段</th><th colspan="3">监控阶段</th><th colspan="4">项目结束</th><th>客户服务和系统维护</th></tr>
<tr><td>软件开发生命周期</td><td>概念或愿景</td><td colspan="2">需求分析和定义</td><td colspan="2">设计</td><td colspan="3">实施（编程和单元测试）</td><td colspan="2">系统集成和测试</td><td>系统安装</td><td>维护或支持</td></tr>
<tr><td>说明</td><td colspan="2">项目活动
● 收集数据。
● 识别项目需求。
● 确定项目范围。
● 制定初步的工作分解结构（WBS）。
● 资源估计。
系统开发活动
● 定义产品需求。
● 可行性分析。
● 定义产品范围。
● 规划系统架构</td><td colspan="4">项目活动
● 建立项目团队。
● 制定详细的 WBS。
● 项目路径网络分析。
● 预算和进度估计。
● 编写项目计划。
● 签订项目合同书。
系统开发活动
● 产品需求确定。
● 完成系统架构设计</td><td colspan="3">项目活动
● 建立项目组织。
● 建立和执行工作任务。
● 指导、监督和控制项目。
系统开发活动
● 完成详细设计。
● 签发设计书。
● 构建系统。
● 执行单元、系统和集成测试</td><td colspan="2">项目活动
● 实施技术和财务审核。
● 获取客户认可。
● 准备项目移交。
● 评估和记录结果。
系统开发活动
● 安装和测试系统</td><td>项目活动
● 项目移交。
● 制订客户调查计划。
● 跟踪客户。
● 客户服务。
系统开发活动
● 操作系统。
● 系统技术支持。
● 维护和升级</td></tr>
</table>

1.7.3 软件项目的分类

软件项目可以说形形色色，有大也有小，有内部项目也有外部项目，项目类型对项目的管理确实影响较大。在项目管理中要了解软件项目的各种类型，做到因地制宜，对不同类型的软件项目采取不同的管理策略和方法，从而达到事半功倍的效果。

软件项目类型可以从规模、软件开发模式、产品的交付类型、软件商业模式、软件发布方式等不同方面进行划分，我们需要分析哪些类型对项目管理有影响。软件项目类型可以按下面的方法进行划分。

（1）按规模划分，可分为大型项目、中小型项目等。大型项目比较复杂，代码量在百万行数量级，开发团队在百人以上。

（2）按软件开发模式划分，可分为组织内部使用的软件项目、直接为用户开发的外部项目和软件外包项目等。

（3）按产品的交付类型划分，可分为产品型项目、一次型项目等。

（4）按软件商业模式划分，可分为软件产品销售、在线服务（Online Service）两种模式的项目，或者分为随需服务模式（On-Demand）项目和内部部署模式（On-Premise）项目。

（5）按软件发布方式划分，可分为新项目、重复项目（旧项目），也可分为完整版本（Full Package Release 或 Major Release）、次要版本或服务包（Service Pack）、修正补丁包（Patch）等。

（6）按项目待开发的产品划分，（如 COCOMO 模型中）可分为组织型、嵌入型和半独立型等类型的项目。

- 组织型（Organic）：相对较小、较简单的软件项目（<50 KLOC）。开发人员对项目目标理解比较充分，与软件系统相关的工作经验丰富，对软件的使用环境很熟悉，受硬件的约束较小。
- 嵌入型（Embedded）：要求在紧密联系的硬件、软件和操作的限制条件下运行，通常与某种复杂的硬件设备集成。对接口、数据结构和算法等方面的知识要求高。软件规模没有限制。
- 半独立型（Semidetached）：介于上述两种项目之间，规模和复杂度都属于中等或更高（<300 KLOC）。

（7）按系统架构（Architecture）划分，可分为浏览器-服务器（B/S）结构的项目、客户-服务器（C/S）结构的项目，也可分为集中式系统和分布式系统，或者分为面向对象（OOA）、面向服务（SOA）、面向组件（COA）等类型的项目。

（8）按技术划分，可分为 Web 应用、客户端应用、系统平台软件等类型的项目，也可分为 Java EE、.Net 等类型的项目。

项目的产品类型、规模、开发模式对项目管理影响最大，其次是软件商业模式和发布方式，最后才是系统架构和技术。规模大，项目复杂度就高，自然会带来更大的项目管理风险。同样，一种新技术、新模式的应用，也会带来更多的风险，对项目管理也会有更高的要求。规模和新应用的影响如图 1-15 所示。其他类型的影响，也可以按照这种象限分析方法来考虑。

如果换个角度看问题，不光是产品类型，技术和商业模式的成熟度对项目管理也有较大的影响，如图 1-16 所示。

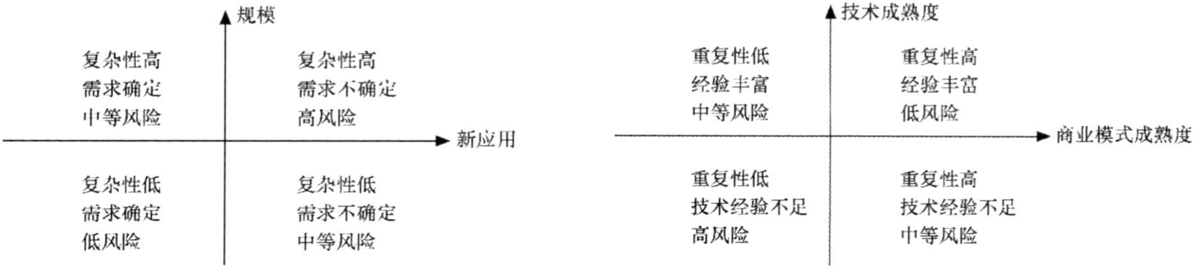

图1-15 规模和新应用的影响

图1-16 技术和商业模式成熟度的影响

小结

项目管理以质量为核心，在任务、成本和进度之间寻求平衡，对项目进行高效率的计划、组织、指导和控制，不断进行资源的配置和优化，不断与项目各方沟通和协调，以保证项目计划顺利实施，最终达到项目所规定的各项目标。项目管理是全过程的管理，是动态的管理，它覆盖项目的整个生命周期，从项目立项、启动开始，经过计划、实施和监控阶段，直至项目收尾、结束。项目管理一般面临两个挑战。

- 在范围、时间、质量和预算等条件限制下达到项目的各项目标。
- 为达到预先定义的项目目标，需要进行各种资源的分配、整合和优化。

软件项目管理还会遇到更大的挑战，如需求变化频繁、难以估算工作量等，必须通过合适的软件过程模型、方法和技术来解决这些问题，加强风险管理。在软件项目管理中，人力成本是主要的成本，软件是智力的产品，要获得项目的最大效益，就要实施“以人为本”的管理。

项目管理涉及各方面的知识，包括计划管理、人员管理、资源管理、风险管理、成本管理、时间管理、沟通管理等。项目管理的知识体系，可以参考：

- 美国 PMI 推出的项目管理知识体系 PMBOK；
- 英国政府商务部（OGC）出资研发的 PRINCE2；
- IBM 公司的全球项目管理方法 WWPMM。

本书主要以 PMBOK 作为知识体系的参考依据，在后面各章进行展开讨论。

习题

1. 结合生活中某件事，谈谈项目管理的作用。
2. 软件项目与一般项目的区别在什么地方？软件项目管理中最突出的问题是什么？
3. 项目管理的要素有哪些？怎样衡量项目是否成功？
4. 如何理解在任务、进度和成本之间获得平衡？有什么具体实例可以说明？
5. 如何理解 PMBOK 7.0 发生的变化？这主要是受到软件开发中的敏捷思想和实践影响吗？
6. 收集相关资料，对 PMBOK 和 PRINCE2 进行比较，阐述它们各自的特点。

02

第2章　项目绩效域

项目绩效域

项目绩效域是项目管理中与有效交付项目成果密切相关的一组因素，包括干系人、团队、开发模式和生命周期、计划、项目监控、交付、度量以及不确定性。这些项目绩效域之间相互作用、相互影响，彼此之间存在着复杂的关系和依存关系。项目的成功不取决于单个绩效域的表现，而是需要各个项目绩效域共同发挥作用、协同合作、共同努力，以实现项目的整体目标。因此，我们需要将这些绩效域组合在一起形成统一的整体，并将之作为完整的系统运行，从而实现项目及其预期结果的成功交付。

绩效域在整个项目中同时运行，虽然不同的绩效域传递价值会发生在不同时间（项目开始、结束时或经常、定期）。例如，从项目启动到项目完成，项目领导者将精力集中在干系人、项目团队、项目生命周期和项目监控等方面，由于这些重点领域之间相互作用、相互影响，故没有将之作为独立的工作进行处理。对于某个具体的项目，绩效域的关联方式也是不同的，但它们存在于每个项目中。在每个绩效域内进行的具体活动由组织、项目、可交付成果、项目团队、干系人和其他因素的背景所决定。

2.1　干系人绩效域

干系人是指项目涉及的各方利益相关者，可以是个体、群体或组织，他们影响着项目（或项目集、项目组合）的活动、决策或成果，如图 2-1 所示。最核心的干系人是项目经理、项目管理团队和项目团队等，然后是治理机构、项目管理办公室和指导委员会等，而外围是供应商、客户、最终用户、监管机构等。

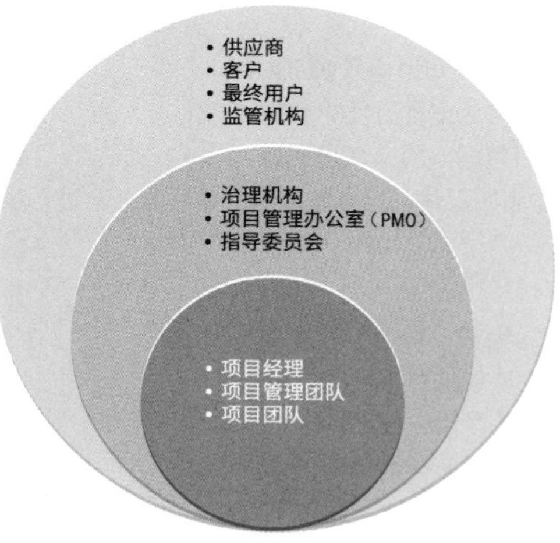

图2-1　项目干系人示例

干系人绩效域涉及与干系人相关的活动和功能。干系人绩效域的目标是满足项目各方利益相关者的需求和期望，使项目能够达到预期的业务目标。**在项目整个生命周期中，有效执行本绩效域可以实现的预期目标主要包含：**

- 与干系人建立高效的工作关系；
- 干系人认同项目目标；
- 支持项目的干系人提高了满意度，并从中受益；
- 反对项目的干系人没有对项目产生负面影响。

2.1.1 绩效要点

从项目启动阶段起，与干系人共同明确并分享项目的清晰愿景并达成一致意见是必要的。在进行项目管理的过程中，通常遵循的步骤和程序为识别、理解与分析、设定优先级、参与以及监控，如图 2-2 所示。

（1）**识别**。在组建项目团队之前，可以先对处于高层级的干系人进行识别，再逐步、逐层识别详细的干系人。识别过程中需要注意，有些干系人很容易识别，如与项目关系密切的个体或群体等，但有些干系人很难识别，需要综合考虑项目所处的内部、外部环境再进行详细挖掘。在开展项目期间，如果出现新的干系人或者干系人环境发生了变化，项目团队需要重复进行干系人识别活动。

（2）**理解与分析**。如果已经识别出干系人，项目经理和项目团队就需要尽力去了解干系人的情感和价值观念，分析每个干系人对项目的立场和持有的观点。随着时间的推移和环境的变化，干系人对项目的立场和持有的观点会发生变化，因此，在项目生命周期中需要持续地理解与分析干系人。

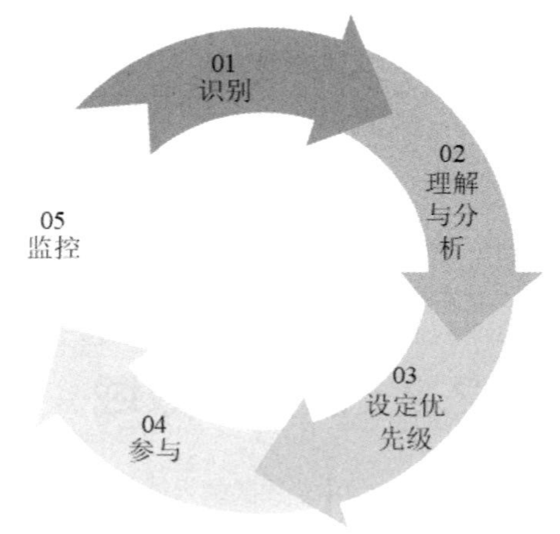

图2-2　干系人参与活动

对干系人进行分析时，需要考虑的因素包括权力、作用、态度、信念、期望、影响程度、与项目的邻近性、在项目中的利益以及与干系人和项目互动相关的其他方面。这些因素可以帮助项目团队了解干系人的动机和行为。此外，如果超出分析的背景范围，可能会被误解，因此这类分析工作需要适当保密。在实际项目中，干系人可能会结盟，还需要考虑并分析干系人之间的互动关系。

（3）**设定优先级**。项目经理和项目团队需要对干系人进行优先级排序，将管理重点放在权益大的干系人中。如果出现新的干系人或者干系人环境发生了变化，项目团队需要重新进行优先级排序。

（4）**参与**。项目执行过程中，项目经理和项目团队需要促进干系人参与项目，引导他们提出需求，并与干系人共同处理需求、协商解决问题的方法，最终做出决策。通过一些非技术技能和项目经理的领导力（如沟通能力、倾听能力、人际关系处理能力和冲突处理能力等），可以促进干系人的参与。

（5）**监控**。在整个项目期间，项目经理和项目团队需要监督干系人参与的程度和干系人绩效域的有效性，不仅需要识别、理解与分析新的干系人，还要评审目前进行的计划是否可行或是否需要更改。干系人绩效域的有效性可以通过干系人满意度指标来评估。通过与干系人的沟通交流、干系人在评审会上的反馈和其他一些方法，便可得知干系人满意度。在干系人数量较多的情况下，可以让干系人填写问卷以得知干系人满意度。按照实际情况调整促进干系人参与的方法可以提高满意度，从而提高干系人绩效域的有效性。

2.1.2 与其他绩效域的相互作用

在一个完整的项目中，干系人会参与进来并与其他项目绩效域相互作用，比如干系人会为项目团队提出需求，对待办事项列表进行优先级排序，进而确定可以实现的目标范围；干系人参与制订计划；干系人参与制定项目可交付件（是指项目的暂时性或终止性软件产品或软件服务，这些都有助于实现项目预定的最终目标）的验收标准。干系人参与项目有利也有弊，其可能降低项目管理中的不确定性，但是也可能提高不确定性。某些干系人（如客户和一些管理者等）会对可交付件的质量保持关注，要求项目质量达到干系人期望并满足项目和产品需求。

2.1.3　执行效果检查

干系人绩效域的检查方法如表 2-1 所示。

表 2-1　干系人绩效域的检查方法

预期成果	指标及检查方法
建立高效的工作关系	干系人参与的连续性：通过对干系人参与的连续性进行观察、记录，衡量其对项目的相对满意程度
确保干系人对项目目标的认同	变更的频率：对项目范围、产品需求的大量变更或修改可能表明干系人没有参与项目或与项目目标不一致
提升支持项目的干系人的满意度并确保他们从项目中获益	• 干系人行为：干系人在项目中的行动和表现，比如他们对项目目标、计划和结果的支持或反对态度。 • 干系人满意度：干系人满意度的高低通常反映了项目的成功程度。调查方式有多种，如问卷调查、面对面访谈、小组讨论等。通过调查干系人满意度，判断干系人对项目和项目可交付件的态度
最小化反对项目的干系人对项目进展的负面影响	干系人相关问题和风险：通过评审项目的问题日志和风险登记册来识别与干系人有关的问题和风险

2.2　团队绩效域

在项目管理中，团队绩效域关注团队成员有关的活动和职能。在项目整个生命周期中，按照团队绩效域执行可以实现的预期目标主要包含：

- 团队成员共同承担责任；
- 整个团队绩效高；
- 团队成员之间人际关系融洽。

在项目整个生命周期中，为了有效执行团队绩效域，项目经理需要重点关注项目团队文化、高绩效项目团队和领导力。

在进行项目管理的时候，一般使用团队开发、团队管理、团队绩效评估、团队改进的流程。

2.2.1　绩效要点

1. **项目团队文化**

项目团队文化反映了项目团队中个体的工作和互动方式。通过制定项目团队准则或者根据团队成员的表现，可以形成优秀的项目团队文化。**通过如下方法，可以确保形成和维护安全、尊重、无偏见的团队文化，以支持团队成员坦诚沟通。**

（1）**透明**：保持透明有助于识别和分享，同时对偏见也要保持透明。

（2）**诚信**：诚信包括职业道德行为和诚实行为。职业道德行为包括在项目设计中披露产品的潜在缺陷、消极影响以及利益冲突，公平公正；在每次决策时要考虑环境、利益相关者和财务等因素。诚实行为包括披露项目风险、如实说明假设和推算依据、尽早发布不利消息、确保项目状态报告准确无误等。

（3）**尊重**：尊重每个团队成员及其观点、思路、能力以及他们为项目团队做的贡献。

（4）**积极的讨论**：通过对话或辩论等方式积极讨论，处理各种意见、不同的见解或观点，消除误解。

（5）**支持**：项目团队成员之间相互支持和合作，共同努力解决和应对项目中的问题和挑战。支持基于开放和透明的沟通，鼓励团队成员分享自己的知识和经验。也可以通过认可和激励、换位思考和积极倾听等来向项目团队成员提供支持。

（6）**勇气**：项目团队成员面对挑战和困难时展现的坚韧和勇敢，以及敢于表达观点、勇于提供解决方案的能力。

（7）**庆祝成功**：要实时庆祝成功并表达认可，激励项目团队和个人朝着项目整体目标稳步前进。

2. 高绩效项目团队

（1）**开诚布公的沟通**：达成共识、信任和协作的基石。在开诚布公、安全的沟通环境中，可以有效开展会议、解决问题和开展头脑风暴等活动。

（2）**共识**：共享项目的目的及其将带来的收益。

（3）**共享责任**：项目团队成员之间共同承担项目的责任和义务，每个成员都积极参与项目，为项目的成功贡献自己的力量和智慧，共同分享项目成果和成功经验。

（4）**信任**：成员相互信任的项目团队愿意付出更多的努力来取得成功。

（5）**协作**：项目团队互相支持、协作和协调，多方思考以获得更好的项目成果。

（6）**适应性**：项目团队能够在面对变化和挑战时对工作方式迅速做出调整，提高工作的有效性。

（7）**韧性**：当项目出现问题或阻碍时，项目团队能灵活应对。

（8）**赋能**：给项目团队成员赋能，使其有权对所采取的工作方式做出决策。

（9）**认可**：获得项目经理等领导认可的项目成员更有动力去追求优秀的绩效。认可的方式可以是简单的口头表扬，可以激发团队成员的积极性、强化整个团队。

3. 领导力

（1）**建立和维护愿景。**项目愿景是指项目干系人认同的总体目标、项目完成之后应具备的状态。良好的愿景能够激发团队成员对实现项目愿景的热情和动力，而且具有明确性、简明性和可实现性，所有团队成员都应该参与愿景的设定和实现过程。

（2）**批判性思维。**批判性思维是指以开放、怀疑和审慎的态度对信息、观点和假设进行分析和评估的思考方式。项目团队成员可运用批判性思维进行以下工作：

- 深入分析问题，找出解决问题的有效途径；
- 综合评估方案，选择最适合项目目标的方案；
- 评估和权衡决策的各种选项，做出明智的决策；
- 验证和分析信息，确保信息的准确性和可靠性；
- 与团队成员进行有效沟通和讨论，共同解决问题，提高团队绩效；
- 审视项目目标和计划，及时调整和优化项目进程；
- 全面评估项目可能面临的风险，及时应对和处理项目风险；
- 发现问题和改进机会，持续提升项目执行效率和质量。

（3）**激励。**激励项目团队成员包含两个方面：一是了解哪些因素可以激励项目团队成员，实现出色绩效；二是与项目团队成员合作，致力于开展项目活动并取得预期成果。由于对团队成员的激励方式可能因团队文化、项目性质和个人偏好而异，所以需要了解每位成员的首要激励因素，根据首要激励因素和个人偏好选取合适的激励方法。

4. 人际关系技能

（1）**情商**：情商可以帮助我们了解自己并有效维持与他人的工作关系。用于定义和解释情商的模型有多个，情商一般集中表现在 4 个层次，如图 2-3 所示。

- **自我意识**，是指个体对自己的认识和理解，包括对自己的优点、缺点、价值观、情绪状态和行为等的认知。
- **自我管理**，也称为“自我控制”，是指个体对自己的行为、情绪和思维等进行有效控制和调节的能力。
- **社交意识**，是指个体对自身与他人之间的社会关系和互动的认知、理解和敏感度，包括读懂情绪暗示和肢体语言的能力等。
- **社交技能**，是指在与他人进行交往和互动时所展现出的能力和技巧，涉及管理项目团队、建立社交网络、寻找与干系人的共同基础以及建立融洽的关系等。

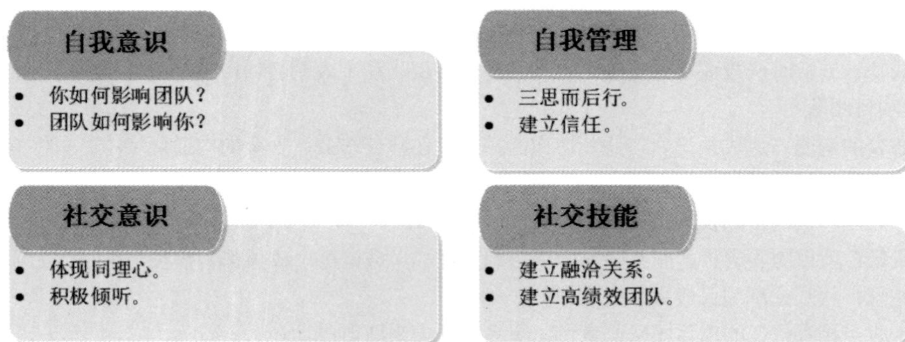

图2-3 情商的4个层次

(2)**决策**:项目经理和项目团队成员可以单方面做出决策。单方面做出决策速度快,但容易出错,也会因未考虑受决策影响的人的感受而降低他们的积极性。群体决策具有包容性的特点,可以利用群体广泛的知识,让人们参与决策,使他们对成果更加认同。群体决策的缺点是需要参与者从工作中停下来,所以耗时较长。项目团队决策可以采用先发散、后汇聚(即先民主、后集中)的模式,先让更多的干系人参与,集思广益,制定多个备选的解决方案,再利用投票、德尔菲法(Delphi Method)等手段选出最佳方案。

(3)**冲突管理**:项目在充满变化的环境中运行,时常会由预算、范围、进度和质量等各种相互排斥的制约因素引起冲突。冲突不一定是负面的,有效处理冲突可以帮助决策并形成良好的解决方案。有效处理冲突的方法如下。

- **尊重并开诚布公地沟通**:在沟通时,确保言语、语调和肢体语言都表达出友好和尊重的态度,这样可以减轻冲突可能引发的焦虑。
- **聚焦于问题**:应始终保持对事不对人的态度,专注于解决问题,而不是进行指责或人身攻击。
- **着眼于当前和未来**:始终保持向前看的态度,而不是沉溺于过去的情况。这样可以确保我们专注于当前的问题和解决方案。
- **共同寻找备选方案**:通过与其他团队成员共同寻找解决办法和替代方案,可以减小或消除冲突可能带来的负面影响。这些方案可以包括新的工作流程、资源分配和决策策略等。

2.2.2 与其他绩效域的相互作用

团队绩效域聚焦于项目经理和项目团队成员在整个项目生命周期中的技能,这些技能已融入项目的各个方面。在整个项目期间,项目团队成员都需要全程展现与团队相关的领导力素质和技能。例如,在进行计划时和干系人沟通项目愿景和收益,在参与项目工作时运用批判性思维解决问题和进行决策。

2.2.3 执行效果检查

团队绩效域的检查方法如表 2-2 所示。

表 2-2 团队绩效域的检查方法

预期成果	指标及检查方法
共同承担责任	目标和责任心:所有项目团队成员都了解愿景和目标,整个项目团队对项目的可交付件和项目成果承担责任
建立高绩效团队	• 信任与协作程度:项目团队成员之间彼此信任,彼此尊重,相互支持,共同应对挑战。 • 适应变化的能力:项目团队具有出色的适应变化的能力。在面对不断变化的情况时,他们能够迅速调整自己的工作方式和方法,以适应新的需求和要求。 • 彼此赋能:项目团队成员之间相互赋能,彼此支持。同时项目团队对其成员赋能并认可
项目的所有团队成员都展现出相应的管理技能	管理和领导力风格是否具有适宜性;项目团队成员能否运用批判性思维和人际关系技能;项目团队成员的管理和领导力风格是否适合项目的背景和环境

2.3　开发模式和生命周期绩效域

开发模式和生命周期绩效域是指在项目的不同阶段和采用的开发模式中，项目团队如何对项目整个生命周期中的绩效进行评估。在项目生命周期中，**有效执行本绩效域可以实现的预期目标主要有**开发模式与项目可交付件相符合，将项目交付与干系人价值紧密关联，项目生命周期由促进交付节奏的项目阶段和产生项目交付物所需的开发模式组成。

在进行项目管理的时候，一般会选择瀑布模型或者敏捷开发模式等进行交付，并贯穿项目的各个环节，从而确保项目在整个生命周期内顺利进行，并及时发现和解决问题。

在项目整个生命周期过程中，为了有效执行开发模式和生命周期绩效域，项目经理需要重点关注交付节奏、开发模式及其选择、协调交付节奏和开发模式等。

2.3.1　绩效要点

1. 交付节奏

交付节奏指在软件项目中确定并执行交付成果的频率和时间表。项目可以一次性交付、多次交付、定期交付和持续交付。

（1）**一次性交付**。一次性交付是指一次性完成整个项目的交付成果并交付给客户或利益相关者。例如，流程再造项目只在项目结束时进行交付，其他阶段可能不会进行任何交付。

（2）**多次交付**。多次交付是指在不同时间逐步交付系统的不同模块的方式，因为系统往往由多个模块组成。相比于一次性交付整个系统，多次交付可以让客户更早地获得可用的软件功能，降低开发风险，提高项目的透明度和灵活性。例如，为新小区建立安保系统的项目，可交付件有进入小区的刷卡门禁、单元楼防盗门禁、物业监控子系统和报警子系统等，有些交付物可以单独交付或按照特定顺序（依赖性）交付。在项目最终完成前，要完成并交付所有项目成果。

（3）**定期交付**。定期交付与多次交付十分类似，但定期交付是按固定的交付计划进行，例如每月交付一次或每周、每天交付一次。软件项目可能在团队内部每周交付一次，经过相关检验后，每月向市场发布一个新版本。

（4）**持续交付**。持续交付强调通过频繁、小规模的交付，持续向用户提供高质量的软件功能。持续交付可用于数字化产品，聚焦于在整个项目生命周期内创造的价值与产生的收益。

2. 开发模式

开发模式可以简单分成两大类——迭代开发模式（迭代型开发）和增量开发模式（增量型开发），它们之间的区别如图 2-4 所示。

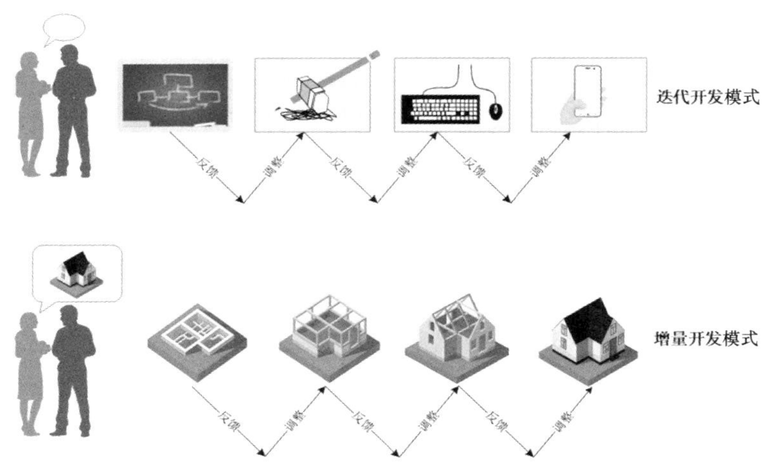

图2-4　迭代开发模式和增量开发模式的区别

（1）**迭代开发模式**适合需求不明确或频繁变化以及用户参与程度高的项目。在最后一次迭代之前，迭代开发模式可以完成可接受的全部功能。

（2）**增量开发模式**适用于长期项目，将项目分解为多个增量，逐步形成可交付件。在规定好的时间期限内，每次迭代都会增加功能，该可交付件包含的所有功能只有在最后一次迭代结束时才算完成。

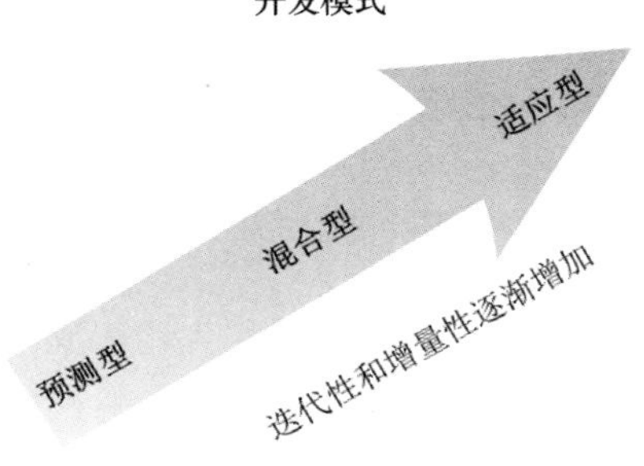

图2-5 开发模式

从另一种角度，开发模式又可分为预测型模式、混合型模式和适应型模式，如图 2-5 所示。

（1）**预测型模式**，又称为瀑布模型。这种开发模式相对稳定，在项目生命周期的早期阶段明确定义项目的范围、进度、成本、资源和风险；项目团队能够在项目早期减少很多不确定性因素并提前完成大部分计划内的工作。预测型模式适用于一些在开始时就可以定义、收集和分析项目和产品的需求的项目，以及一些需要经常评审、改变控制机制和在开发阶段中需要重新计划的、存在重大投资和高风险的项目。

（2）**适应型模式**，在项目开始时确立了明确的愿景，之后在项目进行过程中在最初已知需求的基础上，按照用户反馈、环境或意外事件来不断完善、说明、更改或替换。适应型模式迭代周期短、交付频率高，产品会根据干系人反馈快速演化，所以适用于需求存在很大的不确定性和易变性的项目。敏捷开发模式的迭代周期短（如1～4 周），可以视为适应型模式。项目团队成员在整个迭代期间相互配合，会积极参与每次迭代的计划以不断确定范围、实现目标，根据事件优先级确定的待完成事件表来确定项目的范围和可以实现的目标，并对所涉及的工作量进行估算。

（3）**混合型模式。**混合型模式结合了预测型模式和适应型模式的优势，会涉及预测型模式和适应型模式中的一些关键要素。混合型模式的适应性比预测型模式强，但比纯粹的适应型模式弱。

3. 开发模式的选择

产品或服务、项目和组织都会影响开发模式的选择。

（1）与产品或服务相关的因素如下所示。

- **创新程度**：当一个项目是项目团队以前做过且已充分了解范围和需求并已进行提前计划的项目时，适合采用预测型模式；当一个项目是项目团队以前没有做过的项目（即项目的创新程度高）时，适合采用适应型模式。
- **需求确定性**：当项目的需求更明确、更容易定义时，适合采用预测型模式；而当项目的需求复杂或是在整个项目期间会存在不确定性和易变性时，适合采用适应型模式。
- **范围稳定性**：当可交付件的范围稳定且变化小时，适合采用预测型模式；如果范围会有许多变更，则适应型模式会更适合。
- **变更的难易程度**：取决于需求的确定性与范围的稳定性。当可交付件（如硬件）的变更（管理和合并等）较为困难时，适合采用预测型模式；当可交付件（如软件）比较容易变更时，适合采用适应型模式。
- **可交付件的性质以及是否能进行多次交付**：如当项目可以分模块开发、交付时，适合采用混合型模式或适应型模式。
- **风险**：在选择开发模式之前，需要对高风险的产品进行分析。有些项目可以通过在前期进行大量的计划以及严格的流程把控来降低风险，可适当采用预测型模式，通过模块化构建、调整设计和开发，降低风险。
- **安全需求**：对于安全需求较大的项目，通常采用预测型模式。在前期需要进行大量的计划，以识别、计划、创建、整合和测试所有的安全需求。
- **法规**：在重大监管环境下，可能更适合采用预测型模式。

（2）与项目相关的因素如下所示。

- **干系人**：在项目整个生命周期中，当使用适应型模式时需要大量干系人的参与。在确定工作及其优先级顺序方面，有些干系人扮演着重要角色。
- **进度制约因素**：当产品需要尽早交付时，可采用迭代开发模式或适应型模式。

- **资金可用情况**：当项目是在资金不确定的环境中运行时，可以采用适应型模式或迭代开发模式。发布最小范围的产品所需投资较少，有益于利用最小的投资进行市场测试或占领市场，并可灵活根据市场对产品或服务的反馈效果进一步追加投资。

（3）与组织相关的因素如下所示。

- **组织结构**：当项目的组织结构为多层次、工作汇报的结构严谨时，适合采用预测型模式，当项目的组织结构层次少、幅度大时，适合采用适应型模式，这样更有利于与自行组织管理的项目团队共同工作。
- **文化**：对于拥有指导文化的组织，适合采用预测型模式，因为他们会制订严谨的工作计划，并根据有关标准判断进展的情况。对于项目团队自行管理的组织，适合采用适应型模式。
- **组织能力**：在从预测型模式发展成适应型模式并运用适应型模式的过程中，不仅需要组织具有敏捷性，也需要整个组织的高层领导者改变思考模式。
- **项目团队的规模和所处位置**：适应型模式通常更适用于处于同一物理空间的、规模不大（建议 7～9 名成员）的团队。对于大规模和主要利用虚拟技术进行工作的项目团队，更适合采用预测型模式。

4. 协调交付节奏和开发模式

在社区中心项目示例中，有建筑物和网站两种产品以及老年人服务和社区行动巡查培训两种服务。交付节奏和开发模式如表 2-3 所示。

表 2-3　交付节奏和开发模式

可交付件	交付节奏	开发模式
建筑物	一次性交付	预测型模式
网站	定期交付	适应型模式
老年人服务	多次交付	迭代开发模式
社区行动巡查培训	多次交付	增量开发模式

首先，按先后顺序执行启动和计划阶段。其次，开发、测试和部署阶段可能会存在重叠部分，这主要是因为需要在不同的时间开发、测试和部署不同的可交付件，但有些可交付件的交付节奏可能为多次交付。社区中心项目的生命周期如图 2-6 所示。在启动阶段进行初始审查，之后在计划阶段进行规划审查。该图将开发阶段进行了细化展示，以说明每个可交付件的开发时间以及交付节奏部署。测试阶段与开发阶段的节奏相同。在部署阶段进行可交付件的交付。

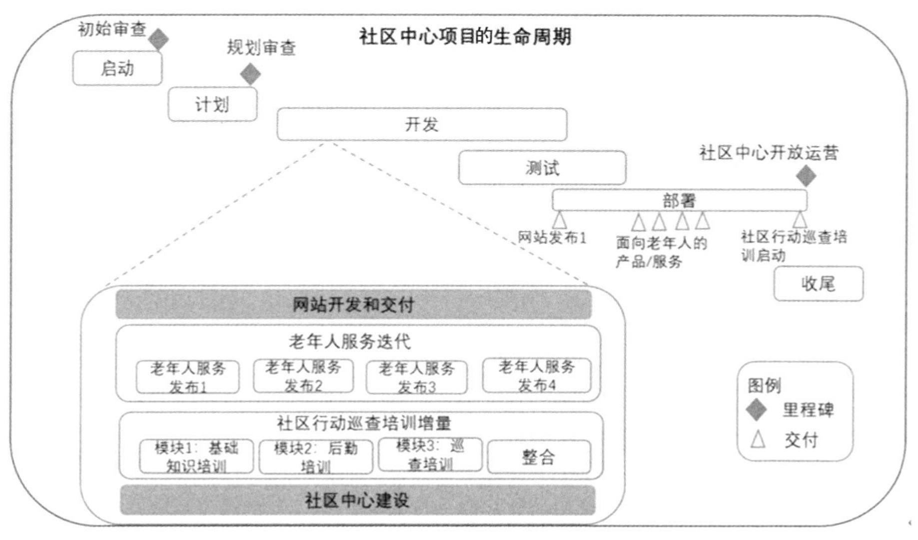

图2-6　社区中心项目的生命周期

2.3.2　与其他绩效域的相互作用

开发模式和生命周期绩效域与其他绩效域的相互作用如下所示。

- 项目计划工作受开发模式的影响，预测型模式在前期会开展大部分的计划工作，在其余部分使用渐进明细中的滚动式计划方法不断细化。
- 选择合适的开发模式和交付节奏可以降低项目的不确定性。当可交付件存在大量需要干系人进行验收的风险时，适宜选择迭代开发模式。当可交付件存在大量需要监管的风险时，适宜选择预测型模式，进行额外的测试、编写相关文档，并使用完整的流程和程序进行开发。
- 开发模式和生命周期绩效域与交付绩效域在确定交付节奏和开发模式时，其关注点会有很多重复之处。交付节奏是确保实际项目的价值交付和可行性计划保持一致的主要因素之一。
- 开发模式和生命周期绩效域与项目监控绩效域、团队绩效域在项目团队能力和项目经理领导力方面会相互作用。采用不同开发模式的项目团队，其团队工作方式和团队领导风格会有所不同。当使用预测型模式时，需要重点关注前期计划、度量和管理。当使用适应型模式时，需要项目经理拥有更多的服务型领导风格，项目团队逐步进行自我管理。

2.3.3　执行效果检查

开发模式和生命周期绩效域的检查方法如表 2-4 所示。

表 2-4　开发模式和生命周期绩效域的检查方法

预期成果	指标及检查方法
项目开发模式与可交付件相符合	产品质量和变更成本：采用合适的开发模式（预测型、混合型或适应型），可交付件的产品变量比较高，变更成本相对较小
将项目交付与干系人价值紧密联系	价值导向型项目阶段：按照价值导向将项目工作从启动到收尾划分为多个项目阶段，项目阶段中包括适当的退出标准
项目生命周期由加快交付节奏的项目阶段和产生项目交付物使用的开发模式组成	合适的交付节奏和开发模式：当项目产生了多个可交付件，且交付节奏和开发模式不同时，可以重叠或重复某些生命周期阶段

2.4　计划绩效域

计划包括项目管理、范围、资源、质量、进度、成本、沟通、风险等各个方面的计划内容，可明确各项工作的目标，更高效（成本更低、时间更短）地达到其各项目标，保证最终按时、按质、按量地完成项目的交付。

计划绩效域为了确保项目的目标能够顺利达成，涵盖项目计划阶段中的各类过程和活动，其实也涵盖了达成整个项目目标所必需的活动与职能，如计划的信息包含管理干系人的各类需求、合理的进度、系统化的方法、以有层次且互相协作的方式推动项目、对不断演变的情况做出详细说明并调整计划等。

在进行项目管理的过程中，计划需要作为核心来执行。其中，项目经理需要在项目生命周期的各个阶段重点关注项目估算、计划的影响因素、度量指标和一致性，以达到有效执行计划绩效域的目的。

2.4.1　绩效要点

1. 项目估算

估算是对某一变量的可能数值或结果的定量评估。计划时需要对工作投入、持续时间、成本、人员和软硬件资源等进行估算。随着项目的进行，估算可能会随着情况的变化而变化。

在项目的整个生命周期中，影响估算的 4 个方面如下所示。

（1）**区间。**在项目开始阶段，当没有太多与项目和产品范围、干系人、需求、风险和其他情况相关的信息时，估算区间可能会较大。随着时间的推移，估算区间会逐步缩小，如图 2-7 所示。开始寻找项目机会时的区间为−25%～

+75%；在项目生命周期的过程中，进展良好的项目估算区间可能为-5%～+10%。

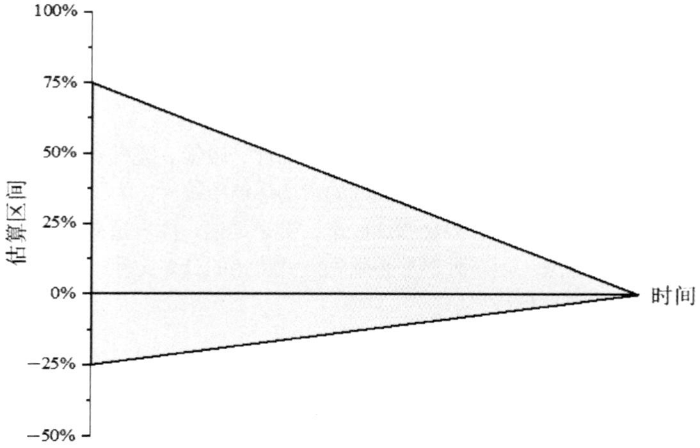

图2-7　估算区间随着时间的推移逐步缩小

（2）**准确度，**是指估算的正确性。准确度与区间（系统误差）相关，准确度越低，估算值的潜在区间就越大。项目开始时的估算准确度将低于项目进展中的估算准确度。

（3）**精确度**，与准确度不同，精确度指估算值的偶然误差程度，如图 2-8 所示。例如，估算时间为“2 天”，比“本周某个时间”更精确。

（4）**信心**，会随着经验的增长而增加，处理以前类似项目的经验将有效提高信心。面对新技术和不断演变的技术，人们估算的信心可能会降低。

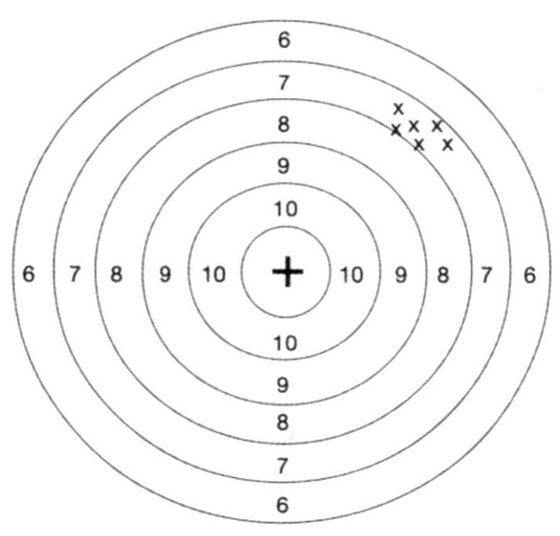

图2-8　准确度低但精确度高

在估算中，存在如下 4 种主要的调整估算的方法。

（1）**确定性估算和概率估算。**确定性估算也称为点估算，可表示为一个数字或金额，如 24 个月。概率估算包括一定区间内的估算以及该区间内的相关概率，有 3 个相关因素：一定区间的点估算、置信水平和概率分布。这 3 个因素共同组成了一个可描述概率估算的、完整的度量指标。确定概率估算值的方式主要为以下两类：利用多个可能的结果计算加权平均值、通过模拟对特定结果从成本或时间进度等方面进行概率分析。

（2）**绝对估算和相对估算。**绝对估算是指具体信息，需要使用实际数字。例如，在某项工作中，人力投入的绝对估算为 160 小时。假设某员工每个工作日工作 8 小时，则该员工可在 20 个工作日内完成该项工作。而相对估算一般只有基于某一个特定基准进行才具有一定的意义。例如，其中一种方式是计划扑克牌。在利用计划扑克牌的方法开展工作时，项目团队会根据交付价值所需要投入的人力达成共识，并且使用故事点来估算工作。假设某项工作被分配了 64 个故事点，那么与以前工作的点数相对比，新工作的 64 个故事点就是在与以前已知的工作人力投入比较后估算出的相对值。

（3）**基于工作流的估算。**基于工作流的估算是通过确定周期和产量来进行的，周期是指一个产品经过一个完整过程所消耗的总时间，产量是指可以在给定时间内完成一个完整过程的产品数，周期和产量的值能够提供完成指定工作量所需要的估算值。

（4）**调整对不确定性的估算。**由于估算本身具有不确定性，而不确定性与风险相关，那么可以根据对不确定性区间进行模拟的结果，增加应急储备的方式，以调整关键可交付件的交付日期、成本估算值等。

2. 计划的影响因素

为了更有效地进行演变和变更，软件产品开发项目通常采用持续性和适应性计划，但还会受到如下因素的影响。

（1）**开发模式。**由于大部分计划都是预先进行的，因此在项目生命周期早期进行计划或组织时，可以采用预测型模式来执行。在整个项目中，最初的计划基本不改变原来的范围，但会逐渐细化。预测型模式需要预先进行高层级计划，然后通过原型方法进行设计，在项目团队和干系人对设计进行讨论并取得共识之后，项目团队再完成更详细的计划。一般情况下，项目团队为了更有效地制订、发布计划，会通过迭代的方式来制订计划，因此不同的计划执行时间并不相同。

（2）**组织需求。**项目经理需要提供特定的计划成果来组织治理、政策、流程和文化。

（3）**市场条件。**鉴于产品开发项目可能会在竞争激烈的市场环境中进行，为了加快产品投入市场的速度，项目团队可以进行最低限度的前期计划。过量的计划会增加成本，带来延迟、成本超支或返工等风险。

（4）**法律或法规限制。**监管机构或法规有时要求必须先提供特定的计划文件，然后项目开发方才能得到授权实施，或者获得批准向市场发布项目可交付成果。

3. **度量指标和一致性**

（1）**度量指标。**项目进行过程中，计划、交付和度量工作之间存在自然的联系，这种联系就是度量指标。确定度量指标、基准和临界值，以及确定测试和评估方法及流程是计划绩效域的重要工作。制定度量指标包括设定临界值，确定度量目标和度量频率，指明工作绩效是否符合预期、与预期绩效正向或负向偏离的趋势、是否不可接受。度量目标的原则是“只度量重要的东西”。

（2）**一致性。**在整个项目生命周期，要保证计划和实际的一致性。例如，交付物需要与需求一致、物流计划需要与材料和交付需求一致、测试计划需要与质量和交付需求保持一致等。无论计划的时间安排、频率和程度如何，项目的各个方面都需要保持一致且为一个完整的整体。

2.4.2 与其他绩效域的相互作用

在整个项目生命周期中，计划会持续进行，并与其他各个绩效域相互整合：在项目开始时，会确定预期成果，并制订实现这些成果的高层级计划；根据选定的开发模式和生命周期，可以提前进行详细的计划，在项目进行中可根据实际情况对计划做出调整；在项目团队计划如何应对不确定性和风险时，不确定性绩效域和计划绩效域会相互作用；在整个项目执行过程中，计划将指导项目工作、成果和价值的交付。项目团队和干系人将制定度量指标，并将绩效与计划进行比较，需要时可能会修订计划或制订新计划。项目团队成员、环境和项目的细节会影响项目团队有效合作以及干系人的积极参与。

2.4.3 执行效果检查

计划绩效域的检查方法如表 2-5 所示。

表 2–5 计划绩效域的检查方法

预期成果	指标及检查方法
项目以有层次、互相协作的方式推进	绩效偏差：对照项目基准和其他度量指标对项目结果进行绩效评审表明项目正在按计划进行，绩效偏差处于临界值范围内
交付项目成果时有系统化的方法	计划的整体性：交付进度、资金提供、资源可用性、采购等表明项目是以整体方式进行计划的，没有偏差或不一致之处
对不断演变的情况做出详细说明	计划的详尽程度：与当前信息相比，可交付件和需求的初步信息是适当、详尽的；与可行性研究与评估相比，当前信息表明项目可以生成预期的可交付件和成果
在计划中花费的时间成本符合相关情况	计划适宜性：项目计划和文件表明计划水平适合项目
计划的信息包含管理干系人的各类需求	计划的充分性：沟通管理计划和干系人信息表明沟通足以满足干系人的期望
可以根据新出现的和不断变化的需求对计划进行调整	可适应变化：采用待办事项列表的项目，在整个项目期间会对各个计划做出调整。采用变更控制过程的项目具有变更控制委员会，会议的变更日志和文档表明变更控制过程正在得到应用

2.5　项目监控绩效域

项目监控绩效域是指在项目执行过程中，通过对项目工作的监督和控制，在实现项目目标的过程中所产生的绩效域，其关注项目的实际执行情况与项目计划间的差异，采取相应的措施进行调整，以保证项目能够按照计划顺利完成。

在进行项目管理的时候，需要制订有效的监控和控制措施，及时发现问题并采取措施解决，从而保证项目按照计划实施，达到预期目标。

项目监控绩效涉及与项目工作紧密相连的各项活动和职能。可通过确保项目团队的专注度和项目活动的顺畅进行，使项目工作在整个生命周期中有效执行。这种执行效率不仅有助于达到预期目标，还涵盖了高效且富有成效的项目绩效。此外，适应项目和环境的项目过程、干系人的适当沟通与参与、软硬件资源的有效管理、采购的有效执行，以及通过持续学习和过程改进提升的团队能力，都是项目监控绩效的重要组成部分。

在项目整个生命周期中要重点关注项目过程、项目制约因素，专注于工作过程和能力、管理沟通和参与、监督新工作和变更、学习和持续改进。

2.5.1　绩效要点

1. 项目过程

项目经理和项目团队应建立项目过程，并对项目过程进行定期评审，检查该过程是否高效、是否存在瓶颈、工作是否按照预期进行、是否存在阻碍等。除了保证产出预期成果外，还需要遵守质量要求、法规、标准和组织政策。过程评估可以包括过程审计和质量保证活动。可按照项目需要，使用如下方法来优化过程。

（1）精益生产法：通过绘制价值流图，量化增值活动与非增值活动之间的比率，进而识别出是否存在不必要的非增值活动（即所谓的冗余活动）。这一分析有助于优化流程，减少浪费，提高整体效率。

（2）召开回顾会议：组织回顾会议或经验教训分享会议，旨在让项目团队有机会审视自己的工作方法和流程，并在必要时提出改进建议，以实现流程优化和效率提升。

（3）价值导向评审：以价值为导向，审视“下一笔资金应该花在哪里”，帮助项目团队确定应该继续执行当前任务还是进入下一项活动，以便优化价值交付。

项目评审投入的时间多少，由评审所带来的收益决定。投入的时间要合理，要既能满足过程的治理需要，也能满足项目需求。

非增值工作示例：项目管理办公室（PMO）期望能够追踪项目团队成员的工作进展。为了达到这一目的，PMO要求项目团队在时间表上按照特定的类别详细记录他们正在执行的工作内容。然而，这种归类和记录工作所消耗的时间，实际上并不能直接为项目带来增值。因此，从某种角度看，这部分工作可以被视为非增值工作。

2. 项目制约因素

制约因素包括最后交付日期、法律法规、固定预算和质量政策等。而在整个项目生命周期，制约因素可能会随着实际情况发生变化。例如，新的干系人需求可能需要推迟进度和增加预算，而削减预算可能需要放宽质量要求或缩小范围等。平衡不断变化的制约因素，同时维护干系人的满意度是一项持续进行的项目工作，需要在整个项目生命周期中持续开展。

3. 专注于工作过程和能力

为了使项目交付和干系人价值最大化，项目工作要聚焦在工作过程（交付价值）和保护项目团队的工作能力（项目团队的健康和满意度）两个方面，从而使项目团队专注于交付价值，并始终了解项目的进展情况，包括何时发生潜在问题、进度是否延迟和成本是否超支等。因此，在整个项目生命周期中，项目经理需要持续根据交付目标对项目进展情况进行评估和预测，同时持续评估和平衡项目团队的注意力。

4. 管理沟通和参与

在整个项目生命周期中，大部分项目工作都需要与干系人进行沟通，需要按照项目沟通管理过程执行，并关联干系人绩效域。将信息通过会议、对话、电子资料库等方式收集完成后，按照项目沟通计划进行分发。在项目进行过程中，如有大量的新的沟通请求提出，说明沟通计划不足以满足干系人的需要，此时需要干系人进一步参与，对沟通计划进行变更。

5. 监督新工作和变更

敏捷或适应型项目中，需要将新工作增加到待办事项列表中，项目经理持续对项目待办事项列表进行优先级排序，在进度或预算受到限制的条件下，保证始终完成优先级高的事项。在预测型项目中，项目经理和项目团队与变更控制委员会和变更的请求者一起协作，通过变更控制流程积极管理变更，确保范围基准中只包含已批准的变更。对范围的任何变更都将伴随着人员、资源、进度和预算等其他方面的变更，范围变更也可能增加不确定性，因此应对变更造成的新风险进行评估。

6. 学习和持续改进

项目团队要定期召开会议，确定未来在哪些方面可以做得更好（经验教训），以及如何在下一个迭代或下一个阶段工作中对过程做出改进（回顾），在不断的学习中优化工作方式，持续改进过程，直到项目实现最终成果。项目具有临时性特点，项目完成后大部分知识可能会丢失，因此项目完成后的知识转移对组织非常重要。知识转移可以充分展现项目已实现的价值，同时可以将已完成项目的经验扩充到组织的知识库中，丰富组织过程资产，供组织其他项目使用，提升组织整体能力。

2.5.2 与其他绩效域的相互作用

项目的监控绩效不仅与其他绩效指标相互作用，而且能够推动这些指标的提升。有效的项目监控工作能够促进和支持计划、交付和度量的过程，确保效率和效果。此外，项目监控工作还能够为项目团队之间的互动和干系人的参与提供有利的环境。在面对不确定性、模糊性和复杂性时，项目监控工作同样能够提供支持，帮助平衡各种项目制约因素。

2.5.3 执行效果检查

项目监控绩效域的检查方法如表 2-6 所示。

表 2-6 项目监控绩效域的检查方法

预期成果	指标及检查方法
高效且有效的项目绩效	状态报告：通过详细的状态报告，能够直观地洞察项目工作的效率和成果，从而对项目执行情况有更为清晰的认识
适合项目和环境的项目过程	• 过程的适宜性：证据表明，项目过程是为满足项目和环境的需要而裁剪的。 • 过程相关性和有效性：过程审计和质量保证活动表明，过程具有相关性且正得到有效使用
干系人适当的沟通和参与	沟通有效性：项目沟通管理计划和相关沟通文件均表明，已按计划与所有干系人进行了必要的信息沟通。然而，若出现新的信息沟通需求或误解，这可能暗示干系人的沟通和参与活动并未达到预期效果，需要进一步的关注和调整
对软硬件资源进行了有效管理	资源利用率：所用材料的数量、抛弃的废料和返工量表明，资源正得到高效利用
对采购进行了有效管理	采购过程适宜：采购审计结果显示，采用的流程完全适合开展采购工作，并且承包商也在严格按照计划进行工作，展现了高效和专业的工作态度
有效处理了变更	变更处理情况：在采用预测型模式的项目中，已经建立了变更日志，该日志对所有的变更进行了全面的评估，并充分考虑了变更对范围、进度、预算、资源、干系人以及风险的影响。而在采用适应型模式的项目中，已经建立了待办事项列表，该列表清晰展示了完成范围的比率以及增加新范围的比率，以便项目团队能够灵活应对变化
通过持续学习和过程改进提高了团队能力	团队建设：团队状态报告表明，错误率和返工率呈下降趋势，而工作效率则稳步提升

2.6 交付绩效域

交付绩效域是指项目管理人员为完成特定任务而进行活动所取得的结果或达到的效果。项目交付的核心目标是满足项目的需求、覆盖范围和质量预期，从而交付预期的软件产品或服务，进一步推动项目的成功实施。在项目管理实践中，为了确保交付绩效域的有效实施，项目经理必须特别关注交付的价值、可交付件及其质量。交付绩效域的核心内容涵盖项目的计划、实施、监督与管理，以及项目的结束等各个环节。

交付绩效域包括与交付项目有关的各种活动和功能。从组织层面来看，交付绩效域应包括项目管理部门、职能部门和员工 3 个维度。在整个项目的生命周期中，有效地执行这一绩效域能够达到预定的目标，这主要涉及项目对达成商业目标和策略是有益的、该项目已经达到了预先设定的目标、项目满足了利益相关者的要求。在规定的时间范围内，项目取得了预期的收益：项目团队对项目的需求有了明确的认识，相关人员也接受了项目的可交付件和成果，并对其表示满意。

在进行项目管理的过程中，有必要制订一份详尽的交付计划，明确交付软件的范围、质量、进度和成本，并建立相应的管理控制机制，以确保交付的软件能够按照计划满足相关的需求，并顺利交付给客户或相关干系人。

2.6.1 绩效要点

1. 交付的价值

如果项目采用的开发策略能够在项目的整个生命周期中发布可交付的软件，那么在项目的进展阶段，这些软件就有可能为相关的利益方提供价值；当项目开发完毕时，只需要发布可交付件给第三方管理部门，第三方管理部门将根据项目的实际情况决定是否发布可交付件。只有在项目生命周期到达终点时才会发布可交付软件的项目，在完成之后才具有实际价值。某些项目在项目完结后的一段时期里，仍有机会继续增值。

关于项目的可行性研究和评估，相关文档详细描述了如何确保项目的预期成果与组织的商业目标相吻合。在项目实施前对该结果加以确认是必要的。项目的授权文档旨在对项目预期的成果进行量化，旨在总结项目的生命周期、关键的里程碑、主要的交付软件等重要信息，以方便进行周期性评估。

2. 可交付件

在项目实施过程中，干系人可以根据自身的需要选择不同种类的可交付件进行使用和管理。可交付件体现了相关人员的需求、范围和品质。如果项目需要持续地进行，则必须将其划分为不同的阶段，并且确定每个阶段内的具体目标及相关要求，以便对项目各方面情况进行控制，保证项目能够成功实施。具有明确范围和相对稳定性的项目，在项目的初始阶段通常会与相关干系人进行合作，以激发和记录需求；反之则需要对项目进行持续的分析与跟踪，以便及时发现问题，解决问题。这就意味着需求是一个动态发展的过程，每个阶段的需求各不相同。**无论项目的种类如何，随着时间的流逝，其需求都可能发生变化，因此管理这些需求变更显得尤为重要。**

（1）**受到需求的启示。**记录需求的目的在于帮助干系人了解和解决实际问题，从而促进管理目标实现。需求启发涉及指导干系人提出、创造或触发需求，这包括记录这些需求并在得到干系人的同意后进行满足。记录的需求主要涵盖以下几点。

- 明确：仅存在一种方式来阐释需求。
- 简明：应该用最少的文字来描述需求。
- 可以确认：存在至少一种方式来确认需求是否已经被满足。
- 一致性：需求之间并不存在冲突。
- 完整：所有需求项共同代表了当前项目或产品所需的全部内容。
- 追踪功能：每一项需求都能通过一个独特的标志来进行识别。

（2）**对于不断变化和新发现的需求。**在使用迭代型模式、增量型模式或适应型模式的项目中，通常不能预先明确需求的定义，可以采用原型、演示、故事板和模型等方法，通过需求的变化，让干系人“眼见为实”地制订需求。

（3）**管理的需求。**需求管理人员负责与相关人员进行沟通，对用户提出的要求做出反应。很多项目都会配置专门的需求管理团队。需求管理团队采用了专用软件系统、待处理事项清单、索引卡和需求追踪矩阵等工具，以确保需求的稳定性，并保障新的或持续变化的需求得到相关人员的支持和认同。

（4）**关于定义的范围以及管理变更。**范围是一种组织文化，它能够使成员理解并遵守共同认可的规则和标准，从而确保组织目标得以实现。随着定义范围的确定，我们还需识别出更多的需求。如果不考虑变更控制的话，范围是不能确定的，因此项目经理与团队必须根据项目环境和变化情况做出适当调整，往往有必要根据范围管理流程的相关规定，对范围进行明确的定义和管理。在一个稳定的环境中进行的项目往往会遭遇“范围扩张”的问题，为了有效地应对这种范围扩张，项目团队会采用变更控制系统来管理和处理这种范围的变化。

3. 关于质量的描述

交付的范围和需求还包括质量的要求。范围和需求主要集中在需要交付的具体内容上，而质量主要关注所需达到的绩效标准。在项目管理中，质量和成本之间存在着一种张力关系，因此在进行项目管理时，需要在保证项目质量与满足质量标准所需的成本之间找到一个平衡点。设计与开发的任务往往是基于之前的需求和范围来进行的。如果前期的工作出现了缺陷，那么后续的工作中这些缺陷会逐渐累积。因此，发现缺陷的时间越晚，修复这些缺陷的成本就越高。变更成本曲线如图 2-9 所示。

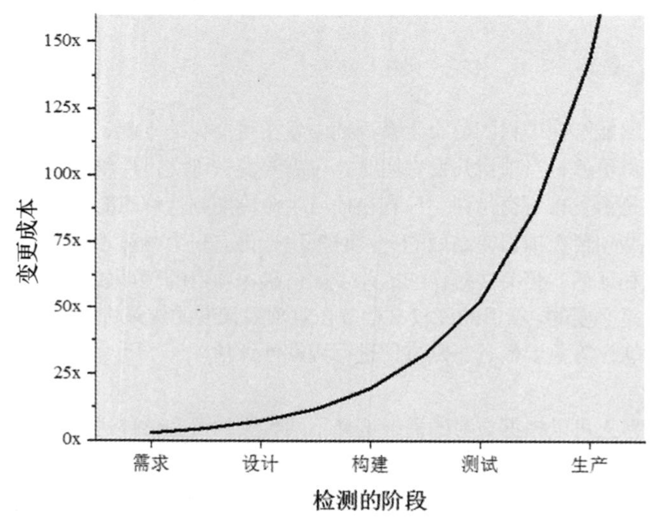

图2-9 变更成本曲线（注：图中x指倍数）

2.6.2 与其他绩效域的相互作用

交付绩效域定义为在计划绩效域内完成的所有任务的结束点。它与开发时间域一起，构成了项目监控绩效域。交付节奏是基于开发策略和生命周期绩效域内的工作结构来确定的。开发组织在此绩效域里执行项目管理活动。项目的监控绩效域是通过构建多样的流程、管理实体资源以及管理采购流程来推动工作交付的。交付时间域从交付开始到完成产品或服务为止。项目团队的成员在这个绩效域内进行工作，而工作的性质将决定项目团队如何处理不确定因素。

2.6.3 执行效果检查

交付绩效域的检查方法如表 2-7 所示。

表 2-7 交付绩效域的检查方法

预期成果	指标及检查方法
项目有助于实现业务目标和战略	目标的一致性：从组织的战略计划、可行性分析报告和项目授权文档来看，项目的可交付软件与其业务目标是一致的

续表

预期成果	指标及检查方法
项目实现了预期成果	项目的完成情况：根据项目的基本数据，该项目依然在正常轨道上，并有望达到预定的目标
在预定时间内实现了项目收益	项目的收益表现：财务指标和预定的交付任务正在按照预定计划顺利完成，项目的团队对需求持有明确的认识
项目团队对需求有清晰的理解	需求的稳定性：在采用预测型模式的项目里，最初的需求变更相对较少，这显示了对需求的深入理解。在那些需求持续变化的适应性项目中，项目的阶段性需求确认揭示了相关人员对这些需求的深入理解
干系人接受项目可交付件和成果，并对其满意	干系人的满意度可以通过访谈、观察以及最终用户的反馈来明确表示关于质量的问题：可以使用投诉或退货等与质量有关的问题的数量来表示产品的质量

2.7 度量绩效域

在项目执行过程中，度量绩效域涵盖了对项目绩效的度量和监控，包括定义和管理项目的关键绩效指标、制订绩效度量计划以及收集项目数据等活动。有效执行这一绩效域在项目生命周期中能够实现预期目标，具体表现为对项目状况充分了解、数据充足可支持决策、及时采取行动以确保最佳绩效、具备预测和评估能力、支持决策、实现目标并创造价值。

在项目管理中，应制订有效的度量指标、度量内容及相应指标，展示度量信息和结果，警惕度量陷阱，基于度量进行诊断，持续改进，以提高项目执行效率和效果。

2.7.1 绩效要点

1. 制定有效的度量指标

具有效力的度量指标能够监控、评估和呈现项目的进展情况，有助于描述项目状态、提升项目绩效，降低绩效下滑的风险，使项目团队能够根据度量结果及时做出决策并采取有效行动。

（1）**关键绩效指标**（KPI）在项目管理中扮演着至关重要的角色，可用于评估项目的成功与否。KPI 可分为提前指标和滞后指标，综合利用提前指标和滞后指标可以全面评估项目的绩效和进展，帮助项目团队更好地管理项目风险、调整策略，并最终达到项目的成功目标。

- **提前指标**：这些指标用于监测、预测项目的变化或趋势，及早发现不利的变化或趋势，并采取必要行动来扭转不利的局面，以帮助降低项目的绩效风险，使项目团队能够更加主动地应对潜在问题。
- **滞后指标**：事后提供信息，反映的是过去的绩效或状况，可以帮助项目团队了解项目的实际表现，并对过去的绩效或状况进行评估和总结，为未来的决策提供重要参考。

（2）**有效度量指标**可以确保项目团队投入的时间和精力得到有效利用。有效度量指标具备如下所示的 SMART 特征，项目团队可以更有效地监控项目进展、评估绩效，并及时做出必要的调整和决策，以确保项目朝着成功的方向发展。

- **具体的**（Specific）：度量指标应明确定义，针对要度量的内容有明确的描述，如缺陷数量、已修复的缺陷数量以及修复缺陷所需的平均时间等。
- **可衡量的**（Measurable）：度量指标应能够被量化和度量，与基准或需求相关联，以便对项目绩效进行评估和比较。
- **可实现的**（Achievable）：在已确定的人员、技术和环境条件下，度量指标设定的目标应该是可实现的，并且项目团队应对其达成一致意见。
- **相关性**（Relevant）：度量指标应与项目目标和需求相关，度量结果应当能够为项目团队带来价值，并且能够引导实际行动。

- **及时性**（Time-bound）：有效的度量指标应具有及时性，新信息比旧信息更有用，能够帮助项目团队及时发现新的趋势和变化，从而调整项目方向并做出更好的决策。

2. **度量内容及相应指标**

在项目管理中，选择度量内容、参数和方法时需考虑项目的特定目标、预期成果以及所处的环境。常见的度量指标类别可以分为 7 类，下面逐一介绍。

（1）**可交付件的度量指标。**关注项目交付的成果和质量，例如软件产品特性、交付物的完整性和符合性等。度量指标的实用性是由所交付的产品、服务所决定的，针对可交付件，常用的度量指标如下所示。

- 有关缺陷的信息：包括缺陷来源、识别的缺陷数量和已修复的缺陷数量等。
- 绩效度量指标：描述与系统运行相关的功能和非功能特性，如兼容性、安全性、容量、准确度、可靠性和效率等。
- 技术绩效度量指标：用于度量系统组件是否符合技术要求，有助于项目团队及时了解技术解决方案的实现进展情况。

（2）**交付的度量指标。**交付的度量指标与正在进行中的工作相关，关注项目的交付进度和效率。例如，工作任务完成情况、交付进度、里程碑达成情况等。常用的交付的度量指标如下所示。

- 在制品数量：任何特定时间正在处理的工作事项的数量。该指标可以帮助项目团队将正在进行的工作事项的数量限制在可管理的规模和范围内。
- 周期时间：指项目团队完成任务所需的时间。周期时间越短，表明项目团队工作越高效，如果工作时间相对稳定，则可以据此更好地预测未来的工作进展速度。
- 队列大小：用于跟踪队列中事项的数量。可以将此度量指标与在制品限值进行比较。利特尔法则（Little's Law）说明，队列大小与事项进入队列的比率和队列中工作事项的完成率成正比。
- 批量大小：可度量预期一次迭代中完成的工作（人力投入量、故事点等）。
- 过程效率：可通过计算增值时间和非增值活动时间的比率进行衡量，用于优化工作流程。这一比率越高，表明过程效率越高。正在等待的任务会增加非增值时间，正在开发或正在核实的任务代表着增值时间。

（3）**基准绩效的度量指标。**项目中最常见的基准是进度基准和成本基准，用于比较项目实际绩效与计划或预期绩效之间的差距，如进度偏差、成本偏差等。对于范围基准或技术基准的度量，可应用可交付件的度量指标。例如针对进度基准（成本基准可以类推），常见的度量指标主要如下。

- 开始日期和完成日期。将实际开始日期与计划开始日期、实际完成日期与计划完成日期进行比较，可以度量工作按计划完成的程度。
- 人力投入和持续时间。将实际人力投入和持续时间与计划人力投入和持续时间相比，可表明工作量估算和工作所需时间估算是否有效。
- 进度偏差（SV）。通过查看关键路径上的绩效来确定简单的进度偏差。使用挣值管理时，进度偏差表示为挣值与计划价值之差，如图 2-10 所示。
- 进度绩效指数（SPI）。进度绩效指数是一种挣值管理度量指标，可表明计划工作的执行效率，如图 2-10 所示。

（4）**资源的度量指标。**关注项目所使用的资源，包括人力、时间、资金等，如资源利用率、资源成本等。针对资源，常见的度量指标如下。

- 资源利用率。此度量指标将资源的实际利用率与估算利用率进行比较，利用率偏差可通过从实际利用率中减去计划利用率得出。
- 与实际资源成本相比的计划资源成本。此度量指标将资源的实际成本与估算成本进行比较，偏差可通过从实际成本中减去估算成本得出。

（5）**价值的度量指标。**关注项目交付物或成果所带来的价值，如项目产出的商业价值、客户满意度等。价值有许多方面，包括财务的和非财务的。针对价值常见的度量指标如下。

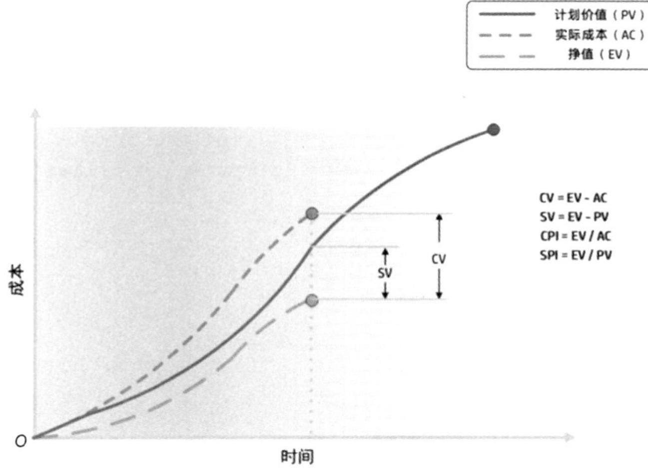

图2-10 表明进度偏差和成本偏差的挣值分析

- 成本效益比，用于确定项目的成本是否超过其收益。如果成本高于收益，除非有监管、社会利益或其他方面的原因，否则不应考虑该项目。
- 计划收益交付与实际收益交付的对比，组织可以把价值确定为项目实施后将带来的收益。对于预期在项目生命周期内交付收益的项目，度量项目进展中交付的收益和价值，并与预期收益进行比较。
- 投资回报率（ROI），是将财务回报金额与成本进行比较的度量指标，通常在决定开展项目时参考这一指标。在整个项目生命周期中，也可以在不同时间点对 ROI 进行估算，确定是否继续投入资源。
- 净现值（NPV），是一段时间内资本流入的现值与资本流出的现值之差，通常在决定开展项目时参考这一指标。通过在整个项目期间度量 NPV，项目团队可以确定是否继续投入资源。

（6）**干系人的度量指标**。关注项目干系人的参与度和满意度，如干系人满意度调查结果、干系人参与度调查结果等。针对干系人常见的度量指标如下。

- 净推荐值（NPS），用于度量干系人（通常是客户）愿意向他人推荐产品或服务的程度，度量值范围为−100～100。净推荐值不仅可以度量干系人（通常是客户）对品牌、产品或服务的满意度，也是干系人忠诚度的指标。
- 情绪图，用于跟踪重要的干系人（包括项目团队成员）的情绪或反应。跟踪项目团队的情绪或单个团队成员的情绪有助于确定潜在问题和需要改进的领域，如图 2-11 所示。
- 士气。通过问卷调查来度量项目团队的士气，例如设置如下问题让项目团队成员对相关问题及陈述的认可度进行打分（分值范围为 1～5）：我觉得我的工作对取得总体成果做出了贡献；我感到自己受到了赏识；我对项目团队的合作方式感到满意；等等。
- 离职率。查看意料之外的项目团队成员的离职率，离职率高可能表明士气低落。

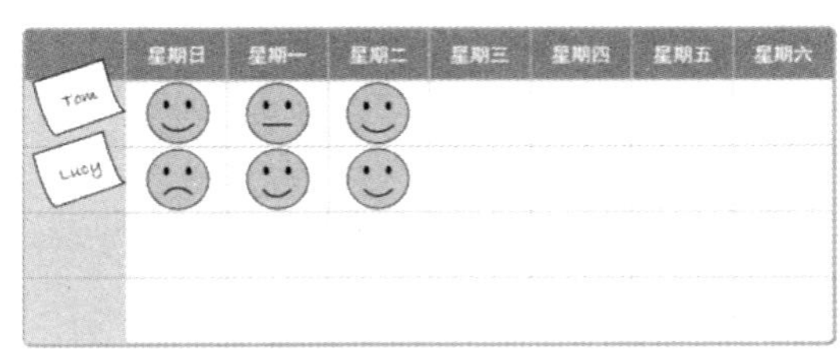

图2-11 情绪图

（7）**预测型度量指标**，用于预测项目未来的趋势和结果，如风险指标、趋势分析等。预测可以是定性的，例如使用专家判断来预测；也可以是定量的，例如定量预测试图利用过去的定量信息来估算未来的情况。常见的可用于预测的度量指标如下。

- 完工尚需估算（ETC），一种挣值管理度量指标，可预测完成所有剩余项目工作的成本，如图 2-12 所示。
- 完工估算（EAC），完成所有工作的预期总成本，如图 2-12 所示。
- 完工偏差（VAC），用于预测预算赤字或盈余金额，为完工预算（BAC）和完工估算（EAC）之差。

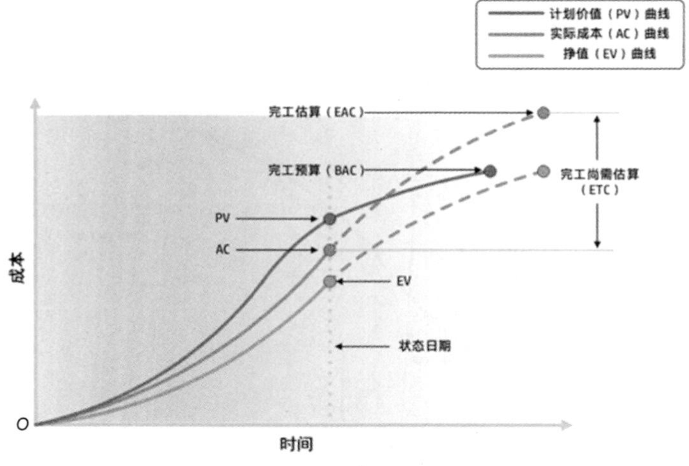

图2-12 完工估算和完工尚需估算的预测

- 未完工绩效指数（TCPI），完成剩余工作所需的成本与剩余预算的比率，用于估算达到特定的管理目标所需的成本绩效。

根据项目的具体情况和需求，项目团队可以选择合适的度量指标类别，并结合 SMART 特征来设计和使用这些指标，以有效监控项目进展、评估绩效，并达到项目成功目标。

3. **展示度量信息和结果**

在项目管理中，将度量信息以图表的形式可视化展示是一种有效的方式，可以帮助干系人更容易地理解和分析数据。

（1）**仪表盘，**以电子方式收集信息并生成描述状态的图表，允许对数据进行深入分析，用于提供高层次的概要信息，对于超出既定临界值的仪表盘包括信号灯图（也称为 RAG 图，其中 RAG 是红（Red）、黄（Amber）、绿（Green）的英文缩写）、横道图、饼状图和控制图，这里给出 RAG 图示例，如图 2-13 所示。

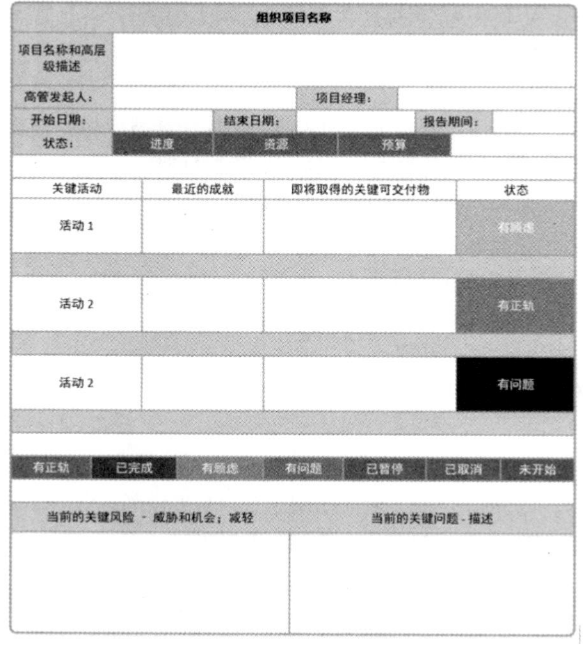

图2-13 RAG图示例

（2）**信息发射源，**也称为大型可见图表（BVC），是一种可见的实物展示工具，可向组织内成员提供度量信息和结果，支持及时的知识共享，如图 2-14 所示。

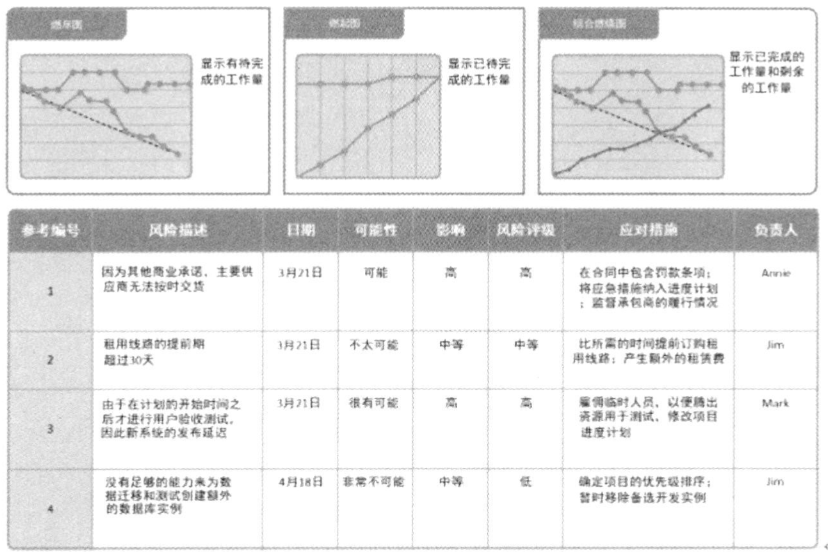

参考编号	风险描述	日期	可能性	影响	风险评级	应对措施	负责人
1	因为其他商业承诺，主要供应商无法按时交货	3月21日	可能	高	高	在合同中包含罚款条项；将应急措施纳入进度计划；监督承包商的履行情况	Annie
2	租用线路的提前期超过30天	3月21日	不太可能	中等	中等	比所需的时间提前订购租用线路；产生额外的租赁费	Jim
3	由于在计划的开始时间之后才进行用户验收测试，因此新系统的发布延迟	3月21日	很有可能	高	高	雇佣临时人员，以便腾出资源用于测试，修改项目进度计划	Mark
4	没有足够的能力来为数据迁移和测试创建额外的数据库实例	4月18日	非常不可能	中等	低	确定项目的优先级排序；暂时移除备选开发实例	Jim

图2–14　信息发射源

（3）**看板，**通过直观看板方式，显示已准备就绪并可以开始（待办）的工作、正在进行和已完成的工作，是对计划工作的可视化表示，可以帮助项目成员随时了解各项任务的状态。可以用不同颜色的便利贴代表不同类型的工作，如图 2-15 所示。

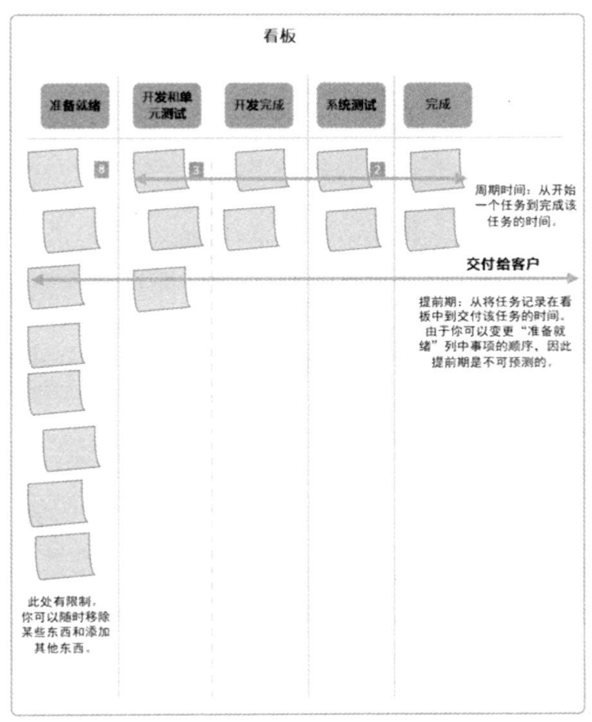

图2–15　看板

（4）**燃尽图**，用于显示项目团队的开发“速度”，此“速度”用于度量项目的生产率，如图 2-16 所示。

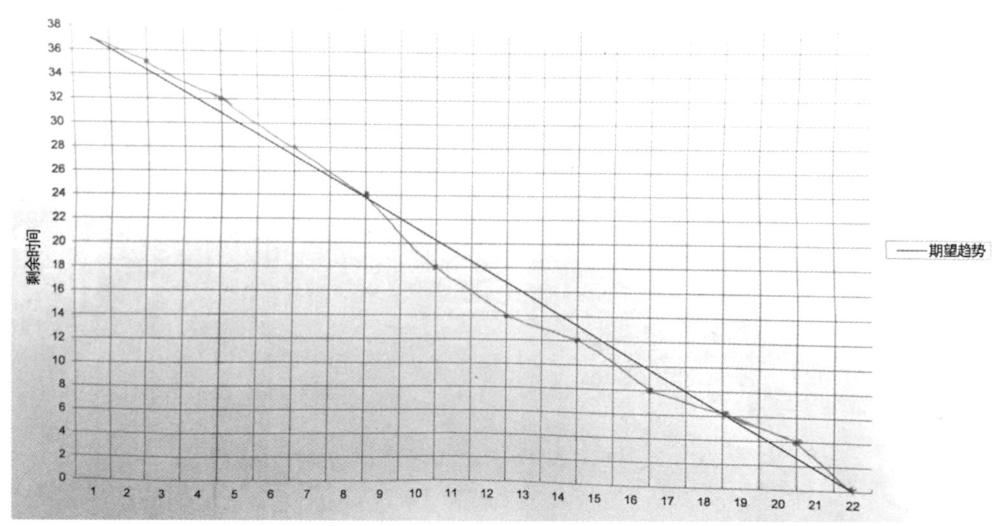

图2-16　燃尽图

引用概念

燃尽图

燃尽图（Burndown Chart）是在项目完成之前，对需要完成的工作的一种可视化表示。燃尽图有一个 y 轴（工作）和 x 轴（时间）。理想情况下，该图表中有一个向下的曲线，随着剩余工作的完成，“燃尽”至零。燃尽图可向项目组成员和企业主提供工作进展，常用于敏捷编程。由于燃尽图是对剩余时间的统计，在工作人数不变的情况下，管理层可以通过该图推断出目前工作的大致进度与趋势，实时把握住开发的进度并作出正确的决策，而且可以预计风险，同时随之调整计划。如果没有工具，可以手动或用 Excel 来画。

4. **度量陷阱**

- 霍桑效应（Hawthorne Effect）表明，在对某一事物进行度量时，会对其行为产生影响，因此在制定度量指标时需要谨慎。
- 虚荣指标（Vanity Metric）通常指那些对决策没有实际帮助的度量指标。
- 士气低落。若设定了无法实现的度量指标和目标，可能导致项目团队士气下降，因此应设定具有激励性的拓展性目标。人们渴望工作得到认可，因此不切实际或无法实现的目标可能会产生负面效果。
- 误用度量指标，如过度专注于不太重要的指标，以短期度量工作为重而牺牲长期绩效指标，或为改进绩效指标而开展毫无意义的活动。
- 偏见。人们往往会寻找并强调支持其原有观点的信息，这可能导致对数据的错误解读。
- 混淆相关性与因果关系，即错误地将两个变量之间的相关性误解为一个变量导致另一个变量的因果关系。

5. **基于度量进行诊断**

各项度量指标都可以设定临界值，而偏差的容忍程度应根据干系人的风险承受能力而定。项目经理需要针对超出临界值的度量指标进行计划，制订诊断计划，并利用度量数据进行问题诊断。

项目团队不应等到度量指标超出临界值才采取行动，若能通过趋势或新信息进行预测，团队应主动提前解决偏差问题。诊断计划是针对超出临界值或预测到的问题采取的一系列行动，不用过于正式，其关键在于讨论问题、制订行动计划，并持续跟踪执行情况，以确保计划得以实施并评估其有效性。

6. 持续改进

度量、展示度量信息和度量结果的目的在于持续改进，以优化项目绩效和效率。度量结果和相关报告有助于避免问题或缺陷的出现、防止绩效下降、促使项目团队学习并提升能力、改进产品或项目绩效、推动决策制定、更好地创造价值等。这些措施是项目管理中关键的步骤，可帮助确保项目朝着设定的目标方向稳步前进，并在整个项目生命周期中保持高水平的执行和取得成果。

2.7.2 与其他绩效域的相互作用

度量绩效域、计划绩效域、项目监控绩效域和交付绩效域之间存在着如下相互作用关系。

（1）计划绩效域与交付绩效域：计划阶段构成了交付阶段和计划比较的基础。在计划阶段制订的计划和确定的目标将直接影响最终的交付结果和绩效。

（2）度量绩效域与计划绩效域：度量绩效域通过提供最新信息来支持计划绩效域的活动，帮助项目团队及时调整计划以达到预期绩效水平。

（3）团队绩效域和干系人绩效域：当项目团队成员制订计划并创建可度量的可交付件时，团队绩效域和干系人绩效域会相互作用，影响项目整体绩效。

（4）不确定事件对绩效的影响：不确定事件会影响项目绩效，进而影响项目的度量指标。在应对不确定事件带来的变更时，需要同时更新受影响的度量指标。

（5）启动不确定性绩效域中的活动：根据绩效度量结果，可以启动不确定性绩效域中的活动，如识别风险和机会，以更好地应对项目执行过程中的变化和挑战。

在项目工作中，团队应与项目团队和其他干系人密切合作，共同制定度量指标、收集数据、分析数据、做出决策并报告项目状态，以确保项目顺利进行并取得成功。

2.7.3 执行效果检查

度量绩效域的检查方法如表 2-8 所示。

表 2–8 度量绩效域的检查方法

预期成果	指标及检查方法
对项目状况充分理解	度量结果和报告：通过审计度量结果和报告，可判断数据是否可靠
数据充分，可支持决策	度量结果：度量结果可表明项目是否按预期进行，或者是否存在偏差
及时采取行动，确保项目最佳绩效	度量结果：度量结果提供了提前指标以及当前状态，可支持及时的决策和行动
能够基于预测和评估做出决策，实现目标并产生价值	工作绩效数据：回顾过去的预测和当前的工作绩效数据可发现以前的预测是否准确地反映了目前的情况。将实际绩效与计划绩效进行比较，并评估业务文档，可表明项目实现预期价值的可能性

2.8 不确定性绩效域

不确定性为项目执行过程中意料之外的情况，可表现为威胁和机会，项目团队可以通过研究和评估决定如何处理它们。广义的不确定性是一种不可预知或不可预测的状态，不确定性包含以下含义。

- 风险性：与未来不可预测的事件有关的风险。
- 模糊性：对目前或未来的情况不了解造成的模糊性。
- 复杂性：与具有不可预测结果的部分相关的复杂性。

造成项目不确定性的环境因素有多个方面，主要的有以下几个。

- 经济因素，例如市场价格波动、资源可用性、资金来源影响，以及市场通货膨胀或通货紧缩。
- 技术因素，例如引入新技术、与系统相关的技术复杂性。

- 法律上的约束或要求。
- 与气候、环境等不可抗力相关的物理环境。
- 与当前或未来条件相关的模糊性。
- 由大众舆论和媒体塑造的社会和市场环境。
- 组织内、外部的规定和组织结构影响等。

不确定性绩效域涉及与之相关的活动和职责。在项目生命周期中，正确、有效地执行不确定性绩效域可以帮助项目实现预期目标，执行时需注意：

- 了解项目的实际运行环境，包括技术、社会、政治、市场和经济等环境；
- 主动识别和分析不确定性，并积极应对；
- 明确项目中各个因素之间的相互依赖关系；
- 对威胁和机会进行识别、预测，分析问题的后果；
- 使不确定性对项目交付的负面影响最小化；
- 能够利用正面的机会改进项目成果；
- 有效利用预留成本和缓冲时间，达到项目预期目标。

在整个项目生命周期中，为了有效地应对不确定性绩效域，项目经理需要特别关注风险性、模糊性、复杂性的因应策略。在项目管理实践中，必须强化应变能力和决策能力，以识别、分析、评估并应对项目内、外部的不确定性因素，从而确保项目绩效能够达到预期目标。

2.8.1　绩效要点

1. 风险

风险是不确定性的一个方面，其中负面影响被称为威胁、积极影响被称为机会。由于项目具有不同程度的不确定性，因此所有项目都潜在地涉及风险。在整个项目生命周期中，项目团队成员需要主动识别和分析风险，并在威胁和机会出现之前制定潜在的应对策略。在面对风险和机会时，实施这些策略旨在避免或最小化威胁对项目的不良影响，并引发或最大化机会对项目的积极影响。

为了有效地管理风险，项目团队需要在追求项目目标的过程中明确确定风险临界值，即确定可接受的风险范围。风险临界值表示针对目标可容忍的偏差程度，反映了组织和相关利益相关者对风险的偏好。这一临界值需要在项目风险影响级别中明确定义，项目团队应在整个项目生命周期中与利益相关者就临界值进行有效沟通。

2. 模糊性

模糊性可分为两类，即概念模糊性和情景模糊性。概念模糊性指的是对事物缺乏有效理解。通过正式确立共同的规则和定义术语，可以有效降低概念模糊性。而当可能出现多个结果时，就会出现情景模糊性。降低情景模糊性的方法有多种，包括如下方法。

- 渐进明细：渐进明细是一个迭代过程，随着信息逐渐增多和估算逐渐准确，不断提高项目管理计划的详细程度。
- 实验：通过精心设计的一系列实验，可以帮助识别因果关系，从而降低模糊性。
- 原型法：利用原型法可以测试不同解决方案产生的不同结果，从而更好地理解并解决模糊性问题。

3. 复杂性

复杂性是由人的行为、系统行为和模糊性等因素造成的，使得项目、项目集或其环境难以管理的特征。在复杂的环境中，单个要素的相互作用可能会导致意料之外的结果。以下是一些处理复杂性的方法。

（1）针对基于系统的复杂性，处理方法主要如下。

- 解耦（Decoupling），其目标是断开系统内各个部分之间的关联，将系统的独立工作部分确定出来，以简化系统结构并减少相关变量的数量，从而减小问题的整体规模。
- 模拟，可以利用类似的场景来模拟系统的各个组件，从而更好地理解系统的行为和性能。

（2）针对重新构建的复杂性，处理方法主要如下。

- 多样性，需要从多个不同的角度来审视复杂的系统。这可能包括与项目团队进行头脑风暴，开启对系统的不同视角，也可以采用德尔菲法等方法，从发散思维转变为收敛思维。

- 平衡，通过平衡使用多种数据类型，包括预测数据、过去报告的数据和滞后指标等，以抵消彼此潜在的负面影响。这种方法有助于更全面地理解系统，并制定更有效的解决方案。

（3）针对基于过程的复杂性，处理方法主要如下。

- 迭代。采用迭代或增量的方式构建项目，逐步添加特性。每次迭代后，评估哪些特性是有效的，哪些是无效的。这种方法能够帮助团队逐步完善项目，降低整体风险。
- 参与。创造机会，让利益相关者参与到项目中来。这可以减少假设数量，并将学习和参与融入整个过程。利益相关者的参与可以提供宝贵的反馈和见解，有助于更好地理解问题和找到解决方案。
- 故障保护。对系统中的关键要素增加冗余设计或设计功能降级机制，以应对关键组件出现故障的情况。这样做可以提高系统的稳定性和可靠性，降低系统出现故障的风险。

4. 易变性

易变性常出现在可能迅速变化且不可预测的环境中。易变性通常会对成本和进度产生影响。解决易变性问题的方法主要如下。

- 备选方案，指实现目标的不同方法。对备选方案的分析包括确定在评估不同选项时要考虑的评估指标，以及每个指标的权重。
- 时间或预算储备，可用于弥补由于波动而导致的预算超支。在某些情况下，可以使用时间储备来处理由于资源可用性的波动而导致的进度延迟。

5. 不确定性的应对方法

（1）**收集信息。**计划信息收集和分析工作，以便更全面地发现信息，从而降低不确定性。

（2）**备选方案准备。**准备备用解决方案或应急计划，以应对多种可能的结果。项目团队应对潜在不确定性进行分类和评估，估算其发生的可能性。

（3）**综合设计。**探索多种选项，权衡时间与成本、质量与成本、风险与进度、进度与质量等因素。在整个过程中，舍弃无效或次优的替代方案，确保项目团队能够选择最佳方案。

（4）**提高韧性。**韧性指对意外变化快速适应和应对的能力，既适用于项目团队成员，也适用于组织过程。如果对产品设计的初始方法或原型无效，项目团队和组织需要能够快速学习、适应和应对变化。

2.8.2　与其他绩效域的相互作用

从产品或可交付件的角度来看，不确定性绩效域与其他 7 个绩效域互相关联。随着计划的进行，可以将降低不确定性和风险的活动纳入计划。这些活动是在交付绩效域中执行的，度量结果可以表明随着时间推移风险级别是否会发生变化。项目团队成员和其他利益相关者是不确定性的主要信息来源，在应对各种形式的不确定性方面，他们可以提供信息、建议和支持。生命周期和开发模式的选择将影响不确定性的应对方式。在范围相对稳定的项目中，采用预测型模式时，可以使用进度和预算储备来应对风险；而在采用适应型模式的项目中，可能存在系统互动或利益相关者反应方面的不确定性，项目团队可以调整计划，以反映对不断演变情况的理解，并使用储备来应对不确定性的影响。

2.8.3　执行效果检查

不确定性绩效域的检查方法如表 2-9 所示。

表 2–9　不确定性绩效域的检查方法

预期成果	指标及检查方法
了解项目的实际运行环境，包括技术、社会、政治、市场和经济等环境	环境因素：环境因素在团队评估不确定性、风险和应对措施时发挥着重要作用
主动识别和分析不确定性，并积极应对	风险应对措施：与项目制约因素（如预算、进度和绩效）的优先级排序保持一致是至关重要的

续表

预期成果	指标及检查方法
明确项目中各个因素之间的相互依赖关系	应对措施适宜性：应对风险、复杂性和模糊性的措施要适用于项目
对威胁和机会进行识别、预测，分析问题的后果	风险管理机制或系统：用于识别、分析和应对风险的方法和工具是否足够强大
使不确定性对项目交付的负面影响最小化	项目绩效处于临界值内：在计划交付日期内完成，成本预算执行情况处于预期可接受范围内
能够利用正面的机会改进项目成果	利用机会的机制：通过科学、有效的机制来识别机会，并合理利用机会
有效利用预留成本和缓冲时间，达到项目预期目标	储备使用：项目过程有有效的机制可以防范风险及威胁，能有效使用成本或进度储备

小结

本章首先介绍了项目绩效域的概念，强调了项目管理中与有效交付项目成果密切相关的 8 个绩效域：干系人、团队、开发模式和生命周期、计划、项目监控、交付、度量以及不确定性。这些绩效域相互作用、相互影响，共同保证了项目的成功。项目绩效域的协同合作对实现项目整体目标至关重要。

（1）**干系人绩效域部分**讨论了干系人的定义、识别、理解和分析，以及如何通过设定优先级和促进参与来管理干系人。目标是满足干系人的需求和期望，确保项目达到预期的业务目标。还提供了干系人绩效域的检查方法，如干系人参与的连续性和满意度等。

（2）**团队绩效域部分**强调了团队文化、高绩效团队的特点、领导力技能和人际关系技能对项目成功的重要性。通过建立和维护愿景、批判性思维、激励和冲突管理等手段，可以提升团队绩效。

（3）**开发模式和生命周期绩效域部分**探讨了不同的开发模式（如瀑布模型、敏捷开发）以及它们如何影响项目的交付节奏和绩效。选择合适的开发模式和交付节奏可以减少项目的不确定性，并与干系人价值紧密关联。

（4）**计划绩效域部分**讨论了项目估算、计划的影响因素、度量指标和一致性等方面。强调了计划的充分性、适宜性和可适应变化性对项目成功的重要性。

（5）**项目监控绩效域部分**强调了关注项目执行过程中的监督和控制，以确保项目按照计划顺利完成。提出了项目过程、项目制约因素、沟通和参与、资源管理等关键点，并通过检查方法来评估监控绩效。

（6）**交付绩效域部分**强调了项目交付的价值、可交付件和质量。通过有效的交付管理，可以确保项目满足业务目标和策略，同时满足干系人的要求。

（7）**度量绩效域部分**强调了对项目绩效的度量和监控，包括关键绩效指标的制定和管理。讨论了如何通过度量内容展示信息和结果，以及如何避开度量陷阱来支持决策和持续改进。

（8）**不确定性绩效域部分**讨论了风险、模糊性、复杂性和易变性等不确定性因素，以及如何通过收集信息、备选方案准备、综合设计和提高韧性来应对这些不确定性。

本章还强调了各个绩效域之间的相互作用和协调一致性对项目成功的重要性。通过有效地管理这些绩效域，项目团队可以更好地应对挑战，达到项目目标，并为组织创造价值。

习题

一、选择题

1. 促进干系人参与的步骤包括识别、理解、优先级排序、参与和（　　）。

　A. 分析变更　　　　B. 分析监督

　C. 效果评价监督　　D. 效果评价变更

2. 有效执行团队绩效域可以实现的预期目标不包括（　　）。

A. 共享责任

B. 建立高绩效团队

C. 所有团队成员都展现出相应的领导力和人际关系技能

D. 项目以有条理、协调一致的方式推进

3.（　　）决策速度快，但容易出错，也会因为未考虑受决策影响的人的感受而降低他们的积极性。决策具有包容性的特点，可增加对决策的承诺，促使人们参与决策。

A. 单方面群体　　B. 群体专家判断

C. 单方面集中　　D. 群体集中

4. 评价项目以有条理、协调一致的方式推进，可以通过对照（　　）和其他度量指标，对项目结果进行绩效评审来判断。

A. 项目需求　　B. 项目目标　　C. 项目计划　　D. 项目基准

5. 对某一事物进行度量会对其行为产生影响，因此需要谨慎制定度量指标，这表明了度量具有（　　）。

A. 霍桑效应　　B. 蝴蝶效应　　C. 木桶效应　　D. 青蛙效应

二、判断题

1. 绩效域共同构成了一个统一的整体，作为一个完整系统，在项目生命周期中运行，系统内的每个绩效域相互作用、相互关联和相互依赖，并协调一致、共同运作，支持项目目标和价值的实现。（　　）

2. 干系人绩效域涉及项目团队人员有关的活动和职能。（　　）

3. 项目团队文化需要通过制定项目团队规范通过于式方式形成和建立。（　　）

三、问答题

请指出8个绩效域在整个项目进展过程中的关系，并举例说明它们是如何作为一个整体，在项目中相互作用、协调一致、共同支撑以达到项目目标的。

03 第3章　项目立项和启动

Are you ready?（你准备好了吗？）我们可能会无意中听到或者随意说出这句话。但是真的准备好了吗？这才是我们真正关心的问题。不管我们是准备出门旅行、参加一场宴会，还是准备一份礼物，事先都要进行充分的准备，否则我们可能会遇到类似电视剧里的窘迫状况。

项目立项和启动

- 旅行途中，忘记带信用卡，现金花光。
- 参加宴会出门之前，选好衣服后发现鞋子不搭。
- 准备的礼物和去年的一样。

……

俗话说得好，"好的开始是成功的一半"。对于做项目，道理亦如此。有些项目在启动时期没有很好地考虑到前期准备的问题，造成一些项目盲目启动、仓促进行，导致项目的投入产出分析不正确、组织混乱，给项目后期的实施、管理和维护等都带来极大的风险，甚至导致项目延期或者不符合客户需求而被弃用。因此，做好项目启动前的准备和分析工作是非常有必要的。这也是整个软件项目实施的基础。

所有项目都不是凭空产生的。不管是《人月神话》中的 IBM System/360 项目还是《梦断代码》中的 Chandler 项目，都是为了解决一定的矛盾和满足相关的需求而产生的。

1. IBM System/360 项目

该项目是为了解决兼容性问题而产生的。在 System/360 之前，IBM 也研制了很多计算机，它们各自有一套自己的配套设备，但彼此间却互不兼容，即无论是程序代码还是外设，如打印机、存储设备、输入输出设备等，都自成一体，彼此毫不相干。System/360 的设计师们看到了这种“各自为政”、资源浪费并不断招来客户抱怨的局面，在 System/360 设计之初，就非常有远见地力求：

- 为产品家族中的最小成员所写的程序代码，能够向上兼容更强大的产品家族成员；
- 所有的外设都要与产品家族中的所有成员兼容。

2. Chandler 项目

该项目是 OSAF 支持的开源软件项目，由米切尔·考波尔发起，是为了超越微软 OutLook 而打造的一款全新的电子邮件和日程安排软件。其功能主要是个人信息管理（PIM），包括管理邮件、约会、地址簿、任务等，它具有开放架构，能够跨平台使用。

六年半的时间，上百万美元，几十号顶尖高手，只为打造卓越的软件。Chandler 1.0 终于在 2008 年 8 月 8 日发布，比当初预计的发布时间晚了整整 4 年。

大家都清楚，无论做什么事情，不是有了意向就可以去做的。我们首先要做分析，判断这件事情是否值得去做、怎么去做、要消耗多少时间和成本等。做项目不同于生活中的琐事，一旦项目运行起来，资源的需求就会被提上日程，费用也会随之产生。我们必须在做项目之前，通过专业的分析来衡量未来的成长和收益是否和我们的投入成正比。当然，在进行专业的可行性分析之前，项目要得到投资方的认可才行。这涉及 3.1 节要介绍的内容——项目建议书，相应项目也是贯穿本书的案例。

3.1 项目建议书

项目建议书，顾名思义，就是项目的立项申请报告。它可以比较简要，也可以比较详尽，其形式是否正规是无关紧要的，重点是如何向有关的投资方或上级阐述立项的必要性。有一些项目（如上级直接指派的项目、有投资方直接需求的项目等）由于其自身的特点或者其发展条件比较成熟，没有必要进行立项的申请，这类项目就可以直接进入可行性分析阶段。

在写项目建议书之前，一般会进行相关的市场调研、用户调研，了解市场上是否有相应的产品。如果市场上已经有相应的且流行或受欢迎的产品，一方面说明类似的产品得到市场的认可，该项目有价值；另一方面也说明强有力的竞争对手已经在那里，需要进一步分析其优点和缺点，判断我们做类似的产品是否还有机会、投入产出如何。这种情况下，除了写项目建议书，还应写市场需求文档（Marketing Requirement Document，MRD）。

如果是一个全新的、市场上不存在的产品，可以调查一些潜在的客户，了解他们是否有这方面的需求。在这种情况下，除了写项目建议书，还应写产品需求文档（Product Requirement Document，PRD），这就是 MRD 和 PRD 的不同应用场景。对于一个全新产品，需要不断试探用户的真实需求，及时进行调整或改进。这种情况也特别适合采用敏捷开发模式，采用快速迭代的方法来开发产品，通过产品的持续演化开发出符合用户真实需求的产品。

通过如下情景，我们更能感受到，项目的价值是我们应优先考虑的重要因素。

背景介绍：

在当前高校环境中，学校教职工之间、教师与学生之间的沟通和科研协作往往依赖于电子邮件、短信、钉钉或企业微信等，但这些方式仍存在许多不便之处。

作为一家从业多年的软件研发公司，飞象公司敏锐地嗅到了其中的商机，便着手安排团队对上海的某所高校进行深入了解。

通过这段时间的调研，我发现做高校即时聊天软件很有市场前景。

哦？现在都有了企业微信、钉钉等，还有市场前景？现在做了哪些调研？有调研数据吗？

我写了一个项目建议书的草稿回答你的问题，你看看？

我看了一下，这里倒是有市场规模分析，也有投资估算，但缺少了一个关键因素。

什么关键因素？

就是项目价值。现在的文档只能说明聊天软件有市场，但市场上又有那么多同类的产品（钉钉、企业微信等），你想做的项目是什么？这个项目究竟有什么价值？

怎么挖掘项目价值？

挖掘项目价值，要先考虑值不值得我们做，做了我们能收获什么；其次要考虑我们的项目有什么独特性，能解决用户的什么问题。

我们能给学校师生提供一个统一的沟通平台。

那为什么不用微信、QQ这些软件？大家也都在用呀。

我好像了解你的意思了，我再去完善一下项目建议书。

项目建议书的内容因不同的项目类型、规模而不同，但一般来说，项目建议书主要应包括下面几项内容。

- 项目的背景。
- 项目的意义和必要性。
- 项目产品或服务的市场预测。

- 项目规模和期限。
- 项目建设必需的条件，对已具备和尚不具备的条件的分析。
- 投资估算和资金筹措的设想。
- 市场前景及经济效益的初步分析。
- 其他需要说明的情况。

由于软件项目是无形产品，所以在做软件项目的建议书时应该着重分析其意义、必要性和发展前景。下面借助一个具体实例——高校即时聊天软件项目（该项目为贯穿全书的案例），说明如何创建项目建议书。

高校即时聊天软件项目建议书

一、背景介绍

在当前高校环境中，学校教职工之间、师生之间的沟通和科研协作往往依赖于电子邮件、短信、钉钉或企业微信等，但这些方式仍存在许多不便之处。目前各个高校的教职工、学生，包括教师、教学辅助人员、教学管理人员、行政人员等，由于学校规模庞大、不同职能的人员沟通渠道不同，在协作方面出现了诸多问题。

像企业微信、钉钉等既有的协作工具，优点是较为成熟，但缺点也很明显：服务价格高、功能太多、复杂，教师之间的沟通容易被监控、打扰。因此，多数教师非常不愿意使用企业微信和钉钉。日常沟通用的微信确实非常方便，但教师之间（特别是跨学院、跨部门）、教师与学生之间较少有彼此的微信，因此在工作中用于协作也较为麻烦。最重要的是，一些涉及学校或学生隐私信息的文件，在传输过程中存在信息泄露的风险。

二、项目的意义和必要性

随着互联网的迅猛发展，技术的进步为学校和教育机构赋予了更多的可能性。在高校内打造即时聊天软件，已成为优化现有协作流程、实现信息技术与教育全面融合的重要一步。

高校即时聊天软件作为一个快速、便捷的沟通平台，能够解决信息同步不及时的问题。同时，能为学校管理层提供一个高效的协作平台，促进不同学科、不同学院间教师、学生的沟通与合作，优化学校内部的协调和决策路径。学校领导可及时了解师生的需求与问题，并采取应对措施，提高学校管理效能和决策的准确性。

三、项目产品或服务的市场预测

针对在校教职工、学生的高校即时聊天软件在大学校园中具有广阔的市场潜力。

- 市场规模：高校在校教职工、学生群体庞大。校园内的各个部门和单位之间需要频繁地进行沟通和协作。因此，高校即时聊天软件作为提供实时通信和协作功能的工具，具备满足在校师生需求的潜力。
- 数据安全和隐私保护：在校教职工的工作涉及敏感的学校内部信息和个人数据。因此，高校即时聊天软件需要具备严格的数据安全措施和隐私保护机制，以确保信息的安全性和保密性。这是在校教职工选择使用该类软件的重要考虑因素之一。
- 用户体验和易用性：高校即时聊天软件的用户体验和易用性对用户的吸引力至关重要。在校教职工通常需要处理繁忙的日常工作，因此，软件界面简洁清晰、操作便捷、功能易于使用是吸引用户的重要因素。

综上所述，高校即时聊天软件的市场潜力巨大，有望在高校校园中获得广泛的应用和认可。

四、项目的规模和期限

基于学校现状，高校即时聊天软件项目可以分为如下 4 个阶段。

第一阶段（预计完成时间为 2024 年 4 月 1 日）：

- 在学校内部网络中启动即时聊天软件，首先实现基本的消息收发功能，能够满足通知分发、关键信息同步等需求；
- 开发用户管理和身份验证功能，以方便用户在非内网环境下使用即时聊天软件；
- 实现聊天数据同步功能，以方便查阅历史消息和离线时产生的新的未读消息；
- 添加文件传输功能，以方便分发 Excel 表格等办公文件。

第二阶段（预计完成时间为 2024 年 5 月 30 日）：

- 开发一对一聊天功能，以方便教职工之间的单独沟通；
- 增加聊天群组功能，以便教学组、年级组的内部沟通。

第三阶段（预计完成时间为 2024 年 8 月 1 日）：

- 对群组聊天功能进行持续改进和优化，增加创建通知类群聊会话、设立多个管理员等功能，以提高群组聊天体验；
- 用户与服务器之间的通信全程加密，以提高数据安全。

第四阶段（预计完成时间为 2024 年 11 月 1 日）：

- 发布即时聊天 App，支持聊天群组功能和一对一聊天功能。

五、投资估算

大致估算为 107 万元。

六、市场前景及经济效益初步分析

高校即时聊天软件是一项旨在优化学校现有协作和沟通方式的项目，面向高校进行定向销售，具有广阔的市场前景。

- 市场规模：我国高校教职工、学生数量庞大，目前我国高等学校超过 3000 所，各级各类专任教师共计 1800 万余人，学生数量更是巨大。他们对于在线沟通和协作的需求日益增加，因此，高校即时聊天软件的市场具有巨大的潜在用户群体。
- 市场需求：高校师生需要一种方便、快捷的即时聊天软件来加强研究、行政工作的协作，传统的邮件、微信等方式已经无法满足他们的需求。与现有的企业微信和钉钉等协作工具相比，该项目专注于高校市场，可以提供更加具有针对性的功能和服务。
- 竞争分析：目前市场上已经存在一些高校教职工即时聊天软件，但大多数软件在数据隐私保护方面存在不足。该项目基于 TLS 进行通信协议的加密，并基于 AES 或 SM4 对请求的文本信息进行加密，使得其更具备竞争优势。
- 经济效益：主要来源于高校对该即时聊天软件的付费订阅和增值服务。此外，我们将采取有效的成本控制措施，包括合理规划研发和运营成本、优化市场推广投入、合理配置人力资源等，以确保项目的盈利能力和可持续发展。

综上所述，作为一家从业多年的软件研发公司，经调研、沟通后，我们团队决定开发一款面向各大高校的即时聊天软件——喧喧，为高校师生提供一个统一、高效、简单易用的聊天协作平台，辅助提高校内事务的沟通效率，降低高校科研协作中的信息泄露风险。

Chandler 项目由于是由投资人米奇发起的，自然就没有这个建议书阶段了。但经查阅，IBM System/360 项目的方案是在两个技术派别的争论中胜出的。当时以“小沃森”（Thomas John Watson Jr.）为首的 IBM 决策层于 1961 年 5 月担着极大的风险最后采纳了埃文斯（IBM System/360 主要负责人）的意见。这也就表明埃文斯和另一方在争论之前应该都给决策层提交了项目建议书。

在日常工作中，多数项目都由高层或者决策层来发起。但是，如果在项目开发或者实施的过程中，产生任何可以提高效率、提高生产力、加速产品开发实施等对企业发展有好处的想法，并且可以作为项目来开发，那么项目建议书就很有必要了。

项目建议书一旦得到批准，我们就可以进入可行性研究阶段了。

3.2 项目可行性分析

项目可行性分析是项目启动阶段的关键活动，旨在判断一个项目是否值得做，或者挑选许多待选项目中的最佳项目。可行性分析的结果直接影响项目的实施效果。对大型的项目来说，其本身的可行性分析就可以当作一个单独的项目来做。在软件行业中，项目可行性分析通常称作 Research 项目。Chandler 项目失败的其中一个原因就是他们没有做任何可行性分析就开始着手做项目。对任何已经批准的项目建议书，都应该设立一个小组承担可行性研究，并尽量做出相应的方案。分析小组一般由公司内部的业务人员和相关的软件技术人员组成。我们要根据项目的重要程度、难度、规模和公司内部的实际状况来确定是否需要聘请专业顾问来进行评估。通过下面的对话，我们能更了解可行性分析的重要性。

浩哥，我把项目建议书交上去了，但被领导驳回了。

驳回的理由是不是“项目可行性差”？

你怎么知道？这么神？

倒不是神，主要是经历得多了，哈哈。

除了项目建议书，我们还要做可行性分析，用更详细的内容来证明这个项目是可以做的，是有前景的。

这个可行性分析一定要做吗？

当然。行业中也有很多没做可行性分析最终失败的项目。

哦？

像Chandler项目，他们失败的原因之一是没有做任何可行性分析就开始着手做项目了。所以，对待任何一个项目，我们都要慎重，毕竟接下来要投入大量人力和物力，试错可是需要成本的啊！

做可行性分析，就是做经济分析、市场风险分析？

还不够。做项目，我们要从经济角度考虑收益、成本，要从技术角度考虑项目技术的成熟度与适用性，还要考虑各种风险和不确定性……

原来这里面有这么大的学问！

3.2.1　可行性分析的前提

进行可行性分析之前，要了解客户的需求和想要达到的目标。这一阶段需要由专业的分析人员与客户业务人员组成的小组，对业务需求进行收集和初步的分析。

值得注意的是，这里所说的需求分析只是对项目的需求做出初步的分析，仅关注客户究竟想要哪些主要功能，并以此作为项目可行性分析的依据。一般来说，这类需求分析包括以下内容。

- 当前业务流程分析。
- 主要功能点需求分析。
- 系统的非功能需求（如性能需求、环境需求和安全需求等）分析。
- 对一些限制条件（如经费来源和使用的限制，软件开发周期的限制等）的分析。
- 需求的优先次序。

Chandler 项目是一个开源项目，完全能够提前在网络上征集客户的相关需求，然后进行整理、调研和分析，确定用户的真正需求并制订出可行的计划。如果能这样做，是不是 1.0 版本早就做出来了呢？在正式版本发布之前，Chandler 团队先后发布了 0.1、0.4、0.6 等版本，听取用户的意见。

3.2.2 可行性因素

目标确定了，现在是时候决定“做还是不做”了。我们先来分析一下影响项目可行性的因素。很多软件项目专著都对项目的可行性因素做了不同角度的分析，有的从宏观影响角度将之分为经济、技术、社会环境和人 4 个要素；有的从风险影响角度将之分为项目风险、商业风险、技术风险、用户风险和过程风险等。结合有关专著对可行性因素的分析和参加项目管理的实践经验，我们在这里把影响软件项目可行性的因素归纳为 3 个方面：经济可行性、技术可行性、风险和不确定性，如图 3-1 所示。

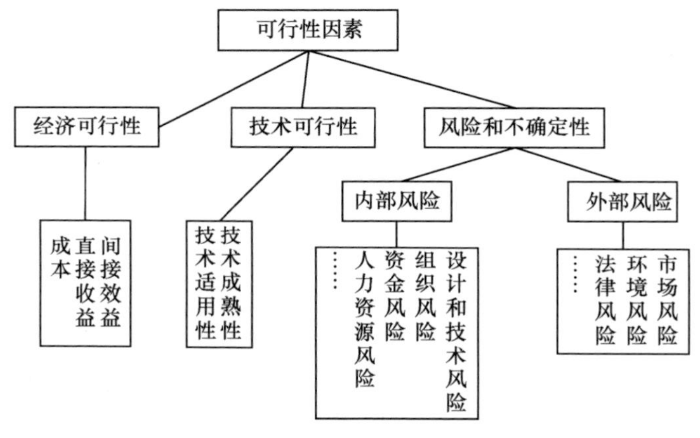

图3-1 可行性因素

3.2.3 成本效益分析方法

通过对成本和效益的分析，可以判断项目的经济可行性，即投入产出的合理性，主要包括成本、直接收益和间接效益的分析。目前很多项目管理和软件技术的专著都论述了关于成本效益的分析方法，这里只介绍比较常用的两种方法：回收期分析法、净现值分析法。

1. **回收期分析法**

回收期（Payback Period）就是使累计的净现金流入等于最初的投资费用所需的时间。假设某项目的最初投资费用是 5 万元，如果每年的净现金流入是 2 万元，那么，它的回收期=5 万元 ÷ 2 万元/年 = 2.5 年。

回收期分析法的优点是容易理解，计算也比较简便。可以看出回收期越短，风险越小。而不足之处是，回收期分析法没有全面考虑投资方案总的可能收益，只考虑回收之前的效果，不能反映投资回收之后的情况，即无法准确衡量方案在整个计算期内的经济效果。这种方法还忽略了货币时间价值（Time Value of Money）。

由于这些局限，基于回收期分析法进行方案和项目的选择是不可靠的，它只能作为辅助评价方法。

2. **净现值分析法**

净现值（Net Present Value，NPV）就是未来报酬的总现值减去原先的投入。这是一种常用的项目评价方法。其计算公式如下。

$$\text{NPV}=\sum_{t=1}^{n}\frac{F_t}{(1+k+r_t)^t}-p_0$$

其中，t 为年数；

F_t 为第 t 年的净现金流入；

k 为贴现率，也可以看作目标回报率；

r_t 为第 t 年的预期通货膨胀率；

p_0 为初始投资。

净现值法的决策规则是：在只有一个备选方案的采纳与否决决策中，净现值为正者则采纳，净现值为负者则不采纳。在有多个备选方案的互斥选择决策中，应选用净现值是正值中最大的。假设某项目初期投资 20 万元，预计未来 5 年中各年的收入分别为 2 万元、4 万元、5 万元、8 万元、12 万元，假定每年的贴现率是 5%，每年的通货膨胀率是 3%，那么：

$$\text{NPV}=\frac{20\,000}{1+0.05+0.03}+\frac{40\,000}{(1+0.05+0.03)^2}+\frac{50\,000}{(1+0.05+0.03)^3}+\frac{80\,000}{(1+0.05+0.03)^4}+\frac{120\,000}{(1+0.05+0.03)^5}-200\,000\approx 32\,972(\text{元})$$

因为其净现值是正数，也就是说未来的 5 年里现金的流入量大于现金流出量，这个项目是可以被采纳的。

在成本效益分析法中，几乎都要用到现金流入量和现金流出量的数据。对于这两者的数据统计属于财务管理的范畴，有兴趣的读者可以参阅财务成本管理类图书。

3.2.4　技术及风险分析方法

软件项目除了要进行经济可行性分析，还需要进行技术可行性分析、风险和不确定性分析，可将之概括为技术分析和风险分析。

1. **技术分析**

技术分析是要通过对技术设计方案或者演示模型的比较和分析，判断其技术的成熟性和适用性。这里常用的、有效的方法是专家评定（Expert Judgment），即找相关行业的技术专家进行评定。

2. **风险分析**

风险分析是对项目分别进行内部和外部的风险评估，主要对市场风险、环境风险、法律风险、组织风险、资金风险等风险因素进行定性和定量的分析，从而为项目决策提供依据。常用的方法是决策树。

图 3-2 所示为分析师用决策树来预测、评估某软件项目上线 1 年之后的运行结果，假设预计项目成功的概率为 70%。

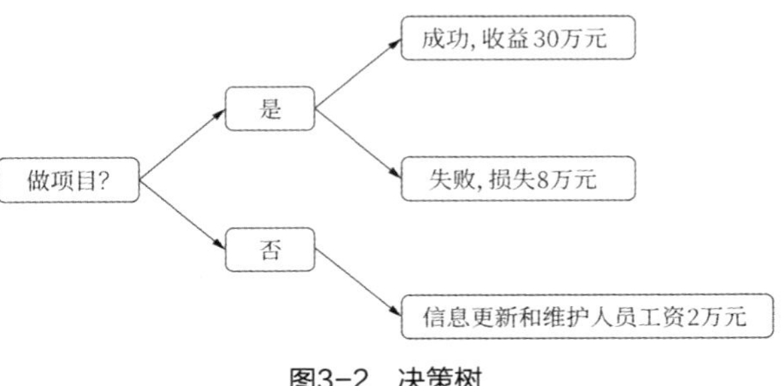

图3-2　决策树

在此，做项目的预期收益是 0.7×30 万元−0.3×8 万元 = 17.6 万元，而不做项目的预期收益是−2 万元。由此可见，做项目是比较有利的选择。

3.2.5　可行性分析报告

想知道项目是否可行，根据成本效益分析、技术分析和风险分析等研究结果，就比较容易得出答案。可行性分析报告的主要内容可以包括以下几点。

- 项目需求分析概况。
- 可行性要素分析。
- 项目的设计方案。

- 人员配置和培训计划。
- 项目主要风险。
- 可行性研究的结论和建议。
- 其他重要意见。

注意

在此报告中，重要的是对项目可行与否提出最终建议，为项目决策审批提供全面的依据。

决策层会根据分析结论，综合其他影响因素（经费、发展方向等）来决定项目是否立项。对于外部项目，签订合同标志项目立项；对于内部项目，合作双方达成协议约定即可。

高校即时聊天软件项目的可行性分析报告如下所示。

某高校即时聊天软件项目可行性分析报告

一、项目背景概述

即时聊天（Instant Messenger，IM）是一种可以让使用者在局域网或互联网上进行某种私人聊天的实时通信服务。大部分的即时通信服务提供了联系人功能，包括联系人列表、联系人在线状态、联系人详情等信息，同时提供与特定联系人的聊天功能。

在当前高校环境中，学校教职工之间以及教师与学生之间的沟通和科研协作往往依赖于电子邮件、短信、钉钉或企业微信等，但这些方式仍存在许多不便之处。

目前各个高校的教职工、学生，包括教师、教学辅助人员、教学管理人员、行政人员等，由于学校规模庞大、不同职能的人员沟通渠道不同，在协作方面出现了诸多问题。

目前既有的协作工具，优点是较为成熟，但缺点也很明显：服务价格高，功能太多、复杂，老师之间的沟通容易被监控、打扰。因此，很多老师不愿意使用既有协作工具。

日常沟通用的微信确实非常方便，但老师之间（特别是跨学院、跨部门）不一定有彼此的微信，因此工作协作也是一桩麻烦事。最重要的是，一些涉及学校或学生隐私信息的文件，在传输过程中也存在信息泄露的风险。

对学校来说，引入一款具有高安全性、隐私性、简单易用且统一的聊天系统是必然趋势。

二、项目需求分析概况

1. 基本要求

该项目包含三个子系统：后台管理和存储系统、聊天消息分发服务系统、前台聊天系统。

2. 外观要求

外观要简单、简洁、美观，消息时间和发送者展示明确易区分；操作易用，交互友好。

3. 性能要求

（1）交互性

本系统设计的初衷是简化目前主流软件的庞杂的信息干扰，更加简明扼要地在校内沟通、协作，快速完成重要信息、通知的传递。因此交互性是影响该即时聊天系统使用体验的主要因素之一，即本系统应该具备良好的交互性。

交互性分为界面交互性、内容交互性和人际交互性。在界面交互性上，本系统应该提供简洁、易上手的交互界面，力求在丰富性与简洁性之间达到平衡，尽可能简化教师用户的操作，将绝大部分操作在系统层面上自动完成，带给用户良好的界面交互体验以及流畅的使用过程。在内容交互性上，应该考虑到使用人群的特征和教学目的，从而合理设置界面和功能分区。在人际交互性上，要注重交互的及时反馈和适应性。

（2）安全性

在安全性方面，本系统应该考虑物理安全性、网络安全性、系统安全性和数据安全性。

在物理安全性方面，本系统主要受到计算机系统和网络设备的影响，在这方面需要学校具备应对紧急情况的处理方案和冗余设备。

在网络安全性方面，应采取措施应对各种网络攻击，要求前后端优化代码逻辑减少漏洞。

在系统安全性方面，本系统应具备日志上报的功能，从而使每一项操作都能做到有迹可循。

在数据安全性方面，本系统应使用加密和权限控制来确保用户的隐私数据不被泄露，使用本地备份和云端备份来防止电子文件、音视频文件丢失。

（3）系统兼容性

为了切实解决校园内部沟通、交流、信息传递等问题，本系统应具备良好的操作系统兼容性，确保在各种类型、各种配置的计算机上都能稳定运行，最大限度地降低对学校硬件设施的要求。在前期做好需求调研，保证系统能够更好地适配学生和教职工的教学计算机的操作系统。

（4）稳定性

稳定性和健壮性是衡量软件系统质量的重要指标，同时稳定性不能通过简单地添加代码和模块来完成，代码的堆积只会导致程序越来越复杂和难以维护。优化代码结构、降低耦合度才能保证系统的稳定性。本系统作为高校师生在线沟通、协作的重要媒介，肩负着重要的数据交互和控制任务，因此本系统应具有高稳定性，具备对突发情况及特殊情况的适应性。

4. 项目目标

针对师生在协作、沟通方面暴露的问题，公司希望打造一个面向高校的即时聊天软件，提供一个高效、便捷的沟通平台，帮助高校提高信息传递效率和任务跟进效率。

（1）主要目标

- 创建一个安全、易于使用、可以进行实时通信的平台，使得学校师生间的沟通更为高效。
- 提供一个集成的解决方案，包括文本消息、图片发送、文件分享等功能，以促进师生之间的协同工作。

（2）次要目标

- 提供对第三方系统的接口，便于用户获取和分享信息。
- 提供一个可扩展的平台，以支持未来的功能增强和定制化需求。

同时，该项目需在确保信息安全的基础上采用 Web 的形式。

5. 用户定位和项目规划

该项目的目标人群为各大高校的师生。基于学校现状，信息系统整体可分 3 个阶段进行。

（1）第一阶段：解决从无到有的问题

- 在学校内部网络将即时聊天软件运行起来，首先实现最基础的消息收发功能，能够满足通知分发、关键信息同步等需求。
- 为了方便用户在非内网环境下使用即时聊天软件，还需要开发用户管理和身份验证功能。
- 为了方便查阅历史消息和离线时产生的新的未读消息，也需要开发聊天数据同步功能。
- 为了方便分发 Excel 表格等办公文档，还需要开发文件传输功能。

（2）第二阶段：功能优化阶段

- 为了方便教师、学生之间的单独沟通，需要开发一对一聊天功能。
- 为了便于教学组、年级组的内部沟通，还需要增加聊天群组功能（在第一阶段上线后进行）。

（3）第三阶段：提高功能性、数据安全性

- 为优化群组聊天体验，便于及时接收通知，新增“通知”类聊天群组。
- 通过加密处理，确保聊天系统的信息隐私安全。

三、项目可行性分析

1. 产品技术可行性分析

即时聊天软件能够提供**“一站式”**定制服务方案，根据不同需求打造一个独立、安全、传输效率高、质量好的即时聊天平台。

目前常用的通信系统有微信和 QQ 等。随着信息科技的发展，通信系统在不断开发升级，但在开发过程中发现这些通信系统存在诸多问题，如软件臃肿、存储空间随之增加、传输数据的稳定性较低等，因此传统的通信系统往往不能够满足人们的需求。

鉴于此，本项目采用 Spring Boot 连接 MySQL 数据库的方式，聊天消息分发服务系统将使用 Socket.IO 技术，便于后续集成到其他平台。前台聊天系统将通过 Socket.IO+Vue 搭建。

基于 Spring Boot 框架的即时聊天系统的开发，使即时聊天系统变得极致精简，保留了客户最基本的功能，打破了传统系统的局限性，因此用户不管在何时何地都可以进行文件传输和合理合法的信息交流。

MySQL 拥有快速的读写速度和高效的查询性能，可以处理大规模的数据，提供多种安全特性，包括用户权限控制、数据加密、网络传输加密。

Socket.IO 会根据浏览器的支持度从 WebSocket、长轮询以及 iframe 等方式中选择合适的方案来实现全双工通信，它既提供了服务端框架又提供了客户端组件，还对通信接口进行了完善和统一，因此，本系统使用 Socket.IO 框架来实现。

2. 市场可行性分析

针对在校职工以及学生的高校即时聊天软件在大学校园中具有广阔的市场潜力。

- 市场规模：高校在校职工及学生群体庞大。校园内的各个部门和单位之间需要频繁地进行沟通和协作。因此，高校即时聊天软件作为提供实时通信和协作功能的工具，具备满足在校师生需求的潜力。
- 数据安全和隐私保护：在校师生的工作涉及敏感的学校内部信息和个人数据。因此，高校即时聊天软件需要具备严格的数据安全措施和隐私保护机制，以确保信息的安全性和保密性。这是在校师生选择使用该类软件的重要考虑因素之一。
- 用户体验和易用性：高校即时聊天软件的用户体验和易用性对于用户的吸引力至关重要。在校师生通常需要处理繁忙的工作日程，因此，软件界面简洁清晰、操作便捷、功能易于使用是吸引用户的重要因素。

综上所述，高校即时聊天软件的市场潜力巨大，有望在高校校园中获得广泛的应用和认可。

3. 同类产品分析

以市面上目前主流的聊天软件为例，做如下分析。

（1）数据安全性较差

市面上聊天软件以快捷聊天及聊天的丰富性与多样性为主，背后隐藏诸多安全漏洞。部分即时聊天软件往往会收集海量的详细个人信息，如身份证号、个人肖像、指纹、电话号码、家庭住址，甚至财务数据（银行、社保账号等）。“大数据”时代的泄密行为日益加重，窃取数据事件屡见不鲜。如果个人使用未加密的即时聊天软件传输隐私信息，有可能在无意之中泄露机密文件和数据。

（2）增加隐性压力

“无纸化”办公即时聊天在某种程度上减少了纸质文件，却增加了各种工作 App、公众号、微信群，推送、群发一波接一波：在线填表、汇报日常化，让用户深陷于“事务性工作”漩涡，增加无形的使用压力。

（3）边界模糊

目前主流的几款聊天软件，对于工作和生活的定位不清，无法清晰地划定边界，许多用户会产生一些逆反和疲累的心理，对工作和学习产生抵触情绪。

4. 本产品竞争优势、劣势分析

（1）竞争优势

- 面向细分市场，更好地满足高校师生用户群体的日常需求。
- 高校市场较为广阔，后续在高校成功推广后，可继续拓展中小学市场。
- 当前开发小组具有丰富的软件开发经验，对该项目的技术栈、开发方式都较为熟悉。
- 项目采用敏捷迭代的方式，通过快速迭代、快速交付，能够有效提高交付效率，保证交付质量，同时能够根据市场反馈及时调整项目方向，扩大项目收益。

- 关注数据安全与隐私性，通过私有部署保证信息安全。

（2）竞争劣势

不可否认，我们研发的软件尚处在萌芽阶段，相比已经处于行业头部的即时聊天软件，在技术和功能的完备程度上，都存在着巨大的差距。同时，由于使用习惯，用户已经形成严重的“路径依赖”，我们的研发项目要想打破这种依赖，还有一定的难度。

5. 经济可行性分析

（1）成本分析

项目投资大致估算为 107 万元。

（2）收益分析

高校即时聊天软件是一项旨在优化学校现有协作和沟通方式的项目，面向高校进行定向销售，具有广阔的市场前景。

- 市场规模。我国高校师生数量庞大，截至目前，我国高等学校共计 3000 余所，各级各类专任教师共计 1800 万余人，学生数量更是庞大。他们对于在线沟通和协作的需求日益增加，因此，高校即时聊天软件的市场具有巨大的潜在用户群体。
- 市场需求。高校师生需要一种方便、快捷的即时聊天软件来加强研究、行政工作的协作，传统的邮件、微信等方式已经无法满足他们的需求。与现有的协作工具相比，该项目专注于高校市场，可以提供更有针对性的功能和服务。
- 竞争分析。目前市场上已经存在一些即时聊天软件，但大多数软件在数据隐私保护方面存在不足。该项目基于 TLS 进行通信协议的加密，并基于 AES 或 SM4 进行请求的文本信息加密，更具备竞争优势。
- 经济效益。经济效益主要来源于高校对该即时聊天软件的付费订阅和增值服务。此外，我们将采取有效的成本控制措施，包括合理规划研发和运营成本、优化市场推广投入、合理配置人力资源等，以确保项目的盈利能力和可持续发展。

四、项目设计方案

1. 产品功能结构

（1）产品结构图

产品结构图如图 3-3 所示。

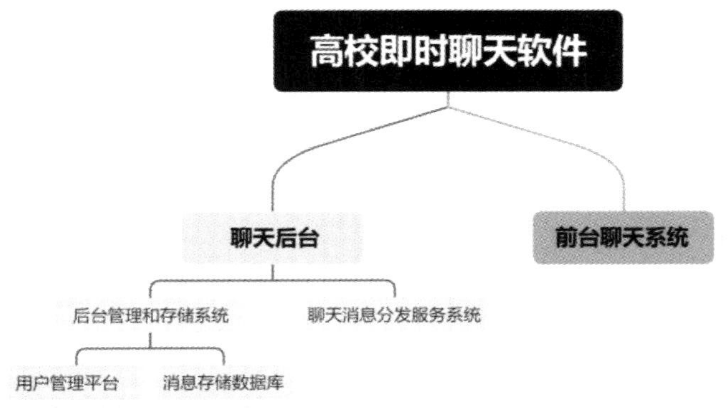

图3-3 产品结构图

（2）产品功能模块说明

① 前台聊天系统：可登录进入聊天界面，发送文字、图片消息，进行一对一聊天与群组会话。

② 聊天后台

- 后台管理和存储系统：包含用户管理平台以及消息存储数据库。
- 聊天消息分发服务系统：进行消息的实时传输、分发。

2. 系统主要角色和业务流程

（1）系统主要角色

系统主要角色及其对应维度如表 3-1 所示。

表 3-1　系统主要角色及其对应维度

维度	主要角色
职能角色	教师、学生、学校管理员
聊天软件用户角色	消息接收者、消息发送者、多人聊天群主、多人聊天群管理员

（2）系统业务流程示例

系统业务流程示例如图 3-4、图 3-5 和图 3-6 所示。

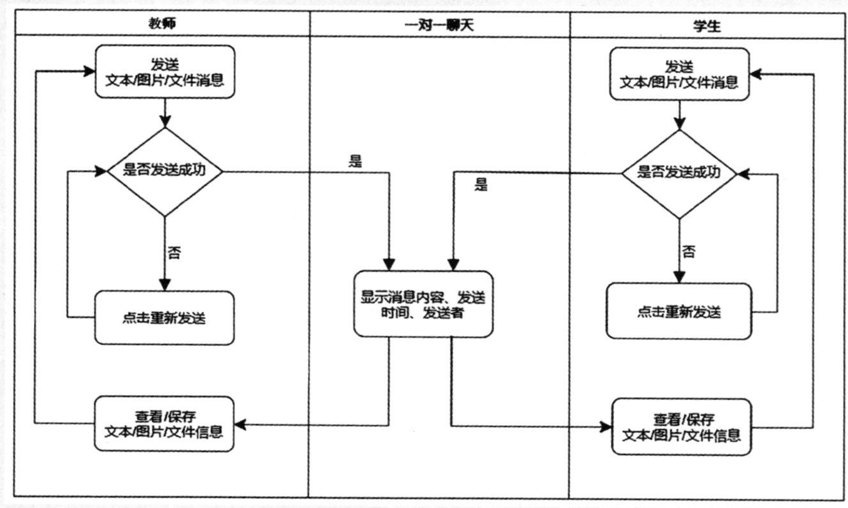

图3-4　【消息发送成功/失败】业务流程图

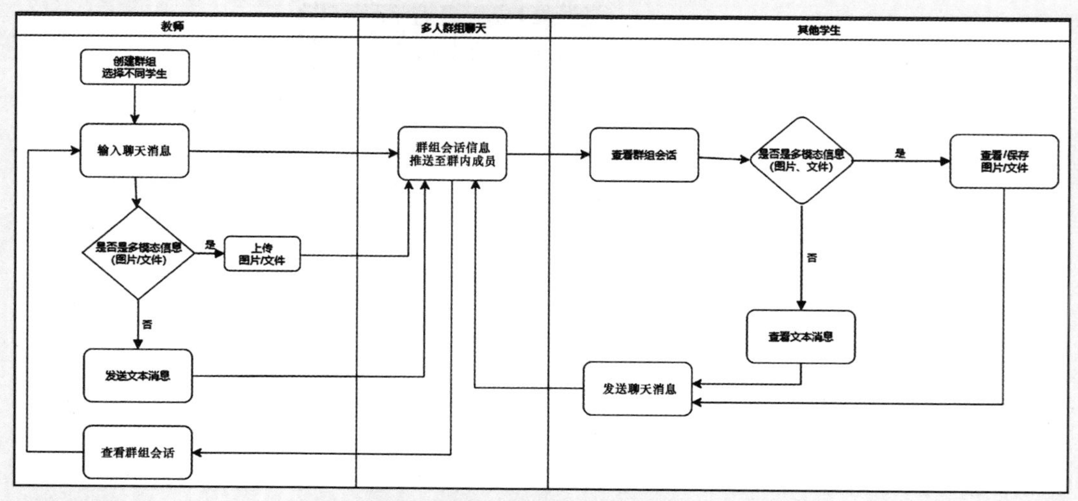

图3-5　【多人群组聊天消息发送】业务流程图

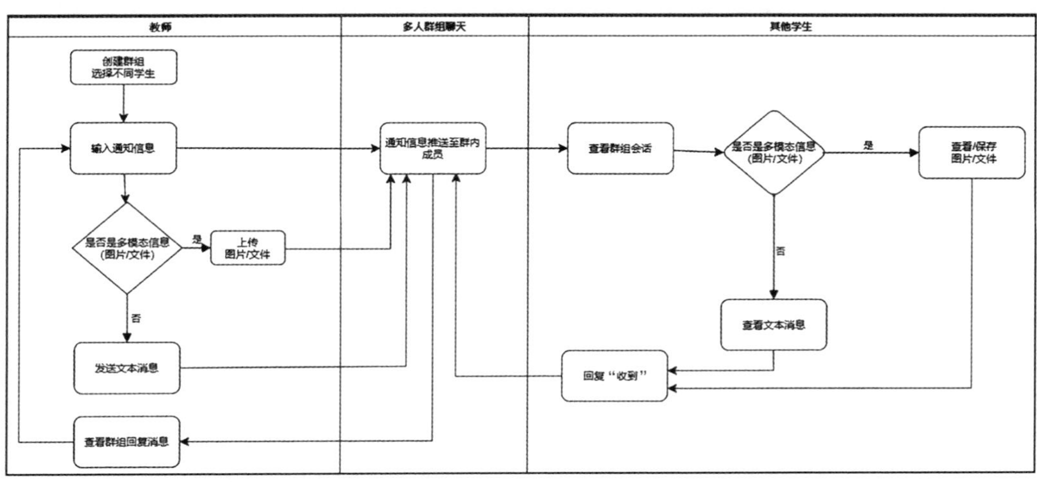

图3-6　【通知发布】业务流程图

五、人员配置和培训计划

1. 人员配置

项目团队人员配置如表 3-2 所示。

表 3-2　高校即时聊天软件项目团队角色与职能

角色	人员	职能
项目经理/ Scrum Master	浩哥	负责项目的整体计划、组织和控制
产品负责人	露露	负责获取、阐述、维护产品需求及书写文档
UI 设计师	方方	负责设计软件用户界面
前端开发工程师	彤彤	负责软件界面的设计与开发
后端开发工程师	文睿	主要负责具体业务逻辑开发

续表

角色	人员	职能
后端开发工程师	鲁飞	主要负责架构与通信开发
全栈工程师	若谷	主要负责前后端业务开发
测试工程师	玉洁	主要负责编写测试计划、执行测试工作、提交测试报告
测试工程师	卜凡	主要负责设计、编写测试脚本，实现自动化测试
质量保证人员	安心	负责对开发流程进行评审和监控，指导流程的执行，参加各种内容的评审，保证项目组成员遵守已定义的标准和规范
运维工程师	国栋	负责系统稳定与故障排除的维护工作
项目干系人	用户代表、研发副总、运维工程师、技术支持、市场/销售等	

2. **培训计划**

为确保项目及时高效完成，现做项目团队人员培训计划如下。

（1）培训目标

- 确保项目团队成员掌握所需的专业技能和知识。
- 增强团队协作和沟通能力。
- 提升项目管理和质量控制水平。

（2）培训内容

① 项目管理培训

培训对象：全体项目成员

培训内容：

- 敏捷开发理论和方法；
- 项目进度控制和风险管理；
- 敏捷工具的使用（如禅道）。

② 技术培训

培训对象：相关技术人员

培训内容：

- 用户研究、交互设计和用户测试（UI 设计师）；
- Vue、React 框架应用、前端性能优化（前端开发工程师）；
- Spring Boot 框架应用、数据库管理和性能优化（后端开发工程师）；
- 微服务架构和容器化技术培训（全栈工程师）；
- 自动化测试和性能测试（测试工程师）；
- 软件开发流程和规范、质量控制方法和工具（全体项目成员）。

③ 团队协作与沟通培训

培训对象：全体项目成员。

培训内容：

- 团队协作原则和技巧；
- 沟通方式和技巧；
- 冲突解决和团队建设。

（3）培训方式

- 内部培训：由经验丰富的团队成员进行授课。
- 外部培训：邀请外部专业老师进行培训，聚焦专项技能提升。
- 线上学习：利用网络资源，进行自学、交流。

（4）培训时间

① 项目启动阶段：每两周进行一次培训。

② 项目开发阶段：每月进行一次培训。

六、项目主要风险

1. 目前市场同类型产品较多，市场竞争激烈

本产品的发布应重点关注垂直领域与细分市场，满足高校市场的独特需求，优化产品创新点。

2. 关注需求澄清与后期需求变更问题

为规避此类风险，项目组成员需要在前期与学校代表进行充分沟通，降低需求变更的可能性。

七、可行性研究结论与建议

研发该即时聊天软件，旨在为高校教职工、学生提供更为便捷的沟通与协作途径，以提高沟通效率、降低信息传递成本，快速获得有效信息，增强信息安全。本即时聊天软件注重信息安全和隐私保护，能更好地满足高校师生间学习和交流的需求。

目前该即时通信工具的设计实现在功能和性能角度都满足设计需求。主体架构和设计逻辑符合人机交互设计原理，也符合用户使用习惯，而且能够满足用户对即时通信工具的需求。

后续我们会根据上述分析以及实际使用情况，对该系统进行持续迭代和优化，力求使该即时通信工具更加灵活、简便、可靠。

经上述分析，该项目技术完备，设备、计划等其他条件也均具备，能够解决当下学校管理问题。此系统可进行开发。

3.3　项目投标

讲到这里，有些人可能会觉得奇怪，怎么没有招标就开始投标了呢？其实善于思考的读者已经得到答案了。在进行可行性分析之前，我们就提到要根据实际状况来确定是否需要聘请专业顾问。如果项目需求方没有软件开发能力，那么他们需要聘请专业的机构来进行分析和开发。所以对于这样的情况，可行性研究和项目的招标就可以合二为一，既可以节省成本又可以选择最优的方案，何乐而不为呢？对自主研发的项目来说，本身就是公司内部的事情，就谈不上招标和投标了。

项目投标基本可以分为两个阶段。

（1）第一个阶段是参加竞标的供应商在规定的时间内提交标书。标书一般包括项目需求分析、可行性研究方案和相关的财务预算。标书要做到清晰化、条理化和规范化。

（2）第二个阶段是需求方（客户）对标书进行评估。在评估之前，需要制定相应的评估标准，以确保我们的评估过程和结果是公平、合理的。正如PMP（Project Management Professional，项目管理专业人员资质认证，这是由项目管理协会（Project Management Institute，PMI）发起的一个国际认证）中提到的，我们的标准可以是客观的，也可以有一定的主观因素。我们应该根据实际需要来制定标准，如从需求满足、技术能力、管理方案和财务预算等多方面来考虑。

通过评估，需求方可最后选定一个最优的方案和供应商签订合同。在这里需要提及一点，无论是从职业道德还是礼貌的角度，评估的结果都应该既通知成功的竞标者，也要通知没有获得成功的竞标者。

3.4 软件项目合同条款评审

法律是合同的依据，合同的条款是操作的依据。无论是成本管理、进度管理、质量管理还是沟通管理，都离不开合同约定的条款。在处理买卖双方的利益关系时，合同是最有力的依据。不同类型的项目一般会采用不同类型的合同。

3.4.1 合同计费的种类

不同种类的合同，有不同的应用条件、不同的权利责任分配和不同的风险分担。这里基于合同计费的形式简单介绍4种常见的合同类型，软件项目常使用固定总价合同和功能点计费合同。

（1）**固定总价合同**：签订合同的时候，总的价格已经确定了。只有当出现设计变更或符合合同规定的调价条件时，才允许调整合同价格。这类合同把需求变更和成本增加的风险从需求方转移到了承包方。但由于价格固定不变，承包方不得不节约成本，从而带来软件质量下降的风险。

（2）**费用偿还合同**：将实际成本和奖励薪酬相加支付给承包方。奖励薪酬可以根据项目的情况来设置，如固定奖励、成本百分比奖励和按绩效结果奖励等。

（3）**时间和材料合同**：按单位工作量支付报酬，如按员工的工时计算。这类合同和固定总价合同的风险承担方式刚好相反，承包商缺乏动力。

（4）**功能点计费合同**：按功能点计费，可以参考国家标准《信息化项目建设概（预）算编制办法及计价依据》和《信息化项目建设预算定额》来估算费用。这种合同要求在项目开始的时候就估计好项目的规模，即通过功能点分析估计功能点数，标注清楚每个单位功能点价格，项目结束后通过功能点数和单位价格的计算得到总价格。表3-3所示为功能点计费示例。

表3-3 功能点计费示例

功能点数	每个功能点的设计成本/元	每个功能点的实现成本/元	每个功能点的总成本/元
1 000及以下	128	328	456
1 001～2 000	138	358	496
2 001～2 500	148	388	536
2 501～3 000	158	418	576
3 001～4 000	188	458	646

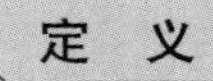

功能点分析（Function Point Analysis）就是从用户对应用系统的功能性需求出发，把应用系统按组件进行分解，并对每类组件以定义的功能点为度量单位进行计算，从而得到反映整个应用系统规模的功能点数。

3.4.2 签订合同

在正式签订合同之前，双方要对合同进行评审，即顺序为制订合同、评审合同、签订合同。

1. **制订合同**

在制订合同的过程中，可以参照同类项目的合同进行讨论和修改。如果没有可参照的合同内容，双方可以各自内部讨论制订合同草案，然后派代表通过会谈和讨论的方式确定合同的内容。

合同的内容一般包括如下方面。

（1）项目时间表（建议为项目重点部分设立对应的里程碑）。

（2）项目验收标准（如项目质量标准，包括适用性和安全性等方面的标准）。

（3）项目维护和升级事项。

（4）项目价格和付款方式。

（5）双方的义务和责任。

（6）相关保密（如价格保密和代码保密等）条款。

（7）软件所有权问题（所有权归投资方还是开发方）。

（8）合同修订方式和修订程序。

（9）合同法律效力（确认合同是有效的）。

（10）合同有关附件（包括需求范围、项目质量标准等）。

（11）违约责任。

（12）其他责任。

2. **评审合同**

评审合同就是对合同内容进行最终的评定。在合同内容制订的过程中，双方已经进行了非常充分的交流，对大部分的合同内容都达成了一致的意见。在评审中，重点是对不一致的部分进行讨论和确定。

3. **签订合同**

在合同评审结束后，确保所有不明确的问题都已得到解决后，即可请双方的代表签订合同。

3.5 软件开发模型

软件行业不断发展，开发模型也随之不断演化。软件开发模型是贯穿整个软件生命周期的系统开发、运行和维护所实施的全部工作和任务的结构框架，它给出了软件开发活动各阶段之间的关系。目前，常见的软件开发模型大致可分为 3 种基本类型，分别**代表软件工程的 3 个阶段**。

（1）软件工程 1.0：以软件需求确定为前提，各项软件活动以线性序列形式呈现，即以瀑布模型（Waterfall Model）和 V 模型为代表的传统软件工程。

（2）软件工程 2.0：以响应变化、紧密沟通合作、快速持续交付有价值的软件来满足客户的敏捷开发模型（包含 DevOps），过去称之为“现代软件工程”。

（3）软件工程 3.0：以机器学习模型（特别是大语言模型）驱动的开发模式，即大模型驱动研发、大模型驱动运维。

本节将简单地介绍在软件工程的各个阶段具有代表性的软件开发模型。

3.5.1 瀑布模型与V模型

瀑布模型将软件生命周期划分为软件计划、需求分析、软件设计、软件实现、软件测试、软件运行与维护这 6 个阶段，规定了它们自上而下、相互衔接的固定次序，如同瀑布流水逐级下落，如图 3-7 所示。

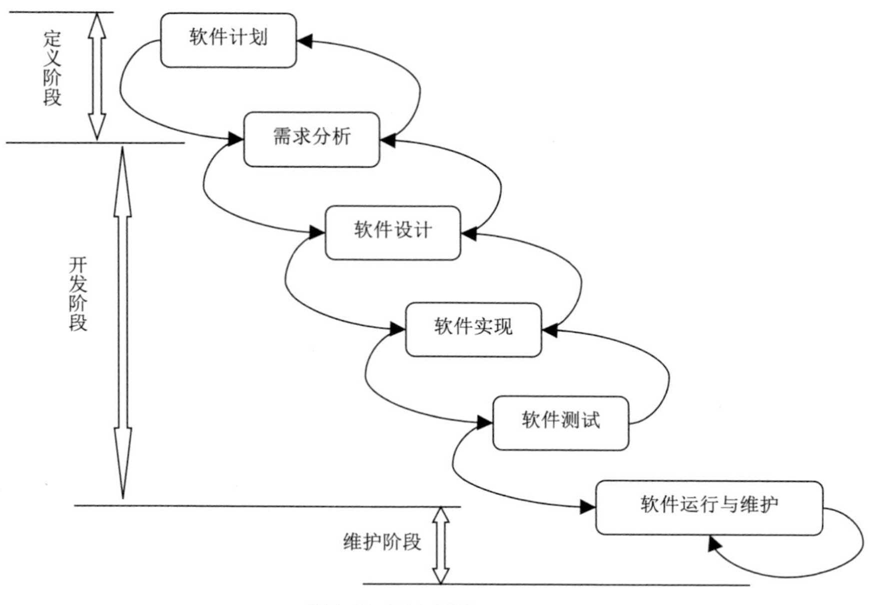

图3-7　瀑布模型

瀑布模型是最早出现的软件开发模型，在软件工程中占有重要的地位，它提供了软件开发的基本框架。开发过程是通过一系列软件活动顺序展开的。每个活动都会产生反馈。因此，如果有信息未被覆盖或者出现了问题，那么应"返回"上一个阶段并进行适当的修改。开发进程从一个阶段"流动"到下一个阶段，这也是瀑布开发名称的由来。

瀑布模型有利于大型软件开发过程中人员的组织及管理，以及软件开发方法和工具的研究与使用，从而提高大型软件项目开发的质量和效率。然而软件开发的实践表明，上述各项活动之间并非完全是自上而下且呈线性分布的，因此在实践中很少用瀑布模型，而是采用改进的 V 模型（或 W 模型）。

V 模型在快速应用开发（Rapid Application Development，RAD）模型基础上演变而来，因将整个开发过程构造成一个 V 字形而得名。V 模型强调软件开发的协作和速度，将软件实现和验证有机地结合起来，在保证高质量的前提下缩短软件开发周期。

通过对 V 模型进行水平和垂直的关联和比较分析，理解软件开发和测试的关系，理解 V 模型具有面向客户、效率高、质量预防意识等特点，可帮助我们建立更有效的、更具有操作性的软件开发过程，如图 3-8 所示。

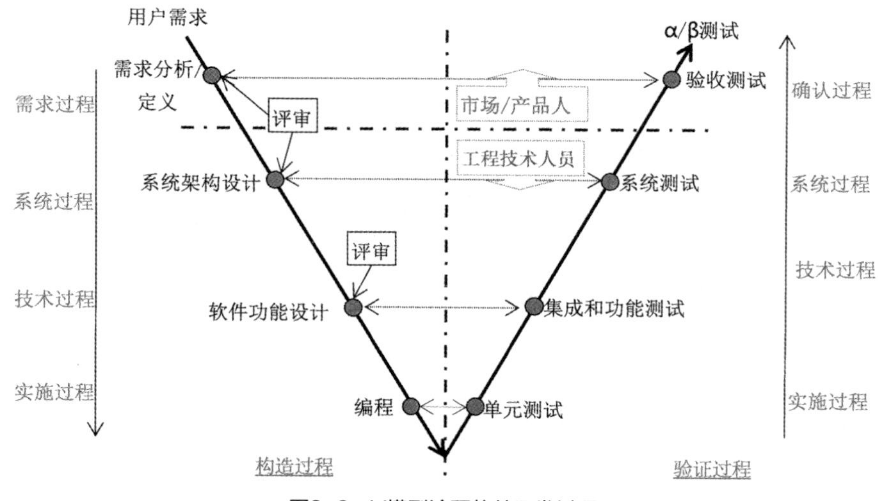

图3-8　V模型诠释软件开发过程

1. 从水平对应关系看

左边是设计和分析，是软件的构造过程，同时伴随着质量保证活动——评审的过程，也就是静态的测试过程。右边是对左边结果的验证，是动态的测试过程，即对设计和分析的结果进行测试，以确认是否满足用户的需求。具体如下所示。

- 需求分析和定义对应验收测试，说明在做需求分析、产品功能设计的同时，测试人员就可以阅读、审查需求分析和功能设计的结果，从而了解产品的设计特性、用户的真正需求，确定测试目标，可以准备用例（Use Case）并策划测试活动。
- 当系统设计人员在做系统架构设计时，测试人员可以了解系统是如何实现的、基于什么样的平台，这样可以设计系统的测试方案和测试计划，并事先准备系统的测试环境，包括硬件和第三方软件的采购。
- 当设计人员在做软件功能设计时，测试人员可以参与设计，对设计进行评审，找出设计的缺陷，同时设计集成和功能等方面的测试用例，完善测试计划，并基于这些测试用例开发测试脚本。
- 在编程的同时进行单元测试，是一种很有效的办法，可以尽快找出程序中的错误，充分的单元测试可以大幅提高程序质量、减少成本。

从中可以看出，V模型使我们能清楚地看到质量保证活动和项目同时展开。项目一启动，软件测试的工作也就启动了，避免了瀑布模型所带来的误区——软件测试在代码完成之后进行。

2. 从垂直方向看

水平虚线上部表明，其需求分析、定义和验收测试等主要工作面向用户，要和用户进行充分的沟通和交流，或者和用户一起完成。水平虚线下部的大部分工作，相对来说主要是技术工作，在开发组织内部进行，主要由工程师、技术人员完成。

从垂直方向看，越在下面，白盒测试方法使用越多。在集成和功能测试、系统测试过程中，更多是将白盒测试方法和黑盒测试方法结合起来使用，形成灰盒测试方法。而在验收测试过程中，由于用户一般要参与，一般使用黑盒测试方法。

3.5.2 以Scrum为代表的敏捷开发

敏捷开发是一种思想或方法论，指通过不断迭代开发和增量发布，最终交付实现用户价值的产品。如何用敏捷的思想来进行软件开发？现在有很多具体的敏捷开发框架、流程和模式，比如Scrum、极限编程、行为驱动开发、功能驱动开发、精益软件开发（Lean Software Development）等，它们的具体名称、理念、过程、术语都不尽相同。相对于“非敏捷”，敏捷更强调程序员团队与业务专家之间的紧密协作、面对面的沟通（认为比书面的文档更有效）、频繁交付新的软件版本、紧凑而自我组织型的团队、能够很好地适应需求变化的代码编写和团队组织方法，也更注重软件开发中人的作用。但不管采用哪种具体的敏捷开发框架，都应该符合敏捷宣言的思想，遵守敏捷开发原则，只能按照敏捷宣言和敏捷开发原则来判断某种开发活动和实践是否是敏捷开发。

敏捷宣言全文如下。

我们一直在实践中探寻更好的软件开发方法，在身体力行的同时也帮助他人。由此我们建立了如下价值观：

个体和互动 高于 流程和工具
工作的软件 高于 详尽的文档
客户合作 高于 合同谈判
响应变化 高于 遵循计划

也就是说，尽管右项有其价值，我们更重视左项的价值。

为了更好地体现敏捷宣言所阐述的价值观，要认真贯彻敏捷宣言背后的如下12条原则。

① 我们最重要的目标，是通过持续不断地及早交付有价值的软件使客户满意。

② 欣然面对需求变化，即使在开发后期也一样。为了客户的竞争优势，通过敏捷过程掌控变化。

③ 经常地交付可工作的软件，相隔几星期或一两个月，倾向于采取较短的周期。

④ 业务人员和开发人员必须相互合作，项目中的每一天都不例外。

⑤ 激发个体的斗志，以他们为核心搭建项目。提供所需的环境和支援，辅以信任，从而达成目标。

⑥ 不论团队内外，传递信息效果最好、效率也最高的方式是面对面的交谈。

⑦ 可工作的软件是进度的首要度量标准。

⑧ 敏捷过程倡导可持续开发。责任人、开发人员和用户要能够共同维持其步调稳定延续。

⑨ 坚持不懈地追求技术卓越和良好设计，敏捷能力由此增强。

⑩ 以简洁为本，它是极力减少不必要工作的艺术。

⑪ 最好的架构、需求和设计出自自我组织型团队。

⑫ 团队定期地反思如何能提高成效，并依此调整自身的举止表现。

至于在软件项目管理中选择哪一种开发模型，取决于项目所处的上下文（Context），包括组织文化、产品、应用领域、项目团队等背景和特点。选择一个合适的生命周期模型，并应用正确的方法，对任何软件项目的成功是至关重要的。企业应根据项目时间要求、人员状况、预算情况、需求明确程度、风险状况等选择合适的开发模型。

在敏捷开发模型中现在比较盛行的是 Scrum。Scrum（原意为英式橄榄球并列争球）将软件开发团队比作橄榄球队，有明确的最高目标，熟悉开发流程中所需具备的最佳典范与技术，具有高度自主权、高度自我管理意识，紧密地沟通合作，以高度弹性解决各种挑战，确保每天、每个阶段都朝向目标有明确的推进。

Scrum 开发流程通常以 2 周到 4 周（或者更短的一段时间）为一个阶段，由客户提供新产品的需求规格开始，开发团队与客户于每一个阶段开始时按优先级挑选该完成的规格部分，开发团队必须尽力于这个阶段后交付成果，团队每天用 15 分钟开会检查每个成员的进度与计划，了解所遇到的困难并设法排除。

Scrum 是一种迭代式增量软件开发过程，包括一系列实践和预定义角色的过程框架。其开发流程如图 3-9 所示。

1. 五大价值观

① 承诺（Commitment）：鼓励承诺，并授予承诺者完成承诺的权利。

② 专注（Focus）：集中精力做好工作，专注并完成承诺。

③ 开放（Openness）：Scrum 提倡开放、透明，不管是计划会议、平时工作、每日站会还是最后的总结回顾，都需要大家公开信息，以确保大家及时了解工作进度，如有问题好及时采取行动解决。

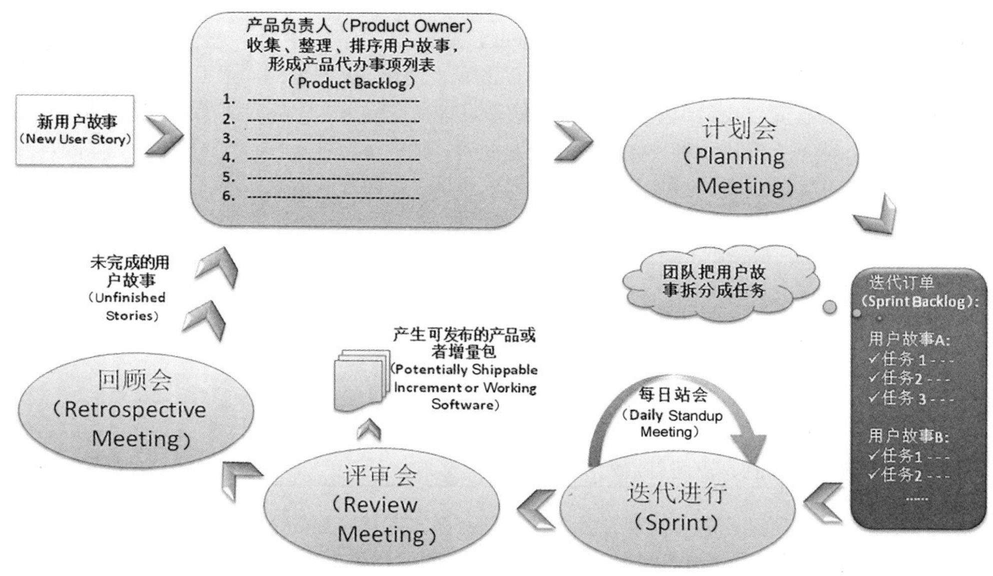

图3-9　Scrum开发流程

④ 尊重（Respect）：团队由不同个体组成，成员间相互尊重是很有必要的。

⑤ 勇气（Courage）：有勇气承担任务，采取行动完成任务。

2. 3 种角色

① 产品负责人（Product Owner）：负责维护产品需求的人，代表利益相关者的利益。

② Scrum Master：为 Scrum 过程负责的人，确保 Scrum 的正确使用并使 Scrum 的收益最大化，负责扫除一些阻碍项目进展的问题。

③ 团队成员（Team Member）：由这些成员（架构师、开发工程师、测试工程师等）组成跨职能的特性团队。一个 Scrum 团队建议 5～9 人，大于 9 人的团队可以运用 SoS（Scrum of Scrums）模式来管理。

按照对开发过程的参与情况，Scrum 还定义了一些其他角色。这些角色被分为两组，即“猪”组和“鸡”组。这个分组方法的由来是一个关于猪和鸡合伙开餐馆的笑话，如图 3-10 所示。

图3-10　猪和鸡合伙开餐馆的笑话

一天，一头猪和一只鸡在路上散步。鸡对猪说：“嗨，我们合伙开一家餐馆怎么样？”猪回头看了一下鸡说：“好主意，那你准备给餐馆起什么名字呢？”鸡想了想说：“叫‘火腿和鸡蛋’怎么样？”“那可不行，”猪说，“我把自己全搭进去了，而你只是参与而已。”

①“猪”组的角色。“猪”是在 Scrum 过程中全身投入项目的各种角色，他们在项目中承担实际工作。他们有些像这个笑话里的猪。

产品负责人、Scrum Master 和开发团队都是“猪”的角色。

②“鸡”组的角色。“鸡”并不是实际 Scrum 过程的一部分，是利益相关者，必须考虑他们。敏捷方法的一个重要方面是使得利益相关者参与过程中的实践，比如参与迭代的评审和计划，并提供反馈。

用户、客户、供应商、经理等对项目有影响但又不实际参与项目的角色，都是“鸡”组成员。

3. 3 个工件

① 产品订单（Product Backlog）：按照优先级排序的需求代办事项。

② 迭代订单（Sprint Backlog）：要在迭代中完成的任务的清单。

③ 迭代燃尽图（Burndown Chart）：在迭代长度上显示所有剩余工作时间逐日递减的图，因整体上总是递减而得名。

4. 5 个活动

① 计划会（Planning Meeting）：在每个冲刺之初，由产品负责人讲解需求，并由开发团队进行估算的计划会议。

② 每日站会（Daily Standup Meeting）：团队每天进行沟通的内部短会，因一般只有 15 分钟且站立进行而得名。

③ 评审会（Review Meeting）：在冲刺结束前给产品负责人演示并接受评价的会议。

④ 回顾会（Retrospective Meeting）：在冲刺结束后召开的关于自我持续改进的会议。

⑤ 迭代（Sprint）：一个时间周期（通常在 2 周到 1 个月之间），开发团队会在此期间内完成所承诺的一组需求项的开发。

Scrum 模型的一个显著特点就是响应变化，它能够尽快地响应变化。所以随着软件复杂度的提高，项目成功的可能性相比传统模型要高一些，图 3-11 所示为 Scrum 模型和传统模型的项目复杂度/成功可能性对比。

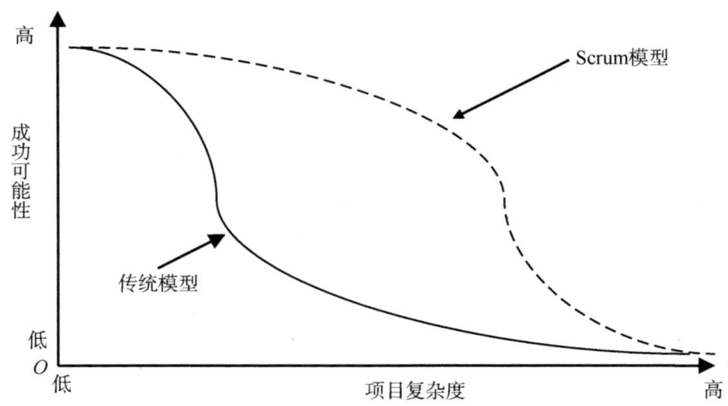

图3-11 Scrum模型和传统模型的项目复杂度/成功可能性对比

Scrum 使我们能在最短时间内关注最高的商业价值。它使我们能迅速、不断地检验可用软件，以此来确定是立即进行发布还是通过下一个迭代来完善。

3.5.3 进入软件工程3.0时代

在技术突破和创新方法的推动下，软件工程发展得越来越快，而最近的突破就是 GPT-4 等人工智能（AI）语言大模型的出现。GPT-4 的诞生让大家都很震惊，尤其惊讶于从 GPT-3 到 GPT-4 的进化速度。GPT-4 是一种基于 RLHF（Reinforcement Learning from Human Feedback，人类反馈的强化学习）和多模态的语言大模型，比其前身有了显著的改进。GPT-4 具有强大的识图能力，文字输入限制提升至 2.5 万字，问题回答的准确性显著提高。因此，GPT-4 能够执行一系列复杂的任务，如代码生成、错误检测、软件设计等。正如谷歌工程主管在文章《程序员的职业生涯将在 3 年内被 AIGC 终结》中的观点——“ChatGPT 和 GitHub Copilot 预示着编程终结的开始”“这个领域将发生根本性变化”“当程序员开始被淘汰时，只有两个角色可以保留：产品经理和代码评审人员”。这篇文章是在 GPT-4 发布前写的，而 GPT-4 比其前身要强大很多，对软件研发的影响会更为显著。

在 GPT-4 发布之后，各种大模型陆续开源，如 Meta Llama、Google Gemma、Grok、DBRX 等，各种编程助手（如 GitHub Copilot、CodeArts Snap、Comate、iFlyCode、CodeGeeX）和测试助手（如 TestAgent、TestPilot）等相继推出，还有像 LangChain、ChatDev、AppAgent、Devin、AutoGen、DevAuto 等基于智能体的研发平台/框架也相继推出，大模型的能力表现逐渐提升。RAG（检索增强生成）技术的引入让大模型幻觉问题得到极大的缓解，提示词（tokens）的长度也越来越不是问题（如 Kimi 就支持 200 万 tokens），总体来看，大模型技术日趋成熟，越来越多的人相信软件研发的范式正在发生变化，AI 已开始接手一些软件研发的工作。

随着各种助手（如业务分析助手、编程助手、测试助手）融入软件研发生命周期，研发人员的使命将会发生变化，人机结对开发、人机结对测试将成为常态，甚至超级个体也会出现。大模型技术会重新定义研发人员构建、维护和改进软件的方式，之后的软件开发会依赖这种全新的语言交流方式（类似于 ChatGPT），让这类工具（更准确地说是智能体）理解研发人员交待的任务，自主完成软件开发，如理解需求、自动生成用户界面（UI）、自动生成产品代码、自动生成测试脚本等。一些“大厂”借助其强大的私有云平台，软件研发效能可以真正实现 10 倍增长，而且研发团队的主要任务不再是写代码、执行测试，而是训练模型、参数调优、围绕业务主题提问或给出提示（Prompt）。因此，我们说 GPT-4 将开启“软件工程 3.0”新时代。2023 年是软件工程 3.0 元年，如图 3-12 所示。

虽然软件工程 2.0 已经开始面向持续集成和持续交付（CI/CD），但还存在许多障碍，而在软件工程 3.0 时代，得益于设计、代码、测试脚本等的生成，可以真正实现持续交付，即及时响应客户需求，交付客户所需的功能特性。表 3-4 是对软件工程 1.0、软件工程 2.0 和软件工程 3.0 的比较。

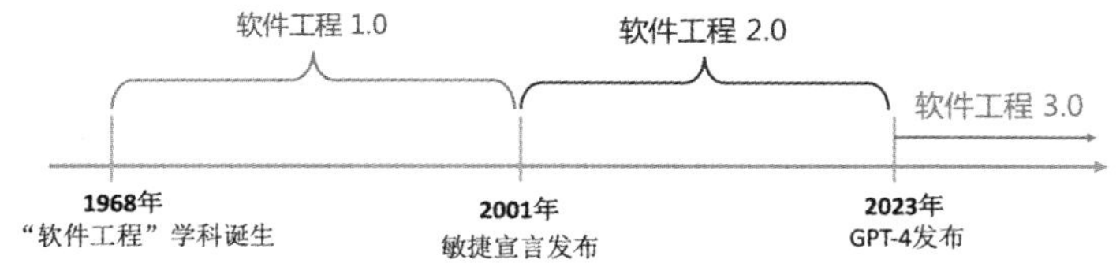

图3-12　软件工程3个阶段的划分示意

表 3-4　3 代软件工程的比较

比较项	软件工程 1.0	软件工程 2.0	软件工程 3.0
标志性事件	1968 年 10 月在联邦德国召开的软件工程大会	2001 年 2 月发布敏捷宣言	2023 年 3 月 OpenAI 发布大语言模型 GPT-4
基本理念	过程决定结果，其思想来源于传统建筑工程等	软件开发是一项智力劳动，以人为本，尽早持续交付价值	基于 LLM 底座，快速生成所需的代码和其他所需内容
软件形态	（普通的）工业产品	软件即服务（SaaS）为主	软件即模型（SaaM）并提供模型即服务（MaaS）
运行环境	单机	网络、云	物联网、人机融合
支撑内容	纸质文档	信息化	数字化
主要方法	面向对象的方法 结构化分析、设计和编程	面向对象的方法 SOA、微服务架构（一切皆服务）	模型驱动、人机交互智能
流程	瀑布模型、V 模型为代表； 阶段性明确 需求分析 → 设计 → 编程 → 验证 → 维护	敏捷（如 Scrum）/DevOps； 半持续性（提倡 CI/CD，但做不到） 编程、计划、发布、部署、运维、监控、测试、验证；研发、运维	模型驱动开发； 真正达成所需即所得，真正做到持续交付服务 模型、创建、计划、发布、配置、数据、验证、打包、监控；机器学习、研发、运维
工作中心	以架构设计为中心	以价值交付为中心，持续演化	以“大模型+数据”为中心，提供个性化服务
团队	规模化团队	小团队	团队可能不存在，个体化
开发人员	分工明确、细致	提倡全栈工程师，开发和测试融合	业务/产品人员、验证/验收人员（开发生命周期两头的人员成为主导开发的人）
自动化程度	手动	半自动化（如只是测试执行、部署、版本构建等自动化）	自动化（AIGC），如代码、脚本、设计等生成
对待变化的态度	严格控制，建立变更控制委员会	拥抱变化（其实还是怕变化）	（真正地）拥抱变化
需求	确定的、可理解的、可表述的产品需求文档	用户故事，具有不确定性，是可协商的	回归自然语言，构建提示词序列
质量关注点	产品的功能、性能、可靠性	服务质量、用户体验	数据质量

3.5.4　软件工程3.0之下的研发活动

在软件工程 3.0 时代，软件开发范式也发生了变化，模型成了核心能力，模型驱动研发、驱动运维，即在软件研发和运维之前，先训练、部署自己的软件研发大模型和运维大模型，然后进行研发和运维。基于业务或研发大模型，我们开始进行需求分析和定义、架构设计和 UI 设计、代码生成、测试用例生成等工作，但这个过程离不开人。可以说，这个过程是人机交互的过程，也是人机结对分析、人机结对设计、人机结对编程、人机结对测试的过程。

1. 软件需求获取、分析与定义

大语言模型和智能体（后文简称“智能体”）在需求获取、需求挖掘、需求分析和需求定义的各个环节，都能扮演比较重要的角色。可以基于用户评论数据挖掘软件需求和应用场景，从而完成需求建模或做出决策，最终生成需求文档。虽然智能体不能解决需求工程中所有问题，但能帮我们减少 60%以上的工作量。智能体可以基于简单的描述，帮我们完成基本功能分析。再进一步，智能体也可以基于需求生成验收标准。并能根据需求验收标准生成 BDD（Behavior-Driven Development，行为驱动开发）标准的 GWT（Given-When-Then）格式。

2. 软件设计与体系结构

智能体通过提供建议、识别设计模式、分析和优化软件体系结构，以及分享最佳实践和框架方面的知识，为软件开发人员（如架构师）提供有价值的帮助，从而帮助他们做出明智的决策、选择最佳的体系结构并制定健壮的解决方案，即创建可伸缩、可维护和高效的软件解决方案，以满足软件的特定需求。此外，智能体可以促进不同设计选项的评估和比较，确保开发人员选择最合适的演化路径。具体地说，智能体在软件架构设计上可以通过以下几种方式帮助软件开发人员。

（1）**提供建议**：根据需求和约束等自然语言输入对软件架构提供建议，这些建议可以帮助开发人员针对待开发软件架构做出明智的决策。

（2）**识别设计模式**：根据自然语言输入识别软件架构中的常见设计模式，帮助开发人员识别潜在的问题并改进软件的整体设计。

（3）**分析和优化软件架构**：能够分析软件架构，并根据自然语言输入提出优化建议，帮助开发人员改进其软件的性能、可伸缩性和可维护性等。

（4）**知识共享**：提供有关软件体系结构的最佳实践、模式和框架的信息，帮助开发人员跟上软件体系结构的最新趋势，提高在该领域的整体知识。

随着多模态技术的发展，智能体可以直接读入设计草图，还可以帮助我们理解图形用户界面、解答关于 UI 设计的问题、告诉我们如何遵守 UI 设计原则，并提供设计建议，帮助我们做出更好的设计。

3. 代码生成和优化

在编程方面，智能体更擅长，包括代码生成、代码补全、代码评审、代码优化等方面的工作。由于开源代码的数据量大、质量高（毕竟要符合代码语法和代码规范），因此模型生成内容的质量自然很高，符合“高质量输入、高质量输出”。

智能体能根据自然语言输入的需求及其上下文生成代码，而且可以用不同的编程语言生成相应的代码段、API（Application Program Interface，应用程序接口）甚至整个软件模块，可以帮助开发人员轻松地创建复杂的应用程序，甚至还可以帮助他们按敏捷开发模式推崇的 TDD（Test Driven Development，测试驱动的开发）来完成代码的实现。这样可以极大地减少人工编码所花费的时间和精力，并支持快速原型化和概念验证开发。

4. 测试用例和测试代码等生成

智能体可以基于自然语言输入生成测试用例，这些用例涵盖了基于所接收到的自然语言输入的广泛场景，甚至可以帮助识别需要测试的边缘情况和潜在的边界条件，以确保软件能充分地满足需求。虽然它不能保证生成所有可能的测试用例，但大量的实验表明效果不错。智能体可以基于需求生成测试用例，并通过提示不断补充或完善测试用例。此外，还可以让智能体基于不同的设计方法（如等价类划分、边界值分析、决策表、因果图、正交试验法等）生成测试用例。例如，利用正交试验法，列出因子、水平数，选择一个 L9（3^2）正交表，生成 8 条测试用例。即使智能体不能画因果图，也能正确地运用这种方法生成有效的测试用例。

生成测试脚本也是智能体的强项，很多实践证明了这点。例如，让智能体为测试谷歌生成测试代码，虽然提示中没有明确说明要在网站上测试什么，但 ChatGPT 仍然生成了一个脚本来测试谷歌网站的主要功能之一——“搜索功能”，甚至正确识别出谷歌搜索栏的名称“q”。进一步，之前的实验指示 ChatGPT 可以为元素定位器使用页面对象模型和类变量，可以生成与某工具平台（如 Sauce Labs）兼容的测试脚本。最后，ChatGPT 可以消除测试脚本中的硬编码，如 URL（Uniform Resource Locator，统一资源定位符）、用户名“username”和密码“password”，从场景特性文件中获取变量，即参数化脚本（数据驱动脚本），使脚本更容易被维护。

将测试脚本从一个平台迁移到另一个平台，也是大模型的强项，如同翻译，例如 GPT-4 可比较轻松地完成将测试脚本从 Cypress 迁移到 Playwright。

5. 错误检测和解决

智能体在代码分析和理解方面的能力使其成为检测和解决软件应用程序错误有价值的工具。通过仔细检查代码片段和理解上下文，智能体可以识别错误，给出最佳解决方案，甚至可以为现有问题生成补丁。这种功能极大地加快了调试过程，并确保软件产品更加可靠和安全。此外，智能体可以与 CI/CD 流水线集成，以增强自动化测试并促进持续地交付软件。

6. 协作和知识共享

在当今快节奏和相互关联的开发环境中，协作和知识共享比以往任何时候都重要。智能体通过在团队讨论、头脑风暴会议和代码审查期间提供实时帮助，能形成会议纪要和总结，能厘清逻辑和发现问题，并提供有价值的见解和建议的替代方法，甚至能从其庞大的知识库中提供相关示例。这种人工智能驱动的协作可提高团队生产力，培养持续学习的文化，并为创新铺平道路。

3.6　软件项目组织结构和人员角色

在本节开头，我们来看一个耐人寻味的幽默故事。

故　事

有两个划船队 J 队和 M 队要进行划船比赛。两队经过长时间的训练后，进行了正式比赛，结果 M 队落后 J 队 1km，输给了 J 队。M 队领导很不服气，决心总结教训，在第二年比赛时，一定要把第一名夺回来。通过反复讨论分析，他们发现 J 队是 8 人划桨，1 人掌舵；而 M 队是 8 人掌舵，1 人划桨。不过，M 队领导并没有看重这个区别，而是认为他们的主要教训是 8 人掌舵没有中心，缺少层次，这是失败的主要原因。

于是，M 队重新组建了船队的班子。新班子结构如下：4 名掌舵经理，3 名区域掌舵经理，1 名划船员，还专设 1 名勤务员为船队班子指挥工作服务，并具体观察、督促划船员的工作。这一年比赛的结果是 J 队领先 2km。M 队领导感到脸上无光，讨论决定由于划船员表现太差，予以辞退；勤务员监督工作不力，应予以处分，但考虑到他为船队指挥工作的服务做得较好，将功补过，对其错误不予追究；对船队成员每人发给一个红包，以奖励他们共同发现了划船员工作不力的问题。

仔细分析起来，这个故事说明了 3 个密切相关的问题。

（1）凡做一件事，如参加划船比赛，必须有一个组织。

（2）这些组织的内部成员应有不同的分工，如上面的两个划船队里的成员都有不同的分工，由此形成其内部的一定结构，即组织结构。

（3）作为一个组织，内部结构不同，行为效果也会不同，例如，上面例子中的 M 队两次都输给了 J 队。

据统计，在软件开发项目中，项目失败的主要原因是项目组织结构设计不合理、责任分工不明确、组织运作效率不高等。

《人月神话》也通过外科手术队伍的例子强调了组织结构和分工的问题，如图 3-13 所示。

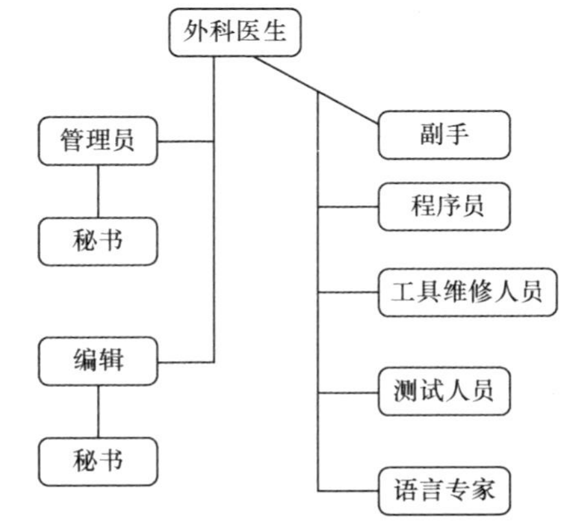

图3-13　外科手术队伍例子

Mills 的建议：对程序员队伍要进行专业化分工，将程序员从杂事中解放出来，同时可以对那些杂事进行系统整理，确保它们的完成质量并强化团队最有价值的财富——工作产品。

本节先简单介绍项目组织结构的几种主要类型，接着重点讨论软件项目的组织结构设计。

3.6.1　项目的组织结构

项目的组织结构主要有 3 种类型：职能型、纯项目型和矩阵型。

1. 职能型

该结构呈金字塔形，图 3-14 所示为典型的职能型组织结构。高层位于金字塔的顶部，中层和底层则沿着塔身向下分布。公司的经营活动按照职能划分成部门（如设计部门、生产部门和检测部门等）。在职能型组织里，一般没有项目经理，项目功能都是在本职能部门内部实现再递交到下一个部门。如果实施期间涉及其他职能部门的问题，只能报告给本职能部门经理，由各职能部门经理进行协调和沟通。这种类型的组织结构适合传统产品的生产项目，一个部门的工作结束，下一个部门工作开始。

2. 纯项目型

在这种组织形式中，以项目经理为核心构造一个完整的项目组，包括各工种人员，如图 3-15 所示。项目经理拥有领导权，项目内所有成员直接向项目经理汇报。每个项目就是一个独立自主的单位。它就如同一个子公司那样运作，拥有完整的人员配备，包括开发人员、行政人员和财务人员等。

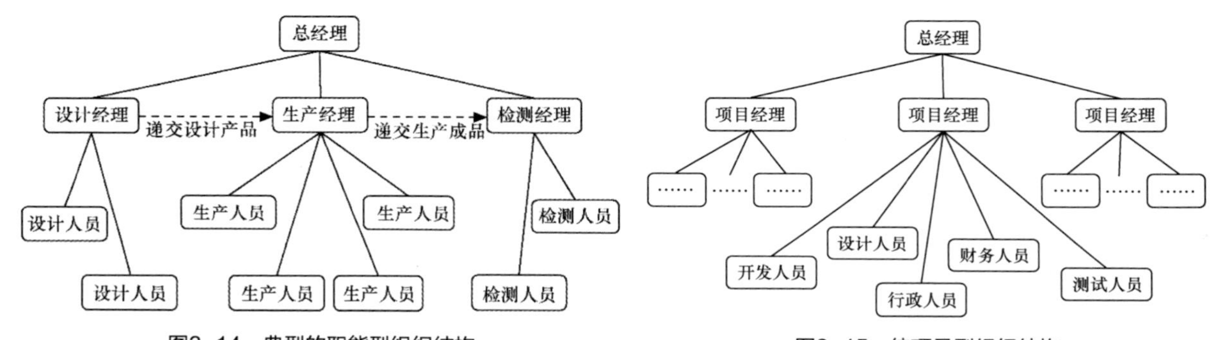

图3-14　典型的职能型组织结构　　图3-15　纯项目型组织结构

3. 矩阵型

由于职能型和纯项目型是两个极端的代表，为了综合它们各自的优势，矩阵型应运而生。它是职能型和纯项目型的结合体，项目内的成员受项目经理和职能经理双重领导。在图 3-16 所示的矩阵型组织结构中，项目 A 和项目 B 的成员是由不同职能部门的人员组成的，这些人员由项目经理进行协调组织工作，同时他们还要受其职能部门经理的领导。

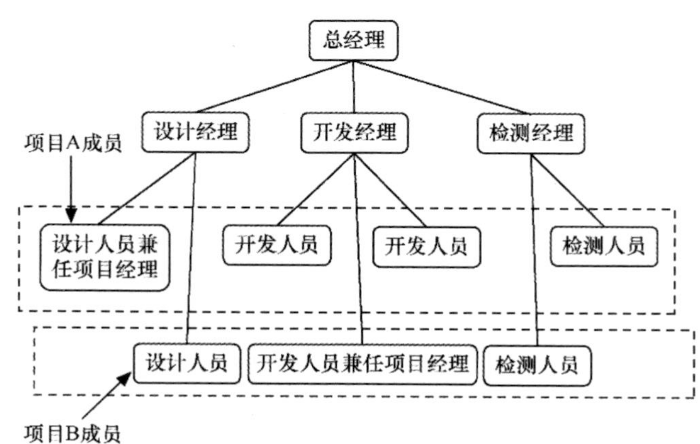

图3-16　矩阵型组织结构

通过前面的介绍，大家可以看出，每一种组织结构形式都有其优点和缺点。对不同的项目，应根据项目具体目标、任务条件、项目环境等因素进行分析、比较，设计或选择最合适的组织结构形式。通常来说，职能型组织结构适用于项目规模小、专业面单一、以技术为重点的项目，如某种设计原型的研究；对于大型的、重要的、复杂的项目，应采用纯项目型组织结构；而在项目周期短但又需要多个职能部门参与时，就应选择矩阵型组织结构。当然，这 3 种组织结构是最基本的类型，在项目实战中，还有很多其他的演变类型，如弱矩阵型、强矩阵型和混合型等。项目管理者必须针对具体的项目特点和实施要求，选择合适的组织结构。软件项目基于自身的特点（需求多变、技术复杂、多方快速交流等），一般会采用偏向纯项目型的组织结构。

2014 年前，微软公司还没有向敏捷研发模式转型，以产品为主导，设立产品单元总经理来领导产品开发团队，在产品单元总经理之下设开发经理、测试经理和程序经理（Program Manager，类似于项目经理）。程序经理的使命就是和客户保持沟通，协助项目组按时提供高质量的软件产品，如图 3-17 所示。

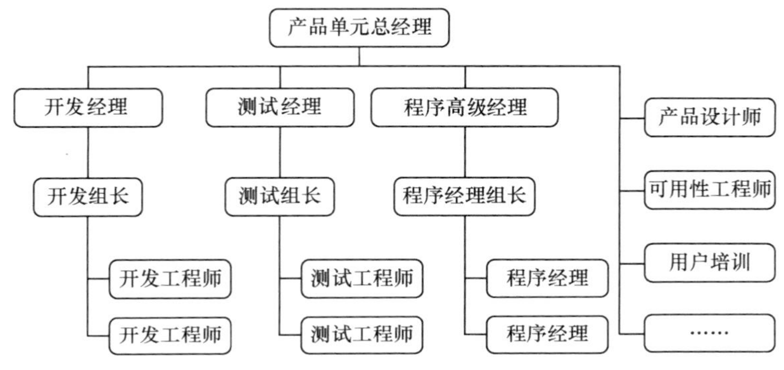

图3-17　微软产品开发组织机构

在 Chandler 项目中，组织结构开始有点乱，分不清谁是主要负责人和决策人。有时候在一个设计问题上各有各的说法，观点难以统一，而且没有人来做最后的定夺，导致浪费了不少的时间。后期虽然米奇指定了相关负责人，但是很多分歧和争议还是要由米奇来定夺。在 Chandler 项目中缺乏项目管理的工作，也是项目失败原因之一。

在传统的项目组织中，角色划分相对比较细，今天许多公司也还有类似的岗位，甚至岗位种类更多。一般软件项目团队的主要角色如表 3-5 所示。

表 3-5　一般软件项目团队的主要角色

角色	角色描述	主要责任
项目总监（高级项目经理）	项目管理最高决策人，对项目的总体方向进行决策和跟踪	• 对项目立项、撤销进行决策。 • 任命项目经理。 • 审批项目实施计划。 • 负责项目实施过程中的重大事件的决策。 • 根据项目过程中的进度、质量、技术、资源、风险等实行宏观监控
项目经理	项目经理直接报告给项目总监，负责完成项目的具体管理，是项目综合管理的焦点，是客户、高层和部门沟通的中心	• 在一定的时间、成本、品质、技术要求下，交付产出的成果。 • 负责管理预算、工作计划及所有项目程序（范围、风险和难题等）。 • 根据项目进展及工作要求整合工作计划，并监督实施，控制进度。 • 建立团队，鼓舞士气。 • 协调项目组内人员的分工合作、资源分配。 • 为项目成员设定合理、有挑战性的目标。 • 向项目总监汇报项目状况，提出建议及改进措施。 • 与用户进行有效的沟通协调，并争取关键用户的支持

续表

角色	角色描述	主要责任
业务分析师	完成软件项目的需求任务	• 负责项目原始需求的收集。 • 参与需求评审和需求变更控制。 • 负责系统确认测试的实施和完成（即产品交付之前的客户模拟测试，因为这个小组是最清楚客户需求的）
架构师	负责建立和设计系统的总体架构	• 负责用户需求汇总和分析。 • 负责系统总体设计。 • 指导程序设计师的详细设计。 • 配合系统的集成测试
开发人员	负责完成系统的详细设计和编码任务	• 负责完成系统详细设计。 • 负责完成软件代码编写。 • 负责完成软件的单元测试和集成测试。 • 发送完成软件包给测试人员。 • 修复代码中的错误
测试人员	负责计划和实施对软件的测试，以确定软件产品满足其需求	• 负责计划、设计和编写测试用例。 • 负责实施测试用例，并对软件完成功能测试、系统测试和接收测试。 • 提交软件错误（Bug）给程序人员，并跟踪直到错误解决。 • 提交测试结果和完整的测试报告
质量保证（Quality Assurance，QA）人员	负责计划和实施项目的质量保证活动	• 负责质量计划的编制、实施、监督和控制。 • 提交质量计划和实际结果的差异报告，提出差异原因和改进方法。 • 不定期召开质量会议讨论质量提高方案
配置人员	负责计划、协调、实施和维护软件和硬件配置管理活动	• 负责软硬件配置项的定义。 • 负责基线建立和维护。 • 负责版本控制、变更控制等。 • 负责软硬件的分配。 • 负责开发测试环境的搭建和维护

有时，人们还关心项目组是如何运行的，即从形成决策到执行的不同层次之间的关系。图 3-18 展示了项目决策层、项目管理层和项目执行层之间的关系和主要的工作内容。

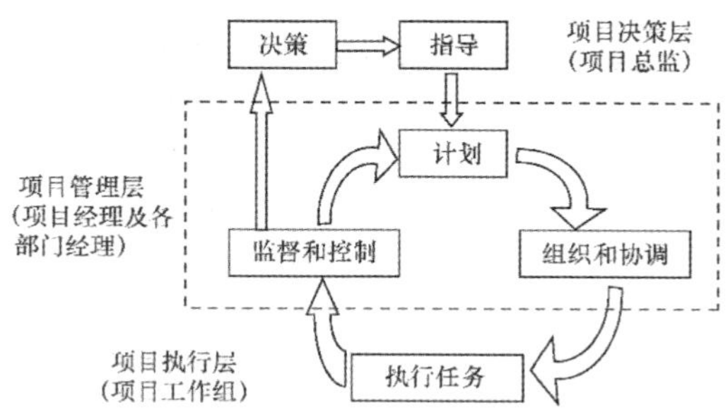

图3-18　项目决策层、项目管理层和项目执行层之间的关系和主要的工作内容

3.6.2　敏捷研发组织

在传统的软件开发中，3.6.1 小节介绍的组织结构会存在，但在敏捷开发模式下，更强调开发和测试的融合，构建自我管理、扁平化的特性团队，一个产品特性（或一个组件）对应一个团队。团队规模小，建议 5～9 个人。团队中有 3 种角色：产品负责人、Scrum Master 和团队成员（见 3.5.2 小节）。虽然团队成员中有擅长开发的、擅长测

试的、擅长业务分析的，干的具体工作不同，但没有划分更细的角色。也许，敏捷开发模式追求的理想状态是：开发人员能够做测试、对自己的设计和代码负责，并提倡 TDD，这样才能更好地实现持续设计、持续编程、持续构建、持续集成、持续测试和持续交付。

对团队成员设定一些特定的角色，只要这些角色不是凸显权利，而是凸显出责任、专业性，没有违背敏捷的价值观和原则，就是可以的，甚至可以鼓励。从另一方面讲，角色和项目组成员是两个不同的概念，一个成员可以兼多个角色，而一个角色可以由多个人承担，如在大型项目中，有多个项目经理、几百个开发人员和测试人员；而在小型的软件项目组织中，部分角色可以兼任，即一个人可以兼任多个角色。

虽然产品负责人、Scrum Master 在 Scrum 框架中是重要的角色（一个负责产品定义、一个帮助团队清理研发过程中所遇到的障碍），但是软件开发、软件测试这两种角色不容忽视，毕竟软件产品的发布还要依赖他们开发和测试。敏捷是强调团队的作用，如团队对质量负责、团队对测试负责，但在现实中，“一个和尚挑水吃、两个和尚抬水吃、三个和尚没水吃”，团队对测试负责，往往就没有人对测试负责。所以前面建议设立测试负责人（Test Owner），也是强调要有人对测试工作的进度、效率和质量等负责，从而保证交付的质量。

3.6.3 软件项目经理

一位牧师正在考虑明天如何布道，他 6 岁的儿子总是来捣乱。情急之下，他将一本杂志内的世界地图夹页撕碎，递给儿子说：“来，我们做一个有趣的拼图游戏。你回房里去，把这张世界地图还原。”

谁知没过几分钟，儿子又来敲门，并说图已经拼好。父亲大惊失色，急忙到儿子房间去看，果然那张撕碎的世界地图完完整整地摆在地板上。

“怎么会这么快？！”他吃惊地望着儿子，不解地问。

“是这样的，世界地图的背面有一个人的头像，人对了，世界就对了。”

牧师爱抚着儿子的小脑袋若有所悟地说：“说得好啊，人对了，世界就对了！”

本书讨论软件项目管理，所以有必要单独讨论“软件项目经理”（包括敏捷团队中的 Scrum Master）这个角色。从项目管理角度看，软件项目经理是整个软件项目的核心和灵魂，负责项目的计划与计划的执行（项目过程的监控、度量等），更好地将技术方法、工具、过程、资源（人力、资金、时间等）等要素融合起来，更好地发挥各要素的作用。

《三国演义》中的诸葛亮就是一名很好的项目经理，他的军事才能和领导管理才能都是毋庸置疑的。如果没有诸葛亮对刘备的团队进行规划、组织、指导和协调，也就没有三分天下的局面。

在软件开发过程中，如果能选对人、放对位置、做对事情，那么做出的软件也会是对的，成功的概率会大大地提高。由此可见，项目经理是何等重要，选择了合格的项目经理也就选择了有效的项目管理。

一个合格的项目经理必须具备良好的自身素质和较强的管理、技术能力。

1. **自身素质**

项目经理在整个软件项目开发过程中要和形形色色的人（包括高层、客户、项目成员等）交流。项目经理是整个沟通链的灵魂人物，必须能够有效地理解其他人的需求和动机，并具有良好的沟通能力。项目经理的能力首先体现在个人素质方面，如热情、专注、执着和勤奋等；其次体现在团队合作方面，具有如下所示的良好素质。

- 亲和力——领导团队走向成功的基础。
- 号召力、感染力——调动下属工作积极性的能力。
- 公信力——公私分明、信守承诺。
- 沟通表达力——理解他人行为的能力，有效表达自己的意见，最后达到双赢的目的。
- 应变能力——灵活、知识面广。
- 分析处理能力——及时、有效解决问题和冲突等。

2. **管理能力**

在第 1 章提到了有效的项目管理集中在对 3P 因素的管理上。现在我们也从 3P 角度来分析项目经理应具有的管理能力。从项目过程的角度看，项目经理要具备计划、组织、控制和指导项目的能力；从人员的角度看，项目经理又必须对现有的人力资源进行合理的选择、分配和调整；从处理问题的角度看，项目经理必须先分析出问题的根本原因，再找出问题涉及的项目各部分之间的相互联系和制约关系，最后和项目成员一起讨论出彻底的解决方案。

3. **技术能力**

软件项目对项目经理的要求是懂技术，不要求精通，但要全面。因为项目经理要处理项目组之间的内外协调工作，就必须有足够广博的专业知识，而技术的细节问题则由项目的开发组长、测试组长或其他工程师来处理。

3.6.4 高校即时聊天软件项目的团队

在 3.1 节和 3.2.5 小节，我们从项目建议书和可行性分析报告的角度详细讨论了贯穿全书的案例——高校即时聊天软件项目。针对这个项目，我们建立了一个项目团队，由项目经理/Scrum Master、产品负责人、UI 设计师、前端开发工程师、后端（全栈）开发工程师、测试工程师、质量保证人员和运维工程师等组成。其中后端（全栈）开发工程师有 3 位——文睿、鲁飞、若谷，而测试工程师有两位——玉洁、卜凡，其他每个角色由一名人员担任，整个团队由 11 位人员构成，如表 3-6 所示。还为每一位工作人员给出了个人形象，以让大家更好地认识他们，和他们有更好的交流。

表 3-6 高校即时聊天软件项目团队角色与职能

角色	人员	职能
项目经理/Scrum Master	浩哥	负责项目的整体计划、组织和控制
产品负责人	露露	负责获取、阐述、维护产品需求及书写文档
UI 设计师	方方	负责设计软件用户界面
前端开发工程师	彤彤	负责软件界面的设计与开发
后端开发工程师	文睿	主要负责具体业务逻辑开发
后端开发工程师	鲁飞	主要负责架构与通信开发

续表

角色	人员	职能
全栈开发工程师	若谷	主要负责前后端业务开发
测试工程师	玉洁	主要负责编写测试计划、执行测试工作、提交测试报告
测试工程师	卜凡	主要负责设计、编写测试脚本，实现自动化测试
质量保证人员	安心	负责对开发流程进行评审和监控，指导流程的执行，参加各种内容的评审，保证项目组成员遵守已定义的标准和规范
运维工程师	国栋	负责系统稳定与故障排除的维护工作

3.7　软件项目干系人

先说一个身边的小故事，同事计划搬新家（刚刚装修好的），搬家公司都联系好了，就在搬家的前晚，同事把事情告诉了婆婆。婆婆说了一句："你们的新房环境指标合格吗？"同事还真的忘记测试环境指标了，结果导致这次搬家计划失败。我们可以把搬家当作一个项目来看，这次项目失败的原因就是没有考虑到婆婆这个干系人。

对于软件项目干系人（也称软件项目的相关利益人），PMBOK 是这样定义的：积极参与项目或其利益在项目执行中或成功后受到积极或消极影响的组织和个人。干系人也可能对项目及其可交付成果和项目团队成员施加影响。图 3-19（引自 PMBOK）所示为项目、项目团队和项目干系人之间的关系。

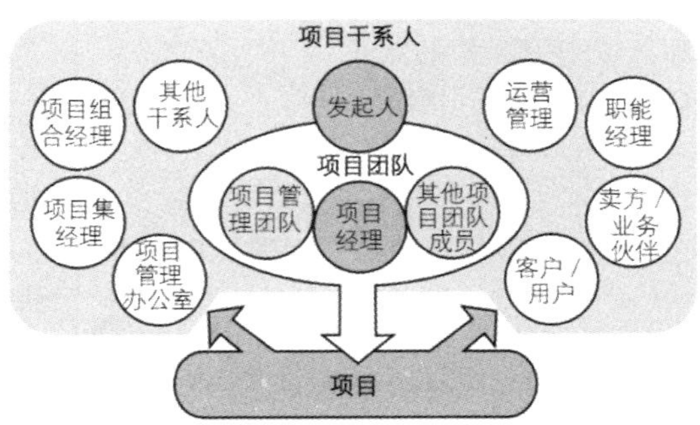

图3-19　项目、项目团队和项目干系人的关系

在高校即时聊天软件项目中，除了表 3-6 列出的项目团队角色之外，**相关干系人还有：**

- 客户代表（高校 IT 部门教师）——朱老师；
- 研发副总——高总；
- 客户支持人员——傅利；
- 市场人员——皓文。

在软件项目的开发过程中，项目干系人分析管理不足是造成项目负面影响的一个重要因素。例如，在一个矩阵型组织中，高层决定启动一个新的项目，要求几个部门在限定的时间内联合完成。但是有个别部门站在自己的角度，认为新项目会“冲击”部门利益，导致部门的重要性降低、权力变小等，因而对项目的实施不配合，这就对项目的整体影响很大。

在 Chandler 项目中，还有个致命的缺点，就是那些技术让人们忽略了“使用者”这个干系人。有网友说：“做技术的人，尤其是对技术痴迷的人，遇到一个问题首先想到的不是客户的体验，而是自己在技术上的快感，好像不用点什么新鲜的技术就对不起客户似的，其实这些都不是客户关心的。客户关心的是什么？客户关心的只是实现！只要能实现客户的业务需求，用什么技术、用什么方式真的有很大关系吗？”所以米奇最初的想法其实是不对的。他不想用服务器技术来实现信息传递，但是用 P2P 技术最后也没有能够实现，还是绕回来用了服务器技术。其实大可不必这样做，可以先满足需求再来研究别的途径。

所以对软件项目涉及的各种干系人的利益和影响进行分析并加以有效引导是非常有必要的，尤其是在软件项目之初。为了明确项目的要求和所有相关方的期望，项目管理团队必须在项目进行过程中识别所有的内部和外部干系人。为了确保项目成功，项目管理团队还必须针对项目要求来管理各种干系人对项目的影响。一个项目团队必须明确地识别项目干系人，分析每个干系人对项目的要求或需求，并管理好这些要求和需求，满足不同的干系人，从而确保项目的成功。如在一个软件项目开发中，某个核心程序员因为感情问题而心情不好，项目经理就需要关注其最近的日常举动、言语，给予支持、鼓励或多谈谈心，适当地减少其工作量，让其尽快调整，以避免项目延期等情况发生。如何有效识别、分析和管理干系人，详见 9.6 节。

3.8 软件项目启动动员会

万事俱备，只欠东风了。前文介绍的都是项目正式开始前的准备工作，一旦准备工作完成，就可以召开项目启动动员会（Kick Off Meeting）了。项目启动动员会的召开就是项目正式开工的标志。“Kick Off ”原意是足球比赛中的“中线开球”，在项目管理中引申为项目启动动员会。下面详细介绍召开高效项目启动动员会的注意事项。

1. 会议目的

项目启动动员会的目的是给团队鼓舞士气，确立项目统一的目标。万事开头难，有了确定的奋斗目标，大家就不再是一个个孤帆，而是一支舰队，共同向着目标前进。

2. 会前准备

和其他会议一样，要想会议进行得高效，准备工作必须充分，包括会议时间、会议地点和会议议程等，如图 3-20 所示。会议议程是准备工作的重点，其内容大致包括以下几个方面。

- 项目背景、价值、目标。
- 项目进度、质量、资源的要求。
- 项目交付标准要求。
- 项目组织机构及主要成员职责介绍。
- 项目开发模型。
- 项目初步计划、风险分析和制约关系分析。
- 项目管理制度。

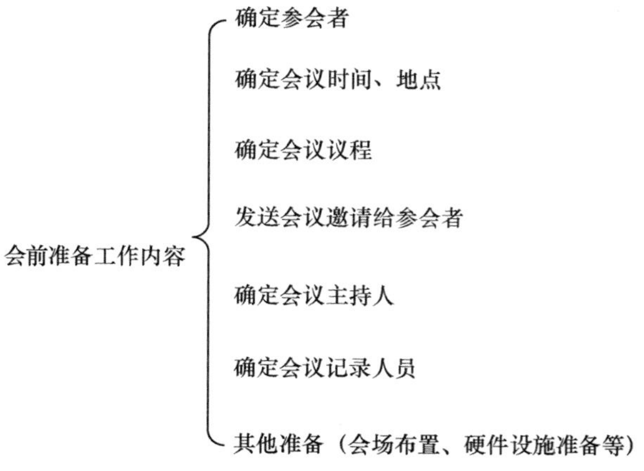

图3-20 会前准备工作内容

- 相关问题的讨论和解决。

参会人员应该包括项目组织内部人员和项目干系人，如项目总监、项目经理、出资方代表、客户代表、供应商代表和项目组成员等。

3. 会议进行

会议开始后，可以按照事先安排的会议议程，按顺序阐述、讨论，并根据情况设定相关的后续行动计划（Action Item）。其中值得注意的是讨论环节的控制问题。如果各个部门对讨论的问题或解决方法有较大分歧，项目经理应予以引导，必要时做出决定。如决定不了，可在会后进行一对一的讨论，给出几种解决方案请相应高层做出决定。

4. 会议结束

会议结束后，项目经理需整理会议记录给与会人员，并抄送给相关高层人员。项目经理要及时跟踪和报告相关后续行动计划的进度和状态。

小结

本章讲述了软件项目启动之前的一系列标准的准备工作，包括从软件项目的立项、可行性分析、合同签订、选择软件开发模型、确立组织结构到软件项目的正式启动。本章还介绍了在项目准备工作中几种常用的方法，如可行性分析的NPV、决策树方法等。

本章重点阐述了软件项目可行性要素分析、软件开发模型、软件项目的内部组织结构和角色划分，以及软件项目干系人分析等。读者可从中掌握项目立项和启动过程中一些关键环节所需的方法和技术。

习题

1. 软件项目的可行性分析包括哪些方面？影响决策的关键因素是什么？
2. 项目的组织结构主要分为哪几类？软件项目的组织结构通常采用哪一类？
3. 软件开发模型有哪些？各自的特点是什么？
4. 简单概括软件项目经理的作用，以及软件项目经理应具备的能力和素质。
5. 什么是软件项目干系人？如何对他们进行分析和管理？
6. 一个软件企业现在面对两个项目的选择，他们经过分析得出这样的结论：如果做A项目，赢利的概率是20%，可以赢利30万元，同时亏损的概率是80%，亏损4万元；如果做B项目，赢利的概率是70%，赢利6万元，同时有两种亏损的可能（其一是10%的概率亏损2万元，其二是20%的概率亏损5万元）。请用决策树的方法计算出两个项目的预期收益，并判断哪个项目是比较有利的选择。

实验1：软件开发梦想秀

（共 2 个学时）

1. 实验目的

（1）拓展思路，提高创造力。

（2）训练演讲能力。

2. 实验内容

软件开发梦想秀，活动要求在 60 分钟的时间里讨论一个软件项目在理想状态下开发的过程，然后用绘画的形式画出 5～15 幅梦想蓝图。

3. 实验环境

5 个人一组，白纸、画笔若干。

4. 实验过程

（1）每个小组充分发挥自己团队的力量，在限定时间内创作出自己团队的作品。

（2）选出小组组长代表小组展示成果。

（3）每位组长有 3 分钟的演讲时间，总结概括梦想蓝图。另外，还有 1 分钟的问答时间，其他组成员可进行针对性提问，本组人做出相应回答。

（4）投票选出优秀作品。

5. 交付成果

写一个报告，总结所学到的经验和教训，并谈谈如何缩小软件开发现实和理想的差距。

实验2：编写用户故事及其验收测试标准

（共 1.5～2 个学时）

对敏捷开发来说，用户故事是开发的基础，它不同于传统的瀑布式开发，而是把原需求拆成最小粒度的用户故事，以方便拆分任务、估算开发时间。

编写用户故事可以遵循以下模板：

As a <User Type> I want to <achieve goal> So that I can <get some value>，即：

作为一个<某种类型的用户>，我要<达成某些目的>，我这么做的原因是<开发的价值>。

用户故事应遵循 INVEST 原则。

（1）独立（Independent）原则，避免与其他用户故事产生依赖。

（2）可谈判（Negotiable）原则，用户故事不是签订的商业合同，它是由客户或者 PO（Product Owner，产品负责人）同开发小组的成员共同协商制定的。

（3）有价值（Valueable）原则，需要体现出对用户的价值。

（4）可估计（Estimable）原则，应可以拆分任务并估算开发时间。

（5）合理的尺寸（Sized Right）原则，应尽量小，并且使得团队尽量在 1 个迭代中完成。

（6）可测试（Testable）原则，用户故事（User Story）应该是可以测试的，最好有界面支持测试和自动化测试，而且必须在定义验收测试通过的标准后才能认为故事编写完毕。

一些经验如下。

（1）永远不要在用户故事中使用“和”和“或”，因为这些分支词代表有分支任务，应把它们拆成两个用户故事；

（2）用户故事的颗粒度不可大于 1 个 Sprint；

（3）用户故事不要包括任何的技术、框架等内容。任务可以包括框架、技术等内容。

1. 实验目的

（1）掌握编写用户故事的方法和实践。

（2）加深理解用户故事需要遵循的 INVEST 原则。

2. 实验内容

基于某个项目（某个软件新版本的开发），选定 2～3 个需求，练习编写用户故事。

3. 实验环境

4 个人一组，准备若干用户故事卡片。

4. 实验过程

（1）教师先介绍用户故事模板、INVEST 原则和一些经验，假定一个迭代耗时两个星期。

（2）学生开始练习编写用户故事。

（3）先选择其中一个需求，一起分析讨论，根据 INVEST 原则进行拆分编写用户故事。

（4）在编写每个用户故事的同时，编写验收测试用例。

（5）重复步骤（3）到步骤（4），直到把需求的用户故事编写完毕。

5. 交付成果

（1）用户故事清单，包括验收测试用例。

（2）写一个报告，总结所学到的经验和教训。

04 第4章　项目计划

项目计划

电影《肖申克的救赎》的故事发生在1947年，银行家安迪因为妻子有婚外情，误被指控用枪杀死了她和她的情人，被判无期徒刑，这意味着他将在肖申克监狱中度过余生。

安迪入狱一个月后，请瑞德帮他弄到一把石锤，其解释是他想雕刻一些小东西以消磨时光，并说他自己会有办法逃过狱方的例行检查。不久，瑞德果真玩上了安迪刻的国际象棋。之后，安迪又搞了一幅巨幅海报贴在了牢房的墙上。由于安迪是银行家，精通财务制度方面的知识，他开始为越来越多的狱警处理税务问题，甚至为肖申克监狱长诺顿洗黑钱，因此他也摆脱了狱中繁重的体力劳动。时间就这样慢慢地熬过，有一天，他对瑞德说："如果有一天，你可以获得假释，一定要到某个地方替我完成一个心愿。那是我向我妻子求婚的地方，在那里的一棵大橡树下有一个盒子是我送给你的东西。"当天夜里，风雨交加、雷声大作，已得到灵魂救赎的安迪越狱成功。

将近20年，他每天都在用那把小石锤挖洞，然后用海报将洞口遮住。同时，他在为监狱长洗黑钱时，将这些黑钱一笔笔转到一个名叫斯蒂文的人名下。其实这个斯蒂文是安迪虚构出来的人物，安迪为斯蒂文做了驾驶证、身份证等各种证明，可谓天衣无缝。安迪越狱后，以斯蒂文的身份领走了部分监狱长存的黑钱，过上了不错的生活，并且告发了监狱长贪污受贿。监狱长在自己存小账本的保险柜里见到安迪留下的一本《圣经》，扉页上写着："监狱长，您说得对，救赎就在里面。"当看到里边挖空的部分正好可以放下小石锤时，监狱长领悟到其实安迪一直都没有屈服过，而这时，警方正向监狱赶来逮捕监狱长，最后监狱长饮弹自尽。

瑞德获释后，在橡树下找到了一盒现金和安迪留给他的一封信，最后两个老朋友在墨西哥阳光明媚的海滨重逢。

这个故事告诉我们，安迪通过将近20年的周密计划，才最终逃出监狱。如果没有计划，仅有好的想法是不能获得成功的。没有好的计划，即使勤勤恳恳地工作，也不能获得成功。所以说，项目计划的重要性不言而喻，一个好的计划是项目成功的一半。项目管理就是制订计划、执行计划和监控计划的过程，计划成了项目管理的主线。项目管理泰斗哈罗德·科兹纳（Harold Kerzner）博士更是一针见血地指出：不做计划的好处，就是不用成天煎熬地监控计划的执行情况，直接面临突如其来的失败与痛苦。

4.1　什么是项目计划

《礼记·中庸》中说："凡事预则立，不预则废。"这告诉我们，不论做什么事，事先有准备才能获得成功，不然就会失败。这里强调了做事之前先制订一个切实可行的计划的重要性。《宋史》中谈到岳家军百战不殆的原因，其中一个主要原因就是"欲有所举，尽召诸统制与谋，谋定而后战，故有胜无败"。这里的"谋"，就是谋划、策划，也就是针对作战项目，先做周密计划再打，才会打胜仗。这些都说明了计划的重要性。

简单地说，计划就是一种事先策划，在做事之前要有准备、事先有安排。这种策划可以看作：

- 先在头脑中思考一番，形成行动纲领，指导将来的实际行动；
- 将各种可能遇到的问题、风险过一遍，找出对策，将来执行时遇到类似的问题就不会手忙脚乱；
- 对需要的人力、物力资源进行评估，以便提前准备。

如果要更准确地描述"什么是计划",我们可以这样解释——计划是事先确定项目的目标和实现目标所需要的原则、方法、步骤和手段等完整方案的管理活动。这里更多的是将"计划"（Planning）看成一个持续的管理活动，是一个过程。有时，这种持续的管理活动转化为文档，也被看作"计划"（Plan），它应该更恰当地被称为"项目计划书"。

- 计划作为管理活动，体现了一种管理职能，而且这项管理职能在各项管理职能中占有领先地位，即必须在设计、执行之前就开始。计划决定了组织、指挥、协调的目标，也规定了控制和监督的标准，对项目将来的实施有很大影响。
- 计划（书）作为文档则是指导、监控项目执行的文件，其主要内容包括项目概览、如何组织项目的描述、用于项目的管理和技术过程、所要完成的工作、进度信息和预算信息等。

软件项目计划（Software Project Planning）的目的是制定一套软件项目实施及管理的解决方案，其主要工作包括确定详细的项目实施范围，定义递交的工作成果，评估实施过程中的主要风险，制订项目实施的（时间）进度计划、成本和预算计划、人力资源计划等。

制订项目计划是软件项目管理过程中一项关键的活动，是在软件项目实施之前必须完成的一项工作。项目计划的目标是为项目负责人提供一个框架，使其能合理地估算软件项目开发所需的资源、经费和开发进度，并控制软件项目开发过程按此计划进行。在做计划时，应就需要的人力、项目持续时间及成本等做出估算。这种估算大多是参考积累的经验和历史数据等做出的。软件项目计划包括两个任务——研究和估算，即通过研究该软件项目的主要功能、性能和系统界面，对工作量、时间、成本和风险等做出评估，然后根据评估结果进行安排。概括起来，软件项目计划的主要作用有以下几方面。

- **指导软件项目实施**，包括采用正确的策略、合适的方法和工具等。
- **得到项目干系人的承诺**，这是项目顺利实施的前提。
- **获得资源的承诺**，事先在设备、软件和人员上进行安排和准备，保证项目各项工作可以按时开展。
- **明确项目人员的分工和工作责任**，提高项目的工作效率。
- **及早了解项目存在的问题和风险**，从而在问题发生前制定好对策，使项目能够顺利实施，不会严重影响项目的进度，保证项目的质量。
- **获得组织在项目预算上的承诺**，从而保证项目能够顺利实施，不会半途而废。
- **软件项目实施结果评估的依据**，为项目管理的改进提供参考标准（基线）。
- **软件项目实施过程的文档化**，使之成为组织的知识财富。

4.2　项目计划的内容

唐娜·迪普罗斯（Donna Deeprose）在《项目管理》一书中将项目计划归纳为如下几个问题：为什么做？做什么？怎么做？什么时候做？谁来做？通常，在项目可行性分析报告或项目说明书里已经阐述了前面的 2 个问题，因此在项目计划阶段需要解决的就是后面的 3 个问题。

（1）**怎么做**？项目计划必须描述如何去完成项目目标，这通常包括取得最终结果之前的所有交付，以及完成每个交付所需要付出的工作量。项目中往往包含各种潜在的风险，项目计划要预测哪里有可能出现问题，并提供应对措施。

（2）**什么时候做**？把项目工作排序，估计每项工作需要多少时间完成，确定出阶段交付日期，并最终编制一个详细的项目日程表。

（3）**谁来做**？所有的任务都需要人来做。根据技术和能力将人员分配到具体的任务上。

4.2.1 项目计划内容

软件项目计划涉及的内容广泛，不仅包括非工程类计划（如项目质量计划、进度计划、资源计划、风险管理计划和配置计划等），而且包括工程类计划（如项目需求工程计划、开发计划、测试计划和部署计划等）。由于本书讨论的是软件项目管理，其计划也围绕项目管理来讨论，主要集中在非工程类计划上。软件项目管理是建立在软件技术和软件工程知识基础之上的管理活动，在本书中所讨论的软件项目计划，其实就是软件项目管理计划，包括对任务范围、风险、进度、资源、质量、变更控制等的管理，这些内容与软件工程研发或技术有着密切联系。

软件项目计划，不仅要描述软件的目标、功能特性、资源和进度安排等，而且要进行风险分析和评估、质量计划制订、软件配置计划制订等。对于小型项目，一份计划书可能囊括了所有项目管理的计划内容，而对于大型项目，需要分别完成各个部分的计划。根据 PMBOK，项目管理计划内容共分为 20 项，如图 4-1 所示，图中还表明了它们之间的关系。一般的项目计划，包括下列内容。

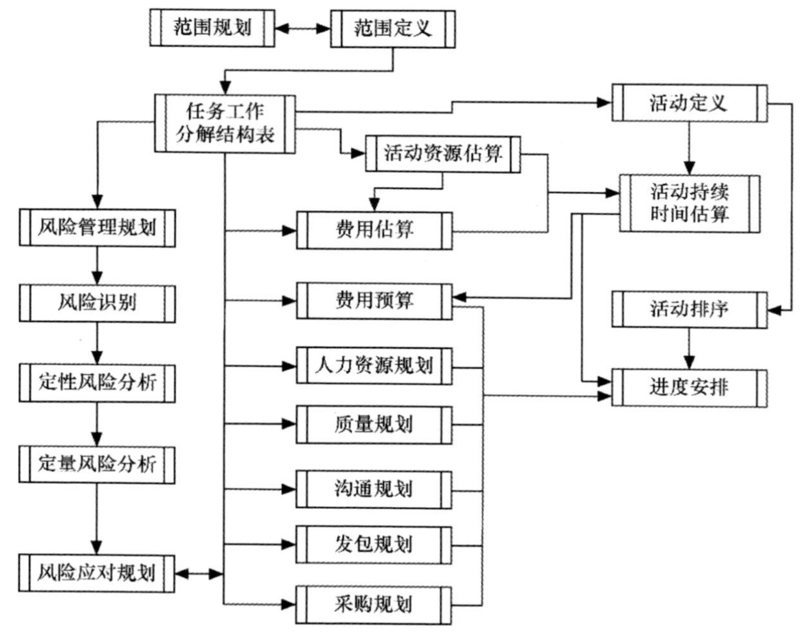

图4-1 项目管理计划的内容及其关系

- **目标**：在特定的时期内所要达到的期望结果。
- **策略**：为了达到或超过目标所采取的方法和措施，包括如何做出决策和组织行为的总体指导。
- **流程**：执行决策的具体方法和步骤，包括里程碑设置、沟通渠道、问题报告机制等。
- **标准**：项目过程和产品所要遵守的规定、规范和要求，以及对个人或团体绩效所定义的、可接受的标准。
- **质量**：对软件项目输出成果的要求，包括阶段性产品和最终产品的质量需求。
- **进度安排**：事先安排的个人或团体活动、任务或事件的开始时间和结束时间。
- **预算**：为了达到或超过目标所需要的开支，为将来的成本控制建立依据。

- **资源**：组织结构、人员数量和角色的确认，包括各个角色的责任和义务、人员之间工作配合的要求。
- **风险**：对项目成功构成的威胁或负面影响因素、影响大小或损失，以及对应的风险防范和处理措施。
- **配置管理**：包括软硬件配置项的定义、基线建立、版本控制和变更控制等工作内容。

1. **目标与范围**

在进行项目管理计划时，首先要确定项目的目标与范围，需要对软件项目有总体的认识，定义或确定待实现的功能特性以及相应的工作任务，清楚了解该项目是否受到某些约束或存在哪些限制条件等。这一部分的主要内容包括范围规划、范围定义及任务工作结构分解，也可能包括下列项目。

- 项目背景。
- 项目目标。
- 主要功能特性。
- 产品交付内容（清单）。
- 验收标准。
- 依赖性或条件限制。
- 专业术语。
- 参考文档。

2. **项目估算**

可根据软件需求，结合历史数据，采用恰当的评估技术估算软件规模，从而进一步估算工作量、开发时间等。项目估算包括资源估算、活动持续时间估算以及费用估算等。一般来说，首先是对项目活动进行分解和定义、进行项目规模估算，然后进行资源估算，最后才是费用估算。

3. **风险**

在项目计划中，需要识别风险，对风险进行评估，以便采取相应的措施来降低或缓解风险。这就需要制订风险管理计划，包括风险预防、风险监控和风险处理计划等。软件项目风险可以分为一般性风险和特定产品的风险。

- 一般性风险对每一个软件项目而言都是潜在的威胁，如需求经常变化、项目人员流失等。
- 特定产品的风险是当前项目所存在的特殊风险，如当前项目的特定业务、采用的特定技术及特殊环境等引起的风险。

一般性风险和特定产品的风险都应该被系统化地标识出来。识别风险的一个方法是建立风险条目检查表，该检查表可以用来识别下列风险。

- 产品规模，软件项目越大，风险越大。
- 商业影响，市场或竞争对手影响所带来的风险。
- 客户特性，如客户的素质、文化和地理位置等带来的风险。
- 过程定义，如过程的成熟度、过程采用的模型或过程文化所带来的风险。
- 开发环境，如软件开发与测试工具、办公环境、网络等带来的风险。
- 构造的技术，如采用的技术成熟度、复杂度及其技术使用能力所带来的风险。
- 人员，包括是否有足够人员、人员的能力和经验等带来的风险。

4. **资源**

软件项目的完成需要资源，没有资源，任何事都干不了。资源包括人员、硬件、软件等需求和安排，还包括硬件分配、网络结构、项目组成员的角色、责任和具体分配的任务等。

5. **进度安排**

进度安排的好坏往往会影响整个项目的完成时间，因此这一环节也是非常关键的。软件进度安排与其他工程没有很大的区别，包括任务排序、里程碑设置等，其方法主要有工程网络图、甘特图（Gantt Chart）、任务资源表、成本估算和培训计划等。进度安排不仅受到资源限制，而且受到质量规划、采购规划等的影响。

6. **跟踪和控制机制计划**

项目进行过程中的监控、如何使项目处在正常发展的轨道上，都需要事先建立合适的流程或机制来保证，这些机制包括质量保证、变更控制、项目成员报告等。

4.2.2 输出文档

项目计划书是正式批准的、用于管理和控制项目实施的文件，它应明确在管理沟通中需要界定的内容，如项目目标、项目管理方法或策略、工作范围和细目、所需的资源和项目预算、进度安排、绩效考核标准和办法等。项目计划中可能还包括项目计划开发期间产生的附加信息和文件（如制约因素、事先假定等）、相关的技术性文件和标准文件等。

项目计划过程中可能会输出很多文档，特别是大型软件项目。如果是中小型项目，许多文档可能会被合并。下面这个清单基本反映了项目计划书的全貌。

（1）总体计划。

（2）项目范围说明书。

- 范围基准。
- 项目范围管理计划。
- 范围变更（内容或流程）。
- 工作分解结构表。
- 活动清单。
- 活动费用估算。
- 活动费用估算支持数据。
- 费用基准。
- 项目资金要求。

（3）项目进度计划。

- 里程碑清单。
- 项目进度网络图。
- 项目进度表。
- 项目日历。
- 项目进度基准。

（4）项目成本计划。

- 人员配备管理计划。
- 沟通管理计划。

（5）质量管理计划。

- 质量度量标准。
- 质量核对表。
- 质量基准。
- 项目自定义流程。
- 过程改进计划。

（6）项目资源计划。

- 项目组织图或组织管理图。
- 角色和责任。

（7）项目风险计划。

- 风险登记册（风险列表）。
- 风险防范措施。
- 风险处理措施。

（8）采购管理计划。

- 合同工作说明书。
- 采购文件。
- 自制或外购决策。
- 评价标准。

（9）配置管理计划。

（10）产品集成管理计划。

4.3 项目计划的方法

由于软件规模估算或工作量估算往往和实际情况有较大的差距，这就使得软件项目在资源分配、进度安排上有较大的困难，难以做到很精确。所以，软件项目采用弹性计划方法比较合适，使计划具有较好的预见性和适应性，能够有效地降低软件项目中的风险，适应软件需求的变化，提高计划的应变能力。适合软件项目的弹性计划方法主要有滚动计划方法、分层计划方法和网络计划方法。

另外一种常用的计划方法是工作分解结构（Work Breakdown Structure，WBS）方法，这种计划方法和分层计划方法有些类似。

4.3.1 滚动计划方法

在软件计划中，经常强调计划的过程。计划是一个持续的过程，也就是说，初步计划完成后需要根据执行情况进行必要的调整，计划的过程是一个调整的过程。在进行项目计划时，一开始也很难确定整个项目的详细进度，因为软件规模和工作量预算都比较粗糙，特别是大型软件项目，项目估算的难度更大。项目开始时，也很难将所有的问题、所有的风险都想到或考虑清楚，而且在项目过程中，软件范围、环境、资源等因素都有可能发生变化。所以，采用滚动计划方法来编制软件项目计划是一种明智的选择。

滚动计划方法是一种动态编制计划的方法，它是按照“近细远粗”的原则制订一定时期内的计划，然后按照计划的执行情况和环境变化，调整和修订未来的计划，并逐期向后移动，把短期计划和中期计划结合起来的一种计划方法。滚动计划方法是为了提高计划的连续性、适应性和灵活性而提出的一种新的计划编制方法，是动态平衡原理在计划工作中的应用。

滚动计划方法的一个典型例子就是我国的国民经济和社会发展规划，它以一个中长期的发展计划为框架，在框架下制订 5 年计划，而在 5 年计划内又逐年细化各个年度的发展计划。这样既可以将长期目标和短期目标很好地结合起来，又能良好地保证计划的可实施性。滚动计划方法也可以看作一种迭代的方法，它具有以下特点。

- **分而治之**，一般将整个软件开发生命周期分为多个阶段，针对不同的阶段制订不同的计划。越接近的阶段，计划越详细；越远的阶段，计划越粗糙。
- **逐步求精**，最近的一期计划为实施计划，后面的各期计划为预测计划，随着时间的推移，预测计划逐步变成实施计划。
- **动态规划**，以计划的“变”（调整）来主动适应用户需求和软件开发环境的变化，即“以变应变”。
- **和谐过渡**，可以使项目中短期计划随时间的推移不断更新；可以解决生产的连续性与计划的阶段性之间的矛盾。

在计划变动的过程中寻找稳定因素，尽量保留稳定因素，以计划的相对稳定来实现软件开发过程的相对稳定。这样，计划既具有灵活、适应性强的特点，又具有稳定性和可操作性，从而达到动态平衡，更好地发挥计划在指导软件开发实施中的作用。这种方法使组织始终有一个较为切合实际的长期计划作指导，并使长期计划能够始终与短期计划紧密地衔接在一起，但缺点是降低了计划的严肃性。

1. 具体应用

在已编制出计划的基础上，每经过一个固定的时期（即滚动期，如一个季度或一个月）便根据开发环境条件和计划的实际执行情况，从确保实现计划目标出发对原计划进行调整。每次调整时，保持原计划期限不变，而将计划期顺序向前推进一个滚动期。

滚动计划方法不会等一项计划执行完了之后再重新编制下一时期的计划，而是在每次编制或调整计划时，均将计划按时间顺序向前推进一个计划期，即向前滚动一次，按照制订的项目计划实施。以 5 年计划为例，首先完成 5 年的整体计划和第 1 年的计划，在第 1 年计划执行的后期，开始制订第 2 年的计划。照此方法，直到第 5 年的具体计划制订，期间可能会对 5 年计划进行调整，如图 4-2 所示。

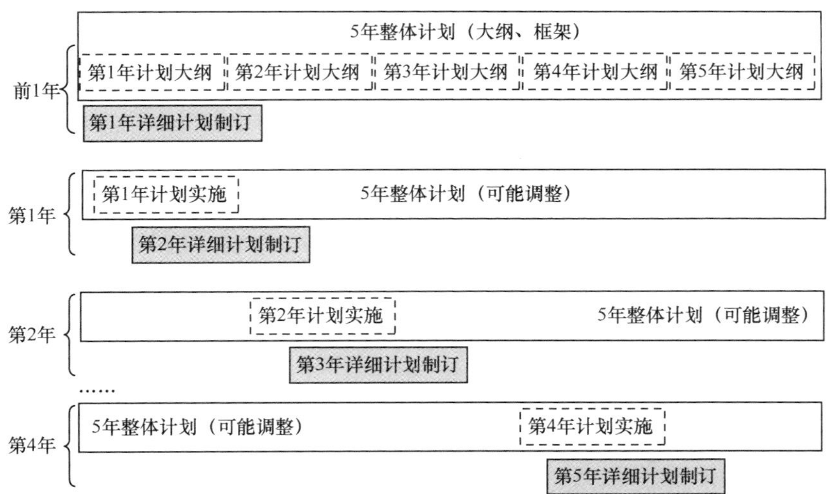

图4-2 滚动计划的具体应用示例

2. 流程

刚开始可以将软件开发生命周期自然地分为几个阶段，如需求分析、设计、编程、测试执行和部署等，然后制订一个总体计划，并为每个阶段制订相应的计划，其中最近的阶段——需求分析计划是详细的，包括具体时间安排、每周做哪些事、每周检查哪些成果等，而设计、编程和测试等计划就比较粗糙。因为设计还没开始，还不需要为部署制订计划。

软件项目开发生命周期总体计划				
详细计划	较粗糙的计划			没有计划
需求分析	设计	编程	测试	部署

完成上述计划后，应根据获得的信息和项目实际状态，定期（每周、每两周或每月）完善、修改计划。需求分析即将完成之前，设计任务变得很清楚了，计划可以往前推进一大步。这时，细化设计计划并开始做部署的初步计划。

软件项目开发生命周期总体计划				
结束	详细	较粗糙		初步计划
需求分析	设计	编程	测试	部署

4.3.2　软件研发中的滚动计划

这里以敏捷开发 Scrum 模式为背景，介绍在软件研发中如何应用滚动计划方法。在敏捷开发 Scrum 模式中，研发计划可以分为 5 个层次，如图 4-3 所示，由高往低、由粗往细逐步往前推进，做到分阶段逐步计划，最终达到产品的愿景。

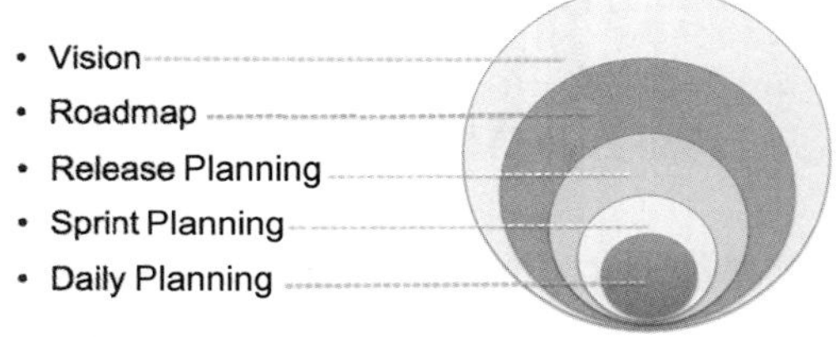

图4-3　Scrum模式中5个层次的计划

① 产品愿景（Vision），相当于产品最终要实现的目标，是一个长期努力的目标，可以理解为商业战略上的目标。例如，《梦断代码》中研发产品“Chandler”的愿景是“改变世界”，说得具体一些，Chandler 的愿景就是成为一种功能强大的“个人信息管理器”，取代微软的 Exchange/Outlook 和 IBM Lotus Domino/Notes，成为人们日常使用的、能提高工作效率的个人信息管理工具。这个愿景的实现，可能需要 10～20 年。

② 产品路线图（Roadmap）：一个中长期的产品规划，产品路线图可以考虑最近 4～5 年。通过这个路线图，分阶段来实现上述的产品愿景。例如，以“Chandler”为例，它的路线图可能是：第一年发布具备基本功能、稳定的 Windows 客户端版本，第二年内除了发布功能完善的、稳定的 Windows 客户端版本之外，还发布功能接近的 macOS 客户端版本，第三年发布 Linux 版本，之后两年发布 Web 版本和智能手机（包括 iOS、Android）版本。

③ 发布计划（Release Planning）：短期（如一年）产品发布计划，根据产品路线图，通过发布计划实现其第一个关键的里程碑。例如，第一个 Chandler 发布计划就是实现“具备基本功能、稳定的 Windows 客户端版本”，通过 4 个发布来实现，每个季度发布一个版本，分别能管理待办事项列表、管理和共享日历、管理邮件和管理其他信息。

④ 迭代计划（Sprint Planning）：根据发布计划规划当前迭代要完成的目标和任务，包括具体的人员和进度安排。迭代周期一般为 1～4 周，一个发布计划可能涵盖十几个迭代，体现在完整的产品需求列表中，而迭代计划就是要完成具体的任务以实现有限的用户故事，体现在迭代任务列表中。

⑤ 每日计划（Daily Planning）：在每日站会上，每个人向团队汇报 3 个问题，其中一个是“今天要做什么？”，回答这个问题，就是给出当天的工作计划。

但在项目管理中，大家更关心的是发布计划和迭代计划，这是项目能够顺利开展的基础。迭代计划可以看作对发布计划的进一步细化。虽然每个迭代都有版本的发布，但在迭代之前，要规划迭代的节奏/周期以及每个迭代要完成的用户故事（需求）。我们可以将每一个迭代看成一个项目，在 Scrum 模式下，项目计划就等同于迭代计划。迭代计划的输入有：

① 团队能力、拥有的技术；

② 产品需求列表；

③ 当前版本的产品（已实现的功能特性和质量水平等）；

④ 业务条件或约束。

其输出就是迭代要实现的目标和迭代任务列表。迭代计划中包括已分解的任务、任务安排或认领情况、风险分析和防范等。

无论是产品需求列表还是迭代任务列表，都可以通过项目管理系统来管理，也可以通过 Excel 这类文件来进行完整的呈现。

示例：高校即时聊天软件项目的产品需求列表（部分）。

需求 ID	功能性/非功能性	需求名称	Sprint	工作量预估（故事点）
PBI_01	功能性	用户可以使用浏览器访问聊天系统	Sprint1	5
PBI_02	功能性	用户可以在聊天界面中设置自己的姓名		3
PBI_03	功能性	用户可以输入和发送新文本消息		3
PBI_04	功能性	在线的用户可接收到其他用户发出的消息		3
PBI_05	功能性	收到新消息时，产生浏览器通知	Sprint2	4
PBI_06	功能性	用户可以查看当前聊天室在线用户列表		5
PBI_07	功能性	将用户所发送的消息存储到数据库中		4
PBI_08	功能性	数据库维护用户功能		4
PBI_09	功能性	数据库创建初始管理员账号		2
PBI_10	功能性	在管理后台中实现新建用户的功能		1
PBI_11	功能性	在管理后台中实现删除用户的功能		1
PBI_12	功能性	删除用户后，用户数据保留，但限制登录		2
PBI_13	功能性	管理员用户不可被删除		2
PBI_14	功能性	在管理后台中实现编辑用户的功能		2
PBI_15	功能性	用户需要使用用户名、密码登录聊天系统		3
PBI_16	功能性	用户在聊天系统中可以修改自己的密码功能		3

示例：高校即时聊天软件项目的迭代任务列表（部分）。

需求 ID	研发需求名称	任务 ID	任务名称	任务类型	任务描述	指派人	优先级	预计工时（h）	计划完成日期
PBI_01	用户可以使用浏览器访问聊天系统	1	设计浏览器登录页面	设计	设计浏览器登录页面，包括用户名、登录按钮	方方	1	6	2024/2/19
		2	开发浏览器登录页面	开发	浏览器登录页面，包括用户名、登录按钮功能	彤彤	2	6	2024/2/20
		3	确保主流浏览器兼容性	开发	确保主流浏览器兼容性(如 Chrome、Firefox、Safari、Edge)	若谷	1	5	2024/2/20

续表

需求ID	研发需求名称	任务ID	任务名称	任务类型	任务描述	指派人	优先级	预计工时（h）	计划完成日期
PBI_01	用户可以使用浏览器访问聊天系统	4	实现响应式设计	开发	通过响应式设计以支持不同屏幕尺寸	若谷	2	5	2024/2/21
		5	实现前端的WebSocket客户端逻辑	开发	实现前端的WebSocket客户端逻辑，以支持实时消息推送	彤彤	1	7	2024/2/19
		6	设计系统的后端架构	开发	包括技术实现目标、技术实现方案，确定服务器语言，后端服务器、消息中转服务器和客户端的实现	鲁飞	1	6	2024/2/19
		7	实现WebSocket服务端逻辑	开发	实现WebSocket服务端逻辑，与前端进行实时通信	鲁飞	2	6	2024/2/21
		8	实现数据库的配置和管理	事务	实现数据库的配置和管理	国栋	1	5	2024/2/19
		9	编写后端逻辑的单元测试	测试	编写后端逻辑的单元测试	卜凡	1	6	2024/2/19
		10	编写前端组件的单元测试	测试	编写前端组件的单元测试	卜凡	1	6	2024/2/19
		11	测试前后端的集成是否顺畅	测试	测试前后端的集成是否顺畅	卜凡	4	6	2024/2/23
		12	测试数据库的读写是否正常	测试	测试数据库的读写是否正常	玉洁	4	4	2024/2/23
PBI_02	用户可以在聊天界面中设置自己的姓名	13	定义设置用户名的具体需求	开发	定义设置用户名的具体需求，如字符限制、是否允许重复等	文睿	1	4	2024/2/22
		14	设计用户名设置功能的用户界面	设计	设计用户名设置功能的用户界面	方方	1	6	2024/2/20
		15	实现用户名设置的前端界面	开发	实现用户名设置的前端界面	彤彤	2	6	2024/2/23
		16	添加表单验证以确保用户名的有效性	开发	添加表单验证以确保用户名的有效性（如长度限制、字符限制等）	文睿	2	6	2024/2/22
		17	实现或更新处理用户资料更改的业务逻辑	开发	实现或更新处理用户资料更改的业务逻辑，包括用户名的更新	文睿	2	6	2024/2/22
		18	实现数据库层面的验证	开发	确保在更新用户名时进行适当的验证和错误处理，如用户名唯一性检查	文睿	2	4	2024/2/23
		19	编写单元测试来验证用户名更新逻辑	测试	编写单元测试来验证用户名更新逻辑	玉洁、卜凡	3	6	2024/2/26

4.3.3 WBS方法

WBS 方法是一种将复杂的问题分解为简单的问题，然后根据分解的结果进行计划的方法。WBS 方法以可交付成果为导向，对项目要素或整个工作范围进行分解、逐层推进，每向下分解一层就能对项目工作有更详细的了解和定义，从而掌握项目的全部细节，有利于做出相对准确的计划。WBS 方法还可以看作结构化的设计工具，以描述项目所必须完成的各项工作以及这些工作之间的相互联系。

1. 目的

WBS 方法可以帮助我们达到下列目的。

- 关注项目目标和澄清职责，并防止遗漏项目的可交付成果。
- 建立可视化的项目可交付成果，以便估算工作量和分配工作。
- 改进时间、成本和资源估计的准确度。
- 为绩效测量和项目控制定义基准，容易获得项目人员的认可。
- 辅助分析项目的最初风险、明确工作责任。
- 为其他项目计划的制订建立框架或依据。

2. 原则和要求

WBS 最低层次的项目可交付成果称为工作包（Work Package），工作包的定义应考虑 80 小时法则或两周法则，即任何工作包的完成时间应当不超过 80 小时或不超过两周。这样，每两周对所有工作包进行一次检查，只报告该工作包是否完成。通过这种定期检查的方式，可以控制项目的变化。将项目分解到工作包的过程或结果应尽量做到以下几点。

- 某项具体的任务只能在一个工作包中出现。
- WBS 中某项任务的内容是其下所有 WBS 项的总和。
- 一个工作包只能由一个人负责，虽然可以有多个人参与，但责任人只能是一个，这样责任清楚，不会导致相互推卸。
- 任务的分解应尽量与实际执行方式保持一致。
- WBS 不仅要合理维护项目工作内容的稳定性，而且要具有一定的适应性，能够应对无法避免的需求变更。
- 鼓励项目团队成员积极参与创建 WBS，提高 WBS 的合理性和有效性。
- 所有成果需要文档化。

3. 创建 WBS 的步骤

创建 WBS 是指将复杂的项目分解为一系列明确定义的项目工作，并作为随后计划活动的指导存档。WBS 的分解可以采用多种方式进行，例如：

- 按产品的功能模块分解；
- 按照软件开发过程的不同阶段分解；
- 按照项目的地域分布或部门分解；
- 按照项目目标或职能分解。

制订 WBS 计划主要有以下 3 个步骤。

（1）**分解工作任务**。根据项目的特点，选择一种合适的方式，将项目总体工作范围逐步分解为合适的粒度。分解过程也是需求分析和定义的过程，项目计划往往和需求分析、定义同步进行。

（2）**定义各项活动/任务之间的依赖关系**。活动之间的依赖关系决定了活动的优先级（执行顺序），也确定了每一项活动所需的输入、输出关系，是将来完成项目关键任务的必要条件。

（3）**安排进度和资源**。根据所分解的工作任务以及它们之间的依赖关系，就比较容易确定和安排各项任务所需的时间和资源。一项工作任务是否能够完成，时间和资源是两个关键的因素。它们是相互制约的，资源多会缩短工作时间，而资源不足时所需时间会增加。

4. 创建WBS的方法

创建WBS可以采用自上而下、自下而上、类比、归纳等方法，最常用的是自上而下的方法。它是从项目的目标开始，逐级分解项目工作，直到参与者认为项目工作已经充分地得到定义，即可以将项目工作定义在足够的或适当的细节水平，从而可以准确地估算项目的工期、成本和资源需求等。例如，当需要开发一个新项目时，可以列出如下需要完成的主要任务。

(1)需求分析和定义。

(2)系统设计。

(3)详细设计和编码。

(4)系统测试。

(5)部署。

然后再对每个任务从上到下进一步细分。例如，针对"系统测试"任务，应当进一步划分为如下更多的子任务。

(1)阅读和分析产品规格说明书。

(2)设计测试用例。

(3)开发和调试测试脚本。

(4)执行测试并报告缺陷。

(5)缺陷分析和跟踪。

这些子任务还可以细分，如设计测试用例可以分为功能测试用例设计和非功能测试用例设计，而功能测试用例设计还可以按功能模块再进行划分，直至不能划分为止。列出需要完成的所有任务之后，可以根据任务的层次给任务进行编号，最后形成完整的工作分解结构表，如图4-4所示。WBS还可以采用结构图的形式表达，而且更直观、更方便，图4-5所示为工作分解结构图示例。

1 需求分析和定义
  1.1 确定项目范围
    1.1.1……
    ……
2 系统设计
  2.1 系统逻辑结构
  ……
3 详细设计和编码
  ……
4 系统测试
  4.1 阅读和分析产品规格说明书
  4.2 设计测试用例
    4.2.1 功能测试用例设计
      4.2.1.1 登录和注册功能的测试用例
      4.2.1.2 查询功能的测试用例
      ……
    4.2.2 非功能测试用例设计
      4.2.2.1 性能测试用例
      4.2.2.2 安全性测试用例
  4.3 开发和调试测试脚本
  4.4 执行测试并报告缺陷
  4.5 缺陷分析和跟踪
  ……
5 部署
  ……

图4-4 工作分解结构图

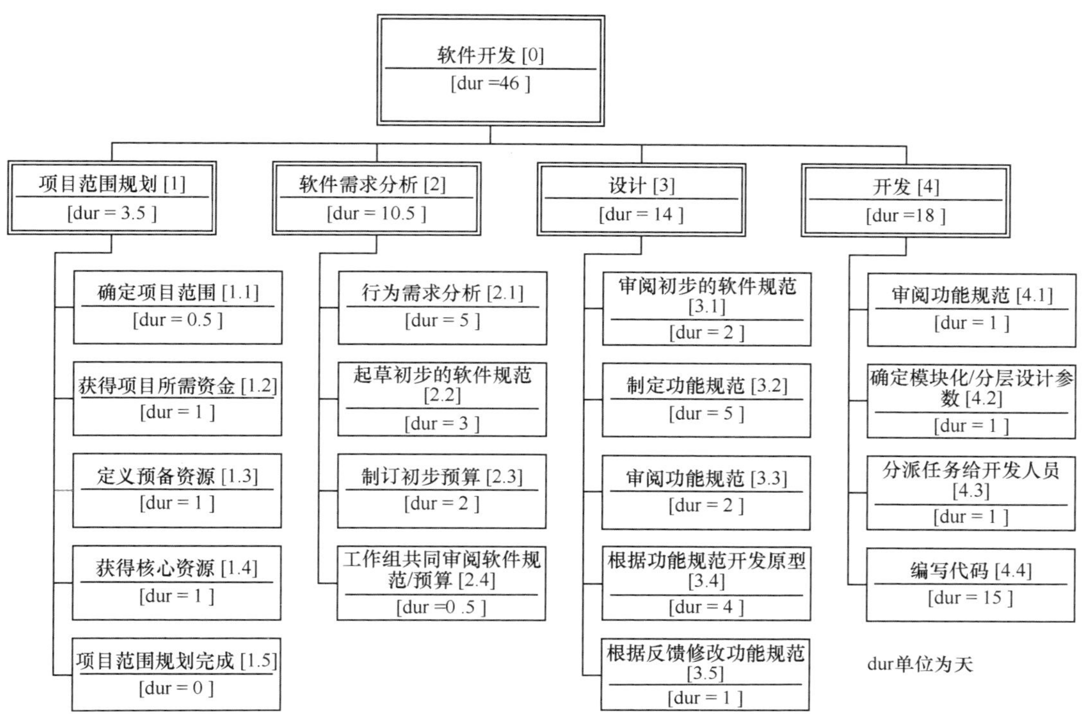

图4-5　工作分解结构图示例

4.3.4　网络计划方法

网络计划方法是一种应用网络模型直观地表示软件开发众多工作（工序）之间的逻辑关系与时间关系，对完成软件工程项目所需时间、费用、资源进行求解和优化的计划方法，其基本类型是关键路径法/计划评审技术（CPM/PERT）。网络计划方法一般建立在 WBS 方法之上，分解后才能优化。

网络计划方法是 20 世纪 50 年代末发展起来的。1956 年，美国杜邦公司在制订企业不同业务部门的系统规划时，制订了第一套网络计划。该计划借助网络图形来描述各项工作及其所需的时间，各项工作之间的相互关系。由于这种方法通过网络分析研究工程费用与工期的相互关系，并找出在编制计划及计划执行过程中的关键路径，所以这种方法后来被称为关键路径法（CPM）。1958 年美国海军武器部在制订“北极星导弹研制”计划时，也应用了网络计划方法，但注重对各项工作安排的评价和审查，这种计划方法又发展为 PERT。鉴于这两种方法的差别，CPM 主要应用于以往在类似工程中已取得一定经验的承包工程，PERT 则更多地应用于研究与开发项目。

在 CPM/PERT 中，组成网络的工作任务及其关系是确定的，也就是“先做什么、后做什么”是清楚的，工作任务的执行顺序是明确的。如果某两项任务有依赖关系，其中前面的工作没完成，后面的工作可能无法开始；前面的工作延误了，后面的工作可能都会受影响，整个项目就会受影响。所以，针对关键性任务，一方面要控制得更紧些，另一方面在计划时要留有余地。

4.4　如何有效地完成项目计划

在软件项目管理中，计划编制是最复杂的，却经常不受重视。例如，在《梦断代码》中 Chandler 产品开发失败，其中一个原因就是没有认真对待计划，计划经常做但经常改变，而且计划不切实际、过于乐观，这样失败是必然的。如果不认真对待计划，那么很难做出有用的计划书，只是在形式上完成文档，结果束之高阁，并不能发挥计划指导项目实施的作用。

计划是为实施服务的，不要为了计划而做计划。项目计划的主要目的是指导项目的具体实施，尽量降低项目实施的风险，确保项目达到预期的目标。为了能够指导项目的具体实施，计划必须具有现实性和有效性，这也就要求在计划编制过程中不仅要投入大量的时间和精力、获得足够的信息、综合考虑，而且应该根据软件项目的特点，定义一套行之有效的项目计划流程和原则，并在项目计划过程中实施。

4.4.1　软件项目特点

在进行软件项目计划前，充分了解软件项目的特点是必要的。软件是复杂、抽象的，需求不完整，技术变化很快，技术领域涉及广泛，这些都给软件项目管理带来了很大的挑战。软件项目的特点比较鲜明。

- 软件开发是在不断探索、研究中进行的，软件开发部门经常被称为研发部门。
- 最佳实践方法还不够成熟，软件工程的历史还比较短，许多实践方法还在实验、探索之中，没有成熟、完整的方法体系。
- 软件重复性工作可以自动进行，包括自动化回归测试、软件包自动化构造等。在软件开发过程中，会使用很多工具来完成不同的工作，软件开发对工具的依赖也非常突出。
- 软件构造过程实际是设计过程，每一个软件产品都是不同的。在构造软件时，都需要进行整体或局部设计，而软件的纯制造过程几乎不存在。如果将软件复制的过程看作制造的过程，它在软件构造过程中所占的比重也非常低。
- 由于软件构造过程是设计过程，自动化程度比较低。虽然采用了大量的软件和测试工具，但从需求分析、设计到编程、测试的整个过程中，人力劳动还是主要的，自动化所占的比重还不够高，加上软件的复杂性，软件的开发和维护很容易出错，所以软件产品质量问题一直是一个比较大的问题。
- 人们常常认为软件的变化容易实现，许多人认为硬件生产出来要想改变就比较困难，而软件可以随时修改，只要修改一下代码或数据，不会有什么损失。但在实际工作中，修改可能导致更多新问题的产生。
- 软件的变化是不可避免的。软件是无形的产品，它把思想、概念、算法、流程等融合在一起，因此，用户最初容易提不出确切的要求，不能确定自己真正需要哪些功能。由于需求不完整，需求变化是不可避免的，从而导致项目范围的变化。
- 软件的变化，会进一步引起相关文档的频繁修改。文档编制的工作量在整个项目实施过程中占有很大的比重，而开发人员往往对文档编制不感兴趣，认为是不得不做的苦差事，不愿认真地去做，这样会直接影响软件的质量。

针对软件项目的上述特点，软件项目管理的风险计划是非常重要的，如留有足够的后备资源来应对需求的变化、开发过程中的某些不确定性等。同时，对各个阶段的进入、退出的标准要清楚地定义，在计划中要认真规划好开发工具和测试工具的引入和应用对策。

除此之外，人们在进行软件项目管理时，经常碰到下列问题，或者说在软件项目管理中这些问题比较突出，需要给予格外关注。

（1）**时间紧迫性**。IT 领域技术及其应用发展很快，技术不断推陈出新，软件企业之间的竞争变得更为激烈。激烈的竞争驱动着软件开发，软件项目的生命周期越来越短，时间甚至成为项目成功与否的决定性因素，因此往往不能给软件开发以足够的时间，导致软件项目的进度偏紧，有时甚至明知不可为而为之。时间紧迫，进度规划就是一个挑战，但应该保持实事求是的态度，不要过于乐观，也不要太悲观。

（2）**项目独特性**。每一个项目都是独一无二的，几乎没有完全一样的两个项目。项目的独特性在软件项目管理中更为明显。即使总体的解决方案已经有了，对一个新项目，这个解决方案是可用的，但每个项目都有细节上的差别，不同的客户有不同的需求。所以，在项目计划过程中，要和客户进行充分沟通以获得客户的真正需求，和技术人员交流以获得技术特点，从而抓住项目的特征，具体问题具体对待。

（3）**软件项目的不确定性**。目前没有十分可靠的、有效的方法来估算软件项目的规模或工作量，估算的结果往往和实际执行情况有较大的差异。

（4）**软件项目管理可视性差**。软件开发过程是智力、知识的再创造过程，软件开发的过程及其成果难以度量。例如，不同模块的难度是不一样的，不可能规定每个人每天必须完成 200 行以上的代码，而且即使规定了，代码的质量可能有很大的差别，如质量差的 100 行代码经过优化后，可能会只有 10 行。

（5）**软件项目生产力的提高依赖于对软件开发人员潜力的发掘**。软件度量的困难性大，软件项目管理可视性差，为了及时、高质量地完成软件项目，必须充分发掘软件开发人员的潜力、激发软件开发人员的工作激情，这要求有良好的工作环境、企业文化和有效的绩效考核办法等。

4.4.2　项目计划的错误倾向

《梦断代码》中 Chandler 项目的计划错误

Chandler 这个项目的失败不是因为没有规划，而最大的原因可能是规划太多。计划总是变得太快，令人无所适从，没有确定的路子，没有确定的方法，没有确定的结论。具体表现在以下几个方面：

- 不是缺乏计划就是计划不切实际；
- 分不清轻重缓急，一上来战线拉得过长；
- 不知道自己到底要做什么，所有人都陷入迷惘；
- 项目计划从后向前推，而且每个人都过于乐观，这样的计划肯定是不现实的；
- 所谓的事前计划，到了最后，也变成废纸一堆。

在软件项目计划中，常常会出现一些错误的倾向，导致项目计划的失败，最终导致项目延期、超出预算等。在项目计划中，人们容易犯的错误比较多，如目标定义不清楚、忽视了某些任务，甚至在压力中放弃计划中正确的东西等。而最常见的错误，是对计划不重视、计划片面、计划没考虑风险、计划过于粗糙等。

1. 对计划不重视

在软件项目管理中，对计划不重视的现象是比较普遍的。有一部分人认为，公司的流程比较成熟，就按流程一步一步来做，先做需求分析，然后做设计、编程和测试等，最多大家一起商量一下，决定项目组有哪些人参加、谁负责哪一个模块以及由谁统一负责项目等，似乎项目的执行会水到渠成。实际结果则不是这么一回事，项目执行过程比较混乱，人员之间的协调比较频繁，经常开会讨论新出现的问题，因为人力资源不够而临时抓人来干活，效率非常低，可以说是事倍功半。

还有一种观点是认为计划没价值，工作是干成的，而且计划赶不上变化，做好了计划没有用，只是给别人看的，后面实施起来可能是另外一套。出现这种观点的主要原因可能有以下两个。

（1）**原来计划就没做好**，对项目实施的指导作用比较小。觉得计划没有作用，实际上是因为计划没做好，从而造成不好的影响，导致恶性循环。久而久之，逐渐形成“计划无用论”。

（2）**需求定义没做好**。在需求分析上投入的时间、精力不够，或是方法不对，需求定义不到位，或偏离用户的需求；在实施时，需求变化频繁，又没有“变更控制”流程，需求随时发生变化，事先定义的计划的确越来越难以发挥作用。

2. 计划片面

没有收集到足够信息就开始计划，容易形成片面的计划。而更常见的一种现象是，项目计划变成项目经理一个人的事，似乎是“闭门造车”，而没有让具体参与项目实施的人参与计划，这样的计划一定比较片面。

3. 计划没考虑风险

多数技术人员在进行项目计划时都过于乐观，假定所有的工作都按照自己的设想进行，根本没有考虑潜在的各种风险，所做的计划不够可靠。在执行过程中出现某些意外或者遇上某些技术困难，大家就手忙脚乱、不知所措，因为计划没有谈到这些问题，事先没有制定对策。项目计划没有考虑风险，往往导致项目超预算、延期，甚至彻底失败——不得不取消或终止项目。

4. 计划过于粗糙

即使知道应该做计划，而且确实做了计划，但计划过于粗糙，其指导作用也会大大减小。例如，在人力资源计划中，只给出人数，并没有明确每个人的责任，也没有明确每个人的具体任务，计划只完成了一半，到实施时仅知道安排几个人参与项目，但不清楚安排什么工作，不得不重新讨论每个人的工作，结果可能发现其中几个人无论是能力还是技术水平都不适合这个项目，必须重新找人，导致项目受到严重的影响。

4.4.3 项目计划的原则

项目计划决定了项目的范围、资源和进度，同时在范围、资源和进度之间寻求平衡，在项目过程中防止各种问题的出现。计划对项目能否成功实施有着重要的影响，所以项目计划需要得到足够的重视，应科学地、客观地制订计划，不能感情用事，必须遵守必要的原则。这些原则是根据软件项目管理的特点和项目失败的教训总结出来的，概括起来，主要有以下几点。

- **目标性原则**。计划必须以目标为导向，服务于目标。制订计划前，一定要清楚目标；计划制订过程中，一定要围绕目标进行，不要脱离目标。
- **预防性原则**。风险控制是软件项目计划的核心工作，所有计划工作始终要考虑如何降低项目风险。风险控制最有效、代价最小的办法就是风险预防。质量管理计划虽然要规划一系列质量控制措施和质量反馈机制，但更重要的是缺陷预防，从源头预防缺陷的产生，这样产品的质量才真正有保证，项目进度和成本才更有保障。
- **客观性原则**。知己知彼，收集各方面的信息，充分和客户、项目组人员等进行沟通，了解事实和真相，制订切实可行的计划。
- **系统性原则**。各个子计划不是孤立存在的，而是彼此之间紧密相关的。在制订计划时，要把握各个因素、产品各个组件、各个项目任务之间的关系，特别是确定它们之间的依赖关系，这样才能使计划具有系统性，从而彻底、有效地解决问题。
- **适应性原则**。计划是一个过程，而不只是一个文档，根据情况的变化对计划进行调整也是必要的。

制订项目计划时，还要考虑经济性，即以最小的代价获得项目的成功。在考虑成本时，还要考虑项目的风险，既不能增加太大的风险，也不能损失项目成果的质量。这些原则使项目计划具有明确的目的性、相关性、层次性、适应性和整体性等基本特征，从而形成有机的整体。

1. 以目标为导向

要做到以目标为导向，首先要清楚软件项目的目标，即要了解项目的背景、应用领域和服务的对象等，例如：

- 软件产品的用户是谁，有哪些不同类型的用户；
- 项目所涉及的业务有哪些，业务的流程有什么特点；
- 如何更好地满足用户的需求；
- 项目最终交付的成果是什么。

如果一开始对项目的目标没有理解清楚，项目计划就会出现偏离，而项目实施时偏离就会更大。任何项目都是为了达到所期望的目标而完成的一系列任务，在弄清项目目标之后，就比较容易确定项目任务。项目计划的制订应该围绕项目目标进行，并寻找最有效的方法来完成这些任务。

2. 重视与客户的沟通

制订计划期间要保持和客户的良好沟通，这一点是很重要的。如果是公司内部的研发项目，公司的领导和产品/市场部门可以被看作项目的客户，应该经常和他们沟通。有时候，客户提出的要求不合理，这就需要准备足够的数据去说服他们，最终让他们改变主意，从而制订出合理的计划。

和客户保持沟通，也能使客户积极参与项目。项目计划的一些条款（如进度表、质量要求等）需要他们的认可，如果事先和他们进行了充分沟通，不仅能清楚地了解他们的真正需求，而且会使项目计划更容易得到他们的支持和认可。项目能否通过验收或结束，完全取决于客户，所以在项目计划期间保持良好的沟通，也能为最后的项目验收打下良好的基础。

下面是团队和客户沟通，确定需求的优先级的情景。需求对应的功能越经常被客户使用，其价值越高，其优先级自然也越高。

需求讨论会

和大家确认一下这个需求的优先级。

需求卡片

作为教师/学校管理员，我希望能够选择多个其他用户来建立群会话，以便发布群消息。

能否放在第一次迭代中？这可是必备功能，没有它不行！

朱老师怎么看？

群聊在日常工作中使用频率很高，但一对一聊天的频率是不是更高？

对，一对一聊天这种基础需求使用频率更高。

那优先实现一对一聊天需求，尽快安排多人聊天的需求排期呢？

在这个场景中，我们如何做需求的优先级管理？

3. 收集足够的信息

制订项目计划时应认真阅读、分析项目相关文档，并充分、有效地与项目组成员和客户进行沟通，在有限的时间内尽可能全面地收集项目信息。沟通的方式比较多，包括电子邮件、即时消息、面对面沟通和会议等，可以根据需要灵活地运用这些沟通方式。虽然大家已习惯于使用电子邮件，但仅通过邮件方式来沟通是不够的。例如，有一个需求定义文档要征求大家的意见，如果只通过电子邮件来沟通，我们很难判断每个人是否认真看了、真正理解了。某个人回复说"没有意见"，实际上他/她可能没仔细阅读这个文档，或者他/她的理解和大家有差异。我们可以先通过电子邮件发给大家看一下，然后召集大家开会，针对需求定义一条一条来解释，逐条确认大家的理解是否一致。对于重要的需求点，最好和每个人都确认。有时候，也可以先让与会人员谈谈他/她个人的理解，从而发现项目组成人员中的错误认识。

4. 客观、实用地制订计划

项目计划要现实、有用。制订计划时要为指导项目而努力，所完成的计划也应该确实能够指导项目，对项目的实施有很大的帮助。要做到这一点，项目计划要客观实用。制订计划时，应从实际情况出发，摒弃一切浮夸作风，分析要到位，客观地进行项目估算，确定项目所需的资源和时间。计划绝不能脱离实际，应避免资源估算过度浪费或者资源估算严重不足。

只有“知己知彼”才能做出合理、客观的项目计划，而不是拍脑袋或根据上面的指示来做计划。“知己”是指掌握项目组有多少可用资源，包括软硬件和人力资源。例如，可分配到该项目的开发人员和测试人员有多少，其中是否有资深人员来负责开发组或测试组。而“知彼”是了解项目的规模、工作范围和难度等。这样才能判断基于当前可用的项目资源，在规定的时间内能否完成项目任务。或者说，在知己知彼的基础上，可以客观地确定投入多少人力、物力去做这个项目。

5. **构建一个完整的循环过程**

项目计划是一个系统的整体，构成这个整体的各个子项都要得到足够的分析。如果分析不够，将来实施项目计划时，必然会产生较多的问题，从而影响到项目计划的整体实施。为了解决项目计划的系统性问题，我们可以先从下至上计划，然后从上至下计划，构成一个完整的循环过程，如图4-6所示。

从下至上计划就是要听取项目真正实施的人员（产品经理、开发和测试人员等）所提供的反馈，他们的经验才是最宝贵的。从下至上计划可以收集足够的信息，更能反映项目的实际情况，使计划趋于合理。而从上至下计划，可以掌控全局，厘清各个部分之间的关系，进行同类项合并、相似项归纳，从而达到优化项目计划的目的。

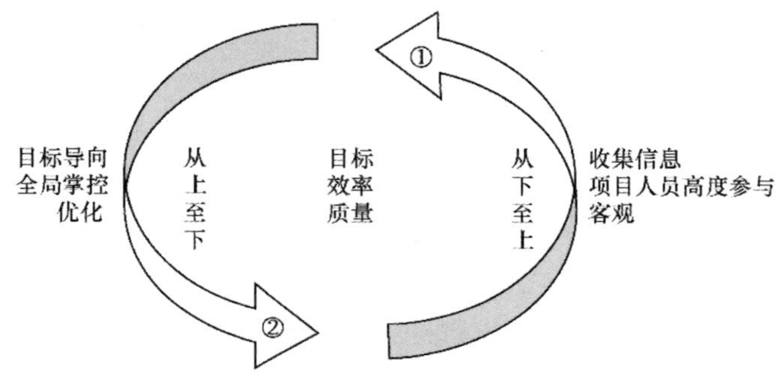

图4-6　项目计划的完整循环过程

6. **关注计划的过程**

软件项目的最大特点之一就是需求容易发生变化，需求的变化会影响到软件设计和开发，从而造成实施偏离原先的计划。因此，项目计划要具有良好的适应性，其中很关键的一点是关注计划的过程。计划是一个过程，应随着需求、环境和条件等的变化灵活调整，因势利导，不断调整和修改计划，以保证完成项目的目标。

制订计划的过程就是一个对项目逐渐了解、掌握的过程。在项目启动时，可以先制订一个“颗粒度”相对比较粗的项目计划，确定项目目标、高层活动和里程碑。然后，根据项目需求分析和定义、系统架构设计等所获得的信息进行丰富和调整。在制订计划的过程中，项目组可以逐渐掌握计划中的各项要素，并经过不断的评审、修订等工作完善项目计划。

7. **计划有层次性**

项目计划的层次性是指将计划分为主计划、子计划。主计划是项目的总体计划，而子计划既可以是项目的阶段性计划（如需求阶段计划、设计阶段计划等），也可以是单项任务或单项目标的计划（如质量计划、风险管理计划和资源计划等）。

一个大的软件项目会分为多个子项目，这会涉及项目集成，在项目计划过程中也应增加“项目计划集成”这项工作。例如，主计划初步完成之后，子计划要在主计划的框架下完成，同时又由于子计划和主计划之间可能产生冲突，需要在两者之间协调，从而使主、子计划吻合。如果子计划（如分包商计划）与主计划不匹配，整个软件项目就无法顺畅实施，项目的进度和质量必然会受到影响。

在项目计划中，多个子计划之间也需要协调。成本计划、资源计划和进度计划之间关系密切，其中某个计划调整，都会对另外两个计划有较大影响，需对之做相应的调整。例如，增加资源，可能意味着成本增加；如果成本不变，增加资源可能意味着要缩短项目周期，改变进度计划。

对于大规模软件，如果制订一个完整的项目计划比较困难，也可以按阶段进行，即分别为需求分析、设计、编程和测试、部署和维护等不同阶段制订计划。阶段性计划方法类似于滚动计划方法，有利于保证计划的准确性和客观性。例如，在需求分析的中间阶段，就可以开始进行设计阶段的计划，这时候项目的范围更清晰，有利于做出准确的设计工作计划。这种方法的缺点是资源准备、项目预算确定等都比较困难，所以将长期计划和短期计划结合起来，对项目的实施会更有利。也就是说，还是要做一个项目的整体计划，只不过整体计划是一个框架，确定主要内容，而项目细节内容的确定则留给阶段性计划。

4.4.4　计划的输入

在项目计划过程中不断沟通，力求做到知己知彼，其中很重要的目的就是获得计划的全面、客观的输入信息。而许多项目计划没做好，其中一个重要原因就是项目的输入有问题，例如：

- 上级领导主观臆断，给出了不现实的期限，计划按照不合理的进度表开展，资源就存在很大问题，项目存在很大的风险；
- 没有弄清楚客户的需求就开始做计划；
- 对项目的规模与难度的低估导致投入的人力和物力严重不足；
- 技术不成熟，没有预见到项目实施过程中会遇到难以克服的技术障碍。

要完成一个客观、行之有效的软件项目计划，一定要弄清楚项目计划的输入，包括以下几个方面。

- **项目的目标和需求**。必须清晰定义项目的目标和需求，并得到项目所有相关人员的认可，包括客户代表、市场人员、产品设计人员、开发人员和测试人员等。
- **项目可用的资源**，包括人力资源、硬件、软件等。
- **项目干系人，即项目的相关利益人**。他们可能是客户、用户，也可能是投资方、关联方和合作方。在项目计划过程中，要和他们交流，项目所确定的各个事项要得到他们同意。
- **项目涉及的相关技术**，哪些技术是成熟的，哪些技术是不够成熟的，技术带来的风险在哪里。
- **质量政策和标准**。项目的资源、进度安排都会受到质量要求或质量标准的约束，质量要求越高，可能需要越多的资源或时间。
- **组织流程**。要清楚本组织的软件开发流程，这些流程是否适合当前项目，如何针对当前项目进行剪裁。
- **制约因素**，即限制项目管理团队运行的因素。例如，事先确定的项目预算被认为是影响项目团队对范围、人数和日程表进行选择的极其重要的因素；当一个项目按照合同执行时，合同条款通常受法律保护，可能对项目有制约作用。
- **假设**。假设通常包含一定程度的风险，项目计划应该标明所有的假设，然后逐个分析，每个假设因素必须有科学性、真实性和肯定性。例如，如果不能确定 UI 设计师加入项目的日期而假定某个时间开始项目设计，这个假定就具有很大的不确定性，可能不能成立。
- **历史数据**。项目计划往往参照项目的历史数据（如工作量估算、代码质量等）来进行，获得足够的、有用的项目历史数据是必要的。

在项目计划过程中，各种相关人员都会参与项目的计划，也就是项目干系人会根据自己得到的信息和积累的经验提供有关项目的想法、建议等。在项目计划过程中需要关注这些想法和建议，对之进行综合，从而形成项目计划书的相关内容。这样，项目计划书也容易得到大家的认可、获得公司管理层的批准。表 4-1 很好地描述了项目干系人在项目计划过程中所起的作用。可以看出：

- 在绝大多数情况下，项目经理在项目计划过程中起着主导作用，负责各项计划内容的编制；
- 内部干系人（项目组实施人员）主要参与项目范围定义、工作量估算、风险识别、数据管理等计划工作；
- 对于外部干系人，包括软件工程过程组（Software Engineering Process Group）、SQA（软件质量保证）人员、IT 人员、HR（人力资源）人员等，不仅项目执行需要得到他们的支持，而且他们确实能给出一些建议，包括质量计划、流程、成本核算等方面的建议；

- 项目干系人参与计划的主要工作有讨论、审查、修改草案和在最终文档上签字等。

表 4-1 项目干系人在项目计划过程中所起的作用

	内部干系人																		外部干系人								
倡导组织	项目管理		架构		开发					发布操作	产品管理				测试		用户体验		项目外部干系人								
涉及类型：必需的（R）；有责任的（A）；需商议的（C）；涉及的（I）	项目经理	产品负责人	基础结构架构师	解决方案架构师	开发工程师	开发经理	构建工程师	首席开发工程师	发布经理	审查人员	产品经理	业务分析员	主题专家	发起人	测试经理	项目经理	用户体验架构师	用户教育专员	软件工程过程组人员	管理层	IT人员	HR人员	消费者	SQA人员	培训人员	其他干系人	
项目规划																											
估算项目的范围	A			A	R							R				R	R	R	C	I	C	C	C	I	I		
估算项目属性	A				R							R				R	R	R	C	I	C	C	C	I	I		
定义项目生命周期阶段	A																		C	I	C	C	C	I	I		
估算工作量和成本	R			C	A	C						C				R	R	R	C	I	C	C	C	I	I		
编制预算和进度	A											R							C	I	C	C	C	I	I		
识别项目风险	A	C		C		C			C		R	R	C	C	C		C		C	I	C	C	C	I	I		
项目数据的管理计划	A	R		C	I	R	C		R	R		C			R	I	I	I	C	I	C	C	C	I	I		
规划项目资源	A	C		I	I	C			A						C		I	I	C	I	C	C	C	I	I		
知识和技能的计划	A	C							A			R							C	I	C	C	C	I	I		
项目干系人的介入计划	A	C							A										C	I	C	C	C	I	I		
制订项目计划	A	C							A										C	I	C	C	C	I	I		
获得对计划的承诺	A	C																	C	I	C	C	C	I	I		
审查从属计划	A	A																	C	I	C	C	C	I	I		
协调工作与资源配置	A	A																	C	I	C	C	C	I	I		
获得计划承诺	A	A																	C	I	C	C	C	I	I		

4.4.5 计划的流程

在确定软件项目计划的原则、输入之后，就可以开始计划了。软件项目计划会经过一个什么样的流程？项目计划实际就是为下列问题找到答案。

- 项目目标是什么？
- 做什么？
- 有哪些任务？
- 谁来做？需要哪些资源？
- 什么时候做？时间表是如何安排的？
- 如何做？有什么好的方法？
- 执行中会碰到什么问题？

PMBOK 将计划的过程分为两个部分——核心过程和辅助过程，核心过程包括范围确定、时间计划、成本计划、风险管理计划等，而辅助过程包括质量计划、沟通计划、组织计划、采购计划等，如图 4-7 所示。在核心过程中，先要确定项目范围，然后可定义活动；根据所定义的活动，再进行活动排序、活动工期估算、编制时间表等；而成本是从资源规划开始，再进行成本估算、成本预算。核心过程围绕时间、成本进行计划，也包括项目风险管理。项目风险管理依赖于辅助过程中的风险识别和定性、定量、应对分析。对于软件项目计划，风险的识别、分析和管理是非常重要的，可以归入核心过程。

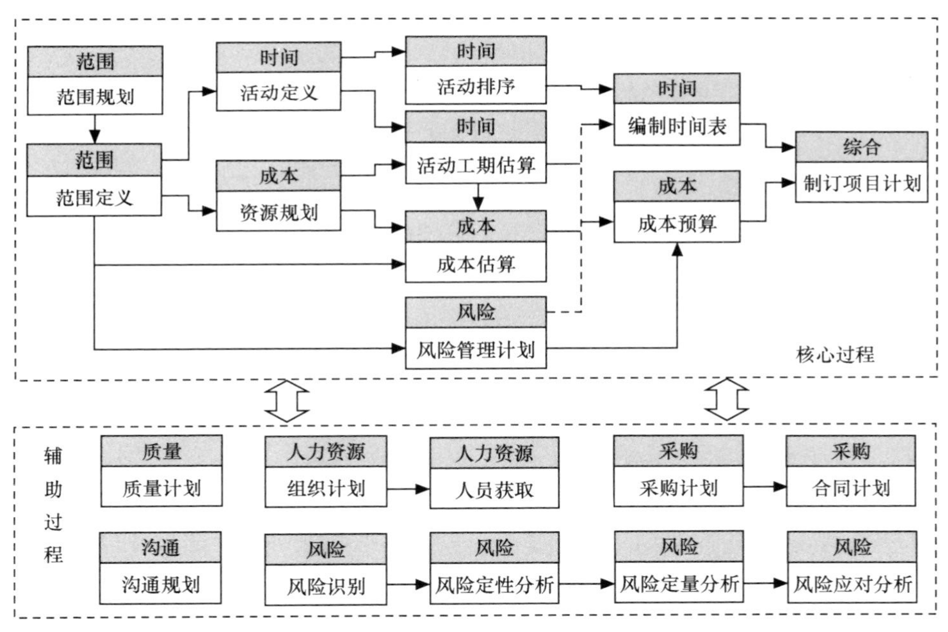

图4-7 PMBOK所描述的项目计划流程

软件项目的计划过程和其他行业的计划过程没有本质区别，而在具体操作时有比较大的区别，如软件项目的工作量估算比较困难。为了解决工作量估算问题，在软件项目中经常采用迭代开发方法，尽量使项目范围能够得到控制。例如，采用敏捷开发方法，软件发布的频率有很大提高，大大缩短了软件新版本的开发周期，甚至能缩短为一周、两周的时间，这样，软件开发的范围就很清晰，工作量估算也就不困难了。许多软件项目受客户委托，要交付的成果（功能特性）等一般由客户决定，而不能由软件开发商决定，这时就难以采用敏捷开发方法。所以，对于不同类型的软件项目，规模和质量目标都是不同的，其计划流程存在一定的差异。一般来说，软件项目计划的常见过程如图 4-8 所示。

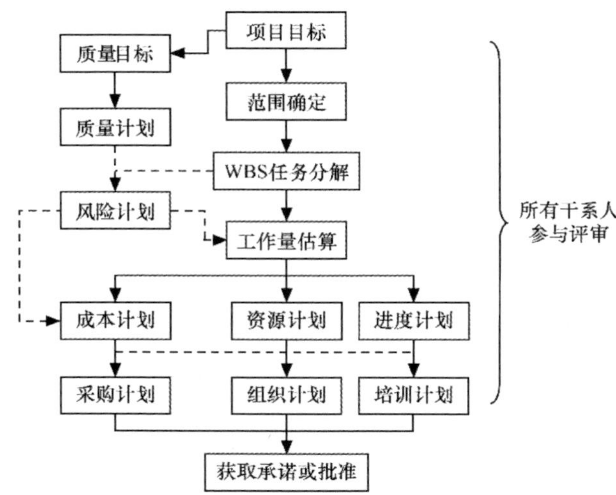

图4-8 软件项目计划的常见过程

(1)确定项目目标,包括最终交付的内容和质量标准。

(2)确定项目的工作范围,包括软件产品功能特性。

(3)根据质量目标,可以制订质量计划。

(4)采用 WBS 方法分解任务,确定各项具体的任务。

(5)针对具体的任务估算工作量,以及确定所需的资源。

(6)在上述工作的基础上,制订资源计划、进度计划和成本计划。

(7)在上述过程中完成风险识别和分析,最终完成风险计划。

(8)在资源计划和进度计划的基础上,还可以完成采购计划、组织计划、培训计划等。

(9)在上述过程中,都需要和软件项目所有干系人沟通,让他们参与评审,以达成一致意见。这一步也是非常重要的,相关方面没有确认,将来项目计划的实施就可能会遇到很大的阻碍。

(10)项目计划获得有关方面(管理层、产品发布委员会等)的承诺或批准。

获得批准的软件项目计划书可作为项目实施、检查和评估的依据,在必要时可根据项目进展情况实施计划变更。

软件项目计划书编制出来后,首先组织项目组成员(主要包括项目经理、测试组长、系统分析负责人、设计负责人、质量监督员等)对项目计划书进行评审。评审可采取电子邮件和会议结合的方式,要求所有相关人员在收到软件项目计划书后的约定时间内反馈对计划书的意见。项目经理应确保与所有人员就项目计划书中所列内容达成一致,要求所有项目团队成员对项目计划的内容进行承诺。如果无法承诺,一般需要进一步的沟通以求达成一致,否则有必要修改项目计划。

4.5 计划各项内容的制订

清楚软件项目计划的内容、方法和过程之后,就可以开始制订项目计划的各项内容了。在项目计划的具体内容制订过程中,要遵守相关原则,弄清楚项目计划的输入,按照计划的流程开始工作。

项目计划的具体内容繁多,我们在这里不可能一一道来,只能简要地讨论项目计划中的一些关键环节,如项目范围的确定、策略的制定等。后面几章将针对项目估算、项目进度和成本管理、项目质量管理等进行更为详细、具体的讨论,其中所讨论的内容对本节的计划制订会有很大帮助。

下面我们通过一次计划会上的简单对话来理解计划是多方协商的结果。计划需要各方同意,这样的计划更容易得到执行。

计划会

我们争取3月上旬发布喧喧Web端1.0版本。目前需求是这些（展示需求列表）。怎么样，大家有没有信心交付？

差不多能做完，只要有鲁飞在，我们肯定能做完。不知道测试这边行不行？

交付有点难，故事点比较多，就算卡点做完，预留给测试的时间不够，总不能交给用户测试吧？3月上旬交付风险太高。

目前我们接触的客户也表示可以等等再发布，咱们先保守一点。

建议延期到3月底交付，本月迭代做任务，下个月第一个迭代我们集中发布测试，开发配合解决Bug，1.0版本功能不复杂，到时候能交付。

差不多，开发同事在迭代中还需加强自测互测，不忽视单元测试，Bug量也能稍微控制，给测试同学预留更多时间。

OK，那我们暂定3月底交付。市场部门的同学可以跟接触的客户提一下，看能否接受。

好，应该没问题。

4.5.1 确定项目范围

微软公司 Outlook 97（给企业用户用，付费版本）发布之后，用户对这个版本有很多意见，其中很多用户在新闻组 BBS 上强烈建议，要求 Outlook 支持“直接阅读新闻组 BBS 的内容”，当时只有 Outlook Express（简化版，随操作系统发行）有这个功能。Outlook 的开发成员一度认为用户的要求很强烈，如果 Outlook 不实现这个功能，Outlook 的下一个版本就可能不受欢迎。但是，经过项目组全体成员认真讨论、分析后发现，在 BBS 上强烈发言的，也就那么几个人，而这些人经常使用 BBS，因此有很强的需求。但多数企业用户很少使用 BBS，也没什么机会表达自己的意见。所以少数用户的反馈容易给人一种错觉，如果不认真分析，可能会做出错误的决定。最后，Outlook 项目组还是决定不支持“直接阅读新闻组 BBS 的内容”，一直到现在。

项目范围（Project Scope），简单地说就是项目做什么，它有如下两个方面的含义。

- 软件产品规范，即一个软件产品应该包含哪些功能特性，这就是前面所说的市场需求文档（MRD）或产品需求文档（PRD）所描述的，在敏捷开发中通过产品需求列表来描述。一般在确定MRD、PRD或产品需求列表的过程中，同步开始进行项目计划。
- 项目工作范围，即为了交付具有上述功能特性的产品所必须要做的工作，在敏捷开发中体现在迭代任务列表中。项目工作范围在一定程度上是产生项目计划的基础。

软件产品规范和项目工作范围应高度一致，以保证最终能够交付满足特定要求的产品。项目工作范围的确定是一个由一般到具体、层层深入的过程。例如，某项目是为顾客开发一个网络电话系统，首先就要确定这个新的电话系统应具备哪些功能，如是否包括通讯录管理、通讯录导入等功能。如果支持通讯录导入功能，进一步分析是否要支持流行客户端软件、网络社区等不同应用的通讯录导入，然后逐步明确需要做哪些开发工作才能实现这些具体功能。

确定项目范围后，需要编写正式的项目范围说明书（Project Scope Statement，PSS），并以此作为项目计划的基础。一般来说，项目范围说明书包括3个方面的内容——项目的合理性说明、项目目标和项目可交付成果。有些项目管理著作把项目目标与确定项目范围结合起来形成一个文件，叫作项目参考条款（Term of Reference，TOR）。TOR和PSS没有什么本质的区别。

项目范围说明书可帮助我们了解项目所涉及的内容，形成项目的基本框架，使我们（项目管理人员或计划人员）能够系统地、有逻辑地分析项目关键问题，根据项目范围来确定项目的工作任务，从而提高项目成本、时间和资源估算的准确性。通过项目范围说明书的编写，项目干系人在项目开始实施前，能够就项目的基本内容和结构达成一致。项目范围说明书可以作为项目评估的依据，在项目终止以后或项目最终报告完成以前对项目进行评估，以此作为评价项目成败的依据。项目范围说明书还可以作为项目计划、整个生命周期监控和考核项目实施情况的基础。

范围计划的核心工作之一就是编写正式的项目范围说明书和范围管理计划。准确地定义项目范围对项目成功非常重要，其方法主要有前面所述的WBS方法。如果项目范围定义不够细致、含糊不清或有错，会导致项目内容的经常变更，从而造成多次返工、项目开发周期延误，最终可能导致项目成本增加、项目不能及时完成。

示例：高校即时聊天软件项目的项目范围。

1. 简易多人聊天室

- 在浏览器中输入服务器地址、用户名可以直接连接。
- 发送消息后实时广播给所有人。
- 不存储历史记录，在线才能收到消息。

2. 用户管理

- 可以查看当前聊天室在线用户列表，并将用户列表分为3类：管理员用户、教师用户、学生用户。
- 有新消息时会产生消息通知。
- 可创建管理员用户（从数据库中手动创建即可）。
- 管理员可以通过管理后台新建、编辑、删除聊天用户。
- 用户使用用户名、密码登录。
- 用户可以修改自己的密码。
- 将用户所发送的消息存储到数据库中。

3. 聊天数据同步和文件传输功能

- 用户可以查看会话的历史消息。
- 记录用户离线前阅读到的消息位置，用户再次上线后，会获取到全部新消息。
- 用户可以上传文件，作为文件消息发送。
- 用户可以下载文件消息中包含的文件。
- 将支持的图片文件（可以是小于2MB的JPG、PNG、GIF文件等）展示为图片消息，可以在消息列表中直接预览。

4. **一对一聊天功能**

- 用户可以通过向系统中其他用户单独发送消息来创建新的一对一会话。
- 增加会话列表，用于展示用户参与的会话。

5. **聊天群组功能**

- 管理员用户、教师用户可以向其他多个用户发起群聊。
- 可以选择关闭某些群聊的消息通知。

6. **提高群组聊天体验**

- 群聊中的用户可以修改群聊的备注。
- 用户可以创建“通知”类群聊会话，在该类型群聊会话中只有创建者可以发布信息。
- “通知”类群聊会话的创建者可以选择多个会话成员作为管理员，使其可以在此群聊会话中发布消息，共同维护通知。
- 群聊会话可以被设置为公开会话，用户可以浏览其未加入的公开会话，并选择加入。

7. **提高数据安全性**

- 用户与服务器之间的通信全程加密，基于 TLS 进行通信协议的加密，并基于 AES 或 SM4 进行请求的文本信息加密。
- 在服务器数据库存储加密的（非明文的）数据，读写时在服务端程序内部进行解密和加密。

4.5.2 策略制订

软件项目计划既要切实可行，又不能过度。过度计划就是将项目中非常微小的事情都考虑清楚才动手实施。制订“详细的计划”的目的是试图精确地预测未来，但有时这是不切实际的，在执行过程中经常会出现计划与实际的差异越来越大，而不得不频繁地进行计划调整的情况。因此，在软件项目计划过程中也需要讲究策略，掌握整体过程和关键要素，该细的要细，该粗的要粗。例如，人员计划一定要细，该到位的人必须准时到位，因为在软件项目中，人是决定性因素。

在项目计划中，需要制定项目管理的策略。在项目计划中明确项目管理策略，有助于项目管理的沟通，加快项目的实施，降低项目的风险，降低项目的成本。项目管理的策略可以包括以下内容。

- 选用什么样的软件开发过程模型，采用敏捷模型还是 IBM 统一过程模型。
- 选用什么样的技术，是成熟的技术还是新兴的技术，引进新的技术还是采用团队熟悉的技术。一般会采用团队熟悉且成熟的技术。
- 项目合同管理策略，如合同最重要的条款是哪些，如何利用合同中的某些条款和如何避免出现带来严重风险的条款等。
- 成本管理策略，如按作业层直接成本费用、项目部间接费用、上级管理费用等进行分层测评，然后根据各任务的较低指标确定目标成本。
- 项目的控制策略，是放手让团队去做还是加强控制。如果团队不够成熟，应加强控制，多设置控制点。
- 项目的例会制度，是每周开一次还是每个月开一次。当然，如果项目周期短，可能每天一次例会。有时，也会每两周一次例会，因为一周过于频繁，而一个月又太长了。例会也可以分为项目组内部例会和外部协调例会。
- 信息汇报及发布制度，如要求项目组成员每天或每周必须报告自己所做的工作、当前工作状态，并对工作进行总结。
- 项目问题处理及上报制度，如要求遇到问题自己设法解决，如果 3 天解决不了，必须向项目经理提出来；如果一周解决不了，项目经理要向上一级经理提出来。
- 对于项目控制策略，控制点越多，项目偏离目标的可能性越小，而且返工的工作量也会越小，能够降低风险和成本，如图 4-9 所示。

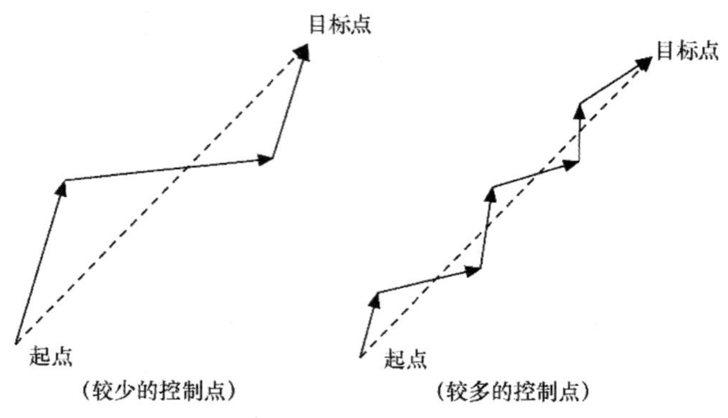

图4-9 项目控制的不同策略对比

在软件项目管理中，对范围、时间和资源这三者的平衡处理也体现了策略。在项目的计划过程中，如何正确地把握它们之间的关系，也是关系到项目能否取得成功的重要因素。在一个项目中，一般某项是确定的，其他两项是可变的。这样，在计划时应设法确定哪一项是不变的，是时间不变还是项目范围不变；然后以这个固定项为基础，在另外两项内容之间进行调整，最终达到平衡。例如，市场决定产品，时间受到严格限制，这时如果要保证产品的功能得到完整的实现，就必须投入足够的资源；如果资源受到限制，就不得不缩小项目范围，减少功能，只实现产品的主要功能。

也有一些项目管理专家扩充了这个三角关系。例如，马克斯·怀德曼（Max Wideman）引入“质量”，形成 4 个因素的制约关系，将原来的三角关系改造成四角星的关系，如图 4-10 所示。时间、资源等因素体现了在该项目上投入的精力，质量和范围决定了项目的性能，而范围和资源决定了项目的寿命。项目功能比较完整，项目的寿命就会相对长久。后来，马克斯将平面的四角星描述转换为立体的四面体，如图 4-11 所示。在这种新型关系中，增加了“价值”“需求”“竞争力”等目标的考量，质量和资源的组合影响项目的价值，质量和时间的组合影响项目的竞争力，而范围和时间的组合更多体现了需求。

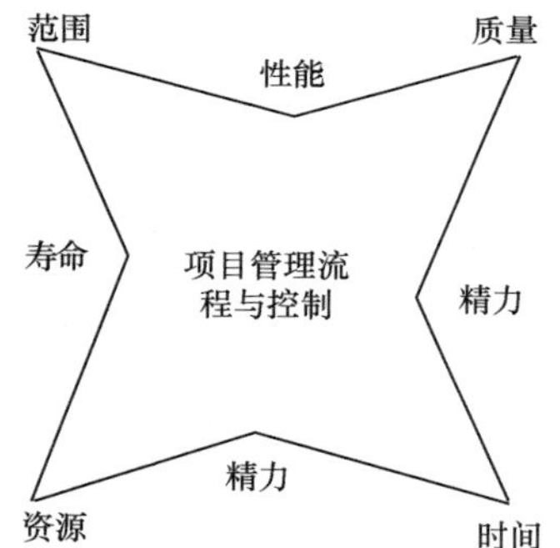

图4-10 范围、资源、时间和质量之间的制约关系

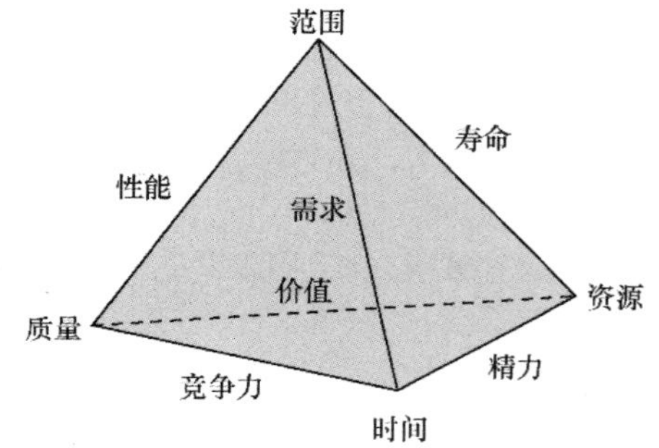

图4-11 范围、资源、时间和质量之间关系的四面体描述

项目的四大要素——范围、资源、时间和质量的具体含义如下。

- 范围——做哪些事情。
- 质量——会做到如何出色。
- 时间——项目需要做多长时间，或者说什么时候可以完成。
- 资源——项目要多少开销。

但这还忽视了项目的风险，而软件项目风险的影响是显著的。如果将“风险”因素考虑进去，那么风险越低，项目成功的概率就越大，而项目成功的概率越大，项目管理体现出的价值就越大。这就像是金字塔的体积，如图 4-12 所示，在同样的面积下，即相同的范围、节约

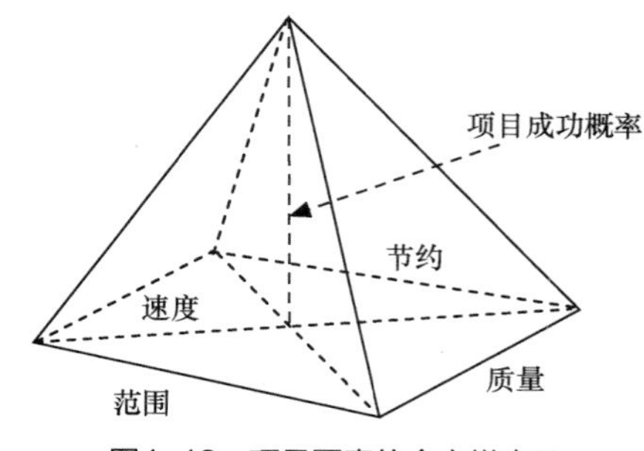

图4-12 项目要素的金字塔表示

的资源、速度（速度快）和质量因素作用下，要获得最大的项目成功概率，就要最大限度地降低项目的风险。

示例：高校即时聊天软件项目的项目策略。

（1）软件开发策略：为提高交付质量，本项目的开发使用敏捷开发模式。

（2）技术策略：为提高研发效率及产品质量，本项目技术采用团队较为熟悉的技术：SpringBoot、SQLite、Socket.IO、Vue.js。

（3）成本管理策略：主要成本在人力上，所以项目成本管理转化为进度管理，旨在提升研发效率、缩短开发周期，即通过项目管理软件中的看板、燃尽图等功能进行实时项目进度跟踪。

（4）风险控制策略：通过每日站会、迭代回顾会及时识别并控制项目风险。

4.5.3 资源计划

软件项目资源可分为 3 类——人力、可复用的软构件或组件、软硬件环境。对软件项目来说，人力资源是最重要的资源，因为软件开发是智力活动和知识管理，软件产品设计人员、开发人员和测试人员等决定了项目的成败。

- 人肯定是最有价值的资源，项目管理和实施的过程都是由人来完成的。首先要建立项目组，然后按所需的角色进行分工，如确定项目经理、开发组长和测试组长等。
- 可复用的软构件或组件是软件组织的宝贵财富，可以加快软件的开发进程，提高软件的质量与生产率。
- 软硬件环境是支持软件开发的必要条件，软硬件环境也直接影响软件开发的效率。

项目资源计划，是指通过分析和识别项目的资源需求，确定项目需要投入的资源。资源计划包括人力资源计划、软硬件资源计划。人力资源计划主要基于工作量估算和进度安排来制订，通过简单的计算就可以根据工作量和项目给定的时间获得所需要的人员数。从软件工程的角度看，人员和进度之间是需要平衡的。

例如，一个软件项目总共有 5 个模块（这里为使问题简单一些，就只讨论开发的工作量），其开发的工作量是 50 个人月，并已考虑了开发风险，增加了适当的缓冲时间。如果希望项目在 10 个月内完成，那么需要 5 个开发人员，每个人正好负责一个模块，工作效率会比较高；如果希望项目 5 个月完成，就需要 10 个人，两个人负责一个模块，沟通成本增加了，基本还是可以接受的。但是，如果安排 50 个人，一个月是不可能做完的，这里沟通、协调的成本很高，任务安排也很难，效率会较低，也许 2～3 个月才能完成，比计划多出 50～100 个人月。这样的项目，如果安排 1 个人做，50 个月做下来，估计这个人会麻木、缺乏激情，结果也不会好。这就是人们经常讲的，资源安排要遵守“人员——进度权衡定律”。这不只涉及纯粹的数学问题，还涉及技术、工程和管理的问题。

人员——进度权衡定律，就是由著名学者帕特南（Putnam）给出的软件开发工作量公式所体现的：

$$E = L^3/(C_k \times T_d^4)$$

其中 E 表示工作量，L 表示源代码行数，C_k 表示技术状态常数，T_d 表示开发时间。从公式中可知，软件开发项目的工作量（E）与交付时间（T_d）的 4 次方成反比，而不是线性关系。而《人月神话》的作者小弗雷德里克·P. 布鲁克斯（Frederick P. Brooks，Jr.）根据大量的软件开发实践经验，给出一个结论：“向一个已经拖延的项目追加开发人员，可能使它完成得更晚。”这也说明“时间与人员不能线性互换”，资源的分配或安排需要综合考虑各种因素，包括任务的多少、人员沟通成本等。当开发人员以算术级数增长时，人员之间的沟通成本将以几何级数增长。所以在有些时候，加入更多的人数反而会降低生产力，得不偿失。

软硬件资源计划则需要根据项目的系统设计、采用的软件技术和工具等来决定，例如选择 Java 或.Net 等不同的开发平台，其相应的软件工具是不一样的。

项目资源计划重点在人力资源计划，我们要采用有效的方法进行人力资源计划。例如，采用 WBS 方法对项目的任务进行分解，将工序进行归类，从而了解资源的需求，确定项目的组织结构、主要人员分工和责任。这项工作可以借助责任分配矩阵（Responsibility Assignment Matrix，RAM）来描述，可以更直观、准确地明确项目组成员的角色与职责，清晰地描述计划每个成员做什么以及他们的责任，或者说每一项任务由谁来负责、谁来执行，一目了然。人力资源计划编制的依据有以下几点。

- 项目范围说明书，根据项目目标分析所获得的项目范围定义。
- 项目工作分解结构，根据 WBS 方法确定人力资源的数量、质量和要求。
- 历史项目的数据，历史上类似项目的数据对资源估算有很好的参考作用。
- 项目组织的管理政策，如资源成本核算制度。
- 活动工期估算，软件结束时间或进度的要求。
- 其他制约因素，如是否能够及时获得所需要的人力资源等。

人力资源计划是比较复杂的，除了要考虑进度和资源的平衡，还需要考虑项目所需的技能、项目人员之间的性格互补等多种因素，从而选择合适的人员加入项目组。例如，如果将脾气火爆的两个人放在一个项目组，他们的合作可能会有问题，甚至经常吵架。再比如，每个人的能力差别较大，开发人员的能力很难用人月/人日等来衡量，资深开发工程师的软件开发能力可能是一名新人的四五倍。特别是在项目规模不大的情况下，统计概念上的平均能力水平就失去了意义。因此，人力资源的安排要具体问题具体分析，可以让开发人员对工作任务的资源安排提出建议，然后一起讨论约定，安排会更合理。开发人员有了参与权，将来工作也会更加投入。

人力的投入是随着时间的变化而变化的，而不是固定的。刚开始投入的人数少，如一开始项目经理介入工作，然后人数逐渐增加，业务分析人员、系统架构师、开发/测试人员等介入项目，进行项目计划和设计。执行阶段项目人数最多，随着有些人去接手新的项目，人数可能会逐渐减少。如果固定人数，反而容易造成人力资源的浪费。在人力资源计划中，可以采用 Rayleigh-Norden 曲线模型，如图 4-13 所示。

软件项目的人力资源分配大致符合图 4-13 所示的曲线分布，当然，具体的形状应该根据项目的历史统计数据来绘制，不同类型的项目具体表现也有所不同。在制订人力资源计划时，基本上可以按照上述曲线配备人力，同时，应尽量使每个阶段的人力稳定，并确保整个项目期人员的波动不要太大。所以实际人力资源计划模型也许如图 4-14 所示。

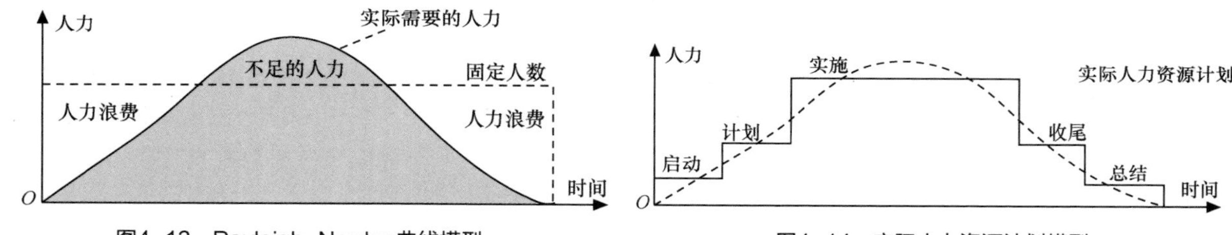

图4-13　Rayleigh-Norden曲线模型　　　　图4-14　实际人力资源计划模型

人力资源计划的工具很多，包括微软公司的 Excel、禅道项目管理软件，如图 4-15 和图 4-16 所示。

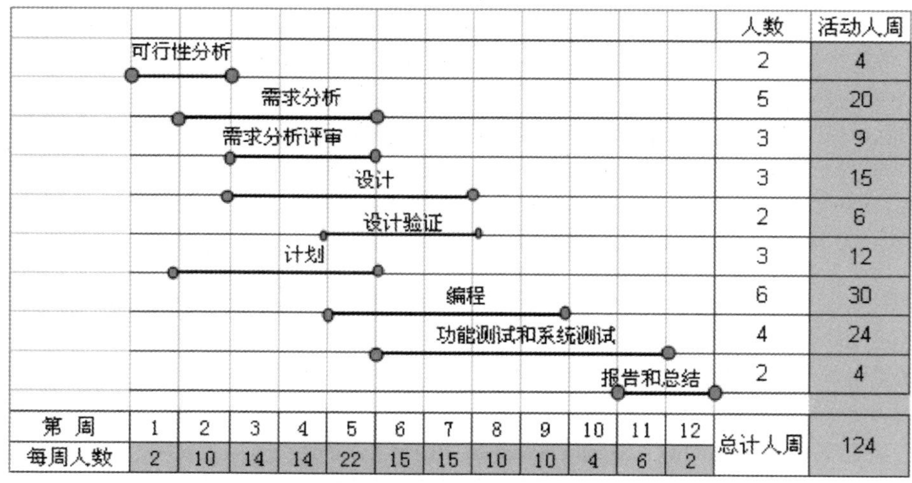

图4-15　使用Excel进行人力资源计划

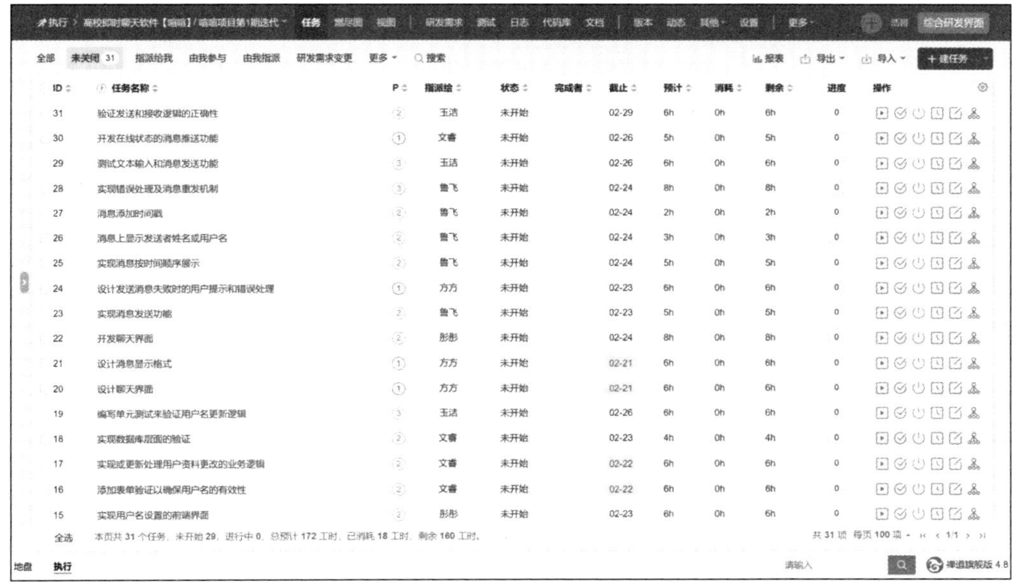

图4-16　使用禅道项目管理软件进行人力资源计划

4.5.4　进度计划

每天上班，从家里出发到公司，这是一项简单的活动。当我们问你，每天早上上班，自己开车去公司需要多少时间？你可能会说，一般情况下，需要 40 分钟；一路顺利，可能只要半个小时；碰上堵车，就不好说了，可能需要 1 个小时，最惨的一次花了将近一个半小时才到公司。如果公司要求员工 9:00 到岗，你什么时候从家中动身比较好，是 7:30、8:00、8:20 还是 8:30？

- 8:30 动身，多数情况下会迟到，你不会选择；
- 8:20 动身，一般情况下会按时到公司，但不保险；
- 8:00 动身，基本可以保证按时到公司，即使碰上堵车，也没什么问题；
- 7:30 动身，一般你也不会选择，最惨的那种情况发生的可能性很小。

所以，要将堵车的风险考虑进去，留有余地，在 8:00 动身。如果星期一特别容易堵车，或者星期二早上你有一个 9:00 的会议要主持，这时你可能就要考虑最坏的情况，7:30 就要动身。

上面这个例子，其实已经告诉我们制订进度计划的基本原则是：以目标为导向，考虑进度的影响因素，留有余地，一般按不利的情况来决定，不要过于乐观，否则容易导致项目计划的失败。根据理想的情况（即资源足够充分）完成进度计划的制订是不现实的。现实条件中，人力资源是不可忽视的约束条件，正如前面所说，资源和进度相互制约，制订计划时要在它们之间权衡。理想情况下的进度计划，带给项目更多的是风险。

进度计划是说明项目中各项工作的执行顺序、开始时间、完成时间及相互依赖衔接关系的计划。执行进度计划能使项目实施形成有机的整体。进度计划是进度控制和管理的依据，可以分为项目进度控制计划和项目状态报告计划。进度计划的编制，不仅仅是工作或任务时间表的编制，还包括进度控制计划的编制。在进度控制计划中，要确定应该监督哪些工作、何时进行监督、监督负责人是谁，用什么样的方法收集和处理项目进度信息，如何定期地检查工作进展，以及采取什么调整措施来处理进度延误问题，并且要把这些控制工作所需的时间和人员、技术、资源等列入项目总计划中。

进度计划容易受领导主观意愿的影响，如果不能处理好领导的愿望和现实情况之间的关系，项目管理就会显得被动，结果可能会事与愿违。例如，客人在饭店吃饭时点了一个菜，希望厨师尽快做好，想早一点品尝美味。如果客人催得紧，菜的火候未到就被端上来了，味道反而不好。如果客人催得特别急，也许会端上一盘半生不熟的菜肴。急性子吃不了热豆腐，许多菜的烹饪就是需要那么长时间，急也不行。软件项目也一样，完成一个项目的时间需要客观确定，绝不能主观臆断。笔者曾经见到过一个项目，进度定得非常紧，根本不可能完成任务，结果团队天天加班，最后质量还是没有达到要求，产品就匆匆发布了。产品发布后，不到半年时间里，出了十几个补丁包。这就叫欲速则不达、得不偿失。

- 时间对每一个人都是公平的，对每一个软件项目也是这样。
- 每个软件项目的参与者，在开始寻求工作终点时都必然会遇到“何时结束”这样的现实问题，而每个团队都应明白：世上没有能够告知项目何时结束、是否达到目标的简单可靠的规程。
- 正如阿兰·库珀（Alan Cooper）在其凌厉之作《精神病人管理精神病院》中的描述：软件开发缺少一个关键元素——理解什么是“完成”。

软件任务的进度安排留给计划本身的时间不够，许多项目组的成员总是急于设计、编程，最终以失败告终。根据大家多年积累的经验，在制订进度计划时可以用一半时间设计和开发、一半时间测试和修正缺陷，或者可根据如下比例进行细分。

- 1/3 的时间用于计划与设计。
- 1/6 的时间用于编码。
- 1/4 的时间用于组件/构件测试和早期系统测试。
- 1/4 的时间用于系统测试，所有的构件可用。

如果分配给计划的时间相对比较多，计划会完成得比较好，这期间包括需求分析和定义。在做计划时，不要陷入“先有鸡还是先有蛋”的怪圈。也就是计划不能做，是因为需求、设计不清楚；而需求、设计没有做，是因为计划还没有制订好。这样哪项都出不来。制订进度计划，一般会遵守下列原则。

- 项目的实际参与人员制订进度表，他们最了解自己要做的工作，由下而上完成进度的汇总。进度表要经过项目组的充分讨论，得到大多数人的支持后才能确定。
- 尽可能地先安排难度高的任务、后安排难度低的事，进度前面紧、后面松比较好。
- 项目进度中都会设置若干个里程碑。项目越大，设置的里程碑越多；项目越难，风险越大，实施时控制要越严，所以设置的里程碑也应该越多。里程碑可以分为多个层次，大里程碑之前应有若干个子（小）里程碑。
- 进度表中必须留有缓冲时间，因为需求总是会有变化的，还会有一些不确定的事情发生，如机器该到的时候没到、某个工程师有事请假等。
- 如果发现项目应交付的期限非常不合理，就要跟领导或跟客户据理力争，请求放宽期限、调整进度。
- 当需求发生变化时，就要重新评估进度表，从而决定是否需要进行相应的修正。不要觉得修改进度表麻烦，不修改才会产生真正的麻烦。

示例：高校即时聊天软件项目进度表。

<table>
<tr><th colspan="2">项目阶段</th><th>时间</th><th>工作内容</th><th>成果</th></tr>
<tr><td colspan="2">需求分析</td><td>2024 年 1 月 2 日～1 月 31 日</td><td>市场调研团队与产品团队对项目需求进行详细调研、分析</td><td>可行性分析报告与需求列表</td></tr>
<tr><td colspan="2">系统设计、原型制作</td><td>2024 年 2 月 1 日～2 月 8 日</td><td>在需求调研的基础上，对系统架构、安全体系、功能等进行系统设计</td><td>产品原型图</td></tr>
<tr><td rowspan="2">版本发布</td><td>喧喧 Web 端 1.0</td><td>2024 年 3 月 18 日～4 月 1 日</td><td>进行功能迭代开发，完成测试、发布</td><td>具备基本通信功能（简易多人聊天室、用户管理、聊天数据同步及文件传输等）的 Web 端 1.0 发布</td></tr>
<tr><td>喧喧 Web 端 1.1</td><td>2024 年 4 月 1 日～5 月 31 日</td><td>进行功能迭代开发，完成测试、集成、发布</td><td>功能完备的 Web 端 1.1 发布，新增一对一聊天、聊天群组等功能</td></tr>
</table>

续表

项目阶段		时间	工作内容	成果
版本发布	喧喧 Web 端 1.2 版本发布	2024 年 5 月 31 日～8 月 1 日	进行功能迭代开发，完成测试、集成、发布	喧喧 Web 端 1.2 发布，主要优化用户体验、提高数据安全性
	喧喧 App1.0 版本发布	2024 年 8 月 1 日～11 月 1 日	进行功能迭代开发，完成测试、集成、发布	喧喧 App1.0 发布，支持聊天群组功能和一对一聊天功能
产品维护		2024 年～2025 年	产品的后续技术支持、优化、更新	更新的产品版本

示例：高校即时聊天软件项目里程碑。

里程碑		时间
项目启动		2024 年 1 月 2 日
需求分析完成		2024 年 1 月 31 日
系统设计、原型制作完成		2024 年 2 月 8 日
喧喧 Web 端 1.0 发布	Web 端 1.0 测试完成	2024 年 3 月 30 日
	Web 端 1.0 产品演示	2024 年 3 月 31 日
	Web 端 1.0 产品上线	2024 年 4 月 1 日
喧喧 Web 端 1.1 发布	Web 端 1.1 测试完成	2024 年 5 月 29 日
	Web 端 1.1 产品演示	2024 年 5 月 30 日
	Web 端 1.1 产品上线	2024 年 5 月 31 日
喧喧 Web 端 1.2 发布	Web 端 1.2 测试完成	2024 年 7 月 30 日
	Web 端 1.2 产品演示	2024 年 7 月 31 日
	Web 端 1.2 产品上线	2024 年 8 月 1 日
喧喧 App1.0 发布	App 1.0 测试完成	2024 年 10 月 30 日
	App 1.0 产品演示	2024 年 10 月 31 日
	App1.0 产品上线	2024 年 11 月 1 日

示例：高校即时聊天软件项目将里程碑计划和人力资源计划整合

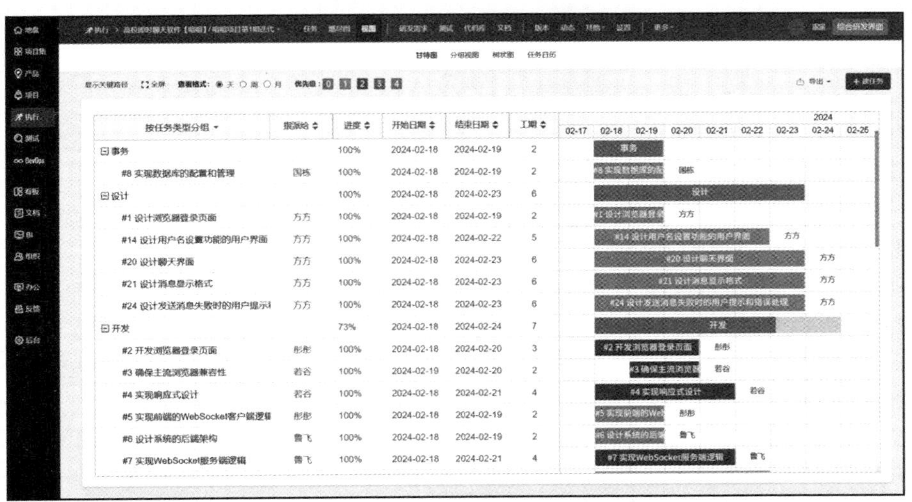

里程碑计划（Milestone Plan）是一个目标计划，它表明为了达到特定的里程碑，要去完成一系列活动。里程碑计划通过建立里程碑和检验各个里程碑的到达情况来控制项目工作的进展，以保证实现总目标。里程碑计划一般分为管理级和活动级，具有以下特点。

- 与公司整体目标体系和经营计划一致。
- 计划本身含有控制的结果，有利于监督、控制和交接。
- 变化多发生在活动级上，计划稳定性较好。
- 管理级和活动级之间有良好的沟通。
- 明确规定了项目工作范围和项目各方的责任与义务。
- 计划报告简明、易懂、实用。

4.5.5 成本计划

软件成本计划是用于确定项目成本控制标准的项目管理工作，也称为成本预算，就是将各个活动或工作包的估算成本汇总成总预算，再根据具体情况将费用计划分配到各个活动或工作包，从而确立测量项目绩效的总体成本基准。成本计划是建立在资源计划和进度计划基础之上的，或者说资源计划和进度计划确定之后成本估算基本就确定了。而在成本计划中，还需要考虑与成本有直接关系的供应商选择、费用控制等。

在进行成本计划之前，一定要清楚软件项目成本的构成。一般说来，软件项目成本的构成包括以下几类。

（1）**人力资源成本**：与项目人员相关的成本开销，包括项目成员工薪和红利、外包合同人员和临时雇员薪金、加班工资等。

（2）**资产类成本**：资产购置成本，指产生或形成项目交付物所用到的有形资产，包括计算机硬件、软件、外部设备、网络设施、电信设备、安装工具等。

（3）**管理费用**：用于项目环境维护、确保项目完工所支出的费用，包括办公用品供应、房屋租赁、物业服务等费用。

（4）**项目特别费用**：项目实施以及完工过程中的一些特别的成本支出，包括差旅费、餐费、会议费、资料费用等。

因为资产类成本、管理费用和特别费用都属于常规财务管理的范围，这些无非是买来、折旧、维持和报销之类，成本是比较容易计算的。而相对来说人力资源成本要考虑软件工程师的不同能力和技术等问题，是最不好控制的。实际的软件项目开发着重考虑人力资源成本的估算、计划和控制。我们也可以将软件项目成本分为直接成本和间接成本。

（1）**直接成本**是项目本身的任务所引起的成本，包括为该项目购买的设备和软件工具、参与该项目工作的人员工资等。直接成本估算的基础是项目范围的准确定义、工作/任务的完整分解。根据所需的资源和时间，比较容易估算出直接成本。

（2）**间接成本**是许多项目共享的成本，如办公楼的租金、水电费用、公司管理费用、网络环境和邮件服务费用等。这部分成本的估算比较复杂，也可以采用简单的摊派方法。

上述人力资源成本、项目特别费用一般属于直接成本；管理费用属于间接成本；而资产类成本一部分属于直接成本、另一部分属于间接成本，主要看它实际的应用，如果只为一个项目服务，那就是直接成本，否则就是间接成本。

成本计划一般分为 3 部分——成本估算、费用预算和费用控制。成本估算可以进一步分为直接成本估算和间接成本估算。成本估算将在 5.8 节中详细介绍。

（1）**费用预算**是在成本估算的基础上，针对各项成本来估算可能产生的其他费用，从而确定费用。费用预算自然受财务政策的影响，如果财务政策比较宽松，就会多给些预算，即在估算的基础上，乘以比 1 大的系数（如 1.1、1.15 等）。如果赶上经济危机或企业效益不够好时，在公司支出控制很紧的情况下，会在估算基础上降低预算，乘以小于 1 的系数（如 0.85、0.9 等），这会给费用控制带来更大的挑战。

（2）**费用控制**是为了保证实际发生的费用低于预算而采取的措施。费用控制一般会采用阶段性控制和单项费用控制相结合的方法。对于软件项目的成本控制，关键是需求变更控制和质量控制，需求变化越小，资源和时间浪费会越少，费用就会越低；质量越高，返工会越少，费用就会越低。

在了解成本计划的内容之后，就可以开始制订成本计划了，可以简单地将成本计划制订分为 3 个步骤。

（1）借助 WBS 对成本估算结果进行初步调整，以增补遗漏的成本，删除不必要的成本估算。

（2）依据项目所处的实际环境，对成本估算结果进行综合调整和汇总。因为即使最好的项目经理采用最优的成本估算方法，也不可能使预算和实际完全一致。因此，在做项目成本预算的时候应该预留总成本的 5%～10%作为不可预见的成本，用于应对突发事件和超支。

（3）当项目预算看上去已经合理可行了，就要将其写进项目计划提交审议，直到最后审议通过并确定成本基准计划。

在许多软件公司中，成本计划是比较薄弱的环节，甚至有些软件企业不惜成本，只要按时开发出产品就算项目获得成功。对于软件外包企业，成本控制是一个关键的管理活动，通过极大地降低成本才能获得利润。例如，某个软件外包企业事先将项目估算的工作量（多少个人日）输入系统，然后在实施时，每个工程师在下班前输入当天的工作时间，系统会自动扣掉大家每天产生的工作成本（人日数），然后显示剩余的工作量。这种“倒计时”的方法对成本的控制很有效，在成本计划中可以描述如何使用这种方法。

4.5.6 风险计划

风险计划，更准确地说是风险对策计划。制订风险计划包括识别风险、评估风险或量化风险、编制风险应对策略方案等过程。

（1）要制订风险计划，首先要了解风险来自哪里、有哪些风险，这就是识别风险。可以通过列举通常的软件项目风险因素以使风险识别更加明晰，使用风险检查表也是识别风险的好办法。在风险检查表中，列出所有与每一个可能的风险因素有关的提问，这样就不易忽视风险，也可以集中地识别常见的各种风险，如需求变更风险、依赖性风险、人员风险和技术风险等。

（2）识别出风险之后，就要对风险产生的可能性和危害进行评估。风险是潜在的危害，不是必然要发生的。对风险可能性进行评估有助于对那些高可能性风险投入更大的关注。一旦风险发生，其危害程度是不一样的，风险的评估也有助于关注危害性大的风险。风险的综合危害度可以看作风险发生可能性和危害程度的乘积。

（3）编制风险应对策略方案，可以分为两个部分。一是采取预防措施以阻止风险的发生，也就是预防风险、避免风险产生的对策；二是针对风险一旦发生的情况，确定需要采取怎样的措施，将风险造成的损失降到最低，即缓解风险。一旦风险发生，不管怎么做，总会有损失。所以，风险应对策略应把预防风险放在首位，这是降低风险最有效的方法。

对于风险发生后的应对策略，需要争取一定的提前时间以启动各项必要的工作。设立触发标志，当该触发标志所标明的条件具备时，说明风险已经越来越可能成为现实了。所以，在风险计划中，设计或确定触发标志是一项重要的工作。同时，在风险计划中，要针对不同类型的风险指定风险责任人，即对识别出来的风险都要指定监控、预防和处理的人员，特别是对严重的风险一定要明确责任人。

风险计划并不是在资源计划、进度计划和成本计划之后制订的，而是和这些计划同时进行的，因为软件项目的风险会来自各个方面，包括人力资源风险、进度风险和成本风险等。而且如何应对风险或针对风险采取相应的对策，对资源计划、进度计划都有影响。例如，当软件开发团队不够稳定时，人力资源的风险就比较大，这就需要在资源估算的基础上增加较多的资源。假如在一般情况下会考虑增加 10%～15%的富余资源，而在这种情况下，可能要增加 20%～30%的富余资源。

示例：高校即时聊天软件项目风险计划。

风险类别	风险项	应对风险的措施
技术风险	新的技术框架可能存在学习曲线和技术挑战	进行技术评估、原型开发，确保技术的适用性和可行性，提前解决技术难题

续表

风险类别	风险项	应对风险的措施
时间风险	每个迭代的周期是 2 周，存在时间不足以完成所有功能的风险	进行详细的任务规划和时间估算，在每个迭代开始前进行人员分配、资源管理，确保任务按时完成
用户需求风险	需求理解存在偏差，后期出现需求变更	进行深入的用户调研和需求分析，与高校教职工、学生密切合作，并定期与项目干系人进行反馈验证;同时，严格控制、管理需求变更。需求变更的前提条件是需求发生了重大调整，如需求过期、当前的需求无法满足用户需求、需求的实现方案有重大调整等
用户体验风险	用户界面和交互设计可能不符合用户期望或难以使用的风险	进行用户界面设计评审和用户测试，收集用户反馈并及时调整设计，以提升用户体验和界面友好性
部署和运维风险	软件的部署和运维可能面临技术复杂性、系统可用性和性能稳定性等方面的风险	进行部署和运维计划（如采取自动化部署、监控和故障恢复策略），建立灵活的扩展能力，以应对相关挑战

4.5.7 质量计划

质量计划是说明项目组如何具体执行组织的质量方针，确定哪些质量标准适合该项目，并决定如何达到这些标准的过程。也就是说，通过策划各种质量相关活动来保证项目达到预期的质量目标，而质量目标是由用户需求和商业目标决定的。项目质量计划包括质量控制、质量保证和质量管理的计划。

在项目计划中，质量计划应该成为计划的主导力量，并与成本计划、风险计划、进度计划和资源计划等同时进行，综合考虑各种因素对质量的影响。例如，对质量要求水平的提高可能影响成本或进度计划，也可能影响风险管理计划，一般会增加成本或适当延长开发的周期，以及在风险控制上更为严格。

在制订质量计划时，常常需要考虑下列因素（输入）。

- 质量目标，它是最重要的因素，如满足什么样的质量标准、国内标准还是国际标准等。质量目标一般会根据组织的质量方针来确定，质量方针属于组织的战略层次，而质量目标属于项目的战术层次。
- 软件产品的具体功能特性要求，这也是用户需求的描述，质量目标在软件产品功能特性上会有具体体现。软件产品的具体功能特性要求制订具体的项目质量计划。
- 标准和规范。任何适用于该项目（包括所在的业务领域）的标准和规范，这些也是对产品质量的要求或对产品功能的限制。
- 资源条件，资源是否足够、项目成员的能力水平如何等。
- 时间限制，例如在进度安排上是否有很大的压力。
- 公司的基本制度，包括绩效考核制度、培训制度等。

质量计划要以缺陷预防为主，从而减少软件开发过程中的缺陷，减少返工，降低成本。通过效益/成本分析，更好地了解质量管理所带来的效益，使整个组织/项目组重视质量管理，形成一种良好的质量文化氛围，也是质量计划力求达到的目标之一。在质量计划中，建议使用一些方法和工具，如数理统计、因果图分析、正交试验设计等。

质量管理计划为整个项目计划提供了输入资源，并且兼顾项目的质量控制、质量保证和质量提高，包括制定软件开发各项成果的质量要求和评审流程，以及明确项目各项工作的操作程序和规范，至少要监督这些操作程序和规范按照有关标准建立起来。概括起来，质量计划的内容包括以下几点。

- 项目的质量目标，包括软件产品的功能特性和非功能特性的质量要求。
- 质量目标分解，将项目的总体质量目标分解到各个阶段或各项任务。
- 相关标准和规范，即与项目相关领域的国家、行业标准、规范以及政府规定等。
- 组织保证机制，包括确定相关质量目标的责任人、质量保证人或管理人员。
- 质量属性满足的优先级和成本效益分析，包括质量管理的相关费用和成本。

- 项目的质量控制策略，包括员工上岗认证、测试覆盖率、代码评审的频率等。
- 软件产品质量特性的相互依赖关系的分析，确定质量特性的优先级。
- 潜在的质量问题分析，并找出应对策略，如测试驱动开发、加强代码评审和性能测试等。
- 流程评审、测试计划和测试用例评审等方面的具体要求。
- 其他质量保证或控制措施、质量相关活动。

示例：高校即时聊天软件项目质量计划。

项目名称：高校即时聊天软件项目

项目日期：2024 年 1 月 2 日—2025 年 1 月 1 日

项目质量保证人员：安心

本文档的目的是定义高校即时聊天软件项目的质量管理策略、过程和资源，以确保项目输出满足既定的质量标准和客户需求。

质量计划适用于项目的需求分析、设计、开发、测试、实施和维护等所有阶段。

1. 质量目标

（1）计划的功能得正确实现，功能运行正常、稳定，操作逻辑合理。

（2）优化用户体验，提高数据安全性。

2. 质量管理原则

（1）以客户为中心：确保产品全面满足客户需求和期望。

（2）持续改进：不断优化产品，提高质量和性能。

3. 质量管理角色和职责

（1）质量保证人员：制订和维护质量计划，监督质量管理活动的执行，管理质量改进过程。

（2）Scrum Master：确保项目团队遵守质量管理体系，提供必要的资源支持质量管理。

（3）开发团队：负责按照质量标准进行产品设计、编程和充分的单元测试。

（4）测试团队：负责执行系统的功能性和非功能性测试，验证产品符合质量要求。

4. 质量管理过程

4.1 质量计划

（1）配置 QA 检查项，在项目各个环节设置检查点，覆盖组织级过程改进、组织级培训、组织级度量、组织级配置管理等过程。

（2）项目计划或内容出现变更时，需适当调整质量计划。例如，标准过程文件或项目裁剪结果发生变化时，检查项需由质量保证人员进行调整；项目计划或项目裁剪结果发生变化时，质量计划需由质量保证人员进行调整。

（3）团队根据确认的检查项进行质量审计，检查项目实施过程的规范性和及时性，以及过程产出物的规范性、完整性、一致性。

（4）如检查出的不符合项在 2 天内未被解决，需将该不符合项上报给上级，进行跟踪处理。

4.2 需求管理

（1）通过用户、市场、项目干系人等，进行用户需求的收集、挖掘、评估、分析，并整理成原始需求文档。

（2）将原始需求拆分为用户需求、软件需求，录入禅道项目管理软件。

（3）进行需求澄清、需求估算与需求评审。

（4）需求评审会议后，不可随意变更需求，除非需求发生了重大调整，如需求过期、需求实现方案有重大调整等。

（5）产品负责人需对实现的需求进行验收，确保功能一致。

4.3 代码质量管理

（1）团队共同制定统一的代码规范，并严格执行。

（2）研发过程中，研发同事之间要进行交叉测试、结对编程。

（3）产品负责人提前发起用户需求评审、软件需求评审。

（4）研发负责人发起软件设计评审，对系统设计、概要设计、详细设计、数据库设计、接口设计等部分进行评审。

（5）Scrum Master 或研发负责人组织研发团队进行代码评审，并将评审中发现的问题作为后续任务进行管理。

（6）代码评审检查内容包括代码是否满足功能需求、是否对现有代码有负面影响、是否具备可读性、是否足够简洁等。

4.4 测试质量管理

（1）制订软件测试计划，确定测试需求及范围、测试所需的软硬件资源与人力、安排测试时间、测试任务、制定测试规约，为后续的测试工作提供直接的指导。

（2）由测试负责人和 Scrum Master 评审测试计划的合理性。

（3）测试团队基于等价类划分、边界值分析、错误推测、基于使用场景和环境等，编写测试用例。测试用例经评审会议通过后，方可生效。

（4）通过禅道项目管理软件确定完整、闭合的 Bug 管理流程。

（5）功能满足系统测试通过标准后，项目测试工作结束，由测试负责人对本期项目测试工作进行总结，打包测试后也需要完成测试报告（如进行测试共性及典型问题分析、项目组给出改进意见和建议等），并提交给项目团队。

4.5 内部验收

测试通过的需求由产品负责人进行内部验收。

4.6 功能演示

（1）迭代结束后，Scrum Master 组织团队召开功能演示会议，演示本次迭代取得的进展。

（2）演示会上提出的问题或建议，需进行记录，并由产品负责人和 Scrum Master 确定哪些问题需要在下一次迭代中解决、哪些可以放入后续迭代中解决。

4.7 产品发布

（1）产品负责人准备产品发布。

（2）Scrum Master 指定团队成员根据项目发布的功能编写《用户使用手册》并进行用户培训。

（3）产品负责人记录用户反馈，进行后续产品方向优化。

序号	负责人	主要工作	时间	频率
1	安心	提供和质量保证相关的风险评估	开发计划确认前	*N*
2		确保开发计划、里程碑计划的一致	开发计划确认前	1
3		参加评审会（用户需求评审、软件设计评审、代码评审等），确认评审过程和标准相一致	项目整个过程中	*N*
4		确认需求变更管理的正确实施	项目整个过程中	*N*
5		确认项目实施过程和标准过程的偏差，并及时寻找解决方案	项目整个过程中	1
6		确认项目各项任务的完成	项目整个过程中	*N*
7		跟进评审过程中发现的 Bug 的解决流程	项目整个过程中	*N*
8		及时向上汇报项目组不能解决的问题	项目整个过程中	*N*

注：上表中“*N*”代表该项工作是在必要时进行，依据进行的次数确定其数量。

4.6 项目计划工具

在项目计划工具领域，备受推崇的选择有 Oracle Primavera P6 和 Microsoft Project。但不得不承认，这二者更适用于管理规模庞大的项目，尤其是建筑、工程、能源、制造等行业的复杂项目。对希望在开源环境中进行项目管理的用户来说，Redmine 作为老牌的开源项目计划工具是一个不错的选择，如图 4-17 所示。它是一种基于 Web 服务的项目管理与 Bug 跟踪管理系统的项目计划工具，提供了项目管理、问题追踪、文档管理、可视化图表等功能，以支持团队协作和项目管理。

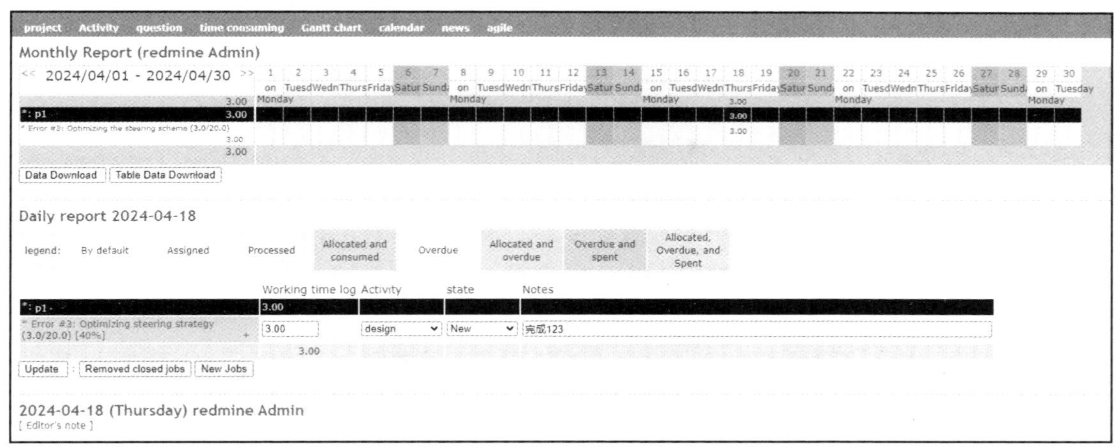

图4-17　Redmine项目管理界面

OpenProj 是一款类似于 Microsoft Project 的开源桌面项目管理应用程序，提供了与 Microsoft Project 相似的功能和界面，能够导入和导出 Microsoft Project 文件，方便与其他项目团队成员共享数据。其主要功能包括项目计划制订、资源分配、进度跟踪、甘特图、进度报告等。此外，OpenProj 能够运行于 UNIX、Linux、Windows、macOS 等多个平台。

Taiga 同样是一款开源的项目计划工具，支持敏捷和传统项目方法，提供了用户故事、任务、冲刺、看板等功能。我们可以在其中创建项目、分配任务、设定里程碑，并实时跟踪进度。此外，Taiga 具有灵活的定制功能，支持团队根据自身需求调整工作流程。

相较于 Taiga，Tuleap 更适合软件开发团队，它是一款面向 DevOps 和敏捷开发团队的开源项目计划工具，提供迭代规划、看板视图、待办事项列表、燃尽图等敏捷工具。同时，Tuleap 集成 Git 和 SonarQube 等源代码管理工具，允许团队管理代码库和进行代码审查。与此类似的 ZenTao（禅道，其介绍见下一页）同样是一款专为软硬件开发而设计的项目计划工具。ZenTao 旨在优化团队在产品管理、项目管理、源代码管理和日常事务等方面的流程，以实现项目各个阶段的可视化管理，有效把控项目进度，如图 4-18 所示。

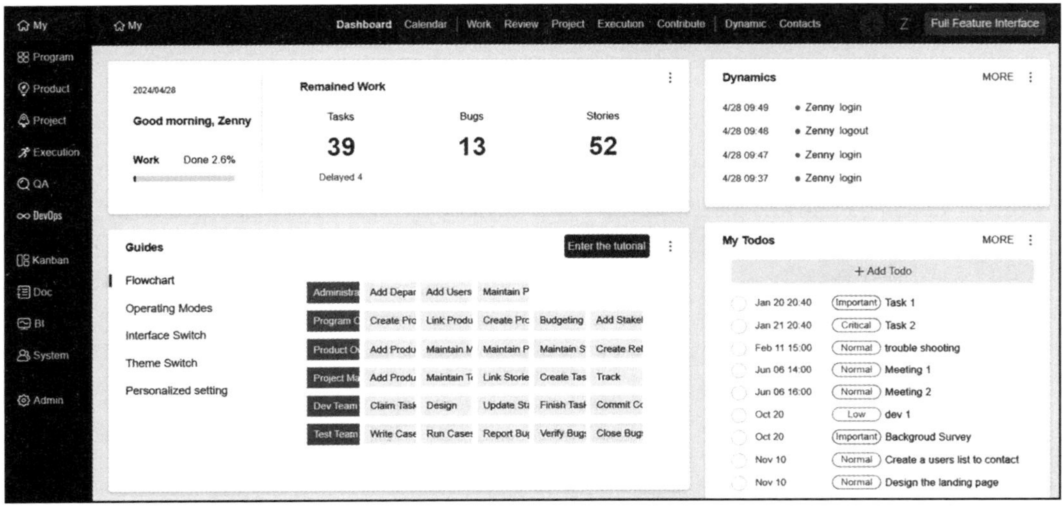

图4-18　ZenTao项目管理界面

如果项目采用的是看板方法，那么可以选择 Kanboard。它是一款专注于看板方法的项目计划工具，支持包括中文在内的 30 多种语言。Kanboard 界面简单，可通过添加、拖放、删除任务来展示任务状态和进展，实现与其他团队成员的高效协作。此外，Kanboard 支持通过自动化操作实现工作流自动化。

禅道项目管理软件介绍

禅道是一款于 2009 年发布的国产开源项目管理软件，以标准化研发管理全流程为基础，具有灵活的设置与自定义工作流功能，可适配各规模团队的项目管理落地场景。

同时，禅道提供的全生命周期解决方案、一体化 DevOps 解决方案、自动化测试解决方案以及规模化协作解决方案，与 AI（人工智能）、BI（商业智能）等前沿技术相结合，能够满足不同团队的个性化需求。其用户界面如图 4-19 所示。

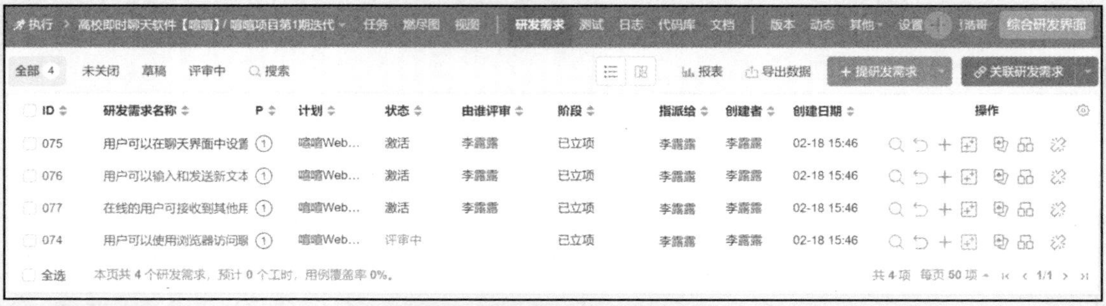

图4-19 禅道项目管理软件用户界面

禅道 20 版本集项目集管理、产品管理、项目管理、质量管理、DevOps、知识库、BI 效能、AI、工作流、学堂、反馈管理、组织管理和事务管理于一体，完整覆盖了研发项目管理的核心流程。目前，禅道能够有效支撑 IPD、SAFe、CMMI、Scrum、Kanban（看板）、Waterfall（瀑布）及 DevOps 等七大项目管理模型，并支持各种管理模型方法的融合使用。

同时，禅道 20 版本对代码进行了大规模重构，便于二次开发，具有高可维护性、强安全性等特点；在用户界面方面，禅道 20 版本大幅提升了系统中的操作流畅度，对用户界面进行了优化升级，可有效提高工作效率。

在管理流程中，禅道通过如下 4 个核心管理结构，实现项目的分层管理。

（1）项目集是多个项目的组合管理，既可以对多项目进行统筹规划，又可以把控整体的资源投入和进度，帮助管理者站在宏观的视角确定战略方向、分配资源。在禅道中，可以按事业部的维度、年的维度、产品线的维度等划分项目集。在项目集下可以管理一个或多个子项目集、产品和项目。

（2）产品，属于交付物的概念，是过程的结果，关注的是目标、范围和最终要达到的状态。在禅道中，产品经理可以创建产品，搭建产品体系的框架，管理具体的产品和需求，并对需求进行排期管理。还可以设置多条产品线，进行产品分类、归纳。

（3）项目，是团队成员在规定时间、预算和质量目标范围内完成项目的各种工作，是过程的实施，关注的是优先级、时间、资源、排期。在项目立项并确认项目起止日期、维护项目团队、明确项目整体预算和本期项目要实现的产品需求范围后，可根据项目管理实际需求，选择适合的管理模型来进行过程管理。

（4）执行，在具体实践中，各职能部门的同事通过更新指派给自己的任务，支撑项目进展。同时，项目负责人可通过项目甘特图、项目周报、项目仪表盘来及时跟进、把控整体项目进度；项目团队成员可通过燃尽图、看板、项目进展列表、分组视图等功能来了解项目进度，实现高效项目管理。

小结

在项目管理中，计划先行，做好计划是软件项目成功实施的基础。项目计划是一个持续的策划过程，不能局限在项目计划书的形式上。项目计划就是回答怎么做、什么时候做、谁来做等一系列问题，包括任务范围、风险、进度、资源、质量、配置等方面的管理计划。

本章着重讨论了 3 个方面的内容，即项目计划方法、如何有效地完成项目计划和各项具体计划的制订。在项目计划方法中，主要介绍了 3 个方法。

（1）滚动计划方法，它能够改善计划的连续性、适应性和灵活性，其迭代特性使之适合软件项目的特点，可以采取总体计划和分阶段计划相结合的办法，先制订总体计划，然后由粗到细、由近到远，不断向前推进，完成各个阶段的计划。

（2）WBS 方法，它在软件项目中应用广泛，能使复杂的问题变得简单，将项目分解到非常具体的任务，从而比较容易做出估算，最后累加各项内容获得总体的估算。

（3）网络计划方法，它借助计算机强大的计算功能，考虑任务之间的各种约束或关联关系，制订更加优化的计划。

为了有效地制订项目计划，首先要抓住软件项目的特点，避免一些错误的倾向和认识，坚持正确的原则；然后厘清计划的各项输入，充分和项目干系人沟通，获得足够的信息，按照计划制订的流程来编制计划书。

本章详细介绍了各项计划的制订过程和方法，包括资源计划、进度计划、成本计划、风险计划和质量计划等。最后，还介绍了项目计划工具。

习题

1. 为什么说项目计划不只是一个文档，而是一个持续的策划过程?
2. 深刻理解本章中所介绍的计划方法，然后讨论每种方法的优点和缺点。
3. 在第 3 章“高校即时聊天软件项目可行性分析报告”基础之上，制订该项目的总体计划，包括资源、进度、风险和质量等方面的管理计划。
4. 熟悉一个项目计划工具，然后将上述计划输入系统，实现计划的信息系统管理。

实验3：项目计划会议

（共 1.5 个学时）

1. 实验目的

（1）掌握如何召开项目计划会议。

（2）理解项目的短期（迭代）和长期（项目发布）目标。

2. 实验前提

（1）基于之前实验的用户故事清单。

（2）按优先级排序用户故事。

（3）选定一个简单的用户故事作为一个单元的故事点。

（4）项目开发周期为 4 个迭代，每两个星期一个迭代。

（5）假定每个人都 100%在这个项目上。

3. 实验内容

根据优先级用户故事清单，进行项目范围计划。

4. 实验环境

（1）5～9 个人一组，准备若干白纸，或者用电子文档展示。

（2）讨论时间为一个学时。

5. 实验过程

（1）组内选择一位负责人来组织、管理会议。

（2）大家共同查看用户故事，进行商讨定出项目的开发范围，即计划实现哪些用户故事，并评估出每个用户故事大小（用故事点来表示）。优先级可以在商讨过程中重新确定，但要给出相应理由。

（3）针对选定的用户故事，共同商讨确定每个迭代要完成的用户故事（要考虑兼容性和一致性）。

（4）详细讨论第一个迭代要实现的用户故事，责任到人，拆分任务，分配任务。

（5）讨论时间结束后，每组负责人分别解说和展示自己团队的计划报告。

6. 交付成果

（1）项目计划报告，包括项目范围计划和第一个迭代的用户故事、任务的分配情况。

（2）写一个报告，总结所学到的经验和教训。

【喧喧项目】

01-建立产品、建立产品计划、
关联研发需求

05

第5章　项目估算

布鲁克斯博士在《人月神话》中写道："第二个谬误的思考方式是在估计和进度安排中使用的工作量单位——人月。成本的确随着产品开发的人数和时间的不同，有着很大的变化，进度却不是如此……所以，我认为用人月来衡量一项工作的规模是一个危险和带有欺骗性的神话。人月暗示着人员数量和时间是可以相互替换的。"

项目估算

无论哪个母亲，孕育一个生命都需要 10 个月。

注：本图取自 *Head First PMP* 作者 Andrew Stellman（安德鲁 斯特尔曼）和 Jennifer Greene（詹妮弗 格林尼）的个人网站

然而，工作量估算方法还必须用"人月"来作为计算的单位，即使不用人月，也会用"人日"或"人年"。因为，我们必须用一个单位来反映软件规模或软件开发工作量。当然，我们在资源、进度安排或进度控制时，需要不断地用布鲁克斯法则来提醒自己，"向进度落后的项目增加人手，只会使进度更加落后"。

工作量的估算是软件项目计划的关键环节，也是项目后期能够顺利实施、按预先计划的进度前进的关键影响因素之一。然而，工作量估算一直又是困扰软件工程、软件项目管理的一大难题，至今没有"特效药"，只有一些勉强能够应用的解决办法。因为工作量估算很关键，所以再难我们也要面对，要设法找到有效的方法完成相对准确的工作量估算。

项目经理在制订项目计划时，通常需要给每一个任务、活动、阶段，乃至整个项目进行工作量（Effort）、工期（Duration）和成本（Cost）的估算，这就是本章要讨论的主要内容。

5.1 项目估算的挑战

软件成本及工作量估算永远不会是一门精确的科学。太多的变化——人员、技术、环境、策略——影响了软件的最终成本及开发所需的工作量。无论何时进行估算，我们都是在预测未来，都会有某种程度的不确定性。虽然估算是一门科学，但它更像一门艺术。所以，当我们在选择一个项目经理时，我们会思考：什么能力对项目经理来说是最重要的？专家给出的答案是：在问题发生之前就能预测问题的能力。对于有很大不确定性的软件项目，仅有预测未来的能力是不够的，项目经理还需要有预测的勇气，在项目还是一团迷雾的时候就开始估算工作。

在软件项目开始时，事情总是有某种程度的模糊不清。估算一个软件开发工作的资源、成本及进度需要经验，需要了解历史数据，也需要勇气去面对估算所带来的风险。估算伴随着与生俱来的风险，这种风险可能来源于项目的复杂性和不确定性。

- **复杂性和不确定性是相对过去经验而言的**。在同样领域工作过很长时间，这种复杂性和不确定性就会降到很低；而对于一个陌生的领域，这种复杂性和不确定性会被放大。
- **复杂性和不确定性来源于软件规模**。软件规模越大，复杂性就越高、不确定性就越大。因为随着规模的增长，软件中各个元素之间的相互依赖性也迅速提高，接口关系变得错综复杂。规模越大，估算的误差就会越大，会带来更大的不确定性。

需求的不确定性也会对估算的风险产生影响，所以在项目管理中，对需求变更的控制和管理是重中之重。这种需求主要指产品的质量需求和用户需求，包括产品的功能性需求和非功能性需求。

历史数据是否得到很好的积累，对软件项目的估算也有很大影响。也就是说，历史数据的可用程度高，会有助于项目的估算；而如果历史数据的可用程度低或者没有历史数据，则会给项目估算带来很大的风险。通过回顾过去，我们不仅能够效仿以前成功使用的做法、使用经过实践证明的方法，而且可以吸取教训，避免犯同样的错误。基于已经完成的类似的项目进行估算，一般会获得比较好的结果。如果当前项目与以前的工作非常相似，且其他的项目影响因素（如用户的特性、商业条件、项目人员的素质及交付期限等）也相似，那么估算就能足够准确。不幸的是，通常很难找到非常相似的历史项目，当前的项目可能在许多方面都发生了很大的变化，从而给估算带来较大的挑战。

对当前项目的理解程度，包括项目范围、产品功能和质量需求等，也会影响估算；对当前组织政策、团队成员、绩效考核制度和培训体制等构成的软件开发环境的理解程度，同样会影响估算。理解越深，估算越准确。但是，在项目的初期，即使对项目理解的程度有限，我们也不得不开始估算。

2300 多年前，亚里士多德曾说过，"应该满足于事物的本性所能容许的精确度，当只能近似于真理时，不要去寻求绝对的准确……"项目管理者不应该被估算所困扰，应该勇于面对软件项目估算的挑战，克服其中的困难，做出相对有价值的估算。

5.2 项目估算的基本内容

项目估算是指针对软件开发项目的规模、工作量、进度、风险等进行估算，这些估算发生在项目实施之前，即在计划过程中完成。项目估算是基于历史数据、经验和一定的方法来完成的，由项目的目标、工作范围、产品规模、业务逻辑和采用的技术等决定。

（1）规模估算（Size Estimation）：以代码行数、功能点数、对象点或特征点数等来对软件项目所开发的产品进行估算。软件规模估算是工作量估算、进度估算的基础，也有助于编制合理的成本预算、人力资源计划。

（2）工作量估算（Workload Estimation）：将任务分解并结合人力资源水平来估算，合理地分配研发资源和人力，以获得最高的效率。工作量估算是在软件规模估算和生产率估算的基础上进行的。

（3）进度估算（Schedule Estimation）：通过任务分解、工作量估算和有效资源分配等对项目可能实施的进度给出正确的评估。

（4）风险估算（Risk Estimation）：一般通过两个参数——“风险发生的概率”和“风险发生后所带来的损失”来评估风险。

（5）其他估算：如需求稳定性或需求稳定因子（Requirement Stability Index，RSI）、资源利用效率（Resource Utilization）、文档复审水平（Review Level）、问题解决能力（Issue-Resolving Ability）、代码动态增长等。

在项目估算中，我们首先会考虑软件规模估算的问题。因为规模是软件项目量化的结果，或者说软件规模在很大程度上代表了项目范围的大小。所以，项目估算的好坏取决于项目规模的估算，规模估算是项目计划者面临的第一个挑战。其次，需要设法将规模估算转换成工作量，这种转换没有现成的公式，依赖于历史数据、工程环境和项目组人员的能力，需要不断积累数据和经验，逐渐形成可靠的估算公式。最后，需要基于工作量，结合开发周期、人力成本和现有的各种条件，制定合适的风险策略，从而完成进度估算、成本估算等。项目估算的基本内容及其关系如图 5-1 所示。

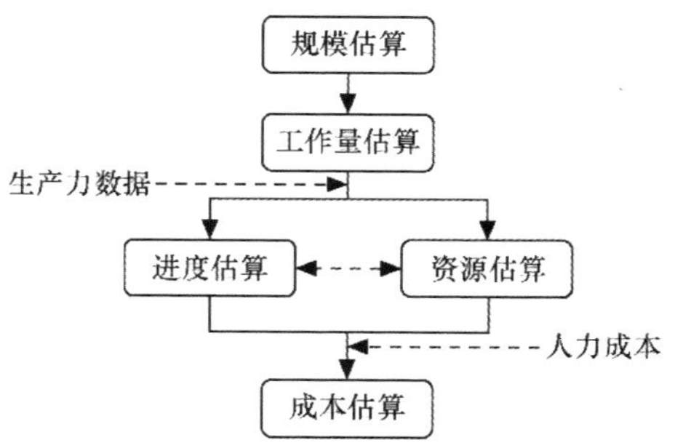

图5-1　项目估算的基本内容及其关系

5.3　基本估算方法

估算方法有很多种，可以分为直接方法和间接方法，如软件规模估算的直接方法有代码行（Lines Of Code，LOC）估算法、间接方法有功能点方法等。由于事先缺乏足够的数据来准确预估代码行，所以人们往往会采用间接方法。估算方法也可以分为以下几类。

（1）分解方法：采用“分而治之”的策略，对软件项目进行分解，将复杂问题转化为简单的问题，将整个项目分解成若干主要的功能及相关的软件工程活动，然后针对简单项（单个功能或单个活动）采用逐步求精的方式进行估算，最后通过累加获得整体的估算结果。

（2）算术模型（Algorithmic Model）法：通过估算模型（即带有多个变量的函数）来估算，如构造性成本模型（Constructive Cost Model，COCOMO）、功能点分析（Function Points Analysis，FPA）、特征点（Feature Point）、对象点（Object Point）、Bang 估算（DeMarco's Bang Metric）、模糊逻辑（Fuzzy Logic）、标准构件（Standard Component）法以及定量影响因子（Quantitative Influencing Factor，QIF）估算模型等。

（3）专家判断（Expert Judgment）或经验法：如德尔菲法。估算的人应有专门知识和丰富的经验，据此提出近似的数字。但这种方法的可靠性和准确度都比较低，适合快速拿出初步估算，而不适合进行详细的估算。

（4）比例法：是比较科学的一种传统估算方法，是基于类比的估算技术，即根据过去类似的项目，直接进行类比获得当前项目的估算结果。

软件项目估算常常采用分解方法，有时会根据历史数据所获得的经验模型来进行估算，但很难用一个公式或一步就获得项目的估算结果，所以经验模型可用于补充分解方法，并提供一种有潜在价值的估算方法。理想情况下，使用这两种方法对项目进行估算，可以进行相互验证和平衡。例如，通过不同的方法可以获得估算的乐观值、悲观值和平均值，然后基于这 3 个值获得最后的估算值。

$$估算值 =（乐观值+4 \times 平均值+悲观值）/6$$

自动估算工具可以实现一种或多种分解方法或经验模型，而且可以让专家或项目经理参与这个估算过程，和自动估算系统实现交互式处理，以获得更准确的结果。但许多估算都依赖历史数据，没有历史数据存在，规模、成本等各种估算难以实施。

在分解方法中，WBS 方法是最常用的方法。WBS 方法不局限于软件产品的功能分解，还可以扩展到非功能特性以及其他软件任务的分解上，从而满足所有的功能性需求和非功能性需求。一个典型的项目由子项目或多个阶段（Phase，如需求分析阶段、架构设计阶段等）组成，每一个阶段由多个相互关联的活动（Activity）构成，而每个活动又可能细分为多个任务（Task）。功能分解的目的并不是为系统定型，而是更好地理解和沟通，即完成软件项目工作范围的详细说明。

为了详细地估算出项目 WBS 每一层级元素（即项目、阶段、活动和任务）的工作量，实际有两个模式可以应用，即自顶向下估算模式（Top-Down Estimating）和自底向上估算模式（Bottom-Up Estimating）。

- 自顶向下估算模式，首先估算出项目一级的工作量，然后层层往下分摊，把上一层工作量分摊到下一层的阶段、活动或任务。通常使用 FPA 方法或 COCOMO Ⅱ来估算项目一级的工作量。
- 自底向上估算模式，要求先估算出底层任务（如果没有任务，则为活动）一级的工作量，然后层层向上汇总到活动、阶段和项目级。通常使用 QIF 估算模型或专家判断来估算项目低层 WBS 元素的工作量。

WBS 方法的使用是建立在对项目范围掌控的基础之上的，而 WBS 方法的应用结果又能使我们对项目范围的理解更透彻。WBS 方法和项目范围掌控之间是相辅相成的关系，两者不断推进的结果就是清楚定义项目范围。所以，在采用 WBS 方法之前，需要和用户进行充分的沟通，获得足够的信息以了解项目范围。

与用户沟通的常用方式有书面调查、电子问卷、会议和访谈等。书面调查和电子问卷方法简单，投入成本低。使用匿名调查方式，容易获得用户更真实的想法。但书面调查和电子问卷方法不容易挖掘深层次的信息，也不能获得及时反馈，信息量也不够。会议或访谈方法则能弥补书面调查和电子问卷方法的不足，可以获得准确/足够多的信息。

5.4 软件规模估算

工作量估算和软件规模估算息息相关，或者说工作量估算是建立在软件规模估算的基础之上的。在软件估算过程中，还包括人力资源估算、进度估算等，完成这些估算也是软件计划最重要的工作内容。一旦良好地完成这些估算，就能为后期软件项目的实施打下坚实的基础。

5.4.1 德尔菲法

德尔菲法是一种专家评估法，适用于在没有历史数据或历史数据不够充分的情况下，评定软件采用不同的技术或新技术所带来的差异，但专家的水平及对项目的理解程度是工作中的关键点。单独采用德尔菲法完成软件规模的估算有一定的困难，但对决定其他模型的输入（包括加权因子）特别有用，所以在实际应用中，一般将德尔菲法和其他方法结合起来使用。德尔菲法鼓励参加者就问题进行相互的、充分的讨论，其操作的步骤如下。

（1）协调人向各专家提供项目规格和估算表格。

（2）协调人召开小组会，和各专家讨论与规模相关的因素。

（3）各专家匿名填写迭代表格。

（4）协调人整理出估算总结，以迭代表的形式返回给专家。

（5）协调人召开小组会，讨论较大的估算差异。

（6）专家复查估算总结并在迭代表上提交另一个匿名估算。

（7）重复步骤（4）～步骤（6），直到最低估算和最高估算一致。

一个典型的估算模型是通过对以前的软件项目中收集到的数据进行回归分析而导出的。这种模型的总体结构具有下列形式。

$$E = A + B \times (\mathrm{ev})C$$

式中，A、B 和 C 是由回归拟合导出的常数，E 是以人月为单位的工作量，而 ev 则是估算变量——LOC（代码行数）或 FP（功能点数）。例如，Walston-Felix 模型的公式如下所示，其中 KLOC 是估算变量，以千代码行为单位。

$$E = 5.2 \times (\mathrm{KLOC})^{0.91}$$

5.4.2 代码行估算方法

代码行（LOC）估算法是最基本、最简单的软件规模估算方法，应用较普遍。LOC 指所有可执行的源代码行数，包括可交付的工作控制语言（Job Control Language，JCL）语句、数据定义、数据类型声明、等价声明、输入输出格式声明等。代码行常用于源代码的规模估算，一代码行的价值和人月均代码行数可以体现一个软件组织的生产能力，根据对历史项目的审计来核算组织的单行代码价值。但同时，优秀的编程技巧、高效的设计能够降低实现产品同样功能的代价，并减少 LOC 的数目。而且 LOC 数据不能反映编程之外的工作，如需求的产生、测试用例的设计、文档的编写和复审等。在生产效率的研究中，LOC 又具有一定的误导性。如果把 LOC 和缺陷率等结合起来看，会更完整些。

指令（或称代码逻辑行数）之间的差异以及不同语言之间的差异造成了计算 LOC 时的复杂性，即使对于同一种语言，不同的计数工具使用的不同方法和算法也会造成最终结果的显著不同。常使用的单位有 SLOC（Single Line Of Code）、KLOC（Thousand Lines Of Code）、LLOC（Logical Line Of Code）、PLOC（Physical Line Of Code）、NCLOC（Non-Commented Line Of Code）、DSI（Delivered Source Instruction）。IBM Rochester 研究中心也提供了计算源指令行数（LLOC）的方法，包括可执行行、数据定义，但不包括注释和程序开始部分。PLOC 与 LLOC 之间的差别是很难估算的，甚至很难预测哪个数较大。如在 BASIC、PASCAL、C 语言代码中，几个指令语句可以位于同一行；而有的时候，指令语句和数据声明可能会跨越好几个行。软件工程方法著名专家、《应用软件度量》一书作者琼斯（Jones）在 1992 年指出，PLOC 与 LLOC 之间的差异可能达到 500%，通常情况下这种差异是 200%，一般 LLOC>PLOC；而对于 COBOL 语言，这种差异正好相反，LLOC<PLOC。用 LLOC 和 PLOC 来进行计算各有优缺点，一般对质量数据来说，用 LLOC 来计算是比较合适的选择。当表示程序产品的规模和质量时，应该说明计算 LOC 的方法。

有些公司会直接使用 LOC 数作为计算缺陷率的分母，也有一些公司会使用归一化（基于某些转换率的编译器级的 LOC）的数据作为分母。因此工业界的标准应当包括从高级语言到编译器的转换率，其中较著名的是琼斯于 1986 年提出的转换率数据。如果直接使用 LOC 的数据，编程语言之间规模和缺陷率之间的比较通常是无效的。所以，当比较两个软件的缺陷率时，如果 LOC、缺陷和时间间隔的操作定义不同则要特别地小心。

当开发软件产品第一个版本时，因为所有代码都是新写的，使用 LOC 方法可以比较容易地说明产品的质量级别（预期的或实际的质量级别）。然而，当后期版本出现时情况就变得复杂了，这时候既需要测量整个产品的质量，还要测量新的部分的质量，后者是真正的开发质量——新的以及已修改代码的缺陷率。为了计算新增和修改部分代码的缺陷率，必须得到以下数据。

- LOC 数。产品的代码行数以及新增和修改部分的代码数都必须可得。
- 缺陷追踪。缺陷必须可以追溯到源版本，包括缺陷的代码部分以及加入、修改和增强这个部分的版本。在计算整个产品的缺陷率时所有的缺陷都要考虑；当计算新增及修改部分的缺陷率时，只考虑这一部分代码引起的缺陷。

这些任务可以通过像 CVS 这样的软件版本控制系统/工具来实现，当进行程序代码修改时，加上标签，系统会自动对新增及已修改代码使用特殊的编号及注释来标记。这样，新增以及修改部分的 LOC 就很容易被计算出来。

5.4.3 功能点分析方法

功能点分析（FPA）方法是在需求分析阶段基于系统功能的一种规模估算方法，是基于应用软件的外部、内部特性以及软件性能的一种间接的规模测量，近几年已经在应用领域被认为是主要的软件规模估算方法之一。FPA 方法由 IBM 公司的工程师阿兰·艾尔布策（Allan Albrech）于 20 世纪 70 年代提出，随后被国际功能点用户组（International Function Point Users Group，IFPUG）提出的 IFPUG 方法所继承。它从系统的复杂性和系统的特性这两个角度来估算系统的规模，其特征是“在外部式样确定的情况下可以估算系统的规模”“可以对从用户角度把握的系统规模进行估算”。FPA 方法可以用于需求文档、设计文档、源代码、测试用例等的估算。根据具体方法和编程语言的不同，功能点可以转换为代码行。已经有多种功能点估算方法经由国际标准化组织（ISO）规定成为国际标准，例如下面介绍的几项：

- 加拿大人阿兰·艾布恩（Alain Abran）等人提出的全面功能点法；
- 英国软件估算协会（United Kingdom Software Metrics Association，UKSMA）提出的 IFPUG 功能点法；
- 英国软件估算协会提出的 Mark II FPA 法；
- 荷兰功能点用户协会（Netherlands Function Point Users Group，NEFPUG）提出的 NESMA 功能点法；

- 软件估算共同协会（Common Software Metrics Consortium，COSMIC）提出的 COSMIC-FFP 方法。

除以上方法外，还有特征点、Bang 估算、3D 功能点（3D Function Point）方法等，所有这些方法都属于 FPA 方法的发展和细化，但由于随后的 IFPUG 有更好的市场和更大的团体支持，其他方法应用得较少。

功能点分析的计数就是依据标准计算出的系统中所含每一种元素的数目。

- 外部输入（External Input，EI）数：计算每个用户输入，它们向软件提供面向应用的数据。输入应该与查询区分开来，分别计算。
- 外部输出（External Output，EO）数：计算每个用户输出（报表、屏幕、出错信息等），它们向软件提供面向应用的信息。一个报表中的单个数据项不单独计算。
- 内部逻辑文件（Internal Logical File，ILF）：计算每个逻辑的主文件，如数据的一个逻辑组合，它可能是某个大型数据库的一部分或是一个独立的文件。
- 外部接口文件（External Interface File，EIF）：计算所有机器可读的接口，如磁带或磁盘上的数据文件，利用这些接口可以将信息从一个系统传送到另一个系统。
- 外部查询（External Query，EQ）数：一个查询被定义为一次联机输入，它导致软件以联机输出的方式产生实时的响应。每一个不同的查询都要计算。

每个部分复杂度的分类是基于一套标准的，这套标准根据目标定义了复杂度。例如，对于外部输出部分，假如数据类型数为 20 或更多，访问文件类型数为 2 或更多，复杂度就比较高；假如数据种类为 5 或更少，文件种类为 2 或 3，复杂度就比较低。

功能点计算的第一步是计算基于下面公式的功能数（FC），其中 i=1,2,3，j=1～5。

$$FC = \Sigma\Sigma\, w_{ij} X_{ij}$$

w_{ij} 是根据不同的复杂度而定的 5 个部分的加权因子，如表 5-1 所示。X_{ij} 是应用中每个部分的数量。

表 5-1　5 类基本计算元素的加权因子

加权因子	EI	EO	ILF	EIF	EQ
平均复杂度	4	5	10	7	4
低复杂度	3	4	7	5	3
高复杂度	6	7	15	10	6

第二步是用一个已设计的评分标准和方案来评价 14 种系统特性对应用可能产生的影响。这 14 种特性如下。

（1）数据通信。

（2）分布式功能。

（3）性能。

（4）频繁使用的配置。

（5）备份和恢复。

（6）在线数据入口。

（7）界面友好性。

（8）在线更新。

（9）复杂数据处理。

（10）复用性。

（11）安装简易程度。

（12）操作简易程度。

（13）多重站点。

（14）修改的简易性。

对于以上的每一个影响因子，FPA 将其影响程度定义为以下 6 个等级。

- 0：毫无影响。
- 1：偶然影响。
- 2：偏小影响。
- 3：一般影响。
- 4：重大影响。
- 5：强烈影响。

每个特征因子都有定义详细的识别规则，可参考 CPM（Counting Practices Manual，计算实践手册）。然后将这些特征因子的分数（从 0 到 1）根据以下公式相加以得到修正因子（VAF）。

$$\text{VAF} = 0.65 + 0.01\ \Sigma C_i$$

C_i 是系统特性的分数。最后，功能点数可以通过功能数和修正因子的乘积得到。

$$\text{FP} = \text{FC} \times \text{VAF}$$

这只是功能点计算的简单公式，如果要了解详细的计算方法，请参考国际功能点用户组发布的文档。

功能点估算工具示例

SPR KnowledgePLAN 是一款易用的软件项目估算工具，它以功能点驱动的分析模型为估算基础，并参考项目数据的历史知识库，有效地估算项目的工作量、资源、进度等。

- 分析模型使用一个功能度量库，通过给定的大量已知的（或假设的）参数提取得到具有预测性的、可分析的生产率数据。
- 历史知识库是从 SPR 收集和研究过的 13 000 多个软件项目中提取出来的，具有很好的代表性，可以成为估算的基线。

KnowledgePLAN 提供了功能点计算工具的接口，并能从 Microsoft Project 或其他项目管理软件工具中导入项目计划或导出项目计划。KnowledgePLAN 也可以帮助我们从大量的行业标准方法中进行选择，从而借助估算自动创建项目计划。

5.4.4 标准构件法

软件由若干不同的“标准构件”组成，这些构件对特定的应用领域而言是通用的。例如，信息系统的标准构件是子系统、模块、屏幕、报表、交互程序、批程序、文件、代码行以及对象级的指令。项目计划者估算每一个标准构件的出现次数，然后使用历史项目数据来确定每个标准构件交付时的大小。为了说明这点，我们以一个信息系统为例。计划者估算将产生 10 个报表，历史数据表明每一个报表需要 600 行代码。这使得计划者估算出报表构件需要 6000 行代码。对于其他标准构件也可以进行类似的估算及计算，将它们合起来就得到最终的规模值，最后可以根据数理统计方法，对结果进行调整。

5.4.5 综合讨论

从估算方法来看，软件规模估算主要采用分解、对比和经验等各类方法，但更多的时候是将这些方法结合起来使用。分解的方法包括纵向分解和横向分解。

- 纵向分解是在时间轴上对项目进行分解，也就是将整个项目过程分解为子过程（阶段），再分解为更小的活动或任务。纵向分解方法是基于过程的估算方法。
- 横向分解是针对软件产品（或系统）来进行分解，将产品进行模块、组件或功能方面的分解，包括 WBS 方法、功能点方法和代码行方法等。

一般在项目层次上，项目与项目之间缺少可比性，但在模块或组件层次上、阶段性任务上具有可比性，可以基于历史数据来进行比较获得数据。所以，在实际估算工作中，一般先采用分解的方法，将项目分解到某个层次上，然后采用对比分析方法和经验方法。

许多估算方法的基本出发点是一致的，例如 LOC 方法和 FPA 方法是两种不同的估算方法，但两者有共同之处。

项目计划者从界定的软件范围说明开始，将软件分解为可以被单独估算的部分（功能、模块或活动等），然后将基线生产率估算用于变量估算中，从而导出每个部分的成本及工作量。将所有单项的估算合并起来，即可得到整个项目的总体估算。但是，LOC 和 FPA 估算方法在分解所要求的详细程度上及划分的目标上有所差别。当 LOC 被用作估算变量时，分解是绝对必要的，而且常常需要分解到非常精细的程度。分解的程度越高，就越有可能建立合理、准确的估算。而对于 FPA 估算，分解则是不同的，它的焦点并不在具体功能上，而是要估算每一个信息域特性——输入、输出、数据文件、外部查询、外部接口以及 14 个复杂度调整值等。

对一个软件组织而言，其生产率估算常常也是多样化的。一般情况下，平均每人每月代码行数（LOC/pm）应该按项目特性加以区分，然后才可以使用。项目特性（如项目规模、应用领域、采用的平台和编程语言、复杂性等）需要归类，为各个类别建立相应的生产率平均值，这可能是多维矩阵，需要建立多张表来描述，表 5-2 所示为其中的一维表示例。当估算一个新项目时，首先将其对应到某个最接近的领域上，然后使用该领域的平均值进行估算。

表 5-2　中等规模的软件生产率平均值（LOC/pm）

技术平台	单机版本	C/S 信息系统	B/S 信息系统	分布式实时系统
Java 技术和平台	1 400	1 120	1 260	980
.Net 技术和平台	1 500	1 200	1 350	1 050
PHP 5 技术	1 600	—	1 440	—

5.5　工作量估算

工作量估算的方法比较多，一般可以根据历史数据和软件规模估算的结果进行估算。例如，可以采用经验估算法、对比分析法和 WBS 方法等进行估算。在采用这些方法时，也要小心对待。例如，在采用对比分析法时，如果新项目的预计代码行数是某相似的历史项目的 2 倍，则假设新项目的工作量也是上一个项目的 2 倍。但实际上，这样按比例计算也不准确，一是代码行数翻一倍，是因为复杂度增大，工作量可能是之前的 3 倍或 4 倍，不一定是 2 倍；二是项目虽然相似，但还是存在差异，这种差异没有在方法中体现出来。因此对于根据比例法得出的估算结果，还需要根据开发人员的经验进行调整。

软件项目估算永远不会是一门精确的科学，但将良好的历史数据与系统化的技术结合起来能够提高估算的精确度。

5.5.1　COCOMO方法

COCOMO 方法是一种精确、易于使用的基于模型的成本估算方法，由伯姆（Boehm）于 1981 年提出。该模型按详细程度可分为 3 级。

（1）基本 COCOMO，是一个静态单变量模型，它用一个以已估算出来的源代码行数（LOC）为自变量的函数来计算软件开发工作量。

（2）中间 COCOMO，在用 LOC 为自变量的函数计算软件开发工作量的基础上，再用涉及产品、硬件、人员、项目等方面属性的影响因素来调整工作量的估算。

（3）详细 COCOMO，包括中间 COCOMO 的所有特性，但用上述各种影响因素调整工作量估算时，还要考虑对软件工程过程中分析、设计等各步骤的影响。

COCOMO 方法具有估算精确、易于使用的特点，在该模型中使用的基本量有以下几个。

- 源指令条数（DSI）：定义为代码行数，包括除注释行以外的全部代码。若一行有两条语句，则算作一条指令。KDSI 即千代码行数。
- MM（估算单位为人月）：表示开发工作量。
- TDEV（估算单位为月）：表示开发进度，由工作量决定。

COCOMO 方法重点考虑 15 种影响软件工作量的因素，并通过定义乘法因子，准确、合理地估算软件的工作量，这些因素主要分为以下 4 类。

（1）产品因素，包括软件可靠性、数据库规模、产品复杂性。

（2）硬件因素，包括执行时间限制、存储限制、虚拟机易变性、环境周转时间。

（3）人的因素，包括分析员能力、应用领域实际经验、程序员能力、虚拟机使用经验、程序语言使用经验。

（4）项目因素，包括现代程序设计技术、软件工具的使用、开发进度限制。

根据其影响的大小，这些因素从低到高在 6 个级别上取值。根据取值级别，可以从伯姆提供的表确定工作量乘数，且所有工作量乘数的乘积就是工作量调整因子（Effort Adjustment Factor，EAF），其中 EAF 的典型值在 0.9 到 1.4 之间，表 5-3 给出了具体的值。

表 5-3 各种影响因素 EAF 的值

影响因素		级别					
		很低	低	正常	高	很高	极高
产品因素	软件可靠性	0.75	0.88	1.00	1.15	1.40	
	数据库规模		0.94	1.00	1.08	1.16	
	产品复杂性	0.70	0.85	1.00	1.15	1.30	1.65
硬件因素	执行时间限制			1.00	1.11	1.30	1.66
	存储限制			1.00	1.06	1.21	1.56
	虚拟机易变性		0.87	1.00	1.15	1.30	
	环境周转时间		0.87	1.00	1.07	1.15	
人的因素	分析员能力	1.46	1.19	1.00	0.86	0.71	
	应用领域实际经验	1.29	1.13	1.00	0.91	0.82	
	程序员能力	1.42	1.17	1.00	0.86	0.70	
	虚拟机使用经验	1.21	1.10	1.00	0.90		
	程序语言使用经验	1.14	1.07	1.00	0.95		
项目因素	现代程序设计技术	1.24	1.10	1.00	0.91	0.82	
	软件工具的使用	1.24	1.10	1.00	0.91	0.83	
	开发进度限制	1.23	1.08	1.00	1.04	1.10	

这样，COCOMO 工作量估算模型可以表示为以下公式。

$$E_a = a_i(\text{KDSI})\ b_i \times \text{EAF} \quad （人月）$$

需要的开发时间（T_d）和工作量密切相关。

$$T_d = c_i\,(E_a)\ d_i \quad （月）$$

其中，E_a是以人月为单位的工作量（Effort Applied），KDSI 是估算的项目源指令条数（以千代码行数为单位）。系数 a_i、b_i、c_i和 d_i由表 5-4 给出。像这样的模型，其估算误差可能在 20%左右。

表 5-4 不同类型项目的系数 a_i、b_i、c_i和 d_i

项目类型	a_i	b_i	c_i	d_i
组织型	3.2	1.05	2.5	0.38
半独立型	3.0	1.12	2.5	0.35
嵌入型	2.8	1.20	2.5	0.32

5.5.2 多变量模型

1978 年，帕特南（Putnam）提出的模型是一种动态多变量模型，它假设了在软件开发项目的整个生命周期中的一个特定的工作量分布，如符合 Rayleigh-Norden 曲线的分布特征，如图 5-2 所示。

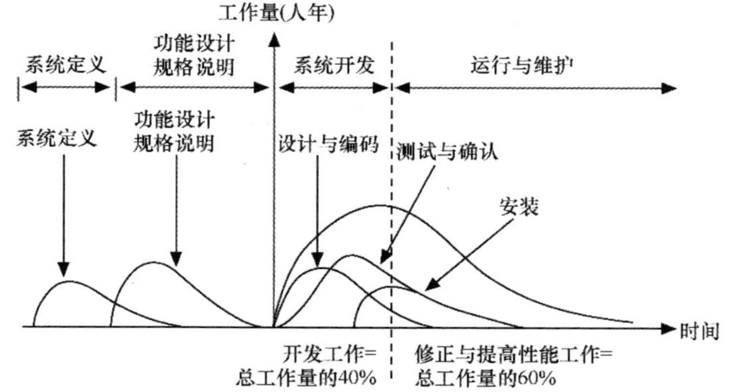

图5-2 帕特南模型示意

该模型是根据 4 000 多个软件项目的历史数据推导出来的。帕特南模型可以导出一个“软件方程”，把已交付的源代码行数与工作量和开发时间联系起来。基于这些数据，估算模型具有以下形式。

$$B^{1/3} \times \mathrm{LOC} / P = E_{\mathrm{a}}^{1/3} \times t_{\mathrm{d}}^{4/3}$$

其中，t_{d} 是以月或年表示的项目持续时间。E_{a} 是软件生命周期所花费的工作量（以人月或人年计）。LOC 是源代码行数（规模）。B 为特殊技术因子，反映了软件开发的技术影响程度，它随着对软件各种技术需求的增长而增大。例如，规模小的程序（KLOC = 5～15），B=0.16；而对于规模大的程序（KLOC > 39），B = 0.39。P 为生产力参数，可以通过所积累的项目历史数据来推导，它受下列因素影响。

- 组织过程的成熟度及过程管理水平。
- 软件工程最佳实践被采用的程度。
- 程序设计语言的影响。
- 软件开发环境的状态。
- 软件项目组的技术及经验。
- 项目应用系统的复杂性。

这个公式可以转化为工作量的估算公式。

$$E_{\mathrm{a}} = [\mathrm{LOC} / (P \times t_{\mathrm{d}}^{4/3})]^3 \times B$$

为了简化估算过程，并将该模型表示成更为通用的形式，帕特南和迈尔斯（Myers）又提出了一组方程式，它们均从上述估算模型导出。最小开发时间定义如下。

$t_{\mathrm{m}} = 8.14(\mathrm{LOC}/PB)^{0.43}$，对于 $t_{\mathrm{m}} > 6$ 个月的情况，t_{m} 以月表示。

$E = 180\ Bt_{\mathrm{y}}^3$，以人月表示，对于 $E \geqslant 20$ 的情况，t_{y} 以年表示，E 仍为以人月为单位的工作量。

5.5.3 基于用例的工作量估计

用例在统一建模语言（UML）中被定义为“一个系统可以执行的动作序列的说明”，其中这些动作与系统参与者进行交互。用例图由参与者（Actor）、用例（Use Case）、系统边界和箭头组成，用画图的方法来完成，如图 5-3 所示。用例描述则具体说明用例图中的每个用例，用文本文档来描述用例图中用箭头所表示的各种关系，包括泛化、包含和扩展等。

业务规则也应该纳入用例以便约束参与者的行为。例如，在一个在线订单处理系统中，可能会设定一条规则——订单金额超过 100 元即可免运费。而用例还可以分为外部用例和内部用例。例如，系统由子系统组成，那么描述系统及其参与者的用例，相对子系统来说是外部用例；而描述子系统的用例，相对于系统来说是内部用例。下面是图 5-3 对应的用例描述。

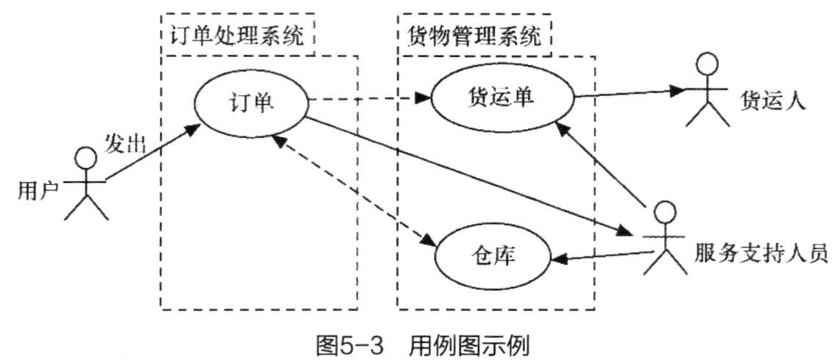

图5-3 用例图示例

用例名称：订单处理

用例标识号：101

参与者：服务支持人员、用户、货运人

简要说明：在用户提交订单之后进行处理，并告知用户订单处理的结果。

前置条件：用户已提交订单，而且服务支持人员已登录系统。

基本事件流：

（1）服务支持人员得到提示，被告知有一个订单已提交；

（2）单击提示中的超链接，查看订单详情；

（3）对订单各项内容进行配货；

（4）如果没有相应的货物，及时通知仓库，要求进货；

（5）货物配齐后，发给货运人；

（6）用例结束。

其他事件流：

如果仓库告知某种货物暂时难以进货，就需要更新商品清单，并和下单人沟通更新订单。

异常事件流：

（1）如果出现超时，需要重新登录再处理；

（2）订单出现数据问题，应与技术支持人员联系。

后置条件：订单的状态发生改变，向用户发出邮件，确认已接受该订单。

通过用例来描述系统的需求更清楚，不仅可表明哪些任务要完成，而且任务之间的关系也比较明确。可能的话，可以在功能点和用例之间建立良好的映射关系，项目的估算会更准确。

在某个层次上使用数百个用例来描述行为是没有必要的，少量的外部用例或场景就能够恰当地覆盖所描述对象的行为。在 IBM Rational 中，一般认为用例的数量在 10～50 个比较合适，而每个用例可以带有几十个相关场景。如果有大量的用例，则需要进行功能分解。用例较多时，至少应使用例在层次上更全面。同时，在使用用例来描述项目范围时，也可以分为多个层次，如可分为以下 5 个层次。

（1）集成系统，由多个系统构成综合系统。

（2）独立系统，由多个子系统组成。

（3）子系统，由多个模块或组件构成。

（4）模块/组件，由多个类组成，例如可假定平均 8 个类构成一个组件。

（5）类，无须用例来描述。

在上面 4 层——集成系统、独立系统、子系统和模块/组件上都会存在用例。还可以假定一个组件平均有 10 个用例，如表 5-5 所示。这样，可以算出每个类的代码行数为 700 SLOC，而每个组件的代码行数约为 5 600 SLOC，按人月 1 200 SLOC 计算，5 个人月可以完成一个组件。一个组件为 10 个用例，每个用例的工作量是 0.5 个人月，即约 90 个小时。当然，不同的应用系统可能会有较大差异，一般会在 70%～200%（即 63～180 小时）之间。

表 5-5 系统各个层次的规模假定

操作规模	700 SLOC
每个类的操作数量	10 个
每个组件或模块的类的数量	8 个
每个子系统所具有的组件或模块的数量	8 个
每个系统所具有的子系统数量	8 个
每个集成系统所具有的系统数量	8 个
一个组件平均用例数	10 个
每个用例的场景数量	30 个
每个用例描述的页数	2～5 页

对于基于用例的估算，建议和 WBS 方法结合起来使用，而且应该设法更好地理解问题的领域、系统构架和所选用的技术平台等的影响。第一次粗略的估计可以根据专家的观点或采用更正式的德尔菲法。有了软件规模的初步估算，就可以对号入座，将项目放在某个层次上——集成系统、独立系统、子系统或模块/组件，再结合架构知识和对业务领域的理解，参照表 5-5 设定更合适的值。

实际考虑总的工作量规模时，需要对个别用例的小时数做进一步调整——工作量估算值只适合于相应规模系统的上下文所描述的特定层次。因此，当构建一个 5 600 SLOC、并不复杂的子系统时，按每个用例 55 小时来进行估算。但是，如果构建 40 000 SLOC 规模的子系统，则每个用例的工作量可能要调整为 60.5 小时。

5.5.4 IBM RMC估算方法

RMC（Rational Method Composer）是 IBM 推出的过程管理工具平台，其工作量估算功能采用的是 QIF 估算方法和自底向上估算模式，可让项目经理或者过程工程师对项目的任务、活动、阶段、子项目、项目等进行自底向上的层层估算。

在 RMC 中，我们可以定义多个估算模型（Estimation Model），每种估算模型代表一种不同的估算方法。每个估算模型可以定义任意数量的估算因子（Estimating Factor），估算因子用来表示某个因素对完成一个任务或活动所需工作量的影响程度，如以下两个估算模型。

- 用例估算（Use Case Estimating）模型：使用用例的数量和复杂度来估算工作量。它包含的估算因子可能有复杂用例、简单用例等。
- 多因素估算（Multi-Factor Estimating）模型：使用一个项目的多个方面来估算工作量。它包含的估算因子可能有业务领域、平台、类、用例等。

每个估算因子都会关联估算公式（Estimating Formula），使用估算公式来计算该估算因子对应的工作量，估算公式如下。

$$\text{工作量估算值} = Q_c \times f(L_r / M_l / H_r) \times M_p + A_d$$

- Q_c：计数，即估算因子的数量，如用例的数量。
- L_r：下限，即每个估算因子所需工作量的最低估算。
- M_l：最可能接近的估算。
- H_r：上限，即最高估算。
- M_p：放大或缩小的比例因子（乘数），如当将工作交给初级工程师来做时，工作量会变大，M_p 取大于 1 的值，如 1.1。
- A_d：额外的工作量，如一项工作由初级工程师来做，可能需要额外的 2 个工作日参加培训和学习。
- 函数 f 表示的是工作量估算值 L_r、M_l 和 H_r 之间的关系。

因为函数 f 可以有不同的形式，常见的估算公式可以有多种情况，如：

- $f = M_l$；

- $f=(L_r+H_r)/2$；
- $f=(L_r+4M_l+H_r)/6$。

在 RMC 中，定义和使用估算模型来计算某个项目工作量，可分为以下 3 个步骤。

（1）创建估算模型，定义相关的估算因子。

（2）把估算模型的估算因子应用到 WBS 底层元素上，计算出它们的工作量。

（3）层层向上汇总，计算出项目 WBS 上层元素（包括项目本身）的工作量。

1. **创建估算模型和估算因子**

在 RMC 中，估算模型是方法库（Method Library）的组成部分，而在一个方法库中可以创建一个或多个估算模型。因此，在创建估算模型之前，需要确认创建并打开一个方法库。创建过程非常简单，首先使用“文件→新建→估算模型”菜单命令新建一个空白的估算模型，接下来在该估算模型中添加一个或多个估算因子，如图 5-4 所示。

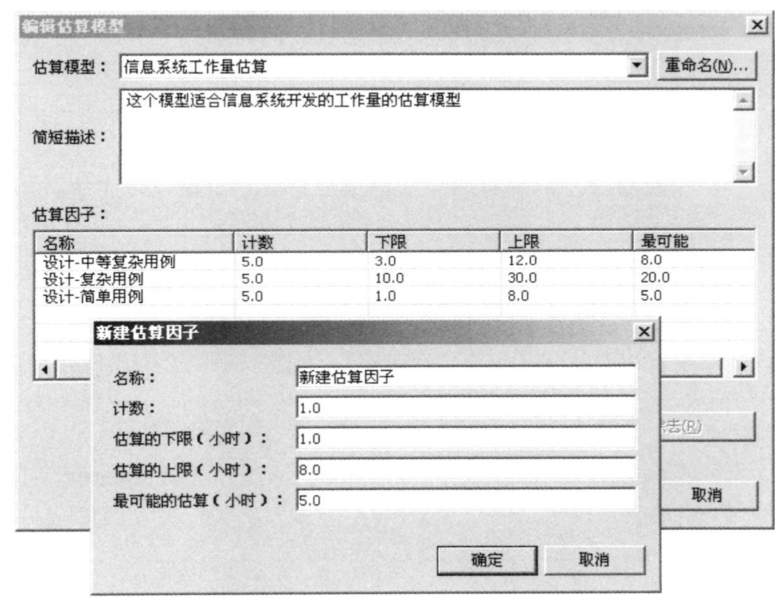

图5-4 RMC 中创建估算模型和包含的估算因子

在下面的例子中，我们新建了一个依据用例来估算任务工作量的估算模型。该模型包含 3 个估算因子，它们根据不同复杂度（复杂、中等复杂、简单）的用例的数量，分别计算每一种复杂度用例需要的工作量。

在定义每一个估算因子时，需要输入计数、估算的下限、上限和最可能的估算等。例如，对于中等复杂用例，计数为 5、下限是 3 小时、上限是 12 小时、最可能的估算是 8 小时。这里只是提供参数的默认值，在具体应用时，它们可能会被自定义值所覆盖。

定义好估算模型，就可以把它应用到项目 WBS 的底层元素上，计算出这些底层元素的工作量了；然后，通过自底向上的估算模式，就可以得到项目 WBS 上层元素的工作量。

2. **应用估算模型计算 WBS 底层元素的工作量**

在 RMC 的流程视图（Process View）中包含一个估算视图（Estimation Tab），如图 5-5 所示，在估算视图中可以完成所有相关的工作量估算工作。

- 视图顶部的左边是一个下拉列表，显示当前所选择的估算模型。
- 视图中部显示了 WBS 层次结构，包括元素名称、类型以及估算结果。
- 视图下部则显示了当前选择的 WBS 元素的详细属性。

图5-5　工作量估算的工作界面（估算视图）

RMC 对项目 WBS 的每一个底层元素逐个显示其估算属性，如图 5-6 所示，并按照以下操作步骤估算工作量。

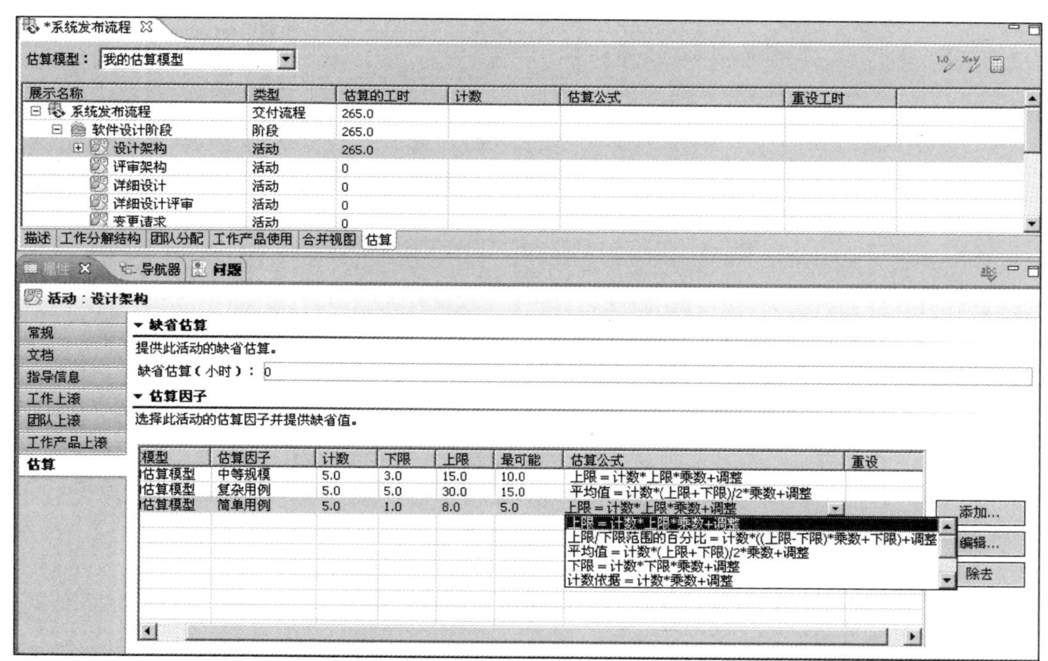

图5-6　对WBS底层元素进行工作量估算

（1）设置“缺省估算（小时）”，如果不应用估算模型中的估算因子，该值就会作为当前任务的工作量估算值。

（2）在估算视图的上部选择使用哪一个估算模型。

（3）通过“添加”按钮，从当前选择的估算模型中挑选一个或多个估算因子应用到当前任务。

（4）根据当前任务的实际情况，调整每一个估算因子相关参数的值，包括计数、下限、上限、最可能的估算等。

（5）为每一个估算因子选择合适的估算公式。

这样，系统便会基于每一个估算因子自动计算出一个估算值。

3. 层层向上汇总，计算出项目 WBS 上层元素的工作量

当我们估算出 WBS 所有底层元素的工作量之后，RMC 提供的自底向上工作量自动汇总的功能会自动计算出所有 WBS 上层元素的工作量，最终得到完成整个项目所需的工作量。要查看这些计算结果的详细信息，需要先在估算视图上部选择估算模型，如图 5-7 所示。

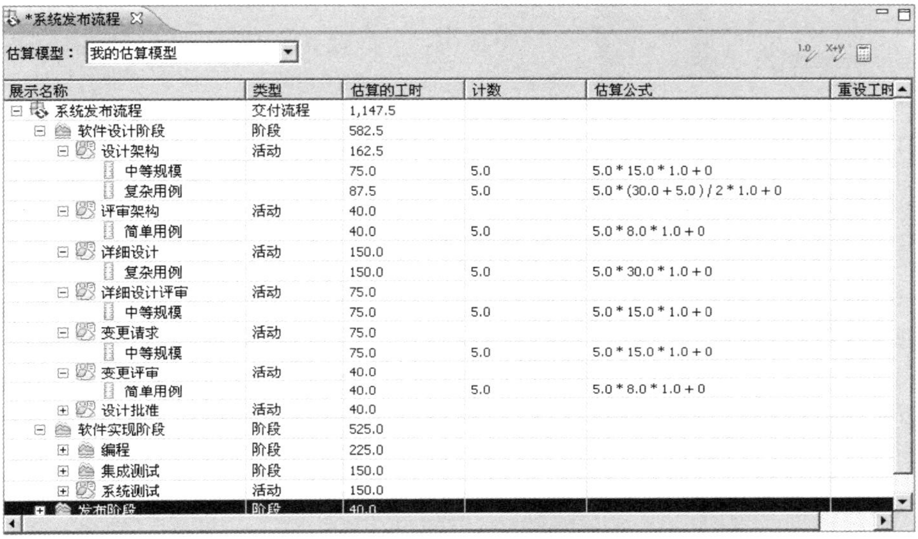

*系统发布流程

估算模型：我的估算模型

展示名称	类型	估算的工时	计数	估算公式	重设工时
系统发布流程	交付流程	1,147.5			
软件设计阶段	阶段	582.5			
设计架构	活动	162.5			
中等规模		75.0	5.0	5.0 * 15.0 * 1.0 + 0	
复杂用例		87.5	5.0	5.0 * (30.0 + 5.0) / 2 * 1.0 + 0	
评审架构	活动	40.0			
简单用例		40.0	5.0	5.0 * 8.0 * 1.0 + 0	
详细设计	活动	150.0			
复杂用例		150.0	5.0	5.0 * 30.0 * 1.0 + 0	
详细设计评审	活动	75.0			
中等规模		75.0	5.0	5.0 * 15.0 * 1.0 + 0	
变更请求	活动	75.0			
中等规模		75.0	5.0	5.0 * 15.0 * 1.0 + 0	
变更评审	活动	40.0			
简单用例		40.0	5.0	5.0 * 8.0 * 1.0 + 0	
设计批准	活动	40.0			
软件实现阶段	阶段	525.0			
编程	阶段	225.0			
集成测试	阶段	150.0			
系统测试	活动	150.0			
发布阶段	阶段	40.0			

图5-7　查看整个项目WBS的工作量估算结果

我们可以同时使用两个或多个估算模型对同一个项目 WBS 进行工作量估算，通过选择不同的估算模型，可以查看不同的估算结果进行对比。

为了保持应用估算模型的一致性，RMC 提供了“修改估算公式”功能，如图 5-8 所示。利用该功能，可以给任一层级 WBS 元素统一设置估算公式、乘数和调整值，更改将应用于选定的 WBS 元素和它包含的所有子元素。修改估算公式之后，系统会重新计算，得到新的结果。

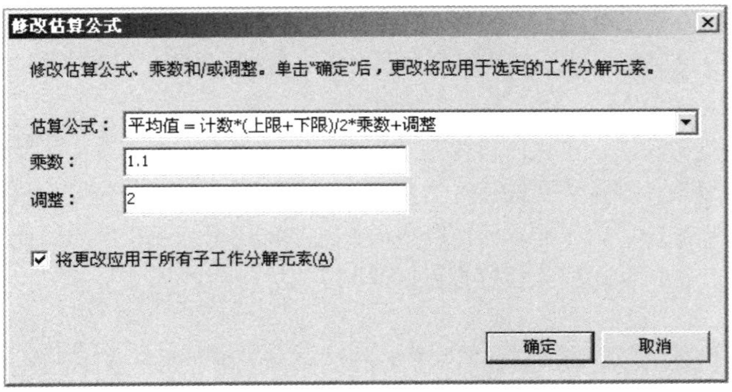

修改估算公式

修改估算公式、乘数和/或调整。单击“确定”后，更改将应用于选定的工作分解元素。

估算公式：平均值 = 计数*(上限+下限)/2*乘数+调整

乘数：1.1

调整：2

☑ 将更改应用于所有子工作分解元素(A)

确定　取消

图5-8　修改估算公式

5.5.5　扑克牌估算方法

扑克牌估算方法来自敏捷实践，基本的做法是团队中三四个人坐在一起，针对某个任务进行估算，将估算的结果通过特制的扑克牌表示出来，即选出代表自己估算值的扑克牌，然后根据所出牌的数字（个人估算结果）进行比对，差异最大的两个人需要说明估算的理由、依据等，其他成员也可以补充发言。然后，再出牌，再沟通，直到这几个估算结果基本一致为止，这个一致的结果就是该任务工作量的估算结果。在实际工作中，可能很难达到完全一致，所以只要比较接近（如最大差值没有超过 5 个点）或进行了 4 轮出牌（估算），就可以终止该条目的估算，取大家估算值的平均值。

这种特质的扑克牌也有 4 种花色，但每张牌上的数字不是普通扑克牌上的 A、2、3、4……10、J、Q、K 连续的 13 个数字，而是 0、1/2、1、2、3、5、8、13、20、40（或 50）、100 等，还有无穷大（或问号），如图 5-9 所示。扑克牌上的数字代表估算值——工作量点数。这种点数可以代表人时（Man-Hour）、人日（Man-Day）等。如果是“无穷大”，可能说明任务太大，需要分解成更小的任务。如果是问号，说明需求不够清楚，或由于其他原因无法估算，需要产品负责人解释或和团队讨论，解决这样的问题。

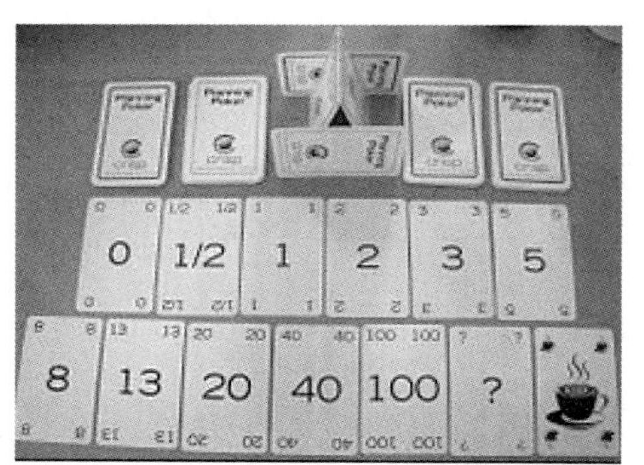

图5-9 用于估算的扑克牌

扑克牌估算方法一方面吸收了专家估算方法（如德尔菲法）的部分实践（例如，多人估算比一个人估算会更客观、准确，可以根据多人的估算结果来获得某些开发任务的估算结果），但又不同于专家估算方法。在敏捷开发思想中，团队更了解自己要做的事，团队做出的估算可能比专家的估算更准确，由团队自己来估算，其估算结果会更好，也有利于团队做出承诺。另一方面，敏捷强调沟通，所以在每次出牌后，需要阐述是如何做出估算的。但考虑到工作效率，不需要每个人做出说明，而是让估算差异最大的两个人来说明，而且差异最大的两个人也确实能带来更多或更有价值的信息。例如，估算时间最少的人可能采用了最有效的编程方法或测试方法，而估算时间最多的人可能最保守，更可能是考虑得更全面，考虑了更多的场景、条件。

为了做好估算，在大家出牌前，可以由产品负责人为大家讲解待估算的条目，使团队成员对相应条目有完全的了解、无任何重大疑问。在估算过程中，为避免干扰估算结果，团队成员之间不可以互相商讨，出牌时也不可立即亮牌，而是等所有人出完牌，再亮出来。估算时，如果单张牌不能代表估算值，可以将两张牌组合起来，例如出 2、8 两张牌来代表 10。出牌时，最关键的是建立好参照系，即将大家熟悉、最简单的一个条目的工作量作为参考值，如它的估算值是“3”，其他条目的估算就以这个条目作为基准进行，以确保各个条目的估算客观、合理，尽量消除每个人的主观性。

5.5.6 不同场景的估算法

在实际项目管理过程中，经常会有估算的需求，即在不同的阶段进行估算。正如前面所说，时间越早，估算越粗糙。随着时间的推移，获得的信息越多，估算越准确。在不同的阶段或不同的场合，估算的方法和技巧有些区别，甚至有比较大的区别。例如，有时做一个全新的项目，没有历史数据，这时，详细了解项目的需求就显得非常重要。在需求分析清楚之后，可以将 WBS 方法和功能点方法结合起来，进行项目的估算。

在前面的方法中，较多地讨论了以源代码行为基础来进行工作量的估算。这类估算方法贴近程序，软件技术人员比较容易接受。但它也要以软件技术人员的生产力数据为估算基础，如每个开发人员平均每天完成 60～90 行代码，包括调试、单元测试和缺陷修正等工作。而估算代码行的基础还得归于用例的估计、功能的详细分解，如将任务分解到一个人或者一个很小的团队可以执行的程度。

1. 合同签订之前

合同未签订时，了解的需求比较有限，只能了解到项目的总体需求，如开发什么样的系统、大概有多少用户等。通过估算项目的工作量，可以了解开发的成本，从而给出合理的报价。

在这个阶段，估算方法主要是类比分析和经验判断。寻找类似的历史项目，然后根据历史项目的工作量，通过项目的类比分析和经验判断获得初步的工作量估算。如果较好地掌握了项目信息，并有较多的估算时间，也可以采用 WBS 方法，力所能及地将整个项目的任务进行分解，参考类似项目的数据，采用经验法估计每类活动的工作量，最后汇总获得整个项目的工作量。如果获得类比分析和经验判断这两个估算值，可以取两者的平均值。

2. **基于 WBS 估算的多维验证**

当我们获得类似项目的历史数据、软件生命周期的生产率数据（含管理工作量）和详细需求后，就可以从不同的路径来估算工作量，获得多个结果。这些结果可以互相印证，以发现估算过程中的不合理之处，使估算更准确。具体估算步骤如下。

（1）产品分解，将系统分解为子系统，再将子系统分解为模块，直至最小单元。

（2）估计产品单元的规模，可以采用代码行法或功能点法。

（3）累计计算单元规模，从而获得产品的总规模，并估计其整体的复杂度、复用率等。

（4）根据类似项目的软件开发生命周期的生产率数据和产品的总规模、复杂度、复用率等，采用模型法计算总的开发工作量。

（5）根据历史项目的工作量分布数据及步骤（4）估算的项目总工作量，算出每个阶段的工作量和每个工种的工作量。

（6）WBS 分解，将任务分解到一个人或者一个小团队可以执行的颗粒度。WBS 分解时要识别出所有的交付物、项目管理活动、工程活动等。

（7）根据历史类似项目的数据及估算人的经验估计所有活动的工作量，可以采用经验法。

（8）汇总得到每个阶段的工作量、每个工种的工作量以及项目的总工作量。

（9）与步骤（4）和步骤（5）得出的工作量进行比较印证，如果偏差不大，则以步骤（8）的结果为准；如果偏差比较大，要仔细分析原因，针对原因对估算的结果进行调整，使其趋向合理。可能的原因如下。

- 类似项目的生产率数据不适合本项目。
- WBS 分解的颗粒度不够细。
- 估算专家的经验不适合本项目。
- 具体任务的估计不合理。

3. **需求变更的工作量估计**

软件需求经常发生变化，而在控制需求变更时，也要提交需求变更所带来的工作量，也就是要求为需求变更进行工作量估算。这种情景也经常出现，有必要在这里进行讨论。需求变更常常发生在设计、编码阶段，这里以编码阶段发生需求变化的情景为例来介绍工作量的估算，估算步骤如下。

（1）进行需求变更的波及范围分析。

（2）进行本次变更的 WBS 分解。

（3）对于变更引起的代码变化进行规模、复杂度等其他属性的估计。

（4）根据本项目的代码生产率及估计的规模，采用模型法估计工作量。

（5）对 WBS 分解中其他活动采用经验法估计工作量。

（6）汇总所有的工作量，得到本次变更的工作量估计。

5.6　资源估算

项目中的每项活动都需要耗费或占用一定的资源。项目资源估算，是指通过分析和识别项目各项活动的资源需求，确定出项目活动需要投入的资源种类（包括人力、设备、场地、材料、资金等）以及资源投入的数量和资源投入的时间，从而编制出活动资源需求列表。常用的活动资源估算方法，也包括专家（经验）估算法、基于历史数据的类比法等。资源估算一般采用自下而上模式，即在项目工作范围得到彻底的分解之后，由底层开始估算，然后逐层汇总得到资源估算结果。

有时，人数是一定的，暂时没有资金招到新人或在短时间内很难招到合适的人员，这时人员的估算就没有必要，所有的人都进入项目。在这种情形下，工作量的估算是最重要的，然后根据工作量和人数来决定（估算）项目的进度。当然，多数情况下，假定有足够的资源，应根据项目的工作量估算、工作范围或项目周期来估算资源。所以，资源估算一般有以下两种情形。

（1）根据工作范围（WBS 的分解结果）而不是工作量来进行资源估算，先分析多少人是最合适或最有效的，然后确定所需资源。这种方法假定软件开发产品发布时间的限制较小，即软件开发组织在软件发布时间上的自主性很强，从而强调开发效率（生产力）。

（2）根据工作量和软件产品发布时间的限制，估算需要的人数。在市场压力比较大的情况下，人们往往不得不采用这种方法。

1. **根据 WBS 进行估算**

根据 WBS 的分解结果来估算资源，主要是一些独立的工作应该由独立的人员去完成，从而减少人员沟通成本、减小人员之间的依赖性，并使人员的经验和特长得到发挥，力求达到最高的工作效率。下面举一个例子来说明。

一个软件系统由 5 个小模块构成，这时候，建议一个开发人员负责一个模块，再加上一个整体负责的人（即开发组长），开发人员为 6 个人。如果测试比较复杂，也可以考虑设 6 个测试人员，其中一个为测试组长；如果测试特别复杂，一个模块需要两个测试人员，测试人员的需求为 11 人；如果测试比较简单，可让一个测试人员负责两个模块，另外测试组长负责一个模块并负责测试的计划、协调和管理等，这样测试人员的需求为 3 人。开发人员、测试人员确定之后，再决定文档人员、UI 设计人员、软件配置管理人员等。

2. **由工作量和开发周期来估算**

由工作量和开发周期来估算所需的人力资源，简单的估算公式如下。

人员数量(人) = 工作量估算(人日)/工期估算(日)

项目在不同的阶段所需要的人力资源是不同的，一般来说前期和后期所需的人力资源会少些，而在项目中期需要的人力资源最多，如图 5-10 所示，项目工作量是随时间变化的。当然，这是总体情况的规律，对不同的角色，工作量的时间分布可能会有比较大的差别。例如，在前期要求有较多的设计人员和编程人员，而在后期要求有较多的测试人员。

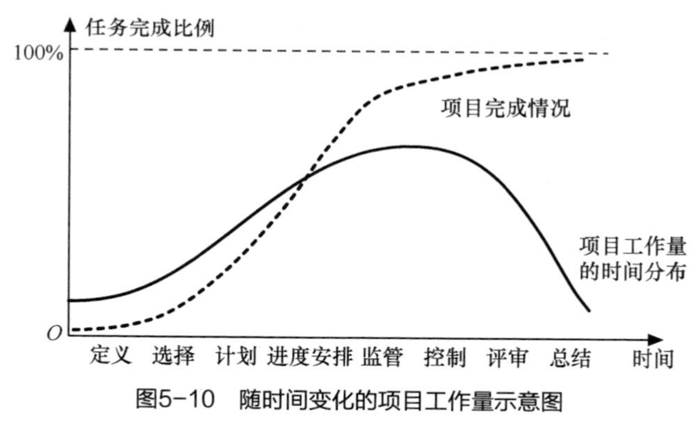

图5-10　随时间变化的项目工作量示意图

3. **资源特征描述**

每一类资源都可以用 4 个特征来描述：资源描述、可用性说明、需要该资源的时间及该资源被使用的持续时间。资源的可用性必须在开发的初期就建立起来，包括人力资源、软硬件资源和可复用的构件等。针对人力资源，需要描述其具体的能力和经验，以及在该项目的开始时间和持续工作时间。而对软硬件资源，需要考虑购买、租赁等情形，如果需要购买，要清楚描述供应商、谈判时间、购买周期和安装完毕的期限等内容。针对可复用的构件，需要考虑下列几种情况。

- 如果可直接使用的构件能够满足项目的需求，就采用它。一般情况下，集成可直接使用的构件所花的成本总是低于开发同样的构件所花的成本，风险也相对小得多。
- 如果具有完整经验的构件可以使用，一般情况下，修改和集成的风险是可以接受的。项目计划应该反映出这些构件的使用。

- 如果具有部分经验的构件可以使用，则必须详细分析它们在当前项目中的使用成本和风险。如果这些构件在集成之前需要做大量修改，就必须谨慎对待。修改现有构件所需的成本，有时可能会超过开发新构件的成本。

4. **将资源分配给任务**

通过对项目网络中所有的活动资源进行分析，可以建立资源需求列表，下一步就是将资源分配给各个任务。在进行资源分配的时候，要对资源的可支配时间进行充分的考虑。根据可支配时间的不同，资源一般可分为以下几类。

- 完全可分配资源，如项目组内成员，他们的时间全部可以由项目经理来支配，但是要注意不能过度分配。
- 外部资源，指项目外非直接可支配的资源，如对于租赁设备，可支配时间就是租赁期。
- 多项目资源，即多个项目共享的资源，如两个不同的项目组共享一个服务器进行测试，这样就要协商分配好各个项目组的使用时间。
- 特殊技能资源，如聘请的外部专家的可支配时间就是聘用期。
- 备用资源，如开发和测试的备份环境，这类资源要考虑的是定期维护的问题。

5. **项目角色**

根据项目的目标可以确定项目管理所需要的工作特征和技能，从而确定角色及其责任，明确各角色之间的从属关系，进行项目人力资源的预估。定义角色的步骤如下。

（1）列出完成项目所需要的、主要的软件工程任务。

（2）把适合同一角色的任务集合到一起。

（3）对工作量、所使用的工具以及每个角色的重要性进行评估。

（4）确定每个角色所需要的个人技能。

主要的项目任务一般包括需求获取、系统设计、原型制作、代码编写、代码评审、测试等，根据这些任务可以简单定义项目所需的角色及其工作职责。在软件项目中，常见的角色及其职能如表 5-6 所示。

表 5-6 项目角色和职能

角色	职能
项目经理	项目的整体计划、组织和控制
需求人员	在整个项目中负责获取、阐述以及维护产品需求及书写文档
设计人员	在整个项目中负责评价、选择、阐述以及维护产品设计以及书写文档
编码人员	根据设计完成代码编写任务并修正代码中的错误
测试人员	负责设计和编写测试用例，以及完成最后的测试执行、递交测试报告
质量保证人员	负责对开发流程进行评审和监控，指导流程的执行，参加各种内容的评审，保证项目组成员遵守已定义的标准和规范
环境维护人员	负责开发和测试环境的部署和维护
其他人员	如文档规范人员、硬件工程师等

6. **人员分配**

项目管理人员常常认为应该根据每个人的技能而不是是否空闲来分配工作，这在理论上是对的。但是，这经常是不现实的，除非资源非常多。因此，在进行人员分配时，建议考虑如下几个问题。

- 谁最有能力来完成这项任务？
- 谁愿意来完成这项任务？
- 谁有时间来完成这项任务？

综合考虑上面的几个问题，然后挑选出最适合的人选来完成任务。当所有的人选都确定之后，可以得到项目前两个阶段的任务分配矩阵，如表 5-7 所示。在任务分配矩阵中，任务在左侧，人员在最上面，矩阵中间是每个人需要完成的任务。在稍微复杂一点的项目中都存在不同的角色，因此项目人员在项目中的参与度也有所区别。一般项目中的任务分配可以有负责、参与、检查和批准 4 个类别，分别用 A、P、R 和 S 来表示。从表 5-7 中也可以看到，任务分配有 P 和 A 两种类型。有了任务分配矩阵之后，项目管理组就可以非常清楚地知道每个人被分配在了什么任务上，在这个任务中扮演什么样的角色。

表 5-7　任务分配矩阵示例

任务		管理人员	项目经理	分析人员
项目范围规划	1.1 确定项目范围	A		
	1.2 获得项目所需资金	A		
	1.3 定义预备资源		A	
	1.4 获得核心资源		A	
分析/软件需求	2.1 行为需求分析			A
	2.2 起草初步的软件规范			A
	2.3 确定初步预算		A	
	2.4 工作组共同审阅软件规范和预算		A	P
	2.5 根据反馈修改软件规范			A
	2.6 确定交付期限		A	
	2.7 获得开展后续工作的批准	A	P	
	2.8 获得所需资源		A	

7. **人月神话**

如果某个项目的估算结果是项目大概需要 30 人月来完成，看似结果很明确，但是，对这个结果的理解可以有很多种，例如：

- 1 个人做 30 个月；
- 3 个人做 10 个月；
- 10 个人做 3 个月；
- 30 个人做 1 个月。

看起来，上述工作量是等同的，怎样安排都可以，都是 30 人月。实际上，这个项目的真正解决方案可能是“5 个人做 6 个月”，这样效率高，任务好安排，责任明确，项目按时完成的把握很大，顺利的话甚至可以提前完成项目；然而，“3 个人做 10 个月”和“10 个人做 3 个月”就不是很好的安排，任务安排稍微有点难度，周期也稍长一些或沟通成本增大，但基本可以接受；而“30 个人做 1 个月”肯定不行，需求调研不是由我们决定的，受用户制约太大，肯定来不及，设计、测试等时间也很难保证，任务协调、人员沟通成本太大，资源浪费；“1 个人做 30 个月”，周期太长，客户肯定不能接受，而且也找不到一个全才，能把所有的事情搞定。所以人与月之间是不能等同换算的。《人月神话》一书中特别强调，用人月来衡量一项工作的规模是一个危险和带有欺骗性的神话。因为人之间是有差异的，所以在确定人力资源的时候不仅要根据项目的缓急轻重来合理安排人力资源，而且要根据项目规模、独立工作任务的多少来安排合适的人（数），避免带来不必要的冲突和浪费。同时人力资源也是最活跃、最灵活的部分，人员不像设备、材料只是被动地被调用，人有主观能动性。所以在分配人员的时候，要考虑更多的因素，如技术、经验、沟通、协作和激励等。

5.7　工期估算和安排

为了制订项目进度计划，必须将项目各项活动分布在时间表上，形成进度表。项目进度表需要体现项目每一个活动的开始时间和结束时间，即项目活动的历时（也叫工期）。进度表通过活动的相关资源和工期估算来构建，工期估算直接关系到各项活动、各个模块网络时间的计算和完成整个项目任务所需要的总时间。进度表是任务进度跟踪的基线，基线不对，就谈不上跟踪、监督和控制，整个进度计划就不具有价值。

理想情况下，可以根据项目工作分解表来安排合适的人力资源，然后决定项目日程，即先人力、后日程。但在实际工作中，也常常存在相反的过程，即先日程、后人力。由于市场决定业务、业务决定研发，所以一个新产品的上市时间往往由市场决定，需要从上市时间来反推出软件项目的各个日程。确定日程之后，再根据工作量来决定所需要的人力资源。

5.7.1 工期估算方法

项目活动工期估算常用方法也是专家（经验）估算法和基于历史数据的类比法。当项目获得足够信息时，采用类比法比较好。而当项目获得的信息有限，难以采用类比方法时，可以采用专家估算法。

当我们面临高度不确定性的任务时，我们可以采用三点估算法来进行工期估算。三点估算法就是对每项工作的工期给出 3 种预估值——最可能时间、最乐观时间和最悲观时间，然后加权平均计算出计划时间。

- 最可能时间——$T_{可能}$：根据以往的直接经验和间接经验，这项工作最有可能用多少时间完成。
- 最乐观时间——$T_{乐观}$：当一切条件都顺利时该项工作所需时间。
- 最悲观时间——$T_{悲观}$：在最不利条件（各项不利因素都出现）下，该项工作需要的时间。

计划时间的计算公式如下。

$$计划时间 = (T_{乐观} + 4 \times T_{可能} + T_{悲观})/6$$

在常规的软件项目中，一般都使用类比和专家评定结合的方法，这样估算比较准确和可靠。如果有更好的新方法，我们可以尝试在项目中使用，也可以用其他办法实施。但是，绝不能“拍脑袋估算”——基本不加分析，看了任务/活动就凭感觉来估算。工期估算中还要预留一定的比例作为冗余时间以应对项目风险。随着项目进行，冗余时间可以逐步减少。

在分析标识项目活动的时候，活动资源和历时的分析其实是同时进行的。当一开始分析项目活动的时候，很难对需要的所有资源和活动的工期有全面、准确的估计，这就需要对资源和工期的估算进行反复的细化和调整。即使在项目实施中，也要结合实际情况对项目资源和工期进行适当的调整。

5.7.2 特殊场景

无论哪个母亲，孕育一个生命都需要 10 个月。

用人月来衡量一项工作的规模是一个危险和带有欺骗性的神话。它暗示着人员数量和时间是可以相互替换的。

——《人月神话》

有时，市场决定了软件发布日期，进度无须估算。也有的时候，对于发布服务包（Service Pack，SP）或补丁包，周期是确定的，如每个月发布一次 SP、每两周发布一次补丁包。当软件开发的时间已确定时，无须估算周期，主要任务是确定人力资源或要做的事情（开发任务）。

多数情况下，会根据工作量和进度来估算人力资源，但还是会有根据工作量和人力资源来估算进度的时候。当我们有了工作量估算之后，可以简单地利用下面的公式获得工期估算。

工期估算（日）= 工作量估算（人日）/人员数量（人）

这是最简单的算法，同时隐藏着很大的风险，因为它包含以下两个假定。

- 认为每个人的能力比较接近，实际上，人与人的能力相差比较大。
- 认为人员足够多，项目周期就可以足够短。

所以要对每个人的能力进行分析，确定他们的等价关系，这样，“人员数量”不是人员的自然数量，而是更客观反映人力的等价数量。

在 COCOMO 中，先估算出工作量（E_a），而需要的开发时间（T_d）和工作量密切相关，$T_d = C_i (E_a) d_i$。这说明，不是往项目中加足够人力资源，就可以将开发周期缩短到我们所期望的时间，开发周期是受到限制的，不能无限地缩短。人员数量合适，工作效率才最高。如果人员过多，反而会降低效率。

按照历史数据来估算开发周期的准确度往往是可以接受的，特别是在同样的产品线上，新版本开发周期的估算完全可以参考上几个版本的结果。有时，可以按照一般规律来估算项目周期，如测试周期需要完成3轮测试，根据测试用例数量，完成1轮测试的时间是1个月，那么测试周期就是3个月。这种方法虽然不能得到最准确的估算结果，但简单有效。我们还可以按照4.5.4小节提到的方法来估算项目周期，即：

- 1/3的时间用于计划与设计；
- 1/6的时间用于编码；
- 1/4的时间用于组件/构件测试和早期系统测试；
- 1/4的时间用于系统测试，所有的构件可用。

在实际使用历史数据估算法时，组织应建立一个历史项目数据库，包含以前所有项目的开发周期、项目规模、开发人员状况、客户状况等详细数据。同时，基于该数据库，提供强大的数据查询、统计功能。这样，不仅容易搜索到类似的历史项目，而且容易比较两个项目的不同和相同之处，做出更准确的估算。有了统计功能，也可以计算出某类项目或某类构件的参数平均值，为估算提供更可靠的参考数据。

5.8 成本估算

精确的成本预算是项目控制的生命线，也是衡量项目是否获得成功的重要依据之一。为了完成项目的预算和成本控制，首先需要完成成本估算，也就是对项目可能发生的费用进行估算。在4.5.5小节中，我们讨论了直接成本和间接成本的组成，这里主要是讨论直接成本的估算，主要是人力成本的估算。人力成本可以用下列简单公式进行计算。

人力成本估算（元）= 工作量估算（人日）× 单位平均成本（元/人日）

为了有效地控制风险，除了给出成本的估算值之外，还可以适当给出成本的浮动范围。例如，由于引入的新技术可以提高工作效率，因此成本可能比经验数据少10%；但新的技术也带来了新的风险，如果不能很好地控制风险，则成本可能增加10%；如果根据经验得出项目的成本预算为10万元，则浮动范围可以设定为9万元～11万元；这样，项目经理就可以更好地控制项目预算和风险。

5.8.1 成本估算方法

在成本估算中，同样可以使用专家评估法、经验法、比例法和WBS方法等。分解方式可以根据项目情况来定义，常见的有基于模块估算、基于功能点估算、基于过程估算、基于用例估算和基于代码行估算等。WBS成本估算分为自上而下的估算、自下而上的估算和差别估计法等估算方法。

（1）自上而下的估算是指高层和中层管理人员根据以往的经验和个人的判断，估算出整体的项目以及各个分项目的成本。然后，这些成本估算被传递给下一级的管理人员，并由他们继续将预算细分下去，为分项目的每一项任务和工作包估算成本。自上而下进行估算的优点就是整体的成本预算可以得到较好的控制，然而该方法过多地依赖于相关人员的个人经验和判断。

（2）自下而上的估算是将项目任务分解到最小单位工作包，对项目工作包进行详细的成本估算，然后通过各个成本汇总将结果累加起来，得出项目总成本。这种估算方法最大的优点是在具体任务方面的估算更加精确，因为第一线的工作人员往往会对具体任务有着更为准确的认识。但是在对单个任务的成本进行估算时，可能会忽视其他任务的影响。

（3）差别估计法。这种方法综合了上述两种方法的优点，其主要思想是把待开发的软件项目与过去已完成的软件项目进行类比，从其开发的各个子任务中区分出类似的部分和不同的部分。对类似的部分按实际量进行计算，不同的部分则采用相应方法进行估算。

其实在评估软件成本的时候，往往是多种方法混合应用。因为软件项目的类型和开发环境各不相同，单一的估算方法是很难解决实际问题的。在估算成本的过程中，还要注意着重考虑以下几个方面。

- 在做成本估算的过程中，要紧密结合项目进度计划。
- 避免过于乐观或者过于保守的估算。过于乐观的估算会导致项目先松后紧，不利于项目的成本控制，可能会带来成本超支。过于保守的估算可能导致管理层压缩开支，对项目的开展不利。这两种估算都比较极端，要折中考虑才行。
- 在费时较长的大型项目中，还应考虑到今后的职工工资结构是否会发生变化、设备费用和管理费用在整个项目寿命周期内会不会变化等问题。
- 在有新员工的项目中，还应考虑其培训成本。
- 受软件开发行业特殊性的影响，人力资源成本是随着团队开发效率的变化而变化的。如果长期跟踪过一个团队的开发效率，就会发现一些规律。在新团队开始开发工作的时候，团队开发效率很低，但会慢慢地成长。经过一定时间后，就会稳定在一个固定值附近。有时候有新的成员加入团队，团队的开发效率可能会降低一段时间再慢慢回升。

5.8.2　学习曲线

在软件开发项目中，谈到估算成本问题就不得不提及学习曲线（Learning Curve）。学习曲线是表示单位产品生产时间与所生产的产品总数量之间关系的曲线，它通常被应用于成本估算。不同的项目有不同的学习曲线。通常情况下，软件项目组在接到类似的软件项目后，第二次会比第一次节省15%～20%的时间。如果项目组接到一个新项目，软件工程师在以前项目中积累的知识经验常常会无法延续，而导致项目人员进入这个新项目常常要经历很长的学习时间。对于新加入项目的成员，也或多或少要经历一段时间的学习。

图 5-11 是某软件产品的学习曲线。在刚接触新的软件产品开发时，由于没有经验和储备的技术不足，导致开始开发产品时其单位成本呈现上升的趋势；随着开发产品数量增加或者产品规模的增大，经验和技术相对积累成熟，单位开发成本就呈现逐步下降的趋势。当然，不能指望单位成本无限降低下去，那是不现实的。实际上当单位开发成本下降到一定程度后，就会基本稳定下来，除非有特殊情况，如新技术的应用、产品功能的改进等。

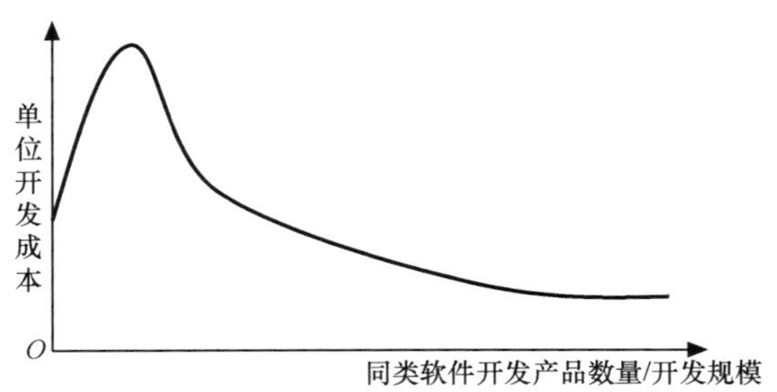

图5-11　某软件产品的学习曲线

软件行业是一个技术更新很快的知识产业，可以称得上“日新月异”。所以，开发软件产品的学习曲线也是不断变化的。了解学习曲线的原理，可尽可能地缩短学习曲线的不稳定期，降低软件产品的成本。可以通过知识分享，参考前人经验，缩短学习曲线的不稳定期。缩短学习曲线的不稳定期没有什么具有特效的方法，重要的还是靠自己的学习、思考、积累和总结。在学习过程中，要不断地把理论和实践相融合，“知其然更知其所以然”，这样才能提高得更快。

近几年，在进行软件成本估算时，学习曲线开始越来越受重视。在进入一个新项目时，软件开发人员需要用一定的时间去掌握有关的知识和技能，而每次完成同一性质的工作后，下次完成该性质的工作或生产单位产品的时间将减少，这就是学习曲线的主要内涵。随着对项目的逐渐熟悉，项目人员的绩效将得到改善，从而项目成本也将降低。

引用概念

学习曲线的概念是科蒂斯于 20 世纪 30 年代在飞机的制造过程中提出的。科蒂斯所观察到的现象是：每当生产的零件的总数增加一倍的时候，直接劳动时间就以一定的百分比在减少。例如，随着员工熟练程度的提高，第 2 架飞机的装配时间只有第 1 架飞机的装配时间的 80%；如果飞机的装配数量再多一倍，也就是到第 4 架飞机时，其装配时间应该是第 2 架飞机的装配时间的 80%，就是第 1 架飞机的装配时间的 64%；更进一步说，如果飞机的装配数量再多一倍，也就是到第 8 架飞机时，其装配时间应该是第 4 架飞机的装配时间的 80%，即第 1 架飞机的装配时间的 51.2%，依此类推，随产量增加而呈下降趋势的平均成本曲线，通常被称为学习曲线。

小结

软件项目计划者在项目开始之前必须先估算 3 件事：需要多长时间、需要多少工作量以及需要多少人员。此外，计划者还必须预测所需要的资源（硬件及软件）和包含的风险。

范围说明能够帮助计划者使用一种或多种方法进行估算，这些方法主要分为两大类：分解方法和经验模型。分解方法需要划分出主要的软件功能，接着估算实现每一个功能所需的程序规模或人月数。经验模型使用根据经验导出的公式来预测工作量和时间，可以使用自动工具实现某一特定的经验模型。

精确的项目估算一般至少会用到两种方法。通过比较和调和使用不同方法导出的估算值，计划者更有可能得到精确的估算。软件项目估算永远不会是一门精确的科学，但将良好的历史数据与系统化的技术结合起来能够提高估算的精确度。

习题

1. 针对学校教学管理系统，进行功能分解，以 LOC 估算每个功能的规模。假设你所在的公司平均生产率是 450LOC/pm，且平均劳动力价格是 7000 元/人月，使用基于 LOC 的估算技术来估算构建该软件所需的工作量及成本。

2. 使用 COCOMO 方法估算学校教学管理系统开发项目的工作量，并采用其他方法进行估算，然后使用三点估算法导出该项目的单一估算值。

3. 成本和进度估算是在软件项目计划期间（详细的软件需求分析或设计进行之前）完成的。为什么会这样？是否存在不需要这样做的情况？

实验4：用扑克牌估算工作量

（共 1.5～2 个学时）

1. 实验目的

（1）掌握某个任务工作量的扑克牌估算方法实践。

（2）加深理解敏捷开发方法所提倡的面对面沟通。

2. 实验内容

基于某个项目（某个软件新版本的开发），选定 2～3 个具体的任务，按扑克牌估算方法来完成工作量的估算。

3. 实验环境

4 个人一组，有估算扑克，也可以采用相应的手机 App 或者自制卡片，各张卡片分别显示 1、2、3、5、8、13、20、50、100 等。

4. 实验过程

（1）选择其中一个任务，由熟悉此任务的人向大家做任务说明。如果不清楚可以提问，相互快速交流。

（2）每个人根据自己的经验估算任务，给出一个值，出暗牌。

（3）大家出牌完毕，再翻牌。

（4）差异最大的两个人发言，阐述估算的依据或理由。

（5）再重复步骤（2）到步骤（4），直到 4 个人出牌接近或出了 4 轮牌。

（6）根据 4 个人最后出牌的结果，得出一个合理的估算值。

（7）再取一个任务，重复步骤（1）到步骤（6），直到完成所指定的任务。

5. 交付成果

写一个估算报告，描述估算过程，对发言的要点进行记录和分析，并总结所学到的经验和教训。

06 第6章　项目进度和成本管理

从软件项目管理概念的提出（20 世纪 70 年代中期）到现在，“按时、按预算完成项目”一直是管理者们面临的最大挑战。

在 20 世纪 90 年代中期，据美国软件工程实施现状的调查，软件研发的情况很糟糕，大约只有 10%的项目能够在预定的费用和进度内交付。

麦肯锡公司几年前的一项调查表明，全球软件开发项目中只有 16%能按计划完成。在国内，软件项目按计划、按预算完成率也只有约 20%。

研究发现，软件项目的进度和成本管理问题是导致项目管理混乱的主要原因，也直接导致项目不能按计划、按预算完成。项目进度、成本管理是软件项目管理过程中最重要的部分之一。其主要工作包括项目活动的标识、活动的排序、活动的资源估算、活动的成本估算、活动的工期估算、资源合理分配、制订项目完整的进度和成本计划、监控和控制项目进度及成本等相关的内容。

第 4 章已经对项目计划做了详细的介绍。但是要想将项目的计划转换成可以运作的时间表，就必须对项目中所有的活动进行标识和评估，然后根据资源和条件的限制编制可行的进度表。

6.1　标识项目活动

标识活动与排序

标识项目活动就是把项目的工作量分解为容易管理的具体任务，而每一项任务都要有明确的时间和资源的限制，它是编制项目进度表的基础。例如，在软件编码阶段，阶段目标是完成全部编码工作，成果是软件源代码、模块的单元测试和集成测试的结果等。那么，该阶段包括基础类库设计编码、公共控件实现、软件框架搭建、各模块编码、各模块单元测试等项目活动。

如何才能全面、清晰、详细地定义出所有项目活动呢？可以从下列两条主线来考虑。

（1）软件开发生命周期：这条主线就是以软件开发周期为框架，在分解项目活动的时候，可以按照软件开发周期模型的各个阶段对项目进行阶段性划分，再结合软件项目的需求详细地考虑每个阶段的活动。

（2）软件开发功能点：这条主线与软件开发周期模式相反。它是以软件项目的需求分析为主线，对软件需求进行分析和整理使其形成各个功能点模块，然后结合软件开发周期对各个功能点模块进行细分。

在 Chandler 项目中，一开始米切尔的项目组只有一个目标——建立一个跨平台的个人信息和时间管理软件。而要完成这个目标，米切尔只知道 3 个要素。

- 应当开源。
- 应当“挠到 Exchange 的痒处”。
- 应当继承 Agenda 之精髓。

但是他们没有对这个目标需求做详细的分析，没有设计出详细的功能说明书，纵使他们能确定技术和方向，也没有办法确定项目中各个具体的活动，那么合理的时间计划表也就成了泡影。几乎项目组的每个成员都有各种各样美好的愿景，即使“高手云集”，他们也一样要面临失败。

Exchange 之痒

在 2000 年和 2001 年，小型组织的日程管理没有其他方案可选。Exchange 太过强大，功能远超小机构所需。Exchange 也很昂贵，得置办一台服务器、购买 Windows 许可、购买 Exchange 软件许可，如果没有全职技术人员，还得雇个咨询师，请他每月来几个小时做系统调整。在如梦方醒之前，你已经为保持日历同步花费了大量资金。

Agenda 之魂

莲花公司于 1988 年发布了 Agenda 软件。这是个简单的列表管理软件。它的“独门秘籍”是可以让用户随意输入。用户不用关心软件的存储结构，只管输入数据就好；用户能够容易地扩展和修改数据结构、添加新分类，且不会导致数据丢失；用户能够用自己创建的方式查看数据，也可以在自己创建的视图中操作和修改数据。看看 30 多年后的今天，我们使用的软件中也只有少数能做到上述几点。这也就是 Agenda 当时引入的一种管理数据新手段，它介于传统计算机数据库的严格结构和字处理软件的自由格式之间。

——节选自《梦断代码》

这里以一个即时聊天系统为例来说明活动的标识。一个完整的即时聊天系统，应该包括登录/注册模块、主界面、聊天界面、群组管理等多个子系统。

先以软件开发生命周期为主线来划分，项目可以分为需求分析、系统设计、编码实现、系统测试、部署交付 5 个阶段。这里只对系统设计中的程序界面设计活动进行标识，如图 6-1 所示。

也可以根据软件开发功能点来划分项目活动，对软件需求说明书的内容进行分析和划分，列出软件系统的各个模块，如图 6-2 所示。可以看出，这个模块界面的设计活动有多个，而其他设计活动都分布在各个模块中。用这条主线进行活动标识的时候，一定要注意各个模块之间交叉部分的连接和统一设计的问题。编辑和查询界面的设计是很多模块都要用到的，所以在这两个界面设计之前，各个模块需要统一规划。

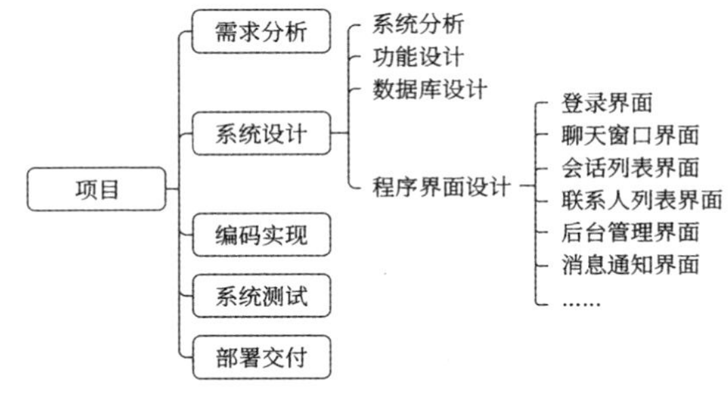

图6-1　以开发周期为主线的即时聊天系统程序界面设计活动

在标识软件项目活动的时候，注意最后分解的项目活动应该是明确的、可管理的和可定量检查的。正如 PMP 中介绍的 4 种常用方法。

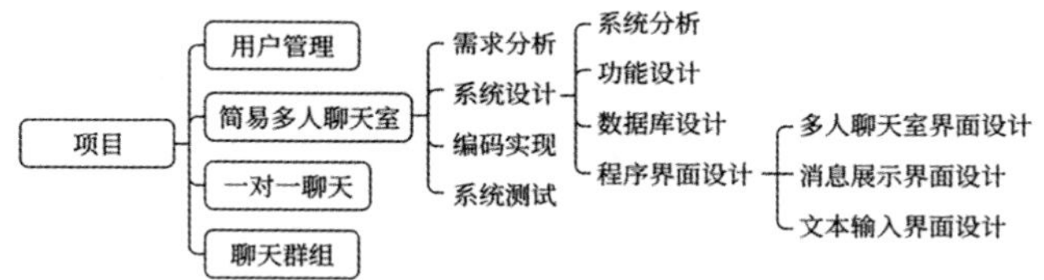

图6-2　以功能点为主线的即时聊天系统程序界面设计活动

（1）逐层分解：对小项目而言，可以用头脑风暴法进行活动的分解。对大中型项目而言，就要运用 WBS 方法对活动进行分解。WBS 方法在前面第 4 章中已详细介绍。

（2）使用模板：如果项目组织内之前做过类似的项目，那么就可以利用比较成功的项目模板来对当前的项目工作进行分解。这种方法省时省力，但前提是有类似的项目模板可用于参考。

（3）专家评定：邀请经验丰富的软件项目进度管理专家来进行评判或者给出建议。

（4）滚动式规划：这是一种逐步完善的规划方式，对近期完成的工作进行细致规划，而对远期完成的工作进行初步（比较粗糙）的规划，是将计划期不断向前延伸、连续编制计划的方法。这种方法在第 4 章也已介绍，即滚动计划方法。

在项目活动标识的过程中，不仅要把所有的活动都定义出来，还要分析出活动的两种类型：前导活动和后续活动。也就是说，明确各活动之间的相互依赖关系，以便确定活动在项目进度中的位置。

（1）前导活动是在下一个活动开始之前必须出现的活动。例如，要开发产品，必须先获取需求，获取需求就是开发产品的前导活动。

（2）后续活动是在前导活动之后必须出现的活动。例如，代码完成的软件包必须经过测试，验证通过后才能提交给客户，软件包测试就是产品开发的后续活动。

在所有活动标识结束后，应该形成明确的活动清单（包括活动的定义、类型的分析以及相互依赖关系）并发给项目成员。这可以让每位项目成员清楚以下几点。

- 有多少工作需要处理。
- 有哪些工作可以单独完成。
- 有哪些工作需要相互协助完成。
- 有哪些工作需要提前做好准备工作等。

6.2　确定项目活动的次序

在对项目活动排序方法进行介绍之前，先来看一个时间管理故事，并思考我们从中可以学到什么。

时间管理故事

在一堂时间管理的课上，教授在桌子上放了一个空的罐子，然后又从桌子下面拿出一些正好可以从罐口放进罐子里的鹅卵石。当教授把石块放完后问他的学生道：“你们说这罐子是不是满的？”

“是！”所有的学生异口同声地回答说。“真的吗？”教授笑着问，然后从桌底下拿出一袋碎石子，把碎石子从罐口倒下去，摇一摇，再加一些，再问学生：“你们说，这罐子现在是不是满的？”这回他的学生不敢回答得太快。最后班上有位学生怯生生地细声回答道：“也许没满。”

“很好！”教授说完后，又从桌下拿出一袋沙子，慢慢地倒进罐子里。倒完后，再问班上的学生：“现在你们再告诉我，这个罐子是满的呢，还是没满？”

“没有满。”全班同学这下学乖了，大家很有信心地回答说。“好极了！”教授再一次称赞这些孺子可教的学生们。称赞完了，教授从桌底下拿出一大瓶水，把水倒在看起来已经被鹅卵石、小碎石、沙子填满了的罐子里。当这些事都做完之后，教授又问他班上的同学：“我们能从上面这件事情得到什么重要的启示？”

班上一阵沉默，然后一位自以为聪明的学生回答说：“无论我们的工作多忙，行程排得多满，如果要逼一下的话，还是可以多做些事的。”这位学生回答完后心中很得意地想：“这门课到底讲的是时间管理啊！”

教授听到这样的回答后，点了点头，微笑道：“答案不错，但并不是我要告诉你们的重要信息。”说到这里，这位教授故意顿住，用眼睛向全班同学扫了一遍说：“我想告诉各位最重要的信息是，如果你不先将大的鹅卵石放进罐子里去，你也许以后永远没机会把它们再放进去了。”

这个故事告诉我们：做任何事情，预先确定活动的次序是多么重要。在日常的工作中，预先对要做的事情做出轻重缓急的合理安排，这样处理起事情来就不会手忙脚乱了。这也是常说的时间管理。做项目也是如此，没有合理的活动次序就没有合理的项目进度安排表。

6.2.1 项目活动之间的关系

做好活动排序之前一定要确定各个活动之间的依赖关系。项目活动之间的依赖关系就是指活动在时间上的逻辑顺序。活动之间的依赖关系取决于实际工作的要求，不同活动之间的依赖关系决定了活动的优先顺序及其重要性。

介绍活动关系之前，先来做个假设：活动 A 是前导活动，活动 B 是活动 A 的后续活动。活动框的前端是开始点，后端是结束点，如图 6-3 所示。

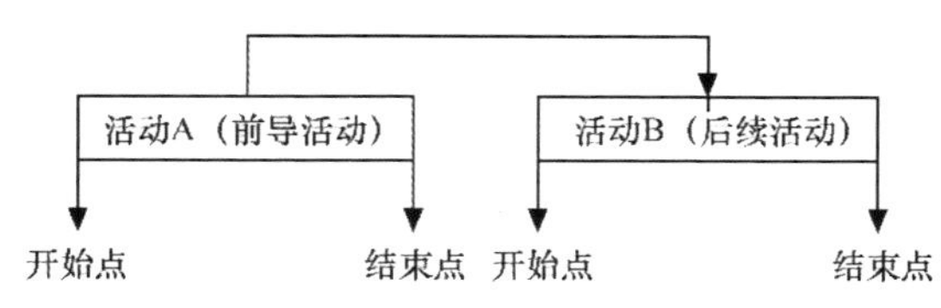

图6-3 前导后续活动示意图

在整个软件项目开发中，一般有下列几种类型的活动关系，如表 6-1 所示。

表 6-1 活动关系类型

关系类型	缩写	说明	图例
结束-开始（Finish-Start）	FS	活动 A 结束后，活动 B 马上开始	活动A 活动B
		活动 A 结束后，一段滞后时间后活动 B 才开始	活动A 活动B
开始-开始（Start-Start）	SS	活动 A 和活动 B 同时开始	活动A 活动B
		活动 A 开始后，活动 B 才能开始。两个活动之间可以有重叠时间，也可以有滞后时间	活动A 活动B 活动A 活动B
结束-结束（Finish-Finish）	FF	活动 A 和活动 B 同时结束	活动A 活动B
		活动 A 结束后，活动 B 才结束。两个活动之间可以有重叠时间，也可以有滞后时间	活动A 活动B 活动A 活动B

注：① 重叠时间也叫超前时间，在关系顺序上允许提前后续活动的时间。

② 滞后时间是在关系顺序上允许推迟后续活动的时间，即活动之间拖后或等待的时间。

（1）结束-开始（Finish-Start），这是最普遍也是最常用的活动类型。项目中大多数活动之间都是这种关系。例如，在连接网络前，必须把网线插好。

（2）开始-开始（Start-Start），是指一个活动开始，另一个活动才能开始。这种活动类型经常表示某种并行而且具有一定依赖关系的活动。例如，软件项目的测试活动依赖于构建活动的结果，但又独立于构建活动。它们可以同时开始，没有要求测试活动一定要在构建活动开始后马上开始，但是至少不能在构建活动开始前开始。

（3）结束-结束（Finish-Finish），一个活动必须在另一个活动结束之后结束。这种活动类型经常表示某种并行，但其产出物具有一定依赖关系的活动。例如，一个模块的测试要求在一个新的环境中完成，只有新的环境搭建好之后，测试任务才能完成。这里面同样没有要求测试活动一定要在新的环境搭建活动完成后马上完成，但至少不能比新的环境搭建活动更早地完成。

6.2.2 项目活动排序

确定活动之间的关系后，就可以对活动进行排序。项目网络图是显示活动顺序的首选方法。创建项目网络图通常有两种常用的方法：前导图法和箭线图法。

1．前导图法（Precedence Diagramming Method，PDM），又叫单节点网络图法（Activity on Node，AON），它用单个节点（方框）表示一项活动，用节点之间的箭线表示项目活动之间的依赖关系。这里以软件项目中常进行的代码评审活动为例，如图 6-4 所示。

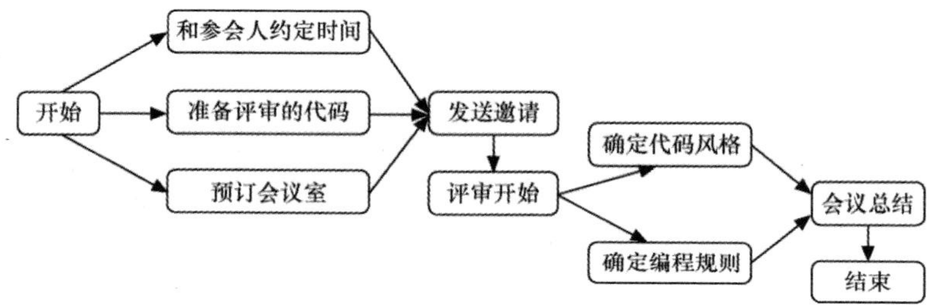

图6-4 代码评审前导图

2．箭线图法（Arrow Diagram Method，ADM），又叫 AOA 网络图法（Activity-On-Arrow，AOA），就是用箭线表示活动，活动之间用节点（称作“事件”）连接，只能表示结束—开始关系，每个活动必须用唯一的紧前事件和唯一的紧后事件描述。同样以代码评审为例，如图 6-5 所示。

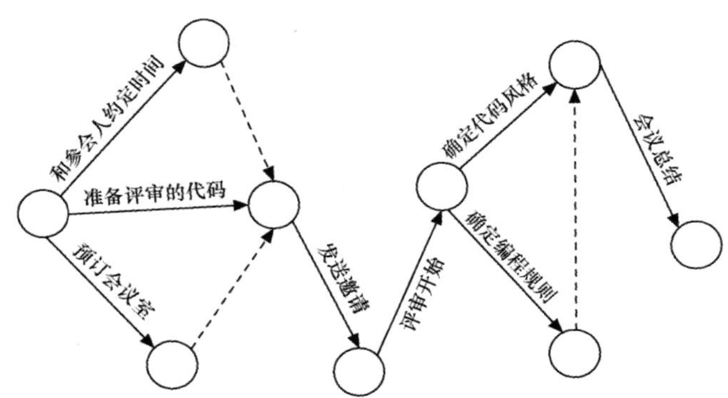

图6-5 代码评审箭线图

在箭线图中，当正常的活动箭头已不能全面或正确描述逻辑关系时，需要使用虚拟活动。虚拟活动在图形中用虚线箭头表示。也可以理解为当活动要并行发生时，就需要使用虚拟活动。

还有一个可用的方法——使用网络参考样板，用各种标准网络模板可以加速项目网络图的编制，但注意模板必须符合实际项目，不可乱用。应用这种方法的前提是做项目过程中不断收集和归纳各种不同的模板。在一个软件组织里，应构建模板库，并不断积累和完善，以轻松完成项目活动排序工作。

绘制网络图的基本原则如下。

- 正确表达项目各工作间的逻辑关系。
- 不允许出现循环回路。
- 节点之间严禁出现带双向箭头或无箭头的连线。
- 严禁出现无箭头节点或无箭尾节点的箭线。
- 网络图中，只能有一个起始节点和一个终止节点。
- 网络图中不允许出现中断的线路。
- 箭线应避免交叉，不能避免时采用过桥法。
- 箭线采用直线或折线，避免采用曲线。
- 非时间坐标网络图，箭线的长短与所表示工作的持续时间无关。
- 箭线方向应以从左向右为趋势，顺着项目进展方向。
- 网络图要条理清楚、布局合理、结构整齐。
- 大型复杂项目网络图可分成几部分画在几张图纸上，选择箭头与节点较少的位置作为切断处，且重复标出切断处的节点标号。

网络图可手动编制，也可用相应的工具实现。完成的网络图应伴有一个简洁说明，以描述基本排序的原则、依据，对不平常的排序加以叙述，以便相关利益人可以清楚了解各活动安排，从而提出合理的意见。

6.2.3　实例

某软件项目的活动工期和资源安排如表 6-2 所示。注意，每项活动名称前已用英文字母标识出顺序，然后在“前导活动”中说明相应前导活动是哪些。

表 6–2　某软件项目的活动工期和资源安排

活动名称	活动工期	活动资源	前导活动
A：需求分析	10 天	需求分析师 2 人	
		每人一台基本配置计算机	
B：软件设计	10 天	系统架构分析师 2 人	A
		每人一台基本配置计算机	
C：测试案例编写	12 天	测试工程师 3 人	A
		每人一台基本配置计算机	
D：编程实现	15 天	程序员 4 人	B
		每人一台基本配置计算机	
		编程服务器一台（和其他项目组共享，冲突时间是 5 天）	
E：软件测试	15 天	测试工程师 3 人	C、D
		每人至少两台基本配置计算机	
		测试服务器和备份服务器各一台	
F：编写用户手册	5 天	文档人员 1 人 ·	A
		一台基本配置计算机	
		运行系统服务器一台	
G：调试软件系统	3 天	系统调试师 2 人	E
		调试机器若干（客户提供）	
		运行系统服务器一台（客户提供）	

根据该表，可以画出活动的网络前导图，如图 6-6 所示。对于箭线图，可以作为课后练习。

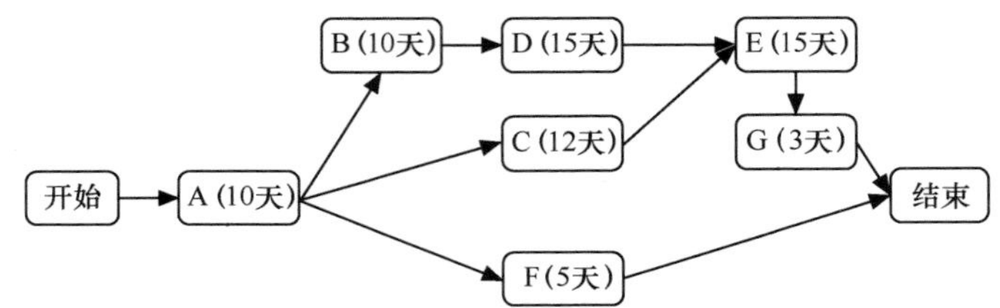

图6-6　某软件项目活动的前导网络图

6.3　关键路径法

关键路径

关键路径法（CPM）是在项目进度管理中应用最为广泛的方法之一，它借助网络图和各活动所需时间来估算项目的总工期。通过应用 CPM 对网络图进行分析和运算，可为进度管理工作指明方向，为项目经理提供决策依据，从而保证项目在预算范围内如期完成。

6.3.1　关键路径和关键活动的确定

在项目网络中会有若干条网络路线，对比各网络路线的累加工期，就会发现通常有一条路线的时间最长。这条路线决定着项目的工期时间，称为关键路径。位于关键路径上的活动就是关键项目活动。

以图 6-6 为例，分析一下这个网络的关键路径。路径共有 3 条。

路径 1：开始—>A—>B—>D—>E—>G—>结束

10 +10 +15 +15 +3 = 53（天）

路径 2：开始—>A—>C—>E—>G—>结束

10 +12 +15 +3 = 40（天）

路径 3：开始—>A—>F—>结束

10 + 5 = 15（天）

由此可以得出关键路径是路径 1。那么这个案例的估计工期就是 53 天，关键项目活动就是 A、B、D、E 和 G。

6.3.2　活动缓冲期的计算

一旦标识出关键路径和关键活动，下一个重要的任务就可以开始了，那就是计算出各个活动的缓冲期，即在不导致项目预估工期延迟的情况下，各个活动可以有多少时间的延迟。因为项目的预估工期是关键路径上的各个关键活动所需时间之和，任何关键活动的延迟都会导致项目工期的延期，所以关键活动的缓冲期都是 0。

那么其他非关键活动的缓冲期是如何计算的呢？

首先，找到下一条最长的网络路线。然后，用关键路径的时间减去这条路线的时间，得到的时间差就是这条路线上活动的缓冲期。接着以图 6-6 为例，除关键路径外最长的是路径 2，这条路径上活动的缓冲期就是 53 − 40 = 13（天）。因为在路径 2 上，A、E、G 都是关键活动，它们的缓冲期是 0 天。只剩下一个非关键活动 C，那么活动 C 的缓冲期就是 13 天（也就是测试工程师在编写测试案例时共有 12（历时工期）+ 13（缓冲期）= 25（天）的时间）。看起来测试工程师进行活动 C 时间很充裕，但是仔细分析一下，我们就会知道为什么是这样了。在项目实施中，测试工程师要参与功能设计、系统设计的讨论和程序代码的评审。这不仅有利于项目成员在讨论中发现问题，也有利于测试用例的设计。测试工程师的讨论和评审所用的时间都要包括在 25 天的时间里。

同样，对于路径 3，因为 A 的缓冲期是 0 天，那么 F 的缓冲期就是 53 − 15 = 38（天）。

6.3.3　压缩工期

对于压缩工期，一般会从项目管理的三角关系上考虑，也就是在保证质量的前提下，寻求任务、时间和成本三者之间的最佳平衡。如果要压缩时间，那么就得增加资源、加班或者减少任务（如裁掉几个功能点）。

这里要介绍的是通过优化、缩短关键路径来压缩项目工期。要使整个项目缩短工期，试图缩短非关键路径上的活动周期是没有用的。只有使关键路径的工期缩短，整个项目才可以提前结束。

压缩关键路径的工期是指在现有的资源、成本和任务不变的前提下，针对关键路径进行优化，结合资源、成本、时间和活动的可调度性等因素对整个计划进行调整，直到关键路径所用的时间不能再压缩为止，得到最佳时间进度计划。

结合上例不难发现，在编程实现阶段，服务器资源是和其他项目组共享的，有 5 天的冲突时间。而项目的测试小组此时又有两台服务器（测试服务器和备份服务器各一台）闲置，那么编码小组完全可以通过项目经理进行协调，把测试小组的服务器借来使用 5 天，以避免和其他项目组共享编程服务器的冲突。这样一来，编码的时间就可以缩短 5 天，整个项目周期就可以减少到 48 天。

6.3.4　准关键活动的标识

所谓准关键活动的标识，就是在项目计划和进展的时候，将那些可能成为关键活动的非关键活动标注出来的过程。在项目的实施中，不能只关注和监督关键路径上的活动。项目的进展是实时变化的，关键路径不是一成不变的，而是动态变化的。当非关键路径上的活动用完缓冲期的时候，它们就成了关键活动，那么网络中的关键路径也就随之改变了。这就要求定期重新计算网络路径的时间，以确保随时抓住关键路径保证项目如期完成。

由于在实践中，网络的路径可能很复杂，为了能及时控制那些可能成为关键活动的非关键活动，通常在计划和重新计算网络时间的时候标识出“准关键活动”。它们的标识可以根据项目的情况来定，例如以下几种情况。

- 这些活动的缓冲期小于它们自身周期的 10%，如果不加关注，这样的活动缓冲期比较容易很快用完。
- 活动的路径上只有一两个活动是非关键活动，当这一两个活动的延迟时间超过缓冲期的时候，它们就变成了关键活动。
- 对于一些有依赖关系的活动，若不能完全保证之前的活动（前导活动）准时完成，那么这类活动也需要定期或者及时关注，以防它们变成关键活动。

以图 6-6 为例，来分析一下这个网络的准关键活动。路径共有 3 条。

路径 1：开始—>A—>B—>D—>E—>G—>结束

10 + 10 + 15 + 15 + 3 = 53（天）

路径 2：开始—>A—>C—>E—>G—>结束

10 + 12 + 15 + 3 = 40（天）

路径 3：开始—>A—>F—>结束

10 + 5 = 15（天）

在路径 2 中，因为 A、E 和 G 都是关键路径上的活动，只有 C 不是，那么 C 就成为准关键活动。如果活动 C 延迟并超过自己的缓冲期，那么整个网络的关键路径就变成路径 2。所以在这个网络中关注关键活动的同时，还要及时关注活动 C 的进度。

6.4　网络模型的遍历

关键路径和活动缓冲期确实对控制项目进度非常有用，但是要想弄清楚所有路径上活动的自由度，就必须通过网络模型遍历计算出活动最早开始和结束的时间与最迟开始和结束的时间，再通过资源因素和一些约束条件调整活动时间，最终形成最佳活动进度表。

6.4.1　正向遍历

正向遍历

项目网络的正向遍历就是按照活动开始到活动结束的顺序对网络中的每个活动进行遍历。通过执行正向遍历来计算出每个活动最早开始和最早结束的时间。进行正反向遍历的时候，都要从关键路径开始计算，之后再找下一条最长的路径计算，依此类推。

- 最早开始时间（Early Start，ES）是指某项活动能够开始的最早时间。
- 最早结束时间（Early Finish，EF）是指某一活动能够完成的最早时间。
- 最早结束时间（EF）是活动的最早开始时间（ES）与活动工期的总和。

以图 6-6 为例来完成网络的正向遍历，获得每个活动最早开始和最早结束的时间，用图 6-7 来表示正向遍历后的网络。整个计算过程如下。

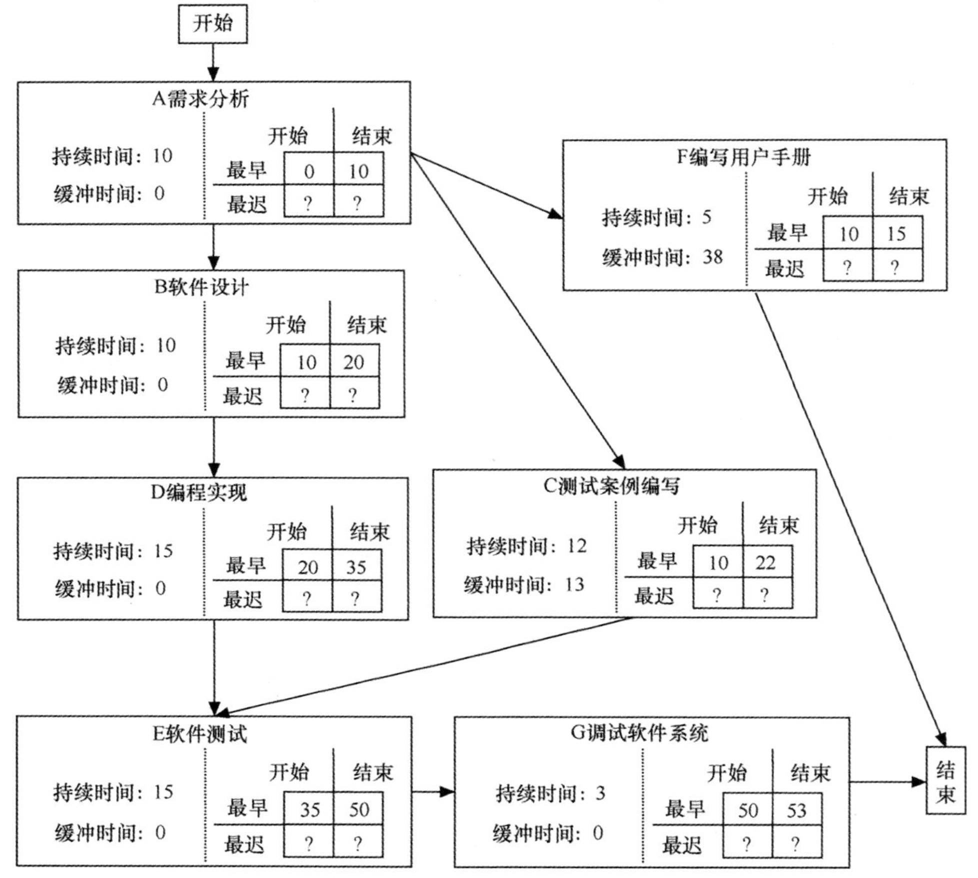

图6-7 正向遍历后的网络图

（1）计算关键路径上的各个活动：A—>B—>D—>E—>G。

- 活动 A 是整个网络中第 1 个开始的活动，没有任何前导活动，它可以立即开始，因此它的最早开始时间为 0。活动 A 的持续时间是 10 天，那么 A 的最早结束时间就是第 0 + 10 = 10（天），也就是最早第 10 天结束。
- 活动 B 是紧随 A 的活动，只有 A 完成，B 才可以开始，那么 B 的最早开始时间是第 10 天，也就是最早在第 10 天结束后开始。B 的持续时间是 10 天，因此，B 的最早结束时间就是第 10 + 10 = 20（天），也就是最早第 20 天结束。
- 类似地，计算出 D、E 和 G 的最早开始和结束时间，如图 6-7 所示。

（2）关键路径活动计算完之后，开始计算下一条最长路径上的活动。活动 C 是紧随 A 的活动，那么 C 的最早开始时间就是第 10 天，最早结束时间就是第 10 + 12 = 22（天）。因为这条路径上其他活动都是关键活动，已经计算过，接下来就可以计算下一条最长路径了。

（3）类似地，计算出活动 F 的最早开始时间是第 10 天，最早结束时间是第 15 天。

6.4.2　反向遍历

项目网络的反向遍历和正向遍历相反，按照活动结束到活动开始的倒序对网络中的每个活动进行遍历。通过执行反向遍历来计算出每个活动最迟开始和最迟结束日期。

- 最迟开始时间（Late Start，LS）是指为了使整个项目在要求完工时间内完成，某项活动必须开始的最迟时间。
- 最迟结束时间（Late Finish，LF）是指为了使整个项目在要求完工时间内完成，某项活动必须完成的最迟时间。
- 最迟开始时间（LS）等于这项活动的最迟结束时间减去它的估计工期。

通过反向遍历方法，计算图 6-7 中的最迟开始和最迟结束的时间，从而得出图 6-8 所示的完整的网络遍历图。反向遍历方法的计算步骤如下。

（1）从网络结束点开始倒推关键路径上各个活动：G—>E—>D—>B—>A。

- 由于项目的工期是 53 天，那么直接连接结束点的活动 G 的最迟结束时间就是第 53 天，也就是最迟第 53 天结束。它的最迟开始时间是第 53 − 3 = 50（天），也就是 G 最迟在第 50 天结束后开始。
- 活动 E 是活动 G 的前导活动，它的最迟结束时间就是活动 G 的最迟开始时间。因而 E 的最迟结束时间是第 50 天，E 的最迟开始时间就是 50 − 15 = 35（第 35 天）。
- 依此类推，计算出活动 D、B 和 A 的最迟结束和开始时间，如图 6-8 所示。

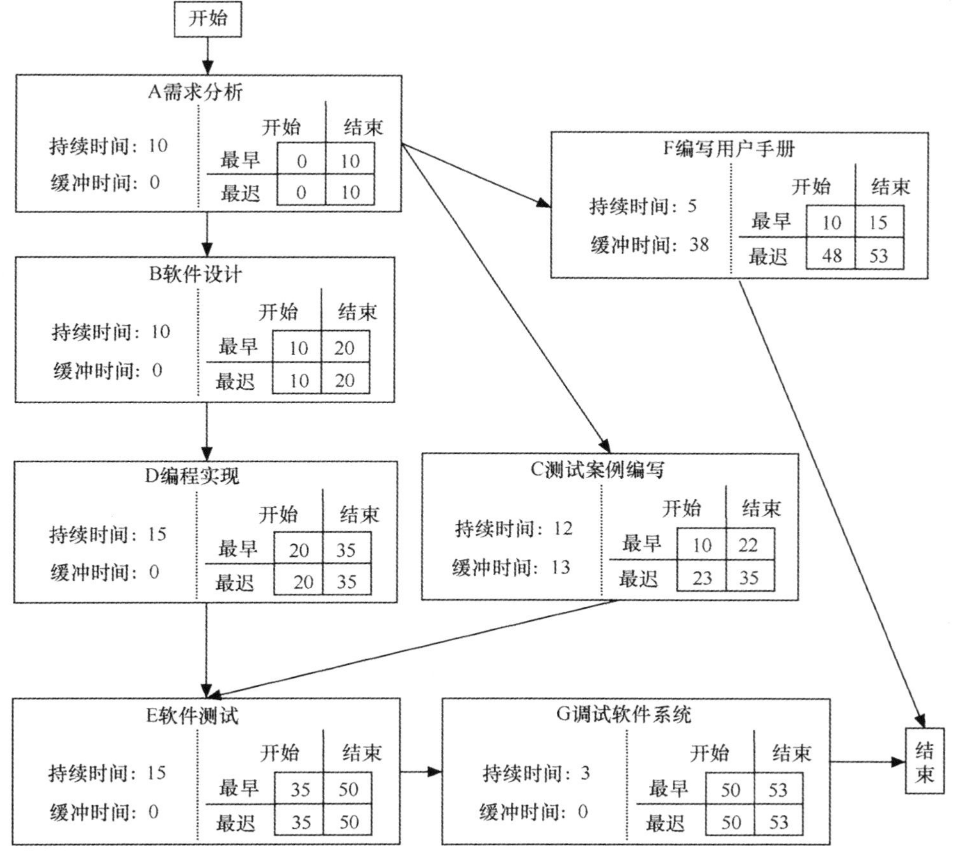

图6-8　完整的网络遍历图

（2）关键路径活动计算完之后，开始计算下一条最长路径上的活动。活动 C 是活动 E 的前导活动，那么 C 的最迟结束时间就是活动 E 的最迟开始时间，即第 35 天，最迟开始时间就是第 35 − 12 = 23（天）。因为这条路径上其他活动都是关键活动，已经计算过，接下来就可以计算下一条最长路径了。

（3）类似地，计算出活动 F 的最迟结束时间是第 53 天，最迟开始时间是第 48 天。

从图 6-8 中，可以看出以下两点。

- 关键路径上的各个活动的最早开始时间等于最迟开始时间，最早结束时间等于最迟结束时间。原因就是关键活动是没有任何缓冲期的。一旦关键活动出现延迟，结果必然导致整个项目工期的延迟。
- 项目网络中各个活动的缓冲期也可以通过最迟结束时间减去最早结束时间或者最迟开始时间减去最早开始时间得到。

因为实际项目的活动通常要比图 6-6 所示的复杂得多，我们是不是需要担心项目经理在负责制订项目进度计划时将会有太多的工作要做？实际上，大可不必担心，因为经过这么多年的发展，现在项目管理有很多工具可以帮上忙。只要我们确定了项目活动、历时、相关约束条件，工具就可以很快计算出关键路径和网络遍历结果，并绘制出所需的网络图等。例如 Microsoft Project、Teamwork 等比较常用的管理工具，都具有这类功能。

6.5 里程碑

里程碑

项目进度百分比所带来的误区

A 公司前不久接下了一个软件项目，要求整个项目在 2 个日历月之内完成。合同签署之后，该公司指派了一名项目经理。该项目经理看上去十分认真，在完成需求调查之后，他就向公司提交了一份详细的项目计划书，而且项目完成的时间也完全与合同要求相同，整整 2 个日历月，一切看起来是那样顺利。时间过得很快，项目似乎也进展得很顺利，项目经理也严格按照规定每周上交进度报告，项目完成的百分比也一直和项目计划保持着一致，很快到了第 8 周，项目进度指示已完成 90%。但是，第 9 周出了问题，项目无法按时交付，希望能够再延长 2 周。A 公司的市场部门急了，你不是上周就完成了 90%吗？这周出了什么问题？项目经理解释说，项目的需求一直有变化，增加了不少工作量。没办法，市场部门开始向客户解释。2 周过去后，进度报告上指示完成了 94%，希望能够再延长 2 周。这时候不仅是市场部门火了，客户也气急败坏。但是，这并没有解决问题，项目一直拖到了 4 个日历月才完成，延期交付给 A 公司带来了很大的经济与信誉损失。

这就是一个典型的进度失控的问题。那么为什么会出现这样的问题呢？从这个项目的实际情况来看，项目经理给出 90%的进度完成率是有误的，其实只有 50%左右。因为在项目中只有最后一个结果的检查点，项目经理只能根据各个小组上报的项目完成情况来获取这个进度数字。因为没有设置检查标准，各个项目组都是按照自己的估计上报完成率，那么估计的误差和各个小组之间相关联的工作就会被忽略，到项目后期误差就会越来越大，从而导致整个项目进度的失控。

6.5.1 什么是里程碑

软件是无形的产品，其开发过程的可视性比较差，控制开发过程比较困难。如果没有设置一些可检查的时间点，就如同一个第一次驶过某个路段的司机一样，不看路标就很难从“窗外的景象”来判断自己处在哪个位置。现在的司机可以借助导航系统来导航，但是对软件开发而言，还没有像导航系统这样的工具来帮忙，只有效仿设置路标来加强控制：在制订项目进度计划时，在进度时间表上设立一些重要的时间检查点。这样一来，就可以在项目执行过程中利用这些重要的时间检查点来对项目的进程进行检查和控制。这些重要的时间检查点被称作项目的里程碑（Milestone）。

里程碑一般是项目中完成阶段性工作的标志，标志着上一个阶段结束、下一个阶段开始。将一个过程性任务用一个结论性标志来描述，明确任务的起止点，一系列的起止点就构成了引导整个项目进展的里程碑。里程碑定义了当前阶段完成的标准（Exit Criteria）和下个阶段启动的条件或前提（Entry Criteria），并具有下列特征。

- 层次性，在一个父里程碑的下一个层次中可定义子里程碑。
- 不同类型的项目，里程碑可能不同。
- 不同规模项目的里程碑数量不一样，里程碑可以合并或分解。

里程碑是一个以目标为导向的关键检查点，它表明为了达到特定的目标需要完成的一系列任务或活动。这一系列任务或活动完成，经过质量评审并且得到认可，标志着相应里程碑的完成。

检查点是指在规定的时间间隔内对项目进行检查，比较实际进度与估算计划之间的差异，并根据差异进行调整。而时间间隔可以根据项目周期长短不同而不同，原则上是检查间隔不超出可控范围。在软件开发生命周期中，需要定义一系列的里程碑，如表6-3和表6-4所示。

表6–3　软件开发生命周期的里程碑

M1：产品需求文档完成	M11：单元测试完成
M2：开发计划书初稿完成	M12：集成测试完成
M3：产品需求文档审查通过	M13：功能测试完成
M4：产品功能规格说明书完成	M14：系统测试完成
M5：开发计划书签发	M15：安装测试完成
M6：产品功能规格说明书签发	M16：代码冻结
M7：测试用例设计完成	M17：验收测试完成
M8：测试用例审查通过	M18：质量评估报告完成
M9：测试脚本开发完成	M19：产品发布
M10：代码完成	

表6–4　即时聊天软件开发生命周期敏捷模型Scrum的里程碑

M1：绘制项目路线图	M6：迭代一完成及总结，迭代二开始
M2：需求设计完成	M7：系统集成及测试
M3：迭代一开始	M8：迭代二完成及总结
M4：迭代二准备工作开始（用户故事、用户界面设计等）	M9：演示会
M5：系统集成及测试	M10：迭代版本上线发布

6.5.2　如何建立里程碑

在《梦断代码》整本书中，没有看到对Chandler项目定义具体的里程碑。但是如果管理组能设定具体的、可行的、可衡量的里程碑的话，项目可能不至于失控那么严重。图6-9和图6-10所示为对应不同开发模型的里程碑，在各个不同的时间点上设立里程碑检查点，在项目进行过程中就可比较容易地判断项目进展。

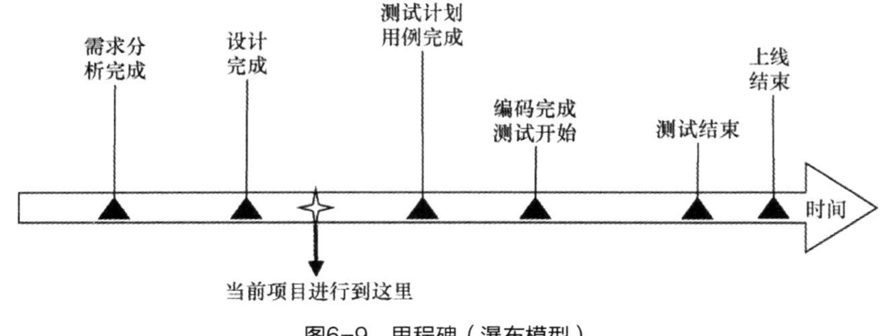

图6–9　里程碑（瀑布模型）

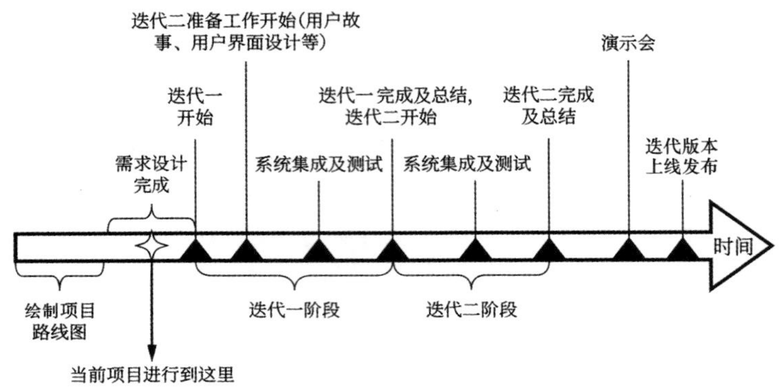

图6-10　里程碑（敏捷Scrum开发模型）

建立里程碑的方法如下。

1. **设立合理的里程碑检查点**

项目的阶段划分，一般是先根据项目选择合适的生命周期模型，然后对项目进度估算。对于小型项目，可以把阶段完成点设定为里程碑检查点；但是对于大型项目，有的阶段时间跨度可能很长，那么就有必要将这些阶段进行再次划分，分解成多个子里程碑。这里要注意，里程碑设置的时间跨度要合理，时间跨度太短，会导致检查频繁，增加工作量，也会增加管理成本；时间跨度太长，可能会造成进度失控，也会影响团队成员的情绪（迟迟看不到目标的实现，没有干劲儿）。子里程碑之间的间隔时间，以不超过 2 周为宜。

在关键路径上一定要设立里程碑，因为关键路径上的一系列活动决定项目的工期。

另外，在项目的实施中，还可以根据里程碑的完成情况，适当地调整后面里程碑的任务量和任务时间。这种方式非常有利于整个项目进度的动态调整，也利于项目质量的监督。

2. **确定里程碑的完成目标**

向目标迈进是动力的源泉。每个里程碑应该有一个明确的目标或者交付物。这样，到了里程碑点，团队成员看到目标实现，会比较有成就感、有干劲儿，下个目标就比较容易实现。

有资料显示，第一位成功横渡英吉利海峡的女性，第一次没有游过这个海峡，因为当时大雾，看不到陆地，在距离陆地一英里的地方，她放弃了。但第二次试游，天空晴朗，她轻松游过。这说明了目标的重要性，即使实现了一个小目标，也会让人具有成就感，受到鼓舞。

3. **明确里程碑的验证标准**

有的项目计划像模像样地设立了里程碑，但是项目经理并没有完全理解里程碑的意义。其中最大的问题在于把里程碑当成了摆设，并没有明确相应的验证标准。套用这样一句话：“也许是有人不小心把公路上的里程碑概念带入软件开发项目管理中的缘故吧。”在《人月神话》中也说：“如果里程碑标准定义得非常明确，以至于无法自欺欺人，程序员很少会就里程碑的进展弄虚作假。”在软件开发过程中，里程碑的作用是确认项目的完成进度，因此需要给出一个清晰的验证标准，用来验证是否到达了里程碑。例如，“已按检查清单完成规格化的软件需求说明书的检验”和“软件需求说明书通过客户签字确认”可以构成“需求分析完成”里程碑的验证标准。再如，“已拥有程序的可执行版本，实现了××特性，并通过测试”可作为编码实现阶段中的一个子里程碑的验证标准。同样，在敏捷 Scrum 里也要求每个用户故事都要有验收标准（Acceptance Criteria，AC），每个用户故事完成、迭代完成和项目发布都有完成的定义（Definition of Done，DoD）。表 6-5 所示为用户故事验收标准示例。表 6-6 和表 6-7 分别是迭代零和用户故事完成的定义示例。

表 6–5　用户故事验收标准示例

用户故事：作为一个用户，我希望能通过浏览器可以访问聊天系统，以便于登录系统
验收标准： 1. 用户可以通过主流浏览器（如 Chrome、Firefox、Safari、Edge 等）访问聊天系统 2. 用户能通过输入 URL 访问聊天系统

表 6-6　迭代零完成的定义示例

迭代零完成的定义
1. 确定团队角色和职责
2. 建立团队协作工具和沟通渠道
3. 确定项目的迭代周期和计划
4. 确定项目的需求收集和管理流程
5. 创建项目的基础架构和开发环境

表 6-7　用户故事完成的定义示例

用户故事完成的定义
1. 用户界面设计完成
2. 代码完成并提交到代码库
3. 测试用例存档，测试完成并提交结果
4. 代码的静态扫描完成
a. 没有严重的警告和错误
b. 没有圈引用
5. 代码审查完成
6. 用户故事测试完成
a. 单元测试完成
b. 自动化测试完成
c. 手动测试完成
d. 系统测试和整合测试完成
e. 性能测试完成
f. 辅助功能测试和安全测试完成
7. 用户体验测试完成
8. 所有验收标准达标
9. 回归测试完成
10. 清理完成所有用户故事的缺陷
11. 用户故事被产品负责人接受

4. 确认里程碑的利益相关人

在里程碑中应清楚地定义其负责人和干系人的责权范围，这样可以确保有专人督促项目组早日到达里程碑，而不是等到临近检查点再突击完成，有利于确保项目完成的质量。

5. 标识里程碑的进度百分比

在设定里程碑时，预估每个里程碑的完成占项目总进度的百分比，告诉团队通过这个里程碑说明项目大概完成了多少。在项目的实施中，要根据项目进度的动态变化，对未到达的里程碑的百分比做出相应的调整。这样就可以比较准确地掌握项目的进度。

高校即时聊天软件项目是个小型软件项目，各个活动阶段也可以作为项目的里程碑。这里把关键路径上各个活动结束作为此项目的里程碑，在需求分析之前增加一个需求收集的里程碑检查点，如表 6-8 所示。

表 6-8　高校即时聊天软件项目里程碑

里程碑	目标	负责人和干系人	百分比	评估标准
需求收集	收集 95%以上的需求（客户可以在项目开发期间提出一些不影响整体设计的小需求改动）	负责人： 产品负责人——露露、客户支持人员——傅利 干系人： 客户代表——朱老师、项目经理/Scrum Master——浩哥、市场团队	15%	完成需求说明文档及评审

续表

里程碑	目标	负责人和干系人	百分比	评估标准
需求分析	编制需求列表，与客户达成共识	负责人： 产品负责人——露露 客户支持人员 干系人： 客户代表——朱老师、项目经理/Scrum Master——浩哥、市场团队	25%	完成需求分析文档及评审
软件设计	给客户、市场团队、开发团队、测试团队做设计展示，并根据要求修改完成设计	负责人： 产品负责人——露露、UI 设计师——方方 干系人： 开发团队、测试团队、客户代表——朱老师、项目经理/Scrum Master——浩哥	15%	完成构架设计、系统设计、数据库设计和用户界面设计及评审
编程实现	完成全部代码编写、单元测试和模块集成测试	负责人： 开发负责人——文睿、项目经理/Scrum Master——浩哥 干系人： 开发团队、测试团队	20%	软件基本功能实现，没有阻碍测试工作进展的问题
系统测试	完成功能测试、系统测试、压力测试和回归测试	负责人： 测试负责人——玉洁 干系人： 测试团队、项目经理/Scrum Master——浩哥	20%	软件系统测试计划全部完成并达到质量要求
调试软件系统	调试，交付软件给客户	负责人： 项目经理/Scrum Master——浩哥、开发负责人——文睿、测试负责人——玉洁 干系人： 开发团队、测试团队、客户代表——朱老师	5%	客户满意

在敏捷 Scrum 中，由于信息相对透明和燃尽图的及时更新，里程碑的进度比较容易跟踪。图 6-11 为高校即时聊天软件项目第 1 期迭代燃尽图。

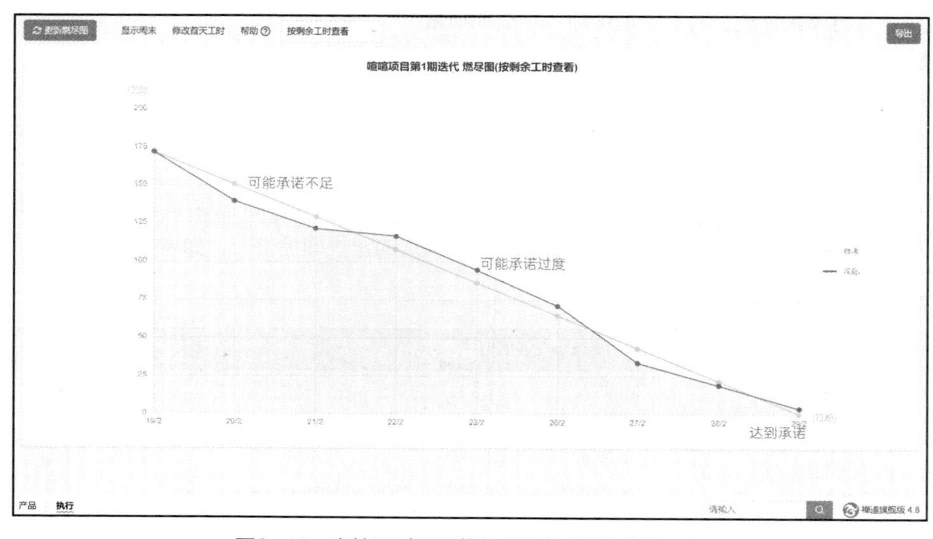

图6-11　高校即时聊天软件项目第1期迭代燃尽图

6.5.3 管理里程碑

在实际工作中，即使正确、合理地设置了项目里程碑、目标、检查标准等，如果项目实施中里程碑管理或多或少地被忽视了，那么项目的进度也很容易失控。要想有效管理里程碑，应该注意以下几个方面。

（1）重点关注。里程碑管理是一个具有特定重要性的事件，通常代表项目工作中一个重要阶段的完成。所以对里程碑的管理，不仅项目经理要高度关注，项目所有的干系人都应该重点关注。

（2）提前定期检查。在一个里程碑之内往往设有一些小的检查点，当然项目管理组不可能参与每个检查点的评审，但是可以通过其负责人的定期报告（如每日站会、每周报表、月度报表等）进行监控，以便提前发现问题，使问题及时得到解决。还有一点值得关注：里程碑的检查一定要提前一些时间进行。如果等到里程碑的时刻才做检查，这时如果不能满足里程碑的要求，就太迟了。因为这时不论采取什么措施，都不能及时达到里程碑，可谓回天无力。

（3）及时总结。里程碑是项目进度控制中的一个极为重要的概念，但是理论终归是理论，它可以指导或者帮助我们正确地做事情，也可以为我们提供一些实践的方法与指南，却无法保证项目成功。“银弹”并不存在，在实践中去发现问题、解决问题，总结经验、规律和方法，才是最有效的途径。每到一个里程碑结束的时候，都应该及时对前阶段工作进行总结，吸取教训，获取经验，从而改进下一阶段的工作。总结不可形式化，要做到切实有效。

在进行大型或者较复杂软件项目里程碑管理的时候，由于涉及功能模块多、工作人员多，各个任务之间的依赖关系复杂，只有一个总体项目的里程碑无法做到及时、准确的管理。这时就需要把项目分解成小的子项目，在总项目里程碑的框架下设置子项目的里程碑来加强管理。如果某个子里程碑失守，即没有及时达到这个里程碑的验收标准，不得不延迟，这时就需要采取一些措施（包括改进开发或测试策略、增加人员和加班等）来弥补，争取按时到达下一个里程碑。如果当前里程碑延迟时间过长，后面几个里程碑都很难按时到达，就不得不重新评估，重新设置后面若干个里程碑的日期，以确保产品的质量。

里程碑的管理实际上是防范、控制项目风险的有效手段之一，它很像是一把手术刀，可用来适时地切开项目进行剖析，以查明问题、对症下药。

引用概念

《人月神话》——银弹

在民间传说的妖怪中，人狼极为可怕，因为它们可以完全出乎意料地从熟悉的面孔变成可怕的怪物。为了对付人狼，我们正在寻找可以消灭它们的银弹。

大家熟悉的软件项目具有一些人狼的特性（至少在非技术经理看来），常常看似简单明了的东西，却有可能变成使项目进度落后、超出预算、存在大量缺陷的怪物。因此，我们听到了近乎绝望的寻求银弹的呼唤——寻求一种可以使软件成本像计算机硬件成本一样降低（摩尔定律）的银弹。

6.6 进度计划编制

无论应用瀑布模型还是敏捷开发模型，进度计划都是进度控制和管理的依据。瀑布模型按整个项目来计划，敏捷模式按迭代来计划。进度计划是进度控制和管理的依据。本章前文介绍的内容都是进度计划编制的先决条件，如关键路径分析、里程碑设立等。进度表的编制与确定，应根据项目网络图、估算的活动工期、资源需求、资源共享情况、活动最早和最晚时间、风险评估计划、活动约束条件等统一考虑。编制进度计划，可使项目的所有活动形成一个有机的整体。

6.6.1 编制进度表

软件项目进度表，一般需要分为如下两种进行编制。

（1）在软件产品需求范围确定之前的初步进度时间表。例如，有些公司会设立一个里程碑——概念承诺（Concept Commitment），设定一个大概的初步计划（或称概念性项目计划框架），获得大家的认可和接受。

（2）在软件产品需求范围确定之后的详细进度时间表。例如，有些公司会设立一个里程碑——实施承诺（Execution Commitment），设定一个详细的实施计划，获得项目组的认可和接受。

在项目开始的时候，需求的收集工作可能还在进行中。对项目后续的分析、设计、编码和测试等具体活动的标识还不能进行。为了确保项目前期工作的可控性，必须在此时尽快制订一个适合当前项目发展的项目近期的初步进度计划，相应进度表应该包括需求被确定之前的大多数活动和目标，并且是基本可以立即执行的。表 6-9 所示为典型的小型项目需求收集和分析进度表。

表 6-9　小型项目需求收集和分析进度表

<table>
<tr><th>活动名称</th><th>进度安排</th><th>与会人</th><th>时间安排</th><th>目标</th></tr>
<tr><td rowspan="5">需求收集</td><td>初步会议</td><td rowspan="5">项目客户小组、客户方负责小组、项目经理</td><td>1 天</td><td>了解客户方需求范围、质量和相关目标</td></tr>
<tr><td rowspan="3">详细讨论会议（根据客户的质量和目标需求详细讨论需求信息）</td><td>1 天</td><td>划分需求主要模块</td></tr>
<tr><td>2 天</td><td>分别讨论各个模块细节功能需求</td></tr>
<tr><td>1 天</td><td>讨论各个模块交叉功能需求</td></tr>
<tr><td>需求评审和确定会议</td><td>2 天</td><td>确定 95%以上的需求（客户可以在项目开发期间提出一些不影响整体设计的小改动需求）</td></tr>
</table>

直到需求范围被确定、正式进入需求分析的时候，完整的项目进度计划的制订才算正式开始。软件项目进度安排由于人为、技术、资源和环境等因素的影响，是随着时间的改变而不断演化的，所以进度计划的编制和更新是一个由粗到细的求精过程。

首先应建立一个粗略的、宏观的进度安排表。该进度表要标识出主要的软件项目活动、重要的里程碑及其预估的工期。这样可以为后面的详细进度计划构建一个时间框架并打下基础，做到“心中有数”。随着项目组成员的讨论和分析，确定活动或任务、活动资源、活动成本、活动排序、活动历时、活动关系及其相互制约的条件，宏观进度表中的每个条目就都被细化成一个“详细进度表”，再根据资源分配、成本估算等相关的约束条件对各个详细的进度表整合形成一个完整详细的进度计划表。

很多项目都是在最终发布日期已经确定（而且不能更改，这是客户的要求）的情况下来制订项目计划的。在这种情形下，进度计划的制订就要通过倒推法来完成。倒排进度其实也是在进度和资源紧张的情况下做进度计划的一种方法，虽然这种倒推的方法不是项目管理中提倡的方法，但是“客户是上帝”，在协调失利的情况下，只能想办法解决问题。如果不得不以时间限制为前提，就必须充分考虑风险和提前做好相关准备工作。不管是正推还是倒排，都要事先确定主要活动、几个关键的检查点（主里程碑），然后在各个里程碑之间仍然采用正排的方法来细化项目进度表，最后整合成详细的进度计划。

进度表应包括以下几个主要方面。

- 项目具体活动及其相互依赖关系。
- 每一具体活动的计划开始日期和期望完成日期——控制具体活动的完成时间是确保项目按时完成的基础。
- 活动负责人——对每个具体的活动都定义相关的负责人，由负责人来全权管理和掌控活动的进度。
- 资源的安排——确定每个具体活动、每个执行阶段的相关资源信息，特别是资源限制的问题。一定要提前做好相应的资源准备工作。
- 备用的进度计划——以防万一，有备无患。可以考虑在最好情况或最坏情况下、资源可调整或不可调整情况下、有或无规定日期情况下制订备用的进度计划。
- 进度风险估计——利用风险估计和分析方法对项目进度风险做出估计和规避计划，如资源调整风险评估。

6.6.2　进度编制策略

在编制项目进度计划的时候，还要运用适当的策略和经验才能使进度时间表更加合理和完善。

1. 重视与客户的沟通

制订进度计划时，与客户的沟通是很重要的。项目组和客户是站在两个不同的角度来看待问题的，所以往往有不同的安排意见。只有主动、积极地和客户沟通，才能使大家的意见统一，并站在科学地分析和解决问题的立场上来安排进度，制订出符合现实、合理的项目进度计划。

2. 进度计划应按需制订

不应以时钟驱动来编制进度表。因为 Chandler 项目 0.1 版的进度太慢，所以管理层决定 0.2 版遵循“时钟驱动”的方案，即根据新版本发布期限（确定 2003 年 9 月发布 0.2 版）来做进度计划。但是结果很失败，0.2 版的功能比 0.1 版还要少。OSAF 也从中吸取教训，决定以后每个版本要围绕实现一系列特性目标展开，也就是按需制订项目计划。如果项目必须以时钟驱动，那么风险管理和前期准备工作一定要做好，以备不时之需。例如，一个每月或者每季度发布新功能的产品，如果计划做一个比较大的新功能，必须提前做，并使用一个独立的版本分支来控制风险。

3. 项目组成员共同参与制订项目进度计划

当进度计划由一个人做出而由另一个人实施时，如果项目没有按时完成，会使得大家怀疑项目进度计划的可行性，也会影响项目团队的士气。可以让项目团队成员对自己职责范围内的事提出建议的时间和资源，之后再讨论约定。这样团队成员在主观上会更加投入工作。客观上，因为每个团队成员的个人能力不同，外人对其工作量和时间很难做出衡量。例如，同样的时间周期和任务量，不可能平均分配给一名熟练的 Java 程序员和一名初学 Java 的程序员，熟练的 Java 程序员开发效率可能比初学者快上四五倍。

4. 任务分解与并行化

软件人员的组织与分工是与软件项目的任务分解分不开的。为了缩短项目总工期，在划分项目任务的时候，应尽力挖掘可以并行开展的任务，在实施时可以采用并行处理方式，从而缩短项目的开发周期。

5. 任务、人力资源、时间分配要与进度相协调

软件开发是项目团队的集体劳动。尤其在大型软件项目中，在安排项目进度的时候，一定要考虑任务、人力、时间三者之间的平衡问题，避免在项目实施中出现冲突，耽误项目的进展。人力资源部门要根据具体项目实际分配的人员情况来进行协调。项目在不同的阶段所需要的人力资源是不同的，一般来说前期和后期所需的资源会少些，而在项目中期需要的资源最多。对于任务量和时间分配，可以通过图 6-12 所示的工作量与时间关系曲线来大概判断分配得是否合理。项目工作量是随时间变化的，工作量应该随着时间的增长逐步增加，工作量曲线以一定的斜率攀升。如果工作量曲线存在急速攀升或者长时间平稳不变的情况，那么项目的工作量安排可能存在问题，计划人员要及时对这一阶段的工作量安排进行分析和调整。

在进度安排的时候还要特别注意的一点就是避免出现最后集成问题，有人形象地将之比喻成“宇宙大爆炸式集成”。表面上看来任何一个单独的模块都能独立地、良好地运行，但是当它们相互集成在一起的时候，越来越多的问题就显现出来了。所以项目应该做到持续集成。持续集成作为敏捷编程的基石，现在已经被各个开发团队所广泛采用。

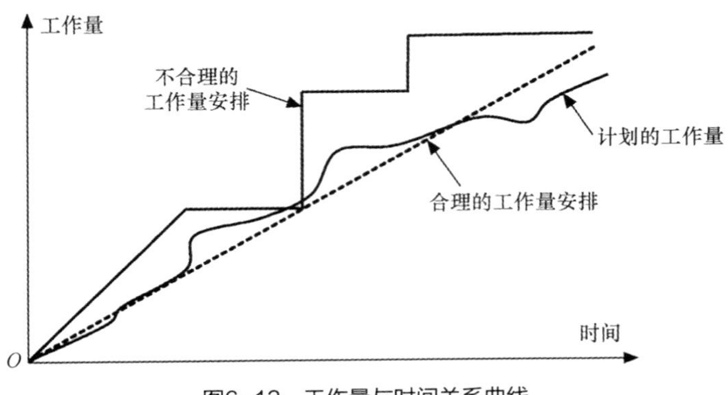

图6-12　工作量与时间关系曲线

6. 项目的工作安排一定要责任到人

如果是多个人共同完成活动或任务，要指定一位主要负责人，否则人员之间会缺少协调和组织，甚至会互相推卸责任，任务的跟踪、控制比较困难，效率也会降低。

7. 工作量分布要合理

一般在软件项目中需求分析可能占总工作量的10%～25%。如果项目的规模大和复杂性高，那么花费在需求分析上面的工作量应当成比例地增加。软件设计的工作量一般在20%～25%；软件编码的工作量一般占15%～20%；测试及其缺陷修正的工作量会在30%～40%（实时嵌入式系统软件的测试和调试工作量所占的比例还要大些），以获得足够时间来保证软件产品的质量，测试工作对保证软件产品质量是十分必要的。这些都是经验数据，具体的实际工作量如何划分，还要根据每个项目的特点来决定。

8. 充分利用一些历史数据

历史数据是非常宝贵的财富，是可重复利用的资源。在项目实施中不仅要注意积累这些数据，也要学会从中提炼出可以为自己所用的数据，如进度计划的模板，进度计划和实际时间之间的差异分析等。

9. 考虑相关风险，计划意外事故缓冲时间

每个项目进度计划都应该包括一些意外事故缓冲时间，因为项目的进展并不会完全按照我们的计划进行，总会有一些干扰项目进度的事情发生。例如，当执行测试计划的时候，发现一个严重的项目缺陷，这个缺陷的修改时间大大超过了预期时间，以至于测试计划的下一步执行不得不推迟。如果没有任何缓冲时间的话，项目很可能因此而推迟。根据经验，增加10%～15%的缓冲时间是很合理的。这些时间应在编制进度表时加入，它可以分散加到项目各个活动（尤其是关键活动）、各个里程碑或者适当的检查点之后，也可以集中增加到项目的最后。

10. 编制和使用进度计划检查清单

在做项目计划之前，应根据以往的项目总结出进度计划检查清单，以便在做下一个项目计划的时候可以参照检查，以防漏掉应该注意的内容。表6-10所示为高校即时聊天软件项目进度计划检查清单。

表6-10 高校即时聊天软件项目进度计划检查清单

条目	说明
总体	
进度计划是否反映真实工作情况	进度计划的制订应该与实际工作范围和步骤保持一致，以便于管理任务并及时更新（计划不能成为摆设）。走捷径或是在进度压力下牺牲产品质量是不可取的行为
实际开发人员是否参与了进度计划的制订	需要多长时间完成任务应该由开发团队来确定，只有项目中的每个人承诺在计划时间内完成各自的工作，计划才能被很好地执行
进度计划是否经由同行或专家评审以借鉴他人的经验	充分考虑同行或专家的建议可以使项目评估更加可靠
是否使用了专业的项目管理软件	使用一款专业的项目管理工具制订进度计划可节省很多时间
风险	
所有假设是否已明确记录在进度计划中	因为计划是在项目早期制订的，会存在很多未知因素，为确定进度需要做出各种假设。这些假设都必须作为计划的一部分被明确地记录下来，这样万一结果证实这些假设不成立，可以对计划做出适当的调整
是否已充分考虑了项目的风险	• 对按时交付项目而言，潜在的风险是什么？ • 当风险发生时，会产生多大的影响？ • 每种风险的发生概率是多少？ • 每种风险缓解措施是什么？
是否已识别了高风险、高优先级及有依赖关系的任务并尽可能地将之安排在合理的时间段内确保按时完成	高风险、高优先级的任务都要尽早识别、尽早完成，当遇到问题时，将会有更多的时间去解决问题。而对于有依赖关系的任务，就要尽可能把它们安排在合理的时间段内完成。如某任务需要两个人配合才能完成，但是一个人的时间安排上和另外一个人有冲突，那么就必须调整时间段，以确保两个人同时有时间来协作完成任务

续表

条目	说明
范围	
任务是否有明确定义的需求文档	明确的任务范围是准确估计的基础，大部分进度计划的延迟都是由范围变更导致的
开发计划是否涵盖了任务的所有部分	一些公共函数和接口部分不能被忽视，应在计划的覆盖范围内
任务的依赖关系是否已明确定义	依赖关系可以是强制性的（依照必须完成的交付项）或自由决定的（所期望的任务顺序）。另外，依赖关系可以是内部的（与该项目的其他任务或活动相关）或外部的（与第三方相关）
进度	
进度计划中是否已为法定假期及计划内休假预留了时间	进度计划中应该扣除法定假期及计划内休假的时间
是否同时设定了任务的工时与工期	工期的估算用以说明任务需要多长时间完成，通常工期会随资源分配的不同而变化；工时的估算用于确定需交付事务的工作总量。每个项目活动的工时与工期都需要设定
是否已为文档审核和周转预留了时间	文档的审核和认可是需要时间的，需要为这些工作预留足够的时间
是否已为单元测试预留了时间	开发人员有责任确保所完成的代码都能通过单元测试，要为这些测试工作预留足够的时间
是否已为集成测试和解决问题预留了时间	需要为集成测试以及解决集成测试中发现的问题分配足够的时间
是否已为任务中的沟通与管理预留了时间	在任务开发过程中，沟通与管理是必需的，需为定期会议、状态报告、问题讨论等预留足够的时间
是否已为代码审查预留了时间	代码审查已被证实是实现高质量模块的有效方法。早期在代码审查上投入的时间越多，后期就会节省越多的处理缺陷的时间
资源	
是否已为每项任务安排了资源	人员的计划和分配是进度计划的一部分。每项活动都需要有专人负责
是否在计划中考虑了人员的可用性	资源不是随时可用的，简单地把人月累加而成的进度计划是没有意义的。制订计划时，需要为每个具体任务确定资源，如指定人员什么时候有时间、他们每天能花费多少时间在相应任务上
是否已对工作过量的人员进行了调整	没有特殊的原因，人员的工作安排是不允许超过100%的。如果计划中存在人员工作安排过量，应及时调整。如果某个人员被分配了多个任务，必须通过延长其中一些任务的工期来缓解该人员工作过量的状况，或者将其部分任务交由他人完成

6.6.3 进度编制方法

常用的制订进度计划的方法有关键路径法（CPM）、计划评审技术（PERT）法、甘特图法和表格表示法。6.3节已经详细介绍了CPM，这里不赘述。

1. PERT

PERT是20世纪50年代末美国海军总部开发北极星潜艇系统时为协调3000多个承包商和研究机构而开发的，其理论基础是假设项目持续时间以及整个项目完成时间是随机的，且服从某种概率分布。PERT 可以估计整个项目在某个时间内完成的概率，对各个项目活动的完成时间按3种不同情况估计。

（1）乐观时间——在任何事情都顺利的情况下，完成某项工作的时间。

（2）最可能时间——在正常情况下，完成某项工作的时间。

（3）悲观时间——在最不利的情况下，完成某项工作的时间。

假定3个估计服从β分布，由此可算出每个活动的期望t_i。

$$t_i = \frac{a_i + 4c_i + b_i}{6}$$

其中，a_i表示第 i 项活动的乐观时间，c_i表示第 i 项活动的最可能时间，b_i表示第 i 项活动的悲观时间。

方差：$\sigma_i^2 = \left(\frac{b_i - a_i}{6}\right)^2$。

标准差：$\sigma_i = \sqrt{\left(\frac{b_i - a_i}{6}\right)^2} = \frac{b_i - a_i}{6}$。

网络计划按规定日期完成的概率，可通过下面的公式和查函数表求得。

$$\lambda = \frac{Q - M}{\sigma}$$

式中：

- Q 为网络计划规定的完工日期或目标时间；
- M 为关键路径上各项工作平均持续时间的总和；
- σ 为关键路径的标准差；
- λ 为概率系数。

CPM 和 PERT 是分别独立发展起来的计划方法，但它们都利用网络图来描述项目中各项活动的进度和它们之间的相互关系，因此都被称为网络计划方法。

- CPM 被称为肯定型网络计划方法，它以经验数据为基础来确定各项工作的时间，并以缩短时间、提高投资效益为目的。
- PERT 被称为非肯定型网络计划方法，它把各项工作的时间作为随机变量来处理，并能指出缩短时间、节约费用的关键所在。

因此，将两者有机结合，可以获得更显著的效果。大型项目的工期估算和进度控制非常复杂，往往需要将 CPM 和 PERT 结合起来使用。例如，用 CPM 求出关键路径，再对关键路径上的各个活动用 PERT 估算出期望和方差，最后得出项目在某一时间段内完成的概率。

2. **甘特图法**

网络计划固然好用，但是如何把整个网络图放在日历时间表上形成一个方便跟踪和管理的进度时间表呢？于是人们又把网络图转化为可跟踪和管理的甘特图。图 6-13 就是一个甘特图示例。甘特图常用水平线段来描述把任务分解成子任务的过程，以及每个子任务的进度安排，简单易懂，令人一目了然。

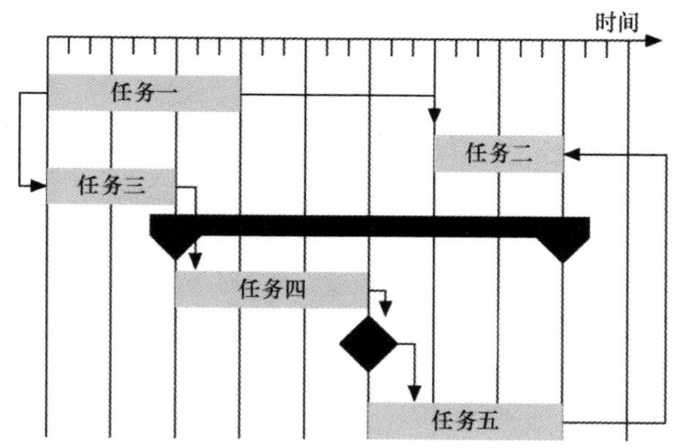

图6-13　甘特图示例

最上方的时间线就是日历时间，每个任务是以横线来表示起止时间的，横线的长度就是任务的历时时间，任务之间的关系用箭头来表示。可以看到图中有 SS、FS 和 FF 的关系。子任务包含在主任务当中，任务四和任务五就是一个主任务拆分成的两个子任务。 而且在甘特图中，可以用黑色菱形标志表示项目的里程碑。从图 6-13 中可以看到在任务四结束的时候，有个黑色菱形标志就表示一个里程碑。甘特图的优点是简单、明了、直观，易于跟踪和管理，高校即时聊天软件项目第 1 期迭代甘特图如图 6-14 所示。对于甘特图的编制，可以借助很多软件管理工具，如微软的 Project、DotProject、GanttProject 等。

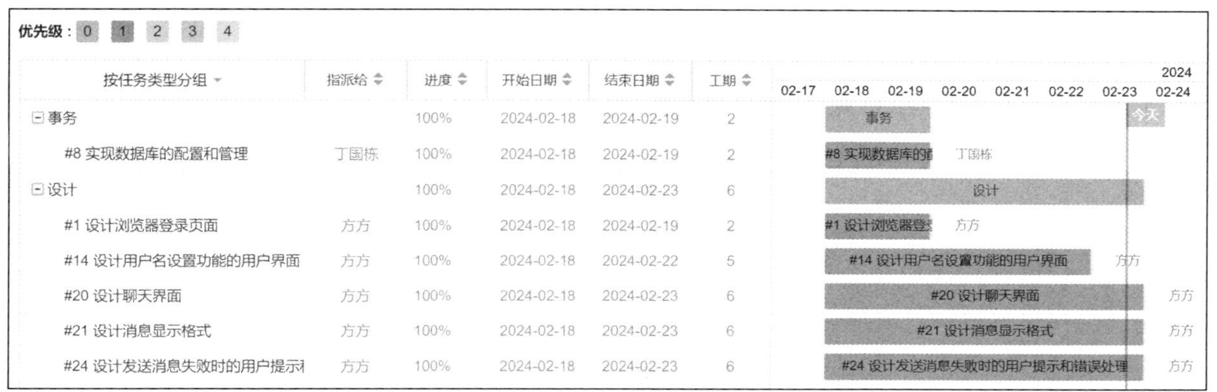

图6-14　高校即时聊天软件项目第1期迭代甘特图

3. 表格表示法

表格表示法也是比较常见的，它用表格来表示各个活动历时和相互之间的依赖关系。表格表示法比较适用于小型项目，因为项目各项活动之间的关系都要在表格中表示出来，不够直观，大型的项目有大量活动，看起来就比较混乱，不便于管理。表格的各项设计根据实际项目各不相同，表 6-11 所示为高校即时聊天软件项目计划表。

表 6-11　高校即时聊天软件项目计划表

项目计划	持续时间	占总项目完成百分比	开始时间	结束时间	人员安排
1. 需求设计完成	28 天	13.7%	2024-1-2	2024-2-8	方方、鲁飞、若谷
2. 喧喧 Web 端 1.0 发布	32 天	15.8%	2024-2-18	2024-4-1	文睿、若谷、鲁飞、卜凡、玉洁
3. 喧喧 Web 端 1.1 发布	40 天	19.5%	2024-4-2	2024-5-30	文睿、若谷、鲁飞、卜凡、玉洁
4. 喧喧 Web 端 1.2 发布	43 天	21.0%	2024-5-31	2024-8-1	文睿、若谷、鲁飞、卜凡、玉洁
5. 喧喧 App 1.0 发布	62 天	30.0%	2024-8-2	2024-11-1	文睿、若谷、鲁飞、卜凡、玉洁

6.6.4　审查、变更进度表

项目管理大师哈罗德·科兹纳（Harold Kerzner）博士在他的著作《项目管理：计划、进度和控制的系统方法》中提到计划执行检查和更新的重要性：“项目管理的成功不仅在于制订一个好的计划，更在于在执行过程中不断检查和更新这个计划，以应对变化和不确定性。”

通过前文的介绍，可了解编制项目进度表必须经过复杂的计划、安排的过程，而且很多活动信息需要从每个项目成员那里获得输入，没有人能掌握项目的各个方面的知识、影响进度计划的所有因素，因此项目团队需要执行进度计划的审查，由项目计划审查小组来进行审查，吸收项目各干系人的意见，更重要的是通过发现问题、解决问题，达到完善整个进度计划的目的。

软件项目进度计划审查可以按照以下几个步骤进行。

（1）进度计划的单元模块评审。

（2）进度计划的完整评审。

（3）修改项目进度计划。

（4）批准项目进度计划。

如果项目在执行过程中，要根据项目的动态发展情况来及时调整进度时间表，那么这个更改的流程也应该经过以上几个步骤（即经过变更控制流程）来审查和批准，而不能随意进行修改或变动。

经过批准的进度计划就是变更控制的基线，有了基线，就有了项目组认可的控制标准。基线就是为今后项目实施提供一个可以控制、追踪项目进度的依据，在软件实施过程中就以这个基准来控制和管理，使进度不偏离正常轨道。随着项目发展变化，项目进度计划会动态地被更新，项目进度计划的基线也同样要随之更新。通过变更控制流程，可以对进度计划进行修改、评审，而经过批准的计划就成了新的基线。

正如《人月神话》中描述的未雨绸缪的精髓：不变只是愿望，变化才是永恒，不断适应变化才是生存和发展的资本。敏捷开发现在盛行的原因之一就是拥抱变化。值得一提的是，要在实施中进行进度计划的变更，一定要经过项目组和干系人/相关利益方的讨论、分析和批准，严格执行变更控制流程，并使项目组所有成员及时得到信息，达成共识。

6.7 进度和成本控制

曾经有人请教著名的《人月神话》一书的作者布鲁克斯："软件项目的进度是如何延迟的？"他的回答既简单又深刻："一天一次。"由此可见，如果不进行有效的进度控制，那么项目的进度很容易在不知不觉中延误。

进度和成本控制的基础还是计划，事先完成的计划是控制过程的基线。以成本控制为例，项目预算提供的成本基准计划（成本基线）是按时间分布的、用于测量和监控成本实施情况的预算。将按时段估算的成本加在一起，即可得出成本基准，通常以 S 曲线形式显示，如图 6-15 所示。成本基线是成本控制的标准。在一个项目的进行中，成本基准和进度基准一样，都不是一成不变的，而是随着用户的需求变化、项目的变更请求不断校正的。同样，也要做好变更管理，以确保基准是大家一致认可的。

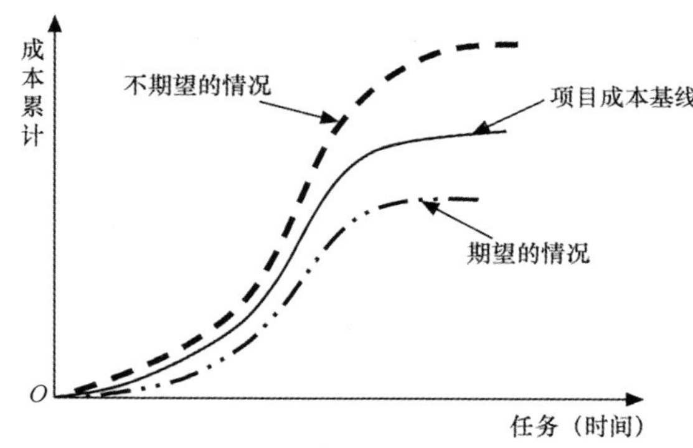

图6-15 项目成本基线及其不同期望的S曲线

6.7.1 影响软件项目进度的因素

由于制订进度计划的工具主要是甘特图和网络图（包括 CPM、PERT 等），所以很多人一想到进度管理就是绘制甘特图或网络图，一头钻到图中去了，而忽视了影响项目进度的其他因素。要想有效地进行进度控制，首先必须对影响软件进度的因素进行分析，事先或及时采取必要的措施，尽量缩小计划进度与实际进度的偏差，以实现对项目的主动控制。对于影响软件项目进度的因素，可以从不同的方面进行分析，包括从进度计划本身、进度控制、团队协同工作等。

1. **从进度计划本身分析**

（1）进度计划不细致。计划形式重于内容，没有经过项目所有干系人评审，造成计划本身有问题。进度计划对项目实施很重要，就像一把标尺来及时衡量实际的项目进度，有问题的计划会直接影响软件项目的实施。敏捷开发中，把用户故事划分到足够小，之后再拆分成任务级别，甚至要求任务的耗时要到小时的级别。这都是为了让大家把要做的工作划分细致。

（2）进度计划的约束条件和依赖环境考虑不全。对项目所涉及的资源、环境、工具和相关的依赖条件分析不够完善准确。例如，某方面的人力资源中途加入本项目，但可能不能及时抽身为本项目工作；或者某个关键人员身兼多个项目的工作，可能在本项目投入的精力非常有限，这必然会影响项目的进度。其他资源，如开发设备或软件没能及时到位，也会对进度造成影响。在项目进展过程中也要不断地重新考虑有没有新的情况、新的假设条件、新的约束、潜在风险会影响项目的进度。

（3）工作量评估不准确。在进度计划中，对技术难度或者相关风险认知不全，导致评估的工作量不准确。软件开发项目的高技术特点决定了其实施过程中会有很多技术的难题，建议在项目实施之前对技术难题进行适当的调研，开发出原型，这样在做计划的时候就可以合理评估其工作量，为进度控制提供相对准确的标尺。

2. **从进度控制方面考虑**

（1）进度信息收集问题。软件与系统思想家杰拉尔德 温伯格（Gerald Weinberg）说："无论你多么聪明，离开了信息，对项目进行成功的控制就是无源之水、无本之木。"要想掌握及时、准确、完整的项目进度信息，不仅要依靠项目经理的经验和素质，还要依靠团队成员的积极配合。某些项目团队成员报喜不报忧，或敷衍了事随意给个进度状态，这样管理层得到的信息是片面的，甚至是错误的，难以掌控项目进度。如果项目经理或者管理团队没有及时地发现这种情况，将对项目的进度造成严重的影响。如果出现这种情况，管理人员就应该从管理的角度、从制度的角度进行检讨和改进，营造良好的企业文化，确保沟通流畅、客观和全面。敏捷开发中的每日站会是个很好的实践。任何开发模式都可以借鉴。

引用概念

敏捷开发 Scrum——每日站会

Scrum 组严格遵守 timebox（时间盒）原则，每日站会准时开始，每次都严格地控制在 15 分钟之内，会议的进展也严格围绕 Scrum 的 3 个主题进行。在此会议中，每个团队成员都需要回答以下 3 个问题：

1. 你昨日做了什么去帮助团队完成冲刺？
2. 今天你打算做什么来帮助团队完成冲刺？
3. 什么因素阻碍了团队的前进之路？

每日站会不是问题解决会议，如果要讨论其他问题，会后单独开会，相关人员参与讨论。

（2）进度监控和管理问题。即使进度计划很完美，如果缺乏有效的监控和管理，进度还是不可控制。关键检查点和里程碑的设置都是比较好的监控方法。与此同时，还需要项目经理时常与团队成员进行沟通，采用多种沟通方式（如面对面的沟通或电话沟通，而不是仅依靠邮件沟通），多提问、深究到底，及时发现和解决阻碍项目进度的问题。

（3）计划变更调整不及时。几乎没有一成不变的计划。进度计划也是一样，必须随着项目的进展而逐渐细化、调整和修正，使进度计划符合实际要求，适应项目的变化。否则就如同"刻舟求剑"，进度计划也就失去了意义。

3. **从团队协调方面考虑**

项目团队成员有 3 种常见的心态会影响进度的控制：一是完美主义，二是自尊心，三是想当然。

（1）完美主义。有些程序员由于进度压力、经验等方面的原因，在设计还不成熟的时候，就匆匆忙忙开始编码，但等到编码差不多完成时，才发现设计上的大缺陷。还有的团队成员为了追求完美，总觉得要采用最好的方法、采用最新的技术，如程序员尝试新的编程技术、测试人员专注于自动化研究，结果在新技术研究上浪费了很多时间，而项目的实际进展很慢。Chandler 项目中的一些程序员就很喜欢研究工具，结果浪费了很多时间。工具不是不好，但是，不能忽视项目的实际工作，应该在工具研究上投入适当的时间，寻求平衡。万事都是有自己的平衡点的，如果平衡被破坏了，事情也就很难控制了。

(2)自尊心。有些人在遇到一些自己无法解决的问题时，喜欢靠自己摸索，而不愿去问周围那些经验更为丰富的人。这样难免会走一些弯路，耽误很多时间。如果向周围的人求教，别人可能以前就碰到过这样的问题，问题解决起来就很容易，而且节省了不必要浪费的时间。

(3)想当然。有些程序员或测试员在做代码设计或测试用例设计的时候，想当然地完成设计，并没有详细考虑是否符合用户需要和习惯。在发现问题的时候，也是一副无所谓的样子，想当然地随便改改。这种心态会严重影响项目进度，很多想当然的地方，到最后不得不返工。

俗话说，“一个和尚挑水喝，两个和尚抬水喝，三个和尚没水喝”“一只蚂蚁来搬米，搬来搬去搬不起；两只蚂蚁来搬米，身体晃来又晃去；三只蚂蚁来搬米，轻轻抬着进洞里。”上面这两种说法有截然不同的结果。“三个和尚”是一个团体，可是他们没水喝时是因为互相推诿、不讲协作。“三只蚂蚁来搬米”之所以能“轻轻抬着进洞里”，正是团结协作的结果。有首歌唱得好，“团结就是力量”，而且团队合作的力量是无穷尽的。有效的团队合作有助于加快项目进度。每个人都将自己融入集体，才能充分发挥团队的作用。小溪只能泛起破碎的浪花，海纳百川才能激发惊涛骇浪。

4. 从项目管理三角关系(范围、质量、成本)考虑

进度应与项目范围、成本、质量相协调。项目管理的本质，就是在保证质量的前提下，寻求任务、时间和成本三者之间的最佳平衡。

软件开发项目比其他任何建设项目都会有更多的需求变更，如果不能有效控制范围的变更，项目进度必然会受到影响。项目成本也会影响进度。一般来讲，追加成本，可以增加更多的资源，如设备和人力，从而使某些工作能够并行完成或者加快完成。当然，进度与成本不是线性替代关系，成本增加的速度一般都比进度缩短的速度高。《人月神话》中还有句经典的话：“向进度落后的项目中增加人手，只会使进度更加落后。”虽然我们不能完全同意这种说法，增加人手不一定会使进度进一步推迟，但肯定会使团队的效率进一步降低。《人月神话》的作者在后记里也表示：“如果一定要增加人手，越早越好。”同样地，项目质量也会影响进度。对项目的质量不够重视，或者说不具备质量管控的能力，会导致项目执行过程中不断出现质量问题，活动安排时序部分失控或者完全失控，项目进度管理计划形同虚设，最终项目进度也完全失去控制。

以上这些因素是影响项目进度的几个主要方面。除此之外，当然还有很多其他的影响因素，如软硬件配套设施不全，用户配合不好，项目成员的技术能力不足等。尽管存在很多影响进度的因素，但是可以通过合理的分析、管理、调整，把影响程度控制到最低。比较有效的方法就是项目经理和项目团队通过分析，辨别出哪些是可以控制的，哪些是不能控制的，然后尽量扩大可控的领域，缩小不可控的领域，多花一些时间把可控的工作控制好，做好防范措施，同时想办法降低不可控因素对项目进度的影响。

6.7.2 软件项目进度控制

对软件项目进度的控制是可以通过对影响因素采取相应的措施来实现的，但是影响因素太杂、太广，而且每个项目都有其自身的状况，只能在项目计划和实施的时候及时考虑和分析处理这些因素。这些因素只能作为控制进度的辅助因素。

下面这个对话，很能说明进度管理中存在的问题。当里程碑到来时再进行检查，如果进度已显著落后，我们是没有任何办法改变这种状况的。

软件项目的进度不应等到有了详细的进度计划才开始监督和控制，而应该从项目开始启动那一刻就开始，并贯穿整个项目生命周期，根据其各个发展阶段(启动、计划、执行、收尾等)的不同关注点来实施进度控制。例如，启动阶段要控制需求收集和总体阶段目标确立等相关的进度；计划阶段应以完成详细计划(包括进度计划自身)为主线进行进度控制。但不管项目处在哪个阶段，还是有一些通用的控制手段供我们采用，如选择合适的进度统计技术或工具。

我们的项目本周五要上线了！

本周五？交不了吧。通知界面设计还没有进展，我这个任务有依赖关系，得等方方把界面设计出来后，才能开始做。

按照任务的计划，现在应该已经设计出来通知界面了吧，怎么还没做？

前面的聊天界面设计还在评审中，有过几次反馈修改，然后通知界面还在改需求，所以还没来得及设计通知界面……

任务认领的时候你是第一个举手的，工时评估时，你信誓旦旦地说可以完成。现在半个月过去了，才说做不了？

主要是需求描述不太清楚，产品负责人昨天还在改需求，软件这边也有些问题……

但这也不是理由啊！

你这么说我有用吗？大家都有责任！

责任？你连需求都整不明白，还谈责任？

先冷静一下，需求不清楚的话，应该领取的时候就和露露确认好。我们先看看整体进度究竟是哪里出了问题。

1. 项目阶段情况汇报与计划

模块、小组和项目负责人按照预定的每个阶段结束点定期（根据项目的实际情况可以是每周、每双周、每月、每双月、每季、每个迭代等）与项目成员和其他相关人员进行充分沟通，然后向相关上级和管理部门提交一份书面的项目阶段工作汇报与计划，内容包括以下几点。

（1）上一阶段计划执行情况的描述，包括计划进度与实际进度的比较结果。

（2）项目问题及其跟踪，包括已经解决的问题和遗留的问题。

（3）下一阶段的工作计划安排，包括所采取的纠正和预防措施（如果实际进度和计划发生偏离）。

（4）下一阶段主要风险的预计和规避措施。

（5）资源申请、需要协调的事情及其人员。

（6）其他需要处理的问题。

项目经理或者管理部门把所有的汇报汇总，可以及时发现是否存在偏离的情况，以采取相应措施来纠正或者预防。这些汇报应该及时存档，可以作为对项目进行考核的重要材料，也可以为以后类似的项目提供参考。

2. 定期和不定期的项目进度检查

检查能否及时到达所设定的各个里程碑，就是定期检查项目进度的最有效手段。随时检查并掌握项目实际进度信息，不断地进行总结分析，逐步提高计划编制、项目管理和进度控制水平。问题越早发现就越容易纠正，造成的影响和损失就越小。尤其是大型、工期长的项目，一定要成立一个项目管理委员会（在敏捷 Scrum 模式中，SOS 就是这个委员会），对项目的进度进行定期和不定期的检查，通过检查，分析计划提前或拖后的主要原因，及时实施调整与补救措施，从而保证项目目标的顺利实现。

3. 制定适当的进度控制流程

一个软件企业或者一个软件部门，如果经常开发同类产品或者使用相似的软件开发周期等，那么就可以根据经验和业务流程制定一个规范的进度控制模板，如阶段性检查列表（Checklist）、走查（Walk-through），在以后的项目管理中，就可以直接拿来使用。

4. 调整各种项目目标之间的平衡

如果经过评估确定项目确实已无法控制，就应当下定决心以牺牲某一项或者一些次要目标为代价来保住项目最重要的那些目标，避免更大的损失或彻底的失败。应在各种项目目标中进行分析和考量，最终确定一个最合适的解决方案，用最小的代价赢得项目的成功。

软件开发中的进度控制是项目管理的关键，若某个分项或阶段实施的进度没有把握好，则会影响整个项目的进度，因此应当运用适当的手段尽可能地排除或减少干扰因素对进度的影响，确保项目实施的进度。

我们要时刻记住一点：项目的进度管理并不是一个静态的过程，项目的实施与项目的计划是互动的，在项目进度的管理和控制过程中，需要不断调度、协调，保证项目的均衡发展，实现项目整体的动态平衡。

引用概念

敏捷开发 SOS——Scrum of Scrums

Scrum 之间的合作称为“Scrum of Scrums”。这是 Scrum 的扩展。

Scrum 团队的规模建议控制在 6～9 个人。如果成员少于 6 人，那么相互交流就减少了，团队的生产力会下降。更重要的是，团队可能会受到技能限制，从而导致无法交付可发布的产品模块。如果成员多于 9 人，那么成员之间就需要进行太多的协调沟通工作。大型团队会产生太多复杂性，不便于过程控制。对大型项目来说，可以采用多个小的 Scrum 团队，通过 Scrum of Scrums 解决团队间的沟通协调问题。图 6-16 所示为 SOS 理想结构。

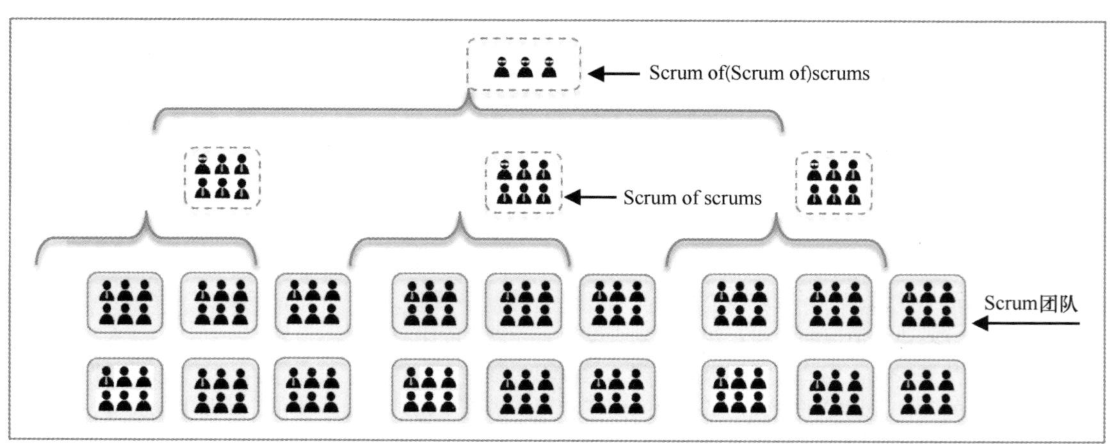

图6-16　SOS理想结构

Scrum 团队：主要关注进度状态的更新，识别存在的问题和潜在的风险

要求：所有成员都参加，时间控制在 15 分钟之内。

Scrum of (Scrum of) Scrums：主要关注各个团队相关问题的解决。

要求：各个 Scrum 团队的代表参加，时间根据问题和风险复杂程度而定。建议设置问题和风险的记录清单。

6.7.3 进度管理之看板

看板管理源于精益生产实践，它把工作流程形象化，把工作细分写在卡纸上、贴在状态墙上来显示任务在工作流程中的状况。高校即时聊天软件项目第 1 期迭代看板如图 6-17 所示。

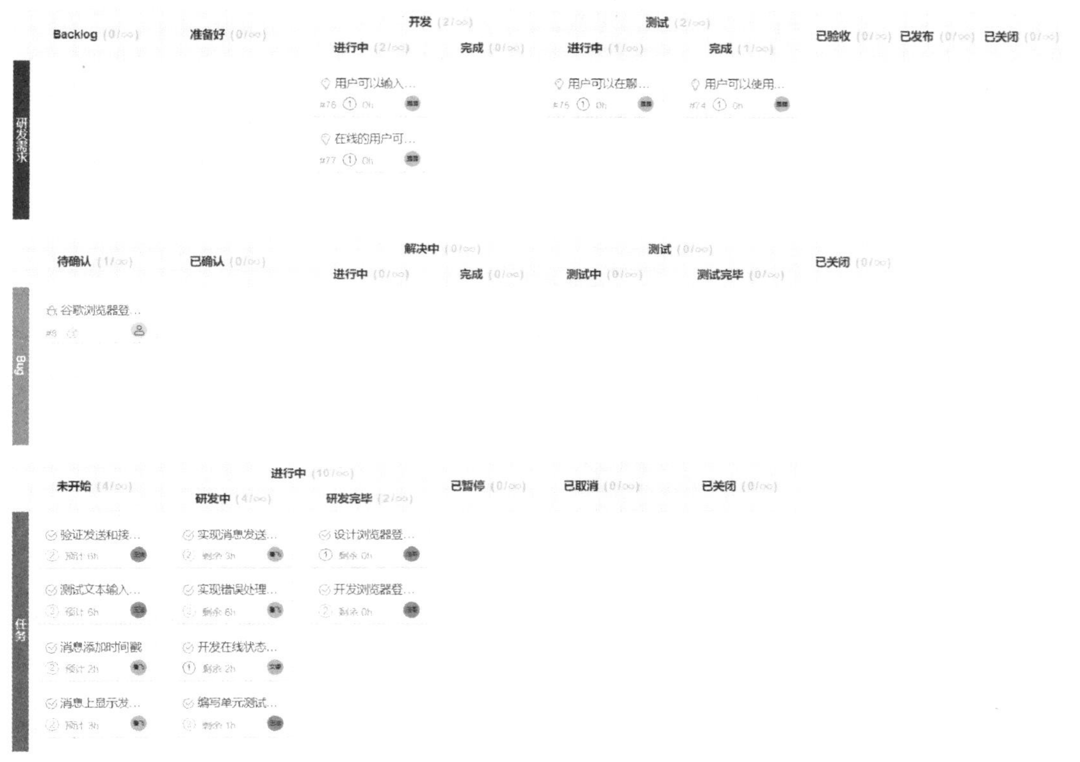

图6-17 高校即时聊天软件项目第1期迭代看板

状态墙按照团队的典型开发活动分成几栏，例如“Backlog”“准备好”“进行中”“完成”“测试”“已验收”“已发布”等。在项目之初，我们会将计划要完成的故事卡放到“Backlog”这一栏中。可视化状态墙的一个好处就是所有团队成员都可以实时地了解到项目的计划和进展情况。开发人员领取任务时，就将他领取的故事卡片从“Backlog”移到“准备好”或“进行中”，同时贴上带有自己名字的小纸条。当他设计实现都完成之后，就将故事卡片移到“测试”一栏。测试人员看到这一栏里有待测试的故事卡时，就开始这个用户故事的测试，同时贴上带有自己名字的小纸条。测试完成后，就将故事卡移动到“已验收”一栏。如果测试人员发现了一个 defect（缺陷），那么他可以用红色的卡片记下这个 defect，然后放到待开发这一栏中。在状态墙上，除了用户故事、defect 之外，还会有一些诸如重构、搭建测试环境这样的不直接产生业务价值的任务，这 3 类任务用不同颜色的卡片，放到状态墙上统一管理。另外，每个开发活动阶段都要有 DoD，即一个卡片从一个阶段进入下一阶段所必须达到的标准。例如，设计分析的完成标准可以这样定义：

- 定义了数据存储结构；
- 定义了用户接口；

- 明确依赖关系事项；
- 通过了相关人员（架构师、开发、测试等）的评审；
- 整理、存档了相关资料信息；
- 其他验收标准。

看板的另一大特点，也是核心机制，是限制在制品（Work In Progress，WIP）数量。如图 6-17 所示，列标题 WIP 数字（即列标题中括号内的数字）指明了该阶段允许的在制品的最大数目。在制品数目小于这个数字时，才可以从前一阶段拉入新的工作。图 6-17 显示，分析阶段的在制品限制数目是 3，而实际在制品数目是 2，可以拉入新的工作。限制在制品数量可形成一个与精益制造类似的拉动机制。一个环节有空余的能力（在制品数量未达上限）时，从上游拉入新的工作，拉动的源头是最下游的交付或客户需求。这样可以带来如下两大好处。

（1）加速价值流动：限制在制品数量，可减少价值项在阶段间的排队等待，缩短价值从进入系统到交付的时间，加速了端到端的价值流动。

（2）暴露问题：限制在制品数量，让湖水岩石效应产生作用。它让过去被隐藏的问题，如团队协作不良、需求定义错误、开发环境低效、资源分配不均衡等得以显现。

看板开发方法的规则简单，但其有效实施依赖于对原理的理解、对原则的坚持和实践的应变。

引用概念

湖水岩石效应

这是来自精益软件开发的一个隐喻：水位代表库存，岩石代表问题。水位高，岩石就会被隐藏，当水位很高时，此时即使有很大的暗礁，人们也看不到。但是当水量减少，水位降低时，一些大石块就暴露出来了。接下来随着水位的进一步降低，中等石块和小石块也逐步被人们发现，如图 6-18 所示。

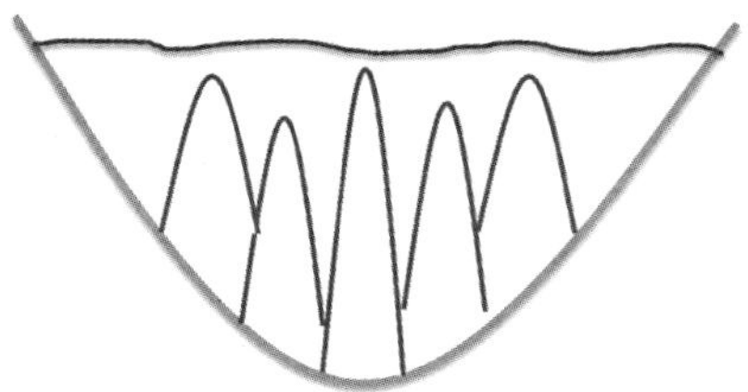

水位（库存）高时问题被隐藏

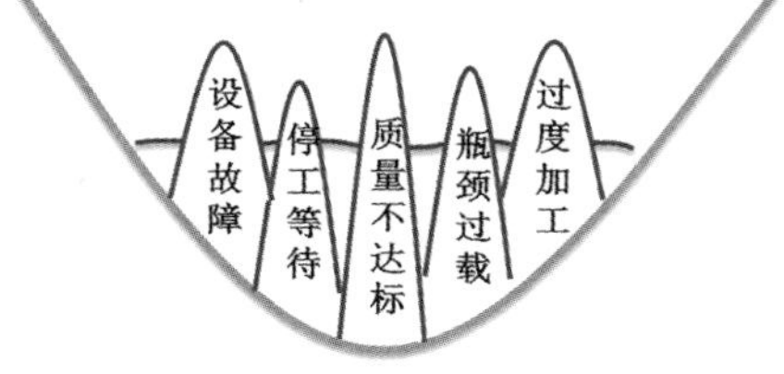

水位（库存）降低，问题浮出水面

图6-18　湖水岩石效应

生产系统中库存多时，设备不良、停工等待、质量不佳、瓶颈过载等问题都会被掩盖。库存降低后，这些问题就会显现出来。没有了临时库存的缓冲，设备运转不良、停工等待会立即凸显出来；没有了库存等待时间，上一环节输出的质量问题也能即时得到反馈。这就是所谓“水落石出”。暴露问题是解决问题的先决条件，不断暴露和解决问题，才能带来生产率、质量以及灵活性的提高。

这告诉我们一个什么道理呢？想想软件开发的过程，如果采取大批量的做法，一次性提交很多功能，就好比拥有很多水量的湖，你看不到其中隐含着的问题，甚至一些很严重的问题都隐藏在这里面不容易被发现。如果换种做法，采取小批量的交付模式，每次只提交一小部分功能，这会发生什么呢？这就好比湖水减少了，一些隐藏的“石块”立刻就会暴露出来，这样平时遇到的各种问题，都不会被累积成一个大包袱，能够被及时发现和解决。

快速、顺畅的价值流动是看板开发方法的目标。度量为改善价值流动提供方向参考，同时为改善的结果提供反馈。看板开发方法没有定义特定的度量方法，累积流量图是实际应用较为普遍的一种。图 6-19 所示为典型的累积流量图，上面的斜线是累积已经开始的价值项（如用户需求）数目，下面的斜线是累积完成价值项的数目。两条斜线的垂直距离表示某个时刻已经开始但还没有完成的价值项数目，也就是在制品的总计数量。两条斜线的水平间距表示价值项从开始到完成的周期时间，也就是从概念到交付的响应时间，它是价值流动效率的一个重要衡量因素。斜线的斜率反映的是价值交付的速率，也就是每周可以交付的价值项数量。

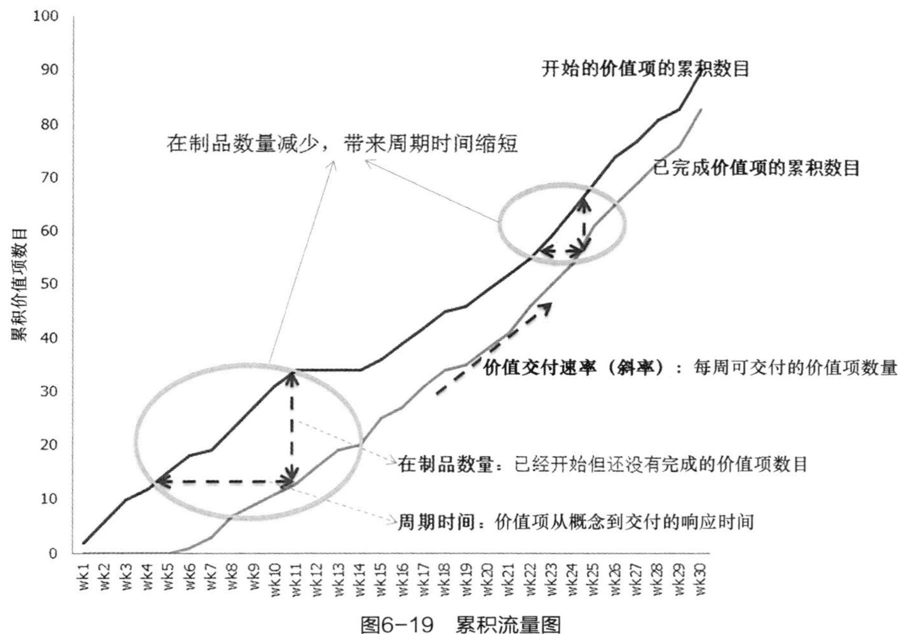

图6-19　累积流量图

累积流量是一个综合的价值流度量方法，可以通过它得到不同维度的信息。例如，我们设想限制在制品数量可以缩短周期时间而对交付速率影响有限。但实际效果如何还要通过事实来检验，通过实践和度量，可以逐步验证我们的假设，让改进更有方向，结果更可衡量。

戴维·J. 安德森（David J. Anderson）最早在软件开发中应用了看板实践，其后不断完善，形成了看板开发方法，这是精益产品开发走向适用和普及的重要里程碑。2010 年，戴维在他的著作 *kanban-Successful Evolutionary Change for Your Technology Business* 一书中详细介绍了看板的价值、原则和实践。有兴趣的读者可以去详细阅读。

6.7.4　影响软件项目成本的因素

一般的软件公司都是以盈利为目的的，所以成本是计划中的一个重要部分。为了使开发项目能够在规定的时间内完成而且不超过预算，成本的估算、计划、管理和控制是关键。由于影响软件成本的因素太多（如人、技术、环境以及政治因素等），就目前发展来看，成本管理是软件项目管理中一个比较薄弱的方面，许多软件项目由于成本管理不善，造成了成本的急剧上升，给公司带来很大的财务压力。《梦断代码》中的 Chandler 项目是不缺钱的，米切尔慷慨解囊了 6 年多，但是没有成本估算和计划导致这 6 年里 Chandler 项目成了一只“吃钱的大蛇”，同时也没有完成米切尔的梦想软件。

1. 项目的质量对成本的影响

保证质量是保证企业信誉的关键，但并非质量越高越好，超过合理水平时就会出现质量过剩的情况。根据 PMBOK 的观点，质量管理的目标是满足规范要求和适用性，不要“镀金膜”（No Golden），满足双方一致同意的要求即可。无论质量是不足还是过剩，都会造成成本的增加，质量与成本的关系如图 6-20 所示。

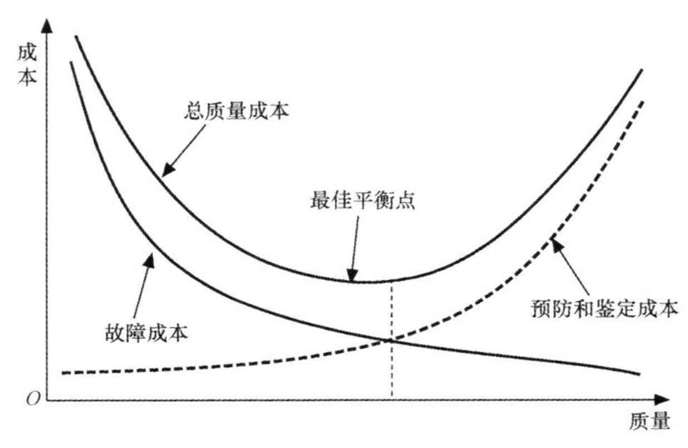

图6-20　质量与成本的关系

一般来说，质量总成本是由故障成本、预防和鉴定成本组成的。故障成本就是弥补软件质量缺陷而产生的费用，如用在修正缺陷、回归测试等上面的人力成本。预防和鉴定成本是保证和提高质量而消耗的费用，如流程定义和实施、各种评审会议所引起的成本。

从图 6-20 中可看出，总质量成本最低点即最佳平衡点。而且故障成本、预防和鉴定成本是相互矛盾的：当质量低时，故障成本高，预防和鉴定成本低；当质量高时，故障成本低，预防和鉴定成本高。所以质量成本管理的目标是找到两者之间的平衡点，使项目质量总成本达到最低值。

2. **项目管理水平对成本的影响**

一个水平高的管理团队不仅可以控制好项目，还可以控制好项目成员。

控制好项目体现在预算和计划的准确性高，降低了更新计划的风险，也就降低了成本，在项目的实施和管理方面能很好地控制项目，避免出现很多问题，而且一旦遇到紧急问题，可以及时、有效地处理。

控制好项目成员体现在，一方面可以引导正确的项目方向，另一方面运用高水平的管理技巧使成员精神压力小、干劲十足，那么团队成员的工作效率必然提高，成本也就降低了。

3. **人力资源对成本的影响**

在一个项目团队中不可能全部是技术水平高、经验丰富的资深人员，一个原因是资深人员的成本高，另一个原因是组织结构配置不合理。这种情况下必然就会有一般员工或者新手，这些员工的成本虽然低，但是很多方面还不成熟，需要培训或者资深人员的指导，而且工作效率可能不高。这样既耗费了资深人员的时间成本，还要雇用更多的员工来完成工作，成本自然也会增加。所以在一个软件项目中，能力高低的员工比例要适当，以满足项目本身要求为宗旨。

6.7.5 成本控制的挣值管理

项目管理领域中一个特有的、非常有效的成本控制工具就是挣值管理，它也同样适用于软件项目。如果只了解时间进度，而不知道成本的投入，对项目来说是有潜在风险的，也不可能知道项目真正进行到了哪里。在詹姆斯·刘易斯（James Lewis）的《项目计划、进度与控制》一书中，举了一个这样的例子：某项软件开发任务原定要 40 个小时完成，休（Hugh）是做这个任务的人，他说他按时完成了任务，这表面上看来没有任何问题，项目的进展很顺利。但是实际上，休是加班加点用了 80 个小时才完成任务。我们不敢保证他接下来的任务是否还是用两倍的工作时间才能完成，如果是的话，那问题就有点严重了，休可能由于疲劳过度而累坏身体，同时还可能影响整个项目的进度。如果不是的话，那么接下来他就要随时报告时间进度和成本、精力投入，以确保其他干系人及时准确了解项目进度情况。所以说，只报告项目的时间进度是远远不够的。挣值管理可以帮助解决这样的问题。

挣值管理（Earned Value Management，EVM）是测量项目进度和成本绩效的一种方法。它通过比较计划工作量与实际工作量，以及实际挣得多少与实际花费成本来确定项目成本和进度绩效是否符合原定计划。

谈到挣值管理，必须先熟悉与挣值管理密切相关的概念，如完工预算（Budget At Completion，BAC）、计划成本（PV）、挣值（EV）、实际成本（AC）、进度偏差（SV）、进度执行指标（SPI）、成本偏差（CV）、成本指标（CPI）等，以及它们之间的关系。

每个项目在做计划的时候，都会事先对项目完成要用多少费用做出预算，也就是确定做这个项目大概要花费多少成本。这个预算数值就是完工预算（BAC），它一般是通过相关分析，在项目计划中确定下来的。在项目执行的时候，一般不能超过这个预算费用。其他的相关概念都是通过下面公式得出的。

- 计划成本（Planned Value，PV）= BAC × 计划进度完成百分比。
- 挣值（Earned Value，EV）= BAC × 实际进度完成百分比。
- 实际成本（Actual Cost，AC）就是实际耗费成本。
- 进度偏差（Schedule Variance，SV）= EV−PV。
- 进度执行指标（Schedule Performance Index，SPI）= EV/PV。
- 成本偏差（Cost Variance，CV）= EV−AC。
- 成本执行指标（Cost Performance Index，CPI）= EV/AC。

挣值分析涉及计划值、实际成本和挣值 3 个基本参数以及成本偏差、进度偏差、成本执行指标和进度执行指标 4 个评价指标。它们之间的关系如图 6-21 所示。

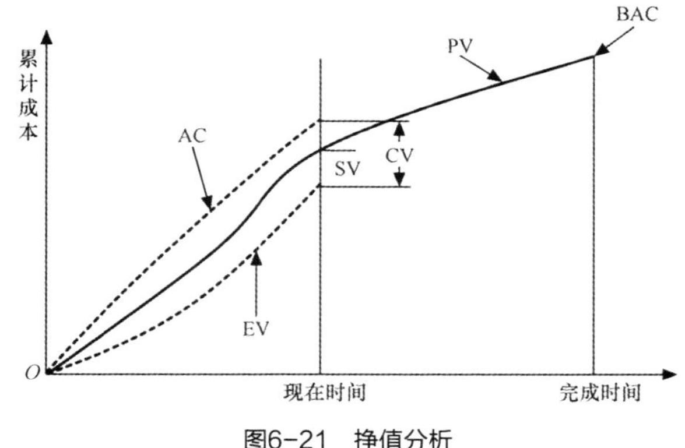

图6-21　挣值分析

当成本偏差（CV）>0、CPI>1 时，表明成本节约；当 CV<0、CPI<1 时，表明成本超支；当 CV = 0、CPI = 1 时，表明计划预算和实际花费一致。

当进度偏差（SV）>0、SPI>1 时，表明进度超前；当 SV<0、SPI<1 时，表明进度滞后；当 SV = 0、SPI = 1 时，表明计划和实际进度一致。

挣值管理其实就是偏差管理，用来监控费用、进度计划与实际的偏差，通过分析偏差产生的原因来确定要采取的纠正措施。用挣值法的前提是计划和实际进度百分比估算比较准确。

6.7.6　软件项目进度——成本平衡

项目进入实施阶段后，项目经理几乎所有的活动都围绕进度展开。进度控制的目标与成本控制的目标、范围控制的目标、质量控制的目标是对立统一的关系。而进度和成本的计划和控制随着项目进展在时间上有相互对应的关系，图 6-22 所示为进度——成本控制平衡图。

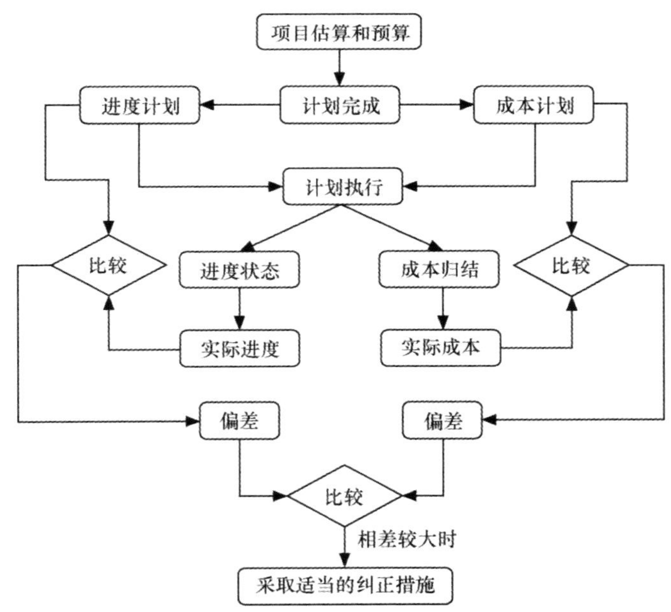

图6-22　进度—成本控制平衡图

进度和成本控制都是按照计划来控制项目的变化的。在项目进行当中，将实际情况和计划相对比，及时纠正错误、更新计划、吸取教训直到项目完成。

还要强调的一点就是，在进行成本和进度控制的同时还必须考虑结合其他的控制过程（范围控制、质量控制、风险控制等），保证各个过程控制相协调，如不合适的费用变更会导致质量、进度方面的问题或者带来一些新的项目风险。其实项目管理就是一个平衡艺术，无论哪一方面的控制和管理，都要结合其他相关方面统一协调来进行。

小结

本章主要讨论了如何对软件项目的进度和成本进行计划、管理和控制。在编制计划前，要先分解项目活动、确定活动之间的关系，进行活动排序，再利用一些策略和方法对软件项目的进度和成本进行统一的规划，制订合理的详细实施计划。

本章着重介绍了一些常用的、经典的方法，包括关键路径分析法、甘特图表示法、网络遍历法、里程碑设定以及成本控制的挣值管理法等。虽然这些内容是分小节来叙述的，但是不要将它们隔离开来，它们之间有密切的关系，相互补充、相互影响，所以在进度和成本的计划、控制和管理中，一定要全方位考虑问题，确保相互协调，平衡统一。

进度和成本管理中确实有比较多的网络图和概念，但是这些都不用死记硬背，可以借用工具来帮忙。现在流行的几种管理工具都不错，如 GanttProject、DotProject、Teamwork、XPlanner 以及 Microsoft Project 等。敏捷工具有 Rally、VersionOne、easyBacklog 等。可以通过试用或向有经验的使用者了解这些工具的特点，选择适合自己项目的管理工具。软件项目管理中强调“以人为本”的思想，所以管理工具只能起辅助作用，做好管理，还是要靠团队之间的沟通和交流，以及现场的检查。

做好进度和成本管理，首先要做好计划，即制订一个客观的、可实施的详细计划；然后以批准的计划作为控制的基线，密切关注偏离，一旦发现偏离，就要寻找产生偏离的根本原因，对症下药，采取有效措施纠正问题。进度和成本的控制是动态的，必要时要修正计划，但应该要经过变更控制流程，得到项目组相关人员的认可，并经管理层批准。做好进度和成本管理，还要依靠团队的力量，让项目组全体人员参与进来，让每个人都能控制好自己的进度和成本，将被动的控制变为主动的控制，这样的管理才更有效和更彻底。

习题

1. 如何正确标识出软件项目活动？
2. 各个软件项目活动之间有哪几种依赖关系？请结合你身边的项目举例说明。
3. 请依据表 6-12 的活动历时和活动关系画出前导网络图和箭线图，并指出关键路径及其各个活动的缓冲时间。

习题 3 讲解

表 6–12 活动关系表

活动 ID	活动历时（天）	前导活动
H1	8	
H2	5	H1
H3	10	H1、H2
H4	15	H1
H5	7	H3、H4
H6	12	H4
H7	11	H3、H6
H8	9	H7

4. 什么是里程碑？如何设定里程碑？里程碑的验收标准为什么重要？结合你的生活或者工作设立一个小项目（例如旅游计划和实施），试试设定里程碑及验收标准。
5. 影响软件进度和成本的因素有哪些？哪些是你在完成的项目中遇到过的？请结合你的项目进行分析，找到切实可行的解决办法。
6. 总结一下看板管理的特点和好处。
7. 什么是挣值管理？通过一个具体项目来应用这种方法。

实验5：燃尽图的分析实践

1. 实验目的

（1）掌握燃尽图的基本概念。

（2）深入了解燃尽图的实际应用。

（3）学习使用燃尽图进行项目进度及瓶颈的分析与跟踪。

（4）加深理解敏捷开发方法的实践。

2. 实验内容

基于高校即时聊天软件项目的多个迭代的燃尽图，分析每个燃尽图展现的项目问题，并找出解决方法。

3. 实验环境

学生组成小组，每个小组根据下方给出的燃尽图进行分析。

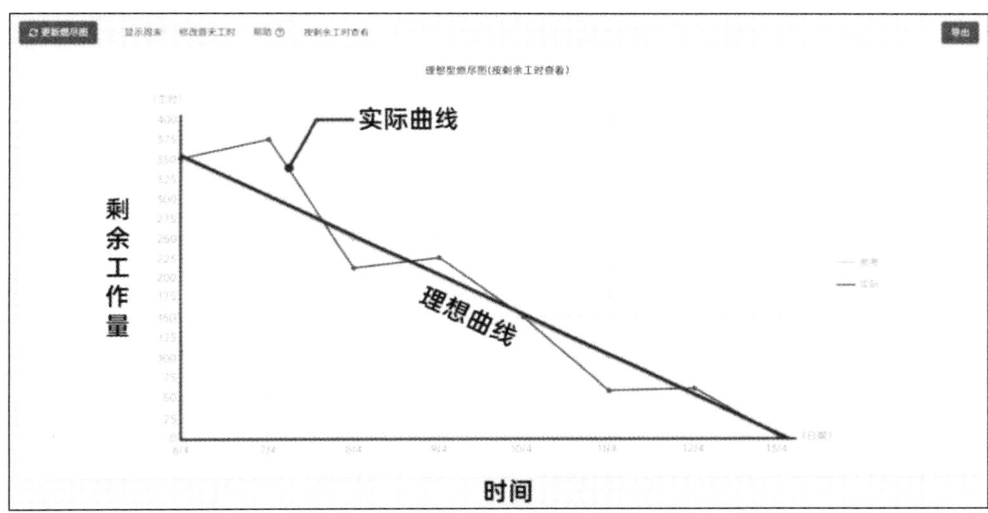

燃尽图 1：

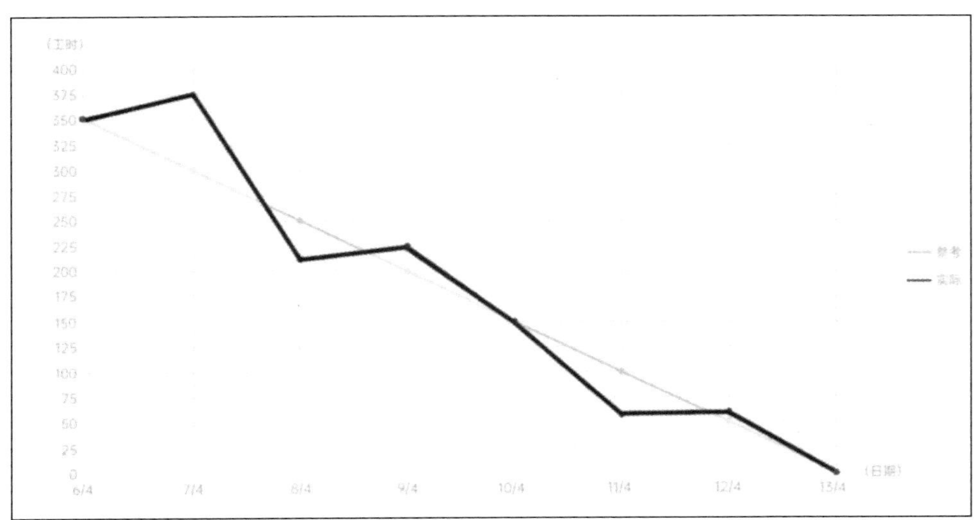

燃尽图 2：

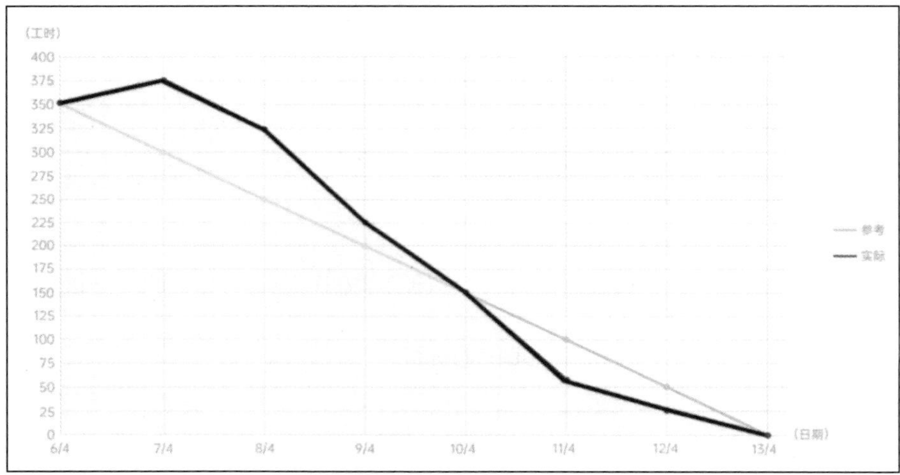

燃尽图 3：

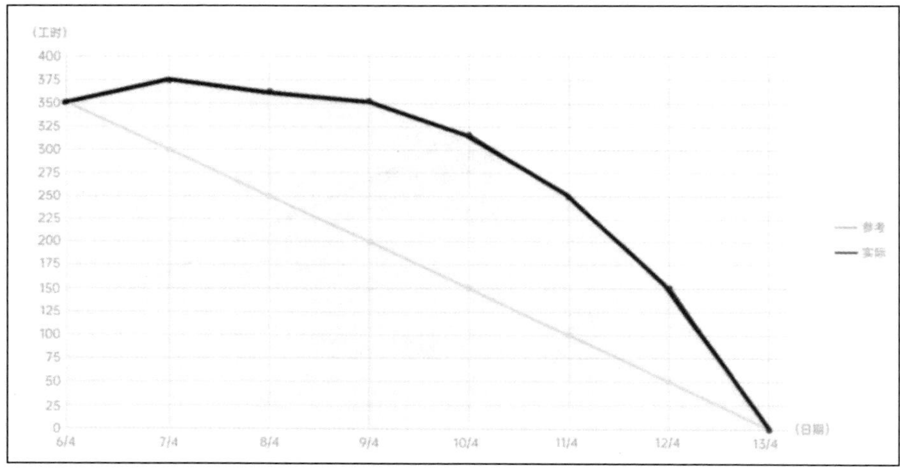

燃尽图 4：

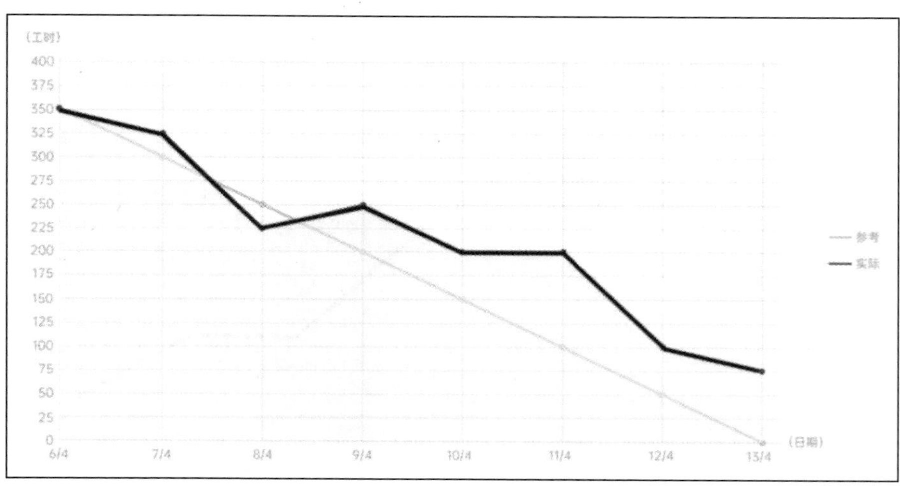

燃尽图 5：

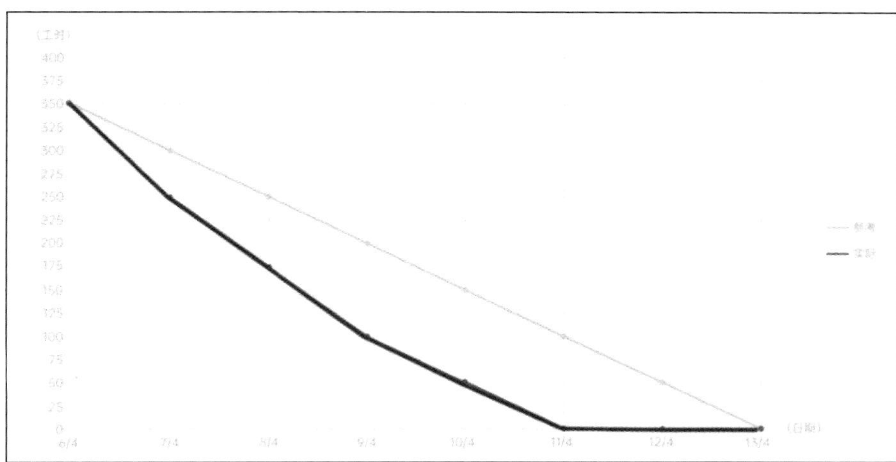

燃尽图 6：

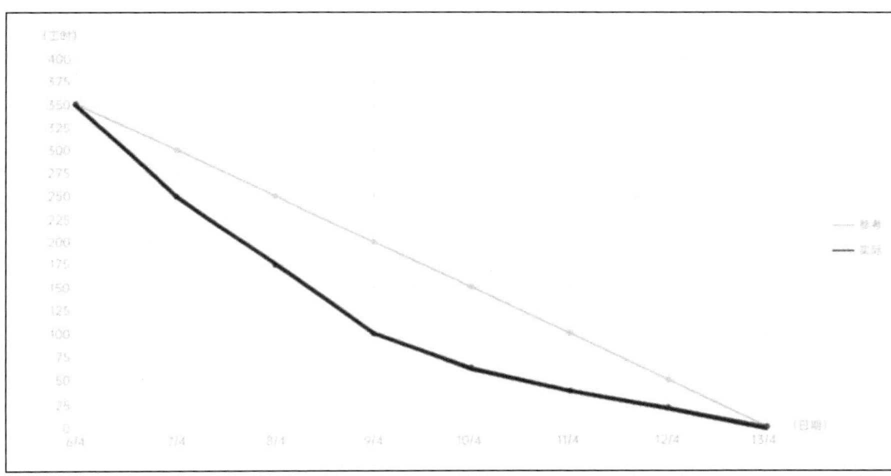

燃尽图 7：

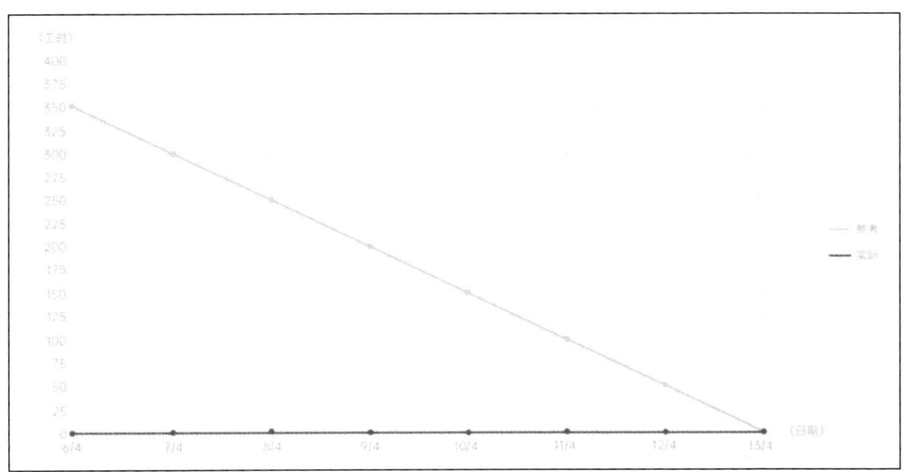

燃尽图 8：

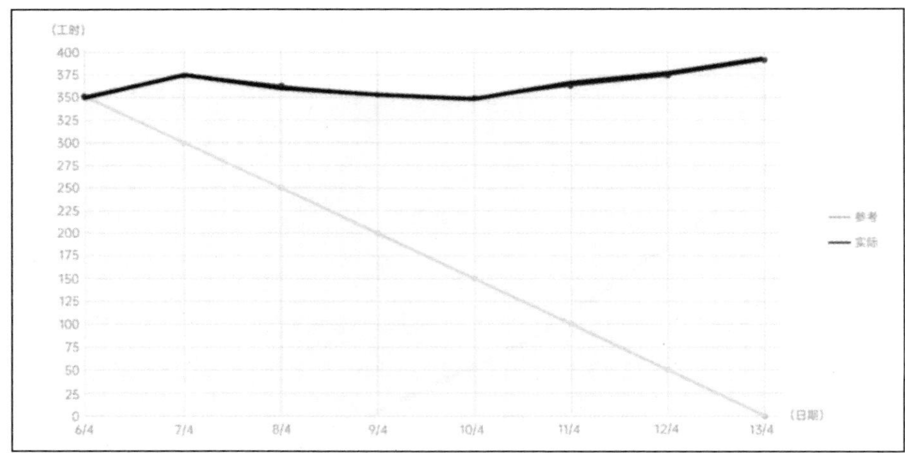

4. 实验过程

（1）每个小组选择 3 张燃尽图，对燃尽图进行问题分析、寻找解决方案，并将解决方案记录在纸上或文档里。

（2）各小组就分析结果进行集体讨论，并总结从中学到的经验和教训。

5. 交付成果

每个小组提交所选 3 张燃尽图的问题点及解决方案。

【喧喧项目】

02-建立项目、建立迭代、关联需求、建立任务

07

第7章　项目质量管理

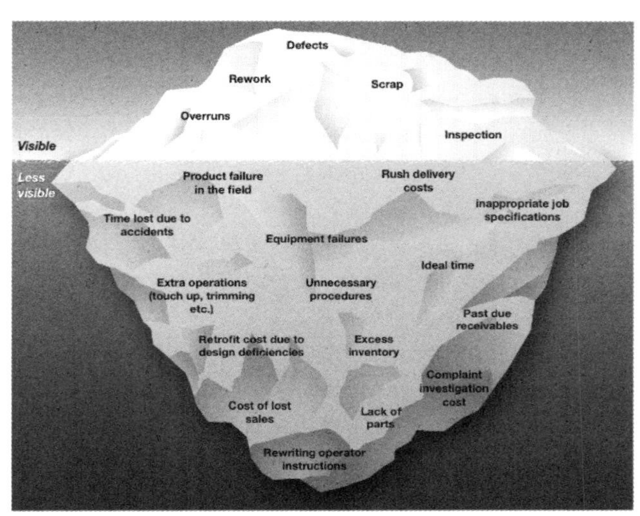

我们曾经对一个国际性软件公司做了一个调查，选择了由质量问题引起的 10 项额外工作，即开发人员修正缺陷、测试人员验证缺陷、返工、设计或代码完成后的需求变化、不清楚或无效的缺陷报告、代码完成后补充的测试用例、缺陷修复后所做的回归测试、测试环境设置错误、产品发布后遗漏的缺陷验证、为产品发布后遗漏的缺陷出补丁包。统计结果表明，由于质量问题造成的成本（劣质成本）竟高达 45.86%，差不多占开发总成本的一半。所以，软件项目的质量管理，不仅有助于提高软件产品的质量，而且有助于缩短开发周期，降低企业的成本，为企业的生存奠定基础。

由于缺乏系统的质量控制和管理，软件公司常常在许多项目上投入了大量的时间和精力来发现和修正需求说明、设计和实现上的错误，从而导致项目进度不断被拖延的悲剧。关注质量，提高质量，就可以降低软件开发的返工率，生产效率自然会得到提高。

软件的质量是软件开发各个阶段质量的综合反映，每个环节都可能带来产品的质量问题，因此软件的质量管理贯穿了整个软件开发周期。软件项目的质量管理，不仅应确保项目最终交付的产品满足质量要求，而且要保证项目实施过程中阶段性成果的质量，也就是保证软件需求说明、设计和代码的质量，包括各种项目文档的质量。正如 ISO 8402 所规定和倡导的："质量管理是指确定质量方针、目标和职责，并通过质量体系中的质量策划、质量控制、质量保证和质量改进来使其实现的所有管理职能的全部活动。"

为了更好地管理软件产品质量，首先需要制订项目的质量计划；然后，在软件开发的过程中，需要进行技术评审和软件测试，并进行缺陷跟踪；最后对整个过程进行检查，并进行有效的过程改进，以便在以后的项目中进一步提高软件质量。

7.1 质量管理概述

谈到软件质量工作时，人们经常会提及软件质量控制、软件质量保证和软件质量管理。的确，软件质量控制、软件质量保证和软件质量管理代表了软件质量工作的不同境界。

- 软件质量控制（Software Quality Control，SQC）是科学地测量过程状态的基本方法。就像汽车表盘上的仪器，可用于了解行驶中的转速、速度、油量等。
- 软件质量保证（Software Quality Assurance，SQA）则是过程和程序的参考与指南的集合。ISO 9000 就是其中的一种，就像汽车的用户手册。
- 软件质量管理（Software Quality Management，SQM）才是操作的哲学，教你“如何驾车”，建立质量文化和管理思想。

为了更容易理解软件质量工作层次，可以从另一个方面简单地阐述软件质量的 4 种不同的管理水平。

（1）检查，通过检验保证产品的质量，符合规格的软件产品为合格品，不符合规格的产品为次品，次品不能出售。这个层次的特点是独立的质量工作，质量是质量部门的事，是检验员的事。检验产品只是判断产品质量，不检验工艺流程、设计、服务等，不能提高产品质量。这种管理水平处在初级阶段，相当于“软件测试——早期的软件质量控制”。

（2）保证，质量目标通过软件开发部门来实现，开始定义软件质量目标、质量计划，保证软件开发流程的合理性、流畅性和稳定性。但软件度量工作很少，软件客户服务质量不明确，设计质量不明确，相当于初期的“软件质量保证”。

（3）预防，软件质量以预防为主，以过程管理为重，把质量的保证工作重点放在过程管理上，从软件产品需求分析、设计开始就引入预防思想，面向客户特征，大大降低低质量的成本，相当于成熟的“软件质量保证”。

（4）完美，以客户为中心，贯穿软件开发生存期全过程，全员参与，追求卓越，相当于“全面软件质量管理”。

质量工作的更高层次是质量方针和质量文化，即在质量方针指导下和在良好的质量文化氛围里，质量管理发挥指挥和控制组织的质量活动，协调质量的各项工作，包括质量控制、质量保证和质量改进的作用。

为了开发出符合质量要求的软件产品，使项目获得成功，必须做好软件质量管理，要在各个层次上对质量管理提供支持，例如：

（1）基础设施，包括质量文化、开发环境和标准体系等；

（2）方法层次，如采用的开发模型、开发流程等；

（3）技术层次，包括开发技术的成熟度、开发工具、自动化测试水平等。

在每个层次都有一些具体的活动，例如，在技术层次上，可以通过下列措施来提高质量。

（1）制定编程规范，在组织内形成开发约定和规则，有利于统一整体风格，以及提高代码的可读性、可维护性和可扩展性。

（2）组织应通过制定统一的模板来规范文档，形成一些约定和规则，以统一文档内容与风格。

（3）实施覆盖生命周期的软件测试，包括单元测试、集成测试和系统测试，不仅要完成动态测试，而且要进行静态测试，即在软件开发早期对需求定义、系统设计、代码等进行评审和验证。

（4）采用统计分析的方法，主要通过对各种度量数据进行量化的数理统计分析等，揭示产品特征或开发过程特征，发现各种不一致的问题。

从质量管理功能看，质量保证人员着重内部复审、评审等，包括监视和改善过程、确保任何经过认可的标准和步骤都被遵循，保证问题能被及时发现和处理。质量保证的工作对象是产品和其开发全过程的行为。从项目一开始，质量保证人员就介入计划、标准、流程的确定。这种参与有助于满足产品的实际需求，能对整个产品生命周期的开发过程进行有效的检查、审计，并向最高管理层提供产品及其过程的可视性。

基于软件系统及其用户的需求，包括特定应用环境的需要，可以确定每一个质量要素的各项特征的定性描述或量化指标，包括功能性、适用性、可靠性、安全性等方面的具体要求。再根据所采用的软件开发模型和开发阶段的定义，把各个质量要素及其子特征分解到各个阶段的开发活动、阶段产品上去，并给出相应的度量和验证方法。复审或内审就是为了达到事先定义的质量标准，确保所有软件开发活动符合有关的要求、规范和约束。

- 复审（Review）：在软件生命周期每个阶段结束之前，都正式用结束标准对相应阶段生产出的软件配置成分（阶段性成果）进行严格的技术审查，如需求分析人员、设计人员、开发人员和测试人员一起审查“产品设计规格说明书”“测试计划”等。
- 内审（Audit）：部门内部审查自己的工作，或由一个独立部门审查其他各部门的工作，以检查组织内部是否遵守已有的模板、规则和流程等。

7.2　项目质量的组织保证

软件项目质量管理，首先要在组织上得到保证。组织上没有保证，就不会有人去制订质量计划，质量的控制和管理也难以得到落实。软件项目质量的组织保证主要指以下几方面，如图 7-1 所示。

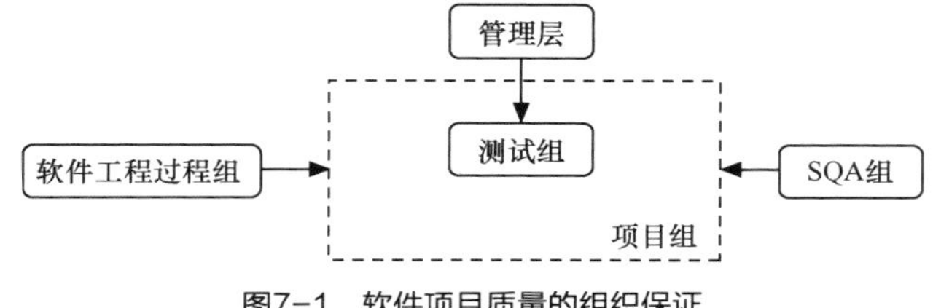

图7-1　软件项目质量的组织保证

- 管理层：管理层具有很强的“质量第一”的意识，能制定有利于保证和提高质量的正确的策略和方针，在整个组织中营造良好的质量文化。整个组织的质量方针、质量文化对项目的影响是非常大的，是项目质量工作的基础。质量方针体现了组织对质量总的追求、对顾客的承诺，是该组织质量工作的指导思想和行动指南。
- SQA 组：SQA 组主要是从流程上对软件的质量进行跟踪、控制和改进，即监督项目按已定义的流程进行，并符合已定义的相关标准。例如，要求项目组在开发过程中及时建立相关的文档，以及任何需求变更都要经过变更控制流程，批准之后还要进行配置项修改等。SQA 组在职能划分上独立于项目组，但监督项目组的各项活动。
- 测试组：软件测试组负责对软件产品进行全面的测试，包括需求评审、设计评审、功能测试、性能测试、安全性测试等，从中找出所存在的缺陷。测试组主要是面向产品，进行事后检查，从而给出软件产品的质量评估。测试组是项目组的重要组成部分，和项目经理、产品经理、产品设计人员、开发组等一起工作，直至软件成功发布。在敏捷开发模式下，项目团队是跨职能的团队，不再分为开发组和测试组，但可以有开发人员角色，而且也鼓励开发人员做更多的测试。
- 软件工程过程组：软件工程过程组通常由软件专家组成，在软件开发组织中领导和协调过程改进的小组。其主要任务是推动企业所应用的过程的定义、维护和改进。和 SQA 组相比，软件工程过程组类似于一个“立法”机构，而 SQA 组则类似于一个“监督”机构。软件工程过程组一般负责组织的过程定义，但也可以帮助项目进行过程剪裁，从而使项目流程更有效。

> IBM 公司的经验告诉我们，在超过 8 年的时间里，SQA 组发挥了至关重要的作用，并使得产品质量得到不断提高。越来越多的项目经理也感觉到由于 SQA 组的介入，不管是产品质量还是成本节约都得到了较大的改善。

在软件项目的质量管理中，虽然有测试组负责实施软件产品的测试工作（敏捷开发中，强调整个项目团队对测试负责），但还不够，应该让独立于项目的第三方人员——SQA 组和软件工程过程组参与，帮助项目组制订更加有效的质量计划，帮助项目组获得更合适的流程，帮助项目组更好地遵守流程，最终帮助项目组达到高质量的目标。

在此过程中，项目组（包括项目经理）和 SQA 组之间的关系是合作的关系，而不是监督和被监督的关系。如果处在监督和被监督的关系，质量保证和改进的工作是被动的，成效就会大大降低，而且还会产生冲突。虽然双方有不同的责任，但一定要认识到是合作的关系，具有共同的目标——提高工作质量和产品质量，对项目的及时完成也是有利的。SQA 组成员帮助项目经理了解项目中过程的执行情况、过程的质量、产品的质量、产品的完成情况等，对整个开发过程进行监督和控制，以保证产品的质量。

如果双方缺乏良好的合作意识和质量文化，开发人员和测试人员往往会对 SQA 组成员产生抵触情绪，认为 SQA 组成员不参与设计、不写代码和不做测试，而总是对设计、编码和测试的过程“指手画脚”。这种抵触情绪不仅会造成 SQA 组成员和项目技术人员之间的对立，而且会影响产品的质量。

质量是构建出来的，每个人的工作都会影响产品的质量。质量保证并不只是 SQA 组成员和测试人员的责任，所有的人（包括开发人员）都对产品质量负有责任，从“质量是构建出来的”角度看，产品的设计人员和程序员对质量影响更大，对质量改进的贡献是主要的。SQA 组成员主要对流程进行监督和控制，保证软件开发遵循已定义的流程和规范。而测试人员则是针对产品本身进行测试，发现缺陷并督促、协助开发人员进行修改。

7.3 质量工程

质量工程（Quality Engineering，QE）是有关产品和服务质量保证、控制的原则和实践的工程学科。在软件开发领域，质量工程是指通过企业级架构、质量内建和 IT 系统的管理、研发和运维使得企业实现高质量目标。

过去很长一段时间里，在软件开发生命周期中，软件测试作为一项独立的活动甚至是一个独立的阶段存在并且支撑软件的质量保证工作。近年来，随着 DevOps、数字化应用程序的激增和大规模、复杂的分布式异构系统的出现，传统的软件测试方法已经力不从心，很难支撑软件的持续交付，必须将质量工作从软件测试层次提升到质量工程这样更有效的层次，建立持续的质量保证与改进的闭环。

质量工程的核心在于通过持续改进的工程实践将软件开发和测试活动彻底融合、让测试贯穿软件开发生命周期的全过程，让质量内建于软件开发生命周期的每一项活动。

7.3.1 质量工程的内涵

近年来，软件开发领域发生了巨大的变化。从软件开发过程来说，DevOps 和敏捷开发模式融入软件开发过程，软件交付时间从几个月缩短到几天。从技术方面来说，软件架构中不断引入新的技术，如人工智能、边缘计算、区块链。从业务方面来说，软件系统的业务功能越来越复杂，在很多领域都要求软件系统始终在线，并且能够承受特殊时段内巨大的业务流量，因此，软件系统的复杂性呈指数级增长。

这些都给质量保证工作带来了巨大的挑战，不仅需要确保越来越复杂的软件系统能够工作，还应确保软件产品在高度竞争的数字化市场环境中提供差异化的用户体验。此外，质量保证工作还必须具备灵活性，以适应软件系统中核心技术频繁、快速的更新迭代。这些都表明，传统的质量保证手段及软件测试方法已经不适应当前的需要，必须上升到质量工程的高度，为这些挑战寻求系统的解决方案，引领软件测试从传统的方式转向适应未来软件应用工程世界的新思想和新方法。

首先，质量工作需要适应软件开发模式的变化，不断将新的质量保证的方法和技术应用到各项质量活动中。随着交付时间大幅度缩短，迭代速度越来越快，人们期望质量反馈的速度也越来越快。高水平的自动化测试、智能测试技术、基于云原生技术的测试环境搭建等，成为质量工程中应对所面临的挑战的技术手段。软件测试要左移，从需求分析（软件设计阶段）就开始；同时要右移，在软件运行维护阶段开展在线监控、在线测试，持续地对软件质量提供反馈。

其次，质量工作需要为新的技术和产品提供质量保证的手段。一方面，软件系统中引入人工智能、物联网、数字化、虚拟化等创新技术；另一方面，软件系统的复杂度、集成度空前提高，软件质量在可靠性、实时性方面的要求越来越高。而随着连接系统和过程的增加，不可预测的情况也在迅速增加，在实验室环境中很难模拟及测试，需要全新的软件测试策略、方法和技术来指导我们如何测试这些软件系统。

最后，我们需要适应所服务组织数字化转型的需要。企业的数字化转型会使几乎所有的业务流程都依赖于无缝运行的软件，软件错误的成本和影响比以前更高。质量工程的目标是从每一个软件研发活动的源头确保产品的质量，最大限度地减少成本及由缺陷造成的潜在损失。

软件测试到质量工程的转变是多层次、多维度的，不仅需要技术支撑，更需要建立“开发团队所有成员为质量负责”的质量文化，适应敏捷和 DevOps 的组织架构，因此需要构建贯穿软件开发全生命周期的、多层次的质量工程架构，如图 7-2 所示。

图7-2　质量工程架构
（来源：《数字化时代软件质量工程白皮书》）

目前已经有大量质量工程领域的优秀实践，比较典型的有测试左移和测试右移、持续集成和持续交付。还有为了保障日益重要的软件性能、安全和用户体验的工程实践，我们可以称之为性能工程、安全工程和用户体验工程。

7.3.2　测试左移和右移

在传统的软件开发瀑布模型中，软件开发的生命周期分为几个阶段，包括需求分析与定义、系统设计、编程、测试、运行维护等，每一个阶段完成之后进入下一个阶段，测试在“编程”之后、“运行维护”之前。测试左移与右移是以这里的测试阶段为基点进行移动，如图 7-3 所示。测试左移，是指将测试活动向左移动到需求分析阶段；测试右移，是指将测试延伸到软件的运行维护阶段。

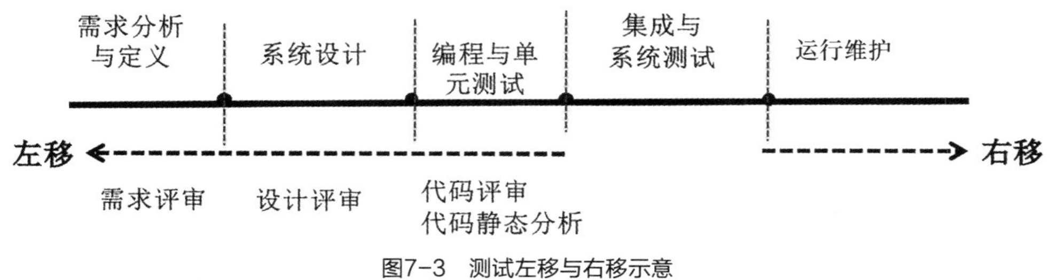

图7-3　测试左移与右移示意

1. 测试左移

测试左移的目的是让测试尽早开始，以及时发现研发前期的错误，避免将错误带到后面的研发活动中。在软件研发不同阶段发现和修复缺陷的成本是不一样的，缺陷发现得越迟，其修复的成本就越高。如果在需求阶段发现需求方面的缺陷并进行修复，只用修改需求文档，修复成本很低。但如果等设计完成之后缺陷才被发现，就需要修改需求和设计，成本提高。如果在需求和设计阶段都没有发现，等代码写完之后缺陷才被发现，需求、设计、代码都需要修改，成本就更高。因此，为了尽早发现缺陷，有必要将软件测试延伸到需求分析、设计阶段，即对软件产品的阶段性成果——需求定义文档、设计技术文档进行评审或验证。而在编程阶段，也没必要等到代码都开发完毕再启动测试，可以一边开发一边测试，对开发的代码及时进行代码评审、代码扫描、单元测试，乃至集成测试、系统测试，及时发现代码中的缺陷。不规范的代码、逻辑错误等可以在代码评审中被发现。代码中的漏洞，可以在代码扫描时被发现。代码功能的错误实现，可以在单元测试中被发现。集成和系统方面的问题，也可以通过对软件当前已实现的功能进行测试发现。

因此，测试左移是将测试计划与设计提前进行，以及开展需求评审、设计评审、代码级别的测试等。测试活动不仅左移到从需求定义阶段开始，而且把软件测试从“动态测试”扩展到“静态测试”——需求评审、设计评审、代码同行评审、代码静态分析。测试左移的重点是需求评审、设计评审。另外，为了保证需求的可测试性，测试左移中还特别提倡验收测试驱动的开发（Acceptance Test Driven Development，ATDD）的实践。

需求评审：软件缺陷并非只在编程阶段才会引入，在需求和设计阶段，需求定义文档、设计文档中同样会出现问题。对需求进行评审是从软件开发的源头就开始控制软件产品的构建质量，发现需求文档中的问题，如需求缺失、不合理、需求之间不一致、需求描述模糊等。通过需求评审，除了能够发现问题，也可以让开发团队加强对业务/用户需求的理解。在敏捷开发模式中，需求文档比较简单，主要是对用户故事的评审。

设计评审：软件设计一般可以分为体系结构设计和详细设计。软件设计在体系结构方面的质量属性，主要包括可维护性、可移植性、可测试性和健壮性等。软件设计的评审就是从这些标准出发，判断软件设计是否符合相关的设计标准。在整体架构评审通过后，需要继续对系统的各个层次或组件进行更为细致的评审，包括 UI 层的设计、接口的设计、存储模块的设计等。

TDD 强调测试在前、开发在后，即在写产品代码之前先写测试用例（测试脚本），再运行测试用例通过，最后写产品代码让测试通过。代码只有通过测试才被认为完成了。整个软件系统用一种周期化的、实时的、被预先编好的自动化测试方式来保证代码正常运行，是彻底的单元测试。

ATDD 是在 TDD 思想指导下的优秀实践，在需求定义阶段，先明确（定义）每个需求（即用户故事）的验收标准，然后开发人员基于需求及其验收标准进行编程，测试人员根据验收标准对相应的功能特性进行验证。ATDD 既保证了需求的可测试性，也保证了团队基于需求开发出正确的功能特性。推行 ATDD 更能体现我们之前强调的“质量是构建出来的”“预防缺陷比发现缺陷更有价值”。

2. **测试右移**

软件产品部署到生产环境之后就进入了“运行维护”阶段。测试右移将测试延伸到研发阶段之后的其他阶段。在敏捷开发和 DevOps 的实践中，由于软件迭代的速度快、测试环境不能完全模拟生产环境等，往往没有充分的时间或条件对软件进行充分测试。在生产环境中可以开展的测试活动主要有两类：一类是通过技术手段对软件系统进行监控和分析，及时发现软件故障并提供告警，让生产环境中运行的系统具备良好的可观察性；另一类是在生产环境中进行的在线性能测试（如全链路压测）、可靠性测试（如混沌工程）、用户体验测试（如 A/B 测试）等测试活动。通过在线监控和在线测试，一方面能够及时发现并修复问题，降低对用户的影响，还能够发现在测试环境中难以发现的软件问题。当然，在生产环境中进行测试，一定要保证线上系统的正常运行，需要专业的技术手段来实施。

A/B 测试：当一个互联网应用添加了新的功能或者修改了用户界面的设计，如果想知道新功能或者新的用户界面会带来怎样的市场效果，较好的做法是开展 A/B 测试，即把新、旧两个版本同时推送给不同的客户，通过对比实验进行科学的验证，从而判断这些变化是否产生了更积极、符合预期的影响力，为下一步的决策或改进提供依据。A/B 测试的目的是帮助企业提升产品的用户体验，实现用户增长或者收入增加等经营目标。

在线监控：指借助监控工具，收集并分析系统运行的日志、系统指标、模块和子系统之间链路调用信息等数据，监控系统运行中出现的各类问题并提供告警。一个在线监控系统可以对软件应用进行多个维度的监控，按照系统架构从下至上可以划分如下。

（1）IT 基础设施监控：对各种 IT 系统基础设施进行监控，包括操作系统、服务器、虚拟机、容器和网络等。可以监控 CPU、内存和磁盘等资源使用情况和网络通信情况。

（2）中间件应用监控：包括对数据库中间件、MQ（消息队列）和 Web 服务器等系统的监控，如一段时间内的请求量、响应时间等指标，以及访问日志信息。

（3）应用监控：对企业自己开发的业务应用的监控，这里需要监控的内容有很多，如服务依赖关系和接口性能监控。

（4）业务应用监控：业务指标不但反映公司的经营状况，而且可以用来诊断系统是否在稳定运行。如果系统出现了故障，那么最先受到影响的往往是业务指标。例如，一段时间内的用户访问量、交易金额和订单数量等出现不正常的波动，就有可能是系统错误或者性能问题影响了用户的正常使用。

（5）用户体验监控：对影响用户体验的指标进行监控，如用户从客户端访问时的卡顿率、加载时长等。

7.3.3　持续集成和持续交付（CI/CD）

1. **持续集成**

“持续集成是一种软件开发实践，即团队开发成员频繁集成他们的工作成果，通常每人每天至少集成一次，也就意味着每天可能会发生多次集成。每次集成都通过自动化的构建（测试）来验证，以便能尽早发现集成问题。”——马丁·福勒（Martin Fowler）

持续集成（Continuous Integration，CI）在1998年就被列为极限编程的核心实践。马丁在2006年提出了比较完善的方法与实践。在敏捷开发模式中，持续集成已经成为核心实践之一。持续集成的目的是尽早发现代码中的质量问题，开发人员每次提交代码就会触发持续集成，对代码进行快速检查，因为每次提交的代码都只包含小批量的变更，所以发现问题和解决问题的效率更高。

持续集成是一个高频和高度自动化的过程，需要一系列工具的支持，如代码管理工具、版本构建工具、CI调度工具、代码静态分析工具、单元测试工具、版本验证工具等。持续集成的一次执行过程如下。

（1）开发人员将代码提交到代码仓库。

（2）CI调度工具（如Jenkins）发现有代码变更。

（3）CI调度工具拉取最新代码，运行构建脚本或命令，对代码执行编译、测试、打包、部署等任务。

（4）任务执行结束后，将验证结果反馈给开发团队。

只有验证结果为成功，最新版本的代码才能被检出执行进一步的测试任务。如果失败，开发团队应立即停下手头工作对问题进行排查、修复，重新提交代码，触发持续集成，直至验证结果为通过。

持续集成中的测试活动包括针对所提交代码的单元测试、代码静态分析，以及对应用程序的版本验证（Build Verification Test，BVT），如图7-4所示。

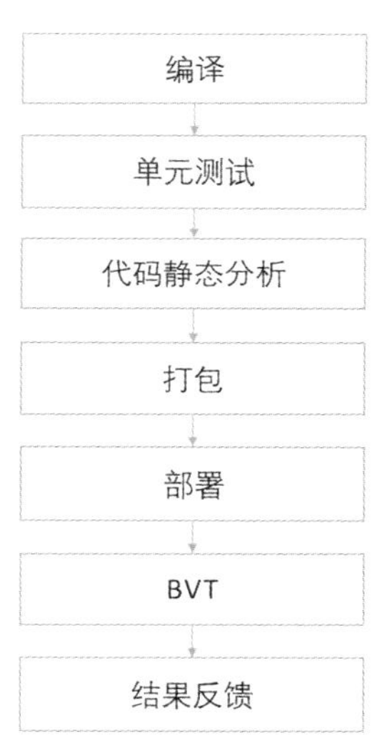

图7-4　持续集成活动

- 单元测试是指对软件最小可测试单元（如函数或类）进行验证，目的是发现代码底层的缺陷。单元测试对外部系统的依赖较低，运行时间通常在秒级，发现代码缺陷的成本低、效率高，敏捷开发的研发团队需要对单元测试的代码覆盖率提出比较高的要求，比如80%以上。
- 代码静态分析，也叫静态测试，是指通过静态分析工具不需要运行应用程序就可以对软件代码进行检查，发现代码规范问题、结构问题，以及代码错误等。
- BVT通过执行被测试应用来验证软件的基本功能是否能正常工作。

开发人员从提交代码变更触发构建到收到测试结果所需的时间，最好在10分钟内，并且整个过程应是自动化的。如果持续集成中的反馈周期比较长，那么开发人员或者等待时间太长，或者早已转向下一个任务，验证失败后也不会立刻停下手头的工作来处理。

2. **持续交付**

“持续交付是一种能力，也就是说，能够以可持续方式，安全、快速地把代码变更（包括特性、配置、缺陷和试验）部署到生产环境中，让用户使用。”——耶斯·亨布尔（Jez Humble）

敏捷宣言十大项目管理原则中的第一项就是“聚焦于价值”。软件产品及其功能特性只有快速交付到客户手中才能实现价值。因此，持续交付（Continuous Delivery，CD）关注的是持续交付价值给用户，是对持续集成的延伸，强调从业务需求到把价值交付到用户手上形成闭环。“持续”的含义是软件产品以增量的方式快速交付，每次交付的软件都是可工作的。在持续集成之后，软件还需要经过测试、部署和生产环境中运营维护才能发布出去。持续交付的目标倒逼软件部署、测试、集成都必须是可持续的，并且是安全、快速的。因此，持续交付过程可分解为持续构建、持续集成、持续测试、持续部署，持续运维，如图 7-5 所示。

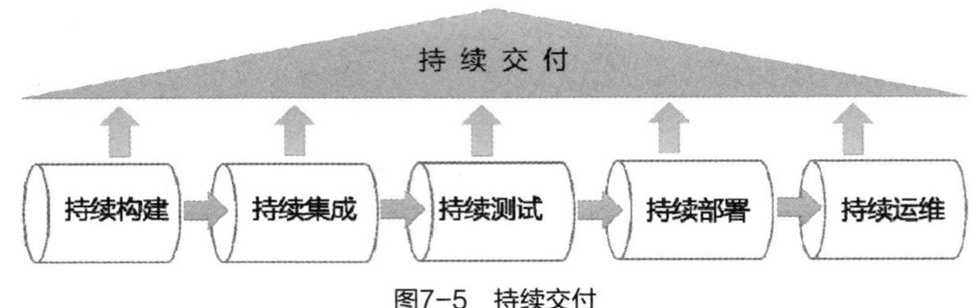

图7-5 持续交付

要做到软件产品持续交付，需要通过现代化的技术手段整合多种工具打造持续交付流水线平台，以保证交付过程的高效、一致性，而且系统自身需要稳定、可靠，可维护性强，大致具备以下特征。

- 覆盖从代码提交触发构建、集成、测试、部署到生产环境，最后发布给用户的整个过程。
- 整个过程是自动化的，不仅每项活动本身实现自动化，而且各环节之间自动流转，不需要人工操作。
- 持续交付流水线的过程定义能够灵活的配置、修改。例如，流水线定义以脚本的方式像代码一样进行管理。

这样，流水线不但能保证交付过程的一致性，而且效率高、可维护性强。这就需要依托强大的 IT 基础设施及 DevOps 工具链构建一个持续交付流水线平台。当然，端到端的持续交付流水线并不适合所有的软件类型，对 SaaS（Software as a Service，软件即服务）更加适合。

持续交付流水线中的测试活动用于在整个软件生命周期内提供持续的质量反馈。持续交付中的测试活动不仅包括研发阶段的测试活动，也包括运维阶段的测试活动。研发阶段中的测试既包括测试左移中的测试活动，如需求评审、设计评审、本地验证（单元测试、代码静态分析）、代码评审等，又包括持续集成中的测试及进一步的测试活动，如功能测试、非功能测试、回归测试、验收测试等。运维阶段的测试活动就是指测试右移，包括生产环境中的在线测试和在线监控等。持续交付流水线中包含的测试活动如图 7-6 所示。

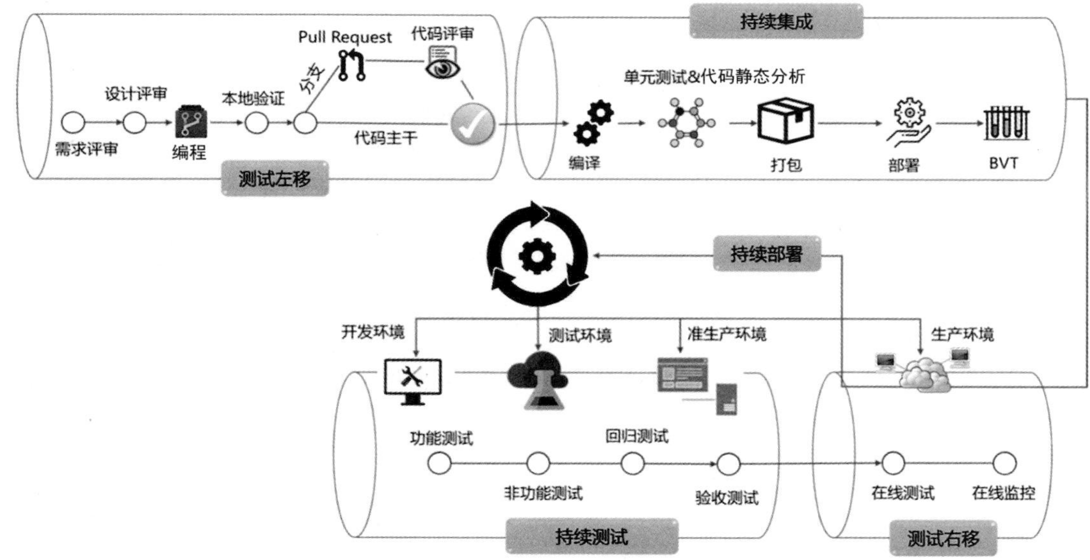

图7-6 持续交付流水线中包含的测试活动

7.3.4　从性能测试到性能工程

质量工程中测试左移、右移，以及 CI/CD 流水线中的测试等实践是从功能测试开始的。目前，性能测试作为软件测试的一部分，也正经历着相似的变革，很多实践让性能测试逐渐转变为性能工程。良好的性能工程实践能够保证在开发过程中更早地发现潜在性能问题，并进行高质量的修复。同时，良好的性能工程实践能够在生产环境中收集和分析更多的用户体验数据，发现在测试环境中难以发现的性能问题。

性能工程的实践主要包括以下几个方面。

（1）加强在需求和设计阶段对软件性能方面的需求评审和设计评审。在需求阶段，评审性能需求是否明确、合理、可测。在设计阶段，评审系统架构的设计是否很好地考虑了性能需求。

（2）保证软件应用运行时的性能是开发团队所有成员的责任。在编程阶段，开发人员不仅需要参与软件功能的验证，而且需要利用一些轻量级的、对开发人员友好的性能测试工具对应用程序执行性能测试，目的是尽早发现性能问题，尽早修复。例如，Python 开发人员可以采用像 Locust 这样的工具，创建基于 Python 的性能测试脚本。K6 支持使用 JavaScript 编写测试脚本，这对前端开发人员来说比较方便。

（3）除了服务端的系统性能测试，在研发阶段应验证客户端性能，评估影响用户体验的前端性能指标。这方面需要测试的指标包括客户端应用启动时长、页面加载时长、帧率和流畅度等。

（4）软件发布后对其线上运行情况进行实时监控，分析系统性能的实际表现。一般情况下，用户数量是逐渐增加的，一个新产品上线时用户可能比较少，对性能的要求可能不会太高。在线性能监控从各项监控指标、日志和调用链分析中发现性能瓶颈、内存泄露等问题，实现对性能的持续调优。这样不但可以为公司节省一大笔开支，而且可赢得快速迭代发布的时间。在线性能监控系统需要监控的节点有很多，包括客户端、服务器、中间件、数据库和网络等。对于微服务架构的分布式软件系统，还需要通过追踪微服务调用链分析并定位链路上的性能瓶颈。要监控的性能指标也很多，如用户关心的页面加载时间、用户输入响应时间，业务方面需要关心的系统吞吐量、并发用户数，以及技术方面需要关心的内存、CPU 使用情况，等等。

（5）软件发布后开展在线性能测试。不同于功能测试，性能测试对测试环境的要求非常高。对分布式、高并发的软件应用来说，搭建一个能够完全模拟真实生产环境的测试场景成本巨大。在生产环境中，由于环境和数据的差异，在高并发的情况下会发生很多在测试环境中从未出现的问题，因此必须借助真实的环境模拟真实流量进行压力测试，以验证业务系统在生产环境中的性能。全链路压测技术利用生产环境中的软硬件资源，通过模拟全链路真实的业务场景流量，在海量数据冲击下对系统进行压力测试，同时对系统容量进行评估。全链路压测一方面验证系统的各个节点是否能经受住冲击，如果有性能问题就提前暴露，并提前解决；另一方面也是为了验证系统容量是否满足高负载的要求，在高峰到来前做好容量规划，核心业务模块和非核心业务模块的负载肯定是不同的，通过全链路压测识别出每个业务模块的负载大小，然后有针对性地进行扩容或缩容调整。

（6）通过测试工具将自动化的性能测试集成到 CI/CD 流水线中，成为持续交付流水线中持续测试的一部分，在整个软件生命周期中为软件应用的性能提供快速反馈。

7.3.5　从安全测试到安全工程

安全测试是指针对软件应用的安全性开展的测试活动。这里的“安全性”是指信息安全（Security），指计算机系统或网络保护用户数据隐秘、完整，保护数据正常传输和抵御黑客、病毒攻击的能力。

在过去，安全性总是由单独的安全团队在开发周期结束时加入软件，并由单独的测试团队进行测试。但目前，产品迭代速度快，没有专门的时间留给安全测试。同时，随着软件数量增加和复杂性的提高，软件在安全性方面面临越来越大的挑战。

安全工程是指在产品开发生命周期的各阶段综合采用多种技术对产品的安全性进行验证，尽早识别出软件系统的安全漏洞和风险点。安全工程可以采用的比较成熟的安全开发工程模型和方法包括 SDL 和 DevSecOps。

SDL（Security Development Lifecycle，软件安全性开发生命周期）是微软提出的从安全角度指导软件开发过程的管理模式，核心理念是将软件安全的考虑集成在软件开发的每一个阶段，即需求分析、设计、编码、测试和维护。SDL 在整个软件生命周期定义了 7 个接触点：滥用案例、安全需求、体系结构风险分析、基于风险的安全测试、代码评审、渗透测试和安全运维。通过这些接触点来呈现在软件开发生命周期中保障软件安全的一系列优秀实践。

DevSecOps 中的 Dev 代表开发（Development）、Sec 代表安全（Security）、Ops 代表运维（Operation），由咨询公司 Gartner 于 2012 年提出，是指在软件开发生命周期的每个阶段自动集成安全性。DevSecOps 强调的理念和 DevOps 是一致的，核心理念为"安全是整个 IT 团队（包括开发、测试、运维及安全团队）所有成员的责任，需要贯穿整个业务生命周期的每一个环节"。"每个人都对安全负责"，安全工作前置，柔和嵌入现有开发流程体系。

为了保证安全工程得以顺利实施，研发团队可以开展的具体实践如下所示。

- 加强对团队所有成员的安全培训。参与交付过程的每个人都应该熟悉应用安全性的基本原则、应用安全测试和其他安全工程实践。开发人员需要了解线程模型和合规性检查，并了解如何衡量风险以及如何实施安全控制。
- 在需求阶段开展安全评审，针对软件需求从合规、反作弊、公共关系风险、数据敏感度、隐私保护等多方面进行评审。
- 在设计阶段从安全角度对设计方案进行评审，识别权限申请、日志记录、数据传输等方面的安全风险。
- 应用内置安全功能，把安全措施附加到应用程序中。以移动 App 为例，在 App 中内置环境动态检测和进程可信验证，同时增加运行时保护程序。这使得未来安全测试逐步变成系统本身的安全功能测试。
- 在研发阶段，进行代码的安全静态分析、安全性功能验证和渗透测试等，以发现代码和系统级别的安全漏洞。开发人员在提交代码前，采用安全扫描工具对代码进行自动扫描，将代码安全扫描纳入持续集成中，持续看护代码安全质量。
- 在软件运维阶段对线上业务环境持续进行安全监控，通过监控和检查，发现系统的安全性漏洞并及时修正。

7.3.6 用户体验工程

用户体验工程（User eXperience Engineering，UXE）是一个结构化的研究、设计和评估过程，其目标是使用户与产品或服务的互动变得简单、高效和愉快。UXE 方法可以应用于任何软件产品或服务的开发，并应用了来自感觉、知觉和认知、情感和动机以及社会心理学等领域的实验验证的原则，也从实验心理学和相关的社会科学，如人类学和社会学中调整研究方法。

UXE 受到了人因和人机工程学领域的影响，被认为是人机交互研究的实际应用。它从可用性（易用性）工程（Usability Engineering）演变而来，并与之有很多共同之处，后者的核心问题是产品的可用性，而用户对产品的体验包括其可用性，并延伸到用户与产品的情感互动，以及推广、供应和支持产品的组织渠道。

良好的用户体验会提升客户的忠诚度和交易操作的成功率，降低技术支持和用户培训的成本，进而提高企业的销售额、利润和竞争力、减少运营风险等，而且 UXE 会获得很高的投资回报率，一般可以期待 7.8～18 倍的投资回报率，保守估计能到 5～16 倍。所以，值得我们在自己的企业中推动用户体验工程的实施，一般将 10%～19% 的项目预算分配给 UXE。

用户体验工程的生命周期也是迭代的过程，贯穿整个软件研发和运维生命周期，由用户研究和 UX 需求分析、UX 设计到 UX 测试与评估、线上实验（如 A/B 测试）等主要环节组成。

（1）用户研究和 UX 需求调研:定义用户体验工作的业务目标，通过观察和讨论，收集关于用户（现有的或未来潜在的）、用户行为、用户要完成的任务和环境的目标数据，基于这些数据完成用户体验需求分析，对应着战略层和范围层。

（2）用户体验设计，包括信息结构和交互设计、UI 设计和视觉设计等，逐渐细化，不断优化结构和交互设计，提升易用性和美感，这个过程也伴随着内部研发人员的评估，然后再改进，即完成设计、评估、再设计、再评估的持续改进过程。

（3）用户体验测评，含 UX 测试和评估，一般会经过专业人士的测评和最终用户的反馈来综合分析，确定用户体验是否达到设定的目标，为下一个迭代提供数据和改进的依据。

7.4　质量计划

质量计划

质量计划是进行项目质量管理、实现项目质量方针和目标的具体规划。它是项目管理规划的重要组成部分，也是项目质量方针和质量目标的分解和具体体现。第4章对之进行了简单的介绍，这里将详细讨论。

质量计划是针对特定的项目而编制的有关质量措施、资源和活动顺序的文件。它通常在组织的质量方针指导下定义项目的质量目标，描述项目质量管理中所需的资源、职责分配，说明如何采用正确的流程和操作程序、质量控制方法和评审技术等来保证质量。软件质量计划需要覆盖软件开发和维护的整个生命周期，即需要针对需求定义、设计、编码、测试和部署等各项工作提出质量目标和要求，并就质量控制内容、方法和手段给出建议或指导。

7.4.1　质量计划的内容

在每个项目开始之前，SQA人员都需要按照要求完成详细的质量计划。一般来说，质量计划包含如下内容。

- 计划的目的和范围。
- 该质量计划参考的文件列表。
- 质量目标，包括总体目标和分阶段或分项的质量目标。
- 质量的任务，即在项目质量计划中要完成的任务，包括组织流程说明会、流程实施指导、关键成果（需求说明、设计和代码等）的评审等。
- 参与质量管理的相关人员及其责任，如在软件开发的不同阶段，项目经理、开发小组、测试小组、QA人员等负有什么样的责任。
- 为项目的一些关键文档（如程序员手册、测试计划、配置管理计划）提出要求。
- 重申适合项目的相关标准，如文档模板标准、逻辑结构标准、代码编写标准等。
- 评审的流程和标准，如明确地区分技术评审和文档评审的不同点等。
- 配置管理要求，如代码版本控制、需求变更控制等。
- 问题报告和处理系统，确保所有的软件问题都被记录、分析和解决，并被归入特定的范畴和文档化，为将来的项目服务。
- 采用的质量控制工具、技术和方法等。

在整个SQA（Softwore Quality Assurance，软件质量保证）工作中，评审或审核占有十分重要的地位，因此在质量计划中需要清楚地阐述哪些评审需要完成。ANSI曾建议如下评审内容不可少。

（1）需求说明评审（Requirement Specification Review）。

（2）设计文档评审（Design Document Review）。

（3）测试计划评审（Test Plan Review）。

（4）功能性审核（Functional Audit）。

（5）物理性审核（Physical Audit）。

（6）管理评审（Management Review）。

如果在敏捷开发模式中，没有传统的需求规格说明书，而是用户故事，需要针对用户故事及其验收标准进行评审，其中验收标准的制定和评审更为重要。以下是质量计划书的一个示例。

XYZ项目质量计划

质量目标

XYZ项目需要遵循由质量小组提供的并达成协议的质量目标，目标如下。

- 完成产品预定的功能实现。
- 该版本的性能要比上一个版本提高10%以上。

- 所有“严重”及以上级别的缺陷都必须在项目结束前修正。确实不能修正的，必须经过公司技术总监的批准，才可以留到下一个版本处理。

……

质量标准

GB/T 15532—2008《计算机软件测试规范》

GB/T 25000.10—2016《软件工程 产品质量 第3部分：内部度量》

XYZ公司编程规范

……

评审

每周和每月都需要进行项目评审，并按照要求生成相应的状态报告。在项目的实施计划中，需要定义和安排同行评审，同样需要按照相关的模板记录评审情况并生成报告。在软件开发过程中，需要进行的评审包括以下几种。

- 需求说明书，包括用户界面设计文档。
- 产品功能设计规格说明书。
- 系统架构设计、数据库设计。
- 测试计划和测试用例。
- 关键性代码。

……

测试计划

该项目的测试计划文档为《XYZ项目测试计划》，请参考相应文档（ID 1003）……

各个模块质量负责人安排

……

质量计划批准人

7.4.2 质量计划制订的步骤

在制订质量计划之前，要充分考虑各种因素，也就是考量质量计划的输入。只有获得正确的输入，才能获得质量计划的正确输出。在制订项目质量计划时，主要考虑的因素有以下几个。

（1）质量方针。质量方针是由项目决策者针对项目的整体质量目标和方向所提出的指导性文件，也是质量管理的行动纲领。在项目的质量策划过程中，质量方针是重要的依据之一，质量管理的具体对策和方法都是在质量方针这个框架下进行的。

（2）项目范围陈述。项目范围的陈述明确了项目需求方（用户或客户）的要求和目标，而质量计划的目标就是尽可能地满足用户或客户的需求，因此范围陈述也是项目质量计划编制的主要依据和基础，帮助我们更好地界定具体的质量目标和任务。

（3）产品说明。虽然产品说明可以在项目范围陈述中加以具体化，产品说明通常仍需阐明技术要点的细节和其他可能影响质量计划的因素。

（4）标准和规则。项目质量计划的制订必须考虑到与项目相关的标准和规则，这些都将影响质量计划的制订。

要充分考虑影响质量计划制订的因素，需要和项目的相关利益人（干系人）进行充分的交流和讨论。在掌握足够的信息之后，就可以全面编制项目的质量计划了。一般来说，质量计划的制订，会经过以下一系列的步骤。

1. 了解项目的基本概况，收集项目有关资料

质量管理计划编制阶段应重点了解项目的目标、用户需求和项目的实施范围。正如前面所说，要充分考虑项目计划的影响因素，包括实施规范、质量评定标准和历史上类似项目的质量计划书等，而且要考虑如何和风险计划、资源计划、进度计划等协调，避免冲突，达成一致。

2. 确定项目的质量目标

在了解项目的基本情况并收集大量的相关资料之后，所要做的工作就是确定项目的质量目标。先根据项目总体目标和用户需求确定项目的质量总目标，然后根据项目的组成与划分来分解质量目标，建立各个具体的质量目标。

3. **确定围绕质量目标的工作任务**

从质量目标出发，比较容易确定所要开展的工作，包括评审、跟踪、统计分析等，从而确定所要进行的具体活动或任务。

4. **明确项目质量管理组织机构**

根据项目的规模、项目特点、项目组织、项目总进度计划和已建立的具体质量目标，配备各级质量管理人员、设备资源，并确定质量管理人员的角色和质量责任，建立项目的质量管理机构，绘制项目质量管理组织机构图。例如，高校即时聊天软件项目角色和质量责任如表 7-1 所示。

表 7-1　高校即时聊天软件项目角色和质量责任

<table>
<tr><th>角色</th><th>质量责任</th></tr>
<tr><td>项目经理
浩哥</td><td>协助质量保证人员、测试组长等的工作，进行全程的质量跟踪，及时向质量保证人员报告质量问题，将有关质量的改进措施及时在项目组传达，并负责实施</td></tr>
<tr><td>质量保证人员
安心</td><td>对整个开发和测试过程进行质量控制，负责质量计划的制订和其实施的监控，组织所要求的各类评审会议等</td></tr>
<tr><td>后端开发工程师
文睿</td><td>开发团队负责人。负责设计的评审等质量保证工作以及编程工作</td></tr>
<tr><td>后端开发工程师
鲁飞</td><td rowspan="2">负责详细设计、编程和单元测试</td></tr>
<tr><td>后端开发工程师
若谷</td></tr>
<tr><td>测试工程师
玉洁</td><td>测试组长。参与需求、设计等评审会议，制订测试计划。组织测试计划和测试用例的评审，执行测试的质量跟踪</td></tr>
</table>

续表

角色	质量责任
测试工程师 卜凡	编写测试用例，并参与评审

5. 制定项目的质量控制程序

项目的质量控制程序主要有项目质量控制工作程序、初始的检查实验和标识程序、项目实施过程中的质量检查程序、不合格项目产品的控制程序、各类项目实施质量记录的控制程序和交验程序等。

在制订好项目的质量控制程序之后，还应该把单独编制成册的项目质量计划，根据项目总的进度计划，相应地编制成项目的质量工作计划表、质量管理人员计划表和质量管理设备计划表等，发放给项目经理、开发团队负责人和测试组长等项目的主要人员。

6. 项目质量计划的评审

项目质量计划编制完成后，经相关部门审阅，并经项目负责人（或技术负责人）审定和项目经理批准后颁布实施。当项目的规模较大、子项目较多或某部分的质量比较关键时，也可按照子项目或关键项目，根据项目进度分阶段编制项目的质量计划。

7.4.3 如何制订有效的质量计划

质量计划的主要目的是确保项目的质量标准能够得以满意地实现，其关键是在项目的计划期内确保项目按期完成，同时要处理与其他项目计划之间的关系。质量计划是针对具体的软件开发制订的，总体过程也经历 4 个阶段：计划的编制、实施、检查调整和总结。

质量计划是保证组织质量体系有效运行的纽带，因为一个组织的质量体系运行的好坏，应反映在具体的产品上，通过质量计划能够把具体产品与组织质量体系连接起来。质量计划可作为评定、监控产品是否符合质量要求的依据。由于质量计划规定了专门的质量措施、资源和活动顺序，它对有关的质量活动提出了具体要求。因此，可以根据这些要求，对质量活动的执行过程和结果进行监控和评定。

编制项目的质量计划，首先必须确定项目的范围、中间产品和最终产品，然后明确关于中间产品和最终产品的规定、标准，确定可能影响产品质量的各类因素，并找出能够确保满足相关规定、标准的过程方法和相关技术。制订质量计划的主要方法有以下几种。

（1）利益/成本分析。质量计划必须综合考虑利益/成本的交换，满足质量需求的主要利益体现在减少重复性工作（避免返工），从而达到高产出、低支出以及增加投资者的满意度。满足质量要求的基本费用是辅助项目质量管理活动的付出。质量管理的基本原则是效益与成本之比尽可能大，或达到质量与成本的最佳平衡。

（2）基准。基准主要是通过与其他同类项目的质量计划制订和实施过程的比较，为改进项目实施过程提供思路和可参考的标准。

（3）流程图。流程图是一种由箭线连接若干因素的关系图，流程图在质量管理中的应用主要包括如下两个方面。

- 因果图，主要用来分析和说明各种因素和原因如何导致或者产生各种潜在的质量问题，是分析质量问题的根本原因的主要手段之一。
- 系统流程图或处理流程图，主要用来说明系统各种要素之间存在的相互关系，通过流程图可以帮助项目组提出解决所遇质量问题的相关方法。

（4）试验设计。试验设计对于分析和识别对整个项目输出结果最具影响的因素是有效的。

由于影响项目实施的因素非常多，如设计的变更、意外情况的发生、项目环境的变化，而且这些因素均能够对项目质量计划的顺利实施起到阻碍、限制作用，因此在项目质量计划实施的过程中，必须不断加强对质量计划执行情况的检查，及时发现和纠正问题。例如，在项目实施的过程中，由于受主客观因素的影响，偶尔会发生某部分项目的实施质量经检验后未能达到原质量计划规定要求的情况，从而对项目质量目标带来不同程度的影响。此时在项目总体目标不变的前提下，应根据原质量计划和实际情况进行比较分析，找出问题产生的根本原因，从而制定出相应的技术保证措施，对原计划做出适当的调整，以确保项目质量总目标的圆满实现，满足顾客对项目产品或服务的质量要求。

综上所述，项目质量计划工作在项目管理（特别是项目质量管理）中具有非常重要的地位和指导作用。加强项目的质量计划，可以充分体现项目质量管理的目的性，有利于克服质量管理工作中的盲目性和随意性，从而增加工作的主动性、针对性和积极性，对确保项目工期、降低项目成本、圆满达到项目质量目标将产生积极的促进作用。

7.4.4　质量计划的实施和控制

质量计划确定后，各责任单位就必须按照设定的质量目标来安排质量工作，开展相关活动，实施有效的质量控制。质量控制贯穿项目的整个过程，它通过收集、记录和分析有关项目质量的数据信息，确保质量计划得到贯彻执行，也可以根据实际情况对计划进行调整，适应客户的新要求。

项目质量评估不仅是在项目完成后进行，还包括对项目实施过程中的各个关键点的质量评估。项目质量评估看起来属于事后控制，但其目的不是改变那些已经发生的事情，而是试图获得产生质量缺陷的根本原因，从而减少软件缺陷或避免将来犯同样的错误。

在质量计划实施过程中，应该通过设置检查点、验证点，对阶段性成果进行评审或完成质量评估，以确定项目阶段性成果是否达到所设定的质量标准。如果满足了质量标准，就可以进入软件生命周期的下一个阶段。如果不符合相关的质量标准，能使质量问题及早暴露出来，从而能够及时采取纠正措施或预防措施，以消除导致不合格或潜在不合格产品的原因，从根本上解决质量问题，避免发生更大的质量问题，还可避免因质量问题使项目推迟。

项目收尾阶段的质量控制是一个非常重要而又容易忽视的内容，它需要检查项目文件资料的完备性，包括评审会议记录、测试报告等，同时进行项目总结。项目总结是一个把实际运行情况与项目计划进行比较以吸取教训、提炼经验的过程。通过项目质量计划和总结，项目过程中的经验和教训将得到完整的记录和升华，成为“组织财富”。

7.5　软件评审方法和过程

卡尔·E. 威格斯（Karl E. Wiegers）在《软件同级评审》一书中说：“不管你有没有发现它们，缺陷总是存在，问题只是你最终发现它们时，需要多少纠正成本。评审的投入把质量成本从昂贵的后期返工转变为早期的缺陷发现。”

布鲁克斯则在《人月神话》中说：“不论协作与否，拥有能了解状态真相的评审机制是必要的。PERT 图以及频繁出现的里程碑是这种评审的基础。大型项目中，可能需要每周对某些部分进行评审，大约一个月左右进行整体评审。”

软件评审涉及的面比较广，从软件产品、软件技术到软件流程、管理等。因为评审的对象不同，其评审目的是不一样的。

- 当评审的对象是需求文档、技术设计、代码等时，主要目的是尽早地发现产品的缺陷，以前期较少的投入来消除后期大量的返工。
- 当评审的对象是软件技术时，主要目的是判断引入新的技术是否带来很大风险、技术是否适用于当前的研发环境等。
- 当评审的对象是软件流程、管理时，主要目的是发现流程、管理中存在的问题，加以改进。
- 当评审对象是项目计划、测试计划、测试用例时，主要目的是发现问题，完善这些计划等。

概括起来，评审的主要目的是发现问题。但是，除了发现问题之外，评审也是集众人智慧来解决问题的过程，是大家相互学习的好机会。通过评审，还可以将问题记录下来，使得问题具有可追溯性。

引用概念

根据 IEEE 1028-1988 的定义，软件评审是对软件元素或者项目状态的一种评估手段，以确定其是否与计划的结果一致，并使其得到改进。评审就是检验工作产品（如需求或设计文档）是否正确地满足了以往工作产品中建立的规范，以及是否符合客户的需求。

7.5.1 软件评审的方法和技术

软件评审的方法很多，有正式的也有非正式的。非正式的一种评审方法可能是临时评审，设计、开发和测试人员在工作过程中会自发地使用这种方法。其次是轮查——邮件分发审查，通过邮件将需要评审的内容分发下去，然后收集大家的反馈意见。这种方法简单、方便，不是实时进行而是异步进行的，参与评审的人在时间上具有很大的灵活性，这种方法用于需求阶段的评审还是可以发挥不错的效果的。但是，这种方法不能保证大家真正理解了内容，反馈的意见既不准确，也不及时。而大家比较认可的软件评审方法是互为复审或称同行评审（Peer Review）、走查（Walk-through）和会议审查（Inspection），如图 7-7 所示。在软件开发过程中，各种评审方法是交替使用或根据实际情况灵活应用的。

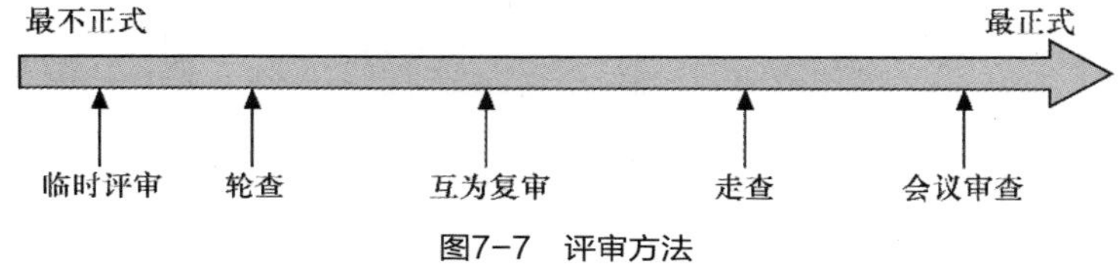

图7-7 评审方法

1. 互为复审

在软件团队里，容易形成一对一的伙伴合作关系，从而可相互审查对方的工作成果，帮助对方找出问题。由于两个人的工作内容和技术比较接近，涉及人员很少，这种方法的复审效率比较高，也比较灵活。所以互为复审是一种常用的办法，如软件代码的互为复审已成为软件工程的最佳实践之一。极限编程中的成对编程，可以看作互为复审的一种特例。有兴趣的读者，可以访问 Smartbear software 官方网站以获得更多有关互为复审的资料。

2. 走查

走查主要强调对评审的对象从头到尾检查一遍，比互为复审的要求严格一些，从而保证其评审的范围全面，达到预期效果。但这种方法在审查前缺乏计划，参与审查的人员没有做好充分的准备，所以表面问题容易被发现，一些隐藏比较深的问题则不容易被发现。走查还常用在产品基本完成之后，由市场人员和产品经理来完成这一工作，以发现产品中界面、操作逻辑、用户体验等方面的问题。有时，也可以将走查和互为复审结合起来使用。

3. 会议审查

会议审查是一种系统化、严密的集体评审方法。它的过程一般包含制订计划、准备和组织会议、跟踪和分析结果等。对于最可能产生风险的工作成果，要采用这种最正式的评审方法。例如，软件需求分析报告、系统架构设计和核心模块的代码等，一般都采用这种方法，或至少有一次采用这种方法。IEEE 是这样描述会议审查的：

- 通过会议审查可以验证产品是否满足功能规格说明、质量特性以及用户需求等；
- 通过会议审查可以验证产品是否符合相关标准、规则、计划和过程；
- 会议审查能提供缺陷和审查工作的度量，以改进审查过程和组织的软件工程过程。

会议审查过程涉及多个角色，如评审组长、作者、评审员、和记录者等。

通常，在软件开发的过程中，各种评审方法是交替使用的，在不同的开发阶段和不同的场合要选择适宜的评审方法。例如，在需求和设计评审中，一般先采用“轮查”的方法审查初稿，找出显而易见的问题；然后在最终定稿之前，采用正式“会议审查”方法，对所有关键内容再过一遍。而在代码评审中，选用“互为复审”比较多，程序员也经常自发地采用“临时评审”方法。找到最合适的评审方法的有效途径是在每次评审结束后，对所选择的评审方法的有效性进行分析，并最终形成适合组织的最优评审方法。

对于最有可能产生较大风险的工作成果，要采用最正式的评审方法。例如，对需求分析报告而言，它的不准确和不完善将会给软件的后期开发带来极大的风险，因此需要采用较正式的评审方法，如走查、会议审查；又如，核心代码的失效也会带来很严重的后果，所以也应该采用走查会议审查的方法。

4. 检查表

在实际的评审过程中不仅要采用合适的评审方法，还需要选择合适的评审技术。检查表（Checklist）就是一种简单、有效的技术。例如，需求缺陷检查表或设计需求缺陷检查表列出容易出现的典型错误，作为评审的一个重要组成部分，帮助评审员找出被评审的对象中可能的缺陷，从而使评审不错过任何可能存在的隐患，也有助于审查者在准备期间将精力集中在可能的错误来源上，提高评审效率、节约大家的时间。

检查表是一种常用的质量保证手段，也是正式技术评审的必要工具，评审过程往往由检查表驱动。一份精心设计的检查表，对于提高评审效率、改进评审质量有很大帮助。检查表应具有以下特征。

- 可靠性。人们借助检查表以确认被检查对象的所有质量特征均得到满足，避免遗漏任何项目。
- 效率。检查表归纳了所有检查要点，比起冗长的文档，使用检查表具有更高的工作效率。

如何编制合适的检查表呢？概括起来有以下几点。

- 对于不同类型的评审对象应该编制不同的检查表。
- 根据以往积累的经验收集同类评审对象的常见缺陷，按缺陷的（子）类型进行组织，并为每一个缺陷类型指定一个标识码。
- 基于以往的软件问题报告和个人经验，按照各种缺陷对软件影响的严重性和（或）发生的可能性从大至小排列缺陷类型。
- 以简单问句的形式（回答“是”或“否”）表达每一种缺陷。检查表不宜过长。
- 根据评审对象的质量要求，对检查表中的问题做必要的增、删、修改和前后次序调整。

5. 其他技术

场景分析技术多用于需求文档评审，按照用户使用场景对产品/文档进行评审，如扮演不同的用户角色，模拟用户的行为，联想到更多的应用场景。使用这种评审技术很容易发现遗漏的需求和多余的需求。实践证明，对于需求评审，场景分析法比检查表更能发现错误和问题。

通常，不同的角色对产品/文档的理解是不一样的。例如，客户可能更多从功能需求或者易用性上考虑，设计人员可能会考虑功能的实现问题，而测试人员则更需要考虑功能的可测试性等。因此，在评审时，可以尝试从不同角色出发对产品/文档进行审核，从而发现可测性、可用性等各个方面的问题。

合理地利用工具可以极大地提高评审人员的工作效率，目前，已经有很多的工具被开发用于评审工作，美国国家航空航天局（NASA）开发的 ARM（Automated Requirement Measurement，自动需求度量）就是其中的一种工具。将需求文档导入之后，ARM 会对文档进行分析，统计文档中各种词语的使用频率，从而对完整性、二义性等进行分析。分析的词语除了工具本身定义的特定词语（如“完全”“部分”“可能”等），使用者还可以自己定义词语并将之加入词库。

7.5.2　角色和责任

在评审过程中涉及多个角色，分别是评审组长、作者、评审员、材料陈述者和记录者等。虽然评审员是一个独立的角色，但实际上，所有的参与者除了自身担任的特定角色外，都在评审中充当评审员的角色。有时候，由于人员的限制，一个人可能充当多个角色，如小组组长也可以是材料陈述者和记录者。不同的角色承担着不同的责任，其主要的职责分配如表 7-2 所示。

表 7-2　软件评审中的角色和责任

角色	责任
作者	• 被评审的工作产品的创建者或维护者请求同行评审协调者分配一位评审组长，从而发起评审过程。 • 陈述评审目标。 • 提交工作产品及其规范或以往的文档给评审组长。 • 与评审组长一起选择审核者，并分配角色。 • 对应问题日志和错误清单上的项目。 • 向评审组长报告返工时间和缺陷数
评审组长	• 使用评审组长检查表作为工作辅助。 • 计划、安排和组织评审活动。 • 与创建者一起选择审核者，并分配角色。 • 在评审会议 3 天前，将评审项目打包并发送给审核者。 • 确定会议准备是否充分。如果不充分，重新安排会议时间。 • 协调评审会议进行。纠正任何不适当的行为。随着材料陈述者展示工作产品的各部分，引导审核者提出问题。记录评审过程中提出的行动决议或问题。 • 领导评审小组确定工作产品的评估结果。 • 作为审核者或指派其他人承担该责任。 • 提交完成的评审总结报告给组织的同行评审协调者
材料陈述者	• 向评审小组展示工作产品的各部分，引导审核者进行评论，提出问题或疑问
记录者	• 记录并分类评审会议中提出的问题
评审员	• 在评审会议之前检查工作产品，发现其缺陷，为参加评审会议做准备。记录其评审准备时间。参加评审，识别缺陷，提出问题，给出改进建议
审核者	• 进行跟踪，确认返工工作被正确执行
协调者	• 项目评审度量数据库的拥有者。维护每次评审的评审记录及来自评审总结报告中的数据。根据评审数据形成报告，提交给管理层、过程改进组及同行评审过程的拥有者

在不同形式的评审中，角色也会发生一些变化，可以参见表 7-3。

表 7-3　会议审查、互为复审和走查异同点比较

角色/职责	会议审查	互为复审	走查
主持者	评审组长	评审组长或作者	作者
材料陈述者	审核者	评审组长	作者
记录者	是	是	可能
专门的评审员	是	是	否
检查表	是	是	否
问题跟踪和分析	是	可能	否
产品评估	是	是	否

7.5.3　软件评审过程

评审会议需要事先做好策划、准备和组织。在举行评审会议之前，首先要做好计划（前面已介绍过，所以后面不再重复介绍），包括确定被评审的对象、期望达到的评审目标和计划选用的评审方法；然后，为评审计划的实施做准备，包括选择参加评审的人员、协商和安排评审的时间，以及收集和发放所需的相关资料；接着，进入关键阶段，召开会议进行集体评审，确定所存在的各种问题；最后，跟踪这些问题直至所有问题被解决。评审会议过程如图 7-8 所示。

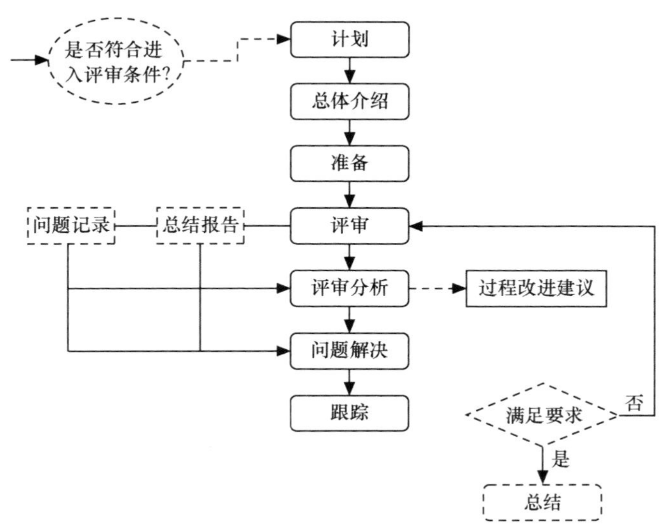

图7-8　评审会议过程

总体介绍是一个可选环节，视需要决定，由主持人或相关负责人对评审的背景、目的和重要性进行总体介绍。这有助于与会人理解评审的意义和目标。

1. **准备**

在评审会议之前，需要进行充分的准备工作。这可能包括收集相关的资料和文件，如项目计划、需求文档、设计文档等。确定参与评审的人员，包括项目团队成员、相关领域的专家、利益相关者等。准备评审的场地和设备，确保会议的顺利进行。

2. **符合进入评审条件？总体介绍**

在评审会议开始时，首先要确定项目是否符合进入评审的条件。这可能包括检查项目是否完成了特定的阶段或里程碑，是否满足了评审的标准和要求。如果项目不符合评审条件，可能需要进行进一步的准备或调整，然后再重新安排评审。

如果项目符合评审条件，进行总体介绍。介绍项目的背景、目标、范围、进度等基本情况，让评审人员对项目有一个整体的了解。

3. **问题记录**

在评审过程中，评审人员会对项目进行仔细的审查和分析，发现可能存在的问题和风险。这些问题应该被详细记录下来，包括问题的描述、影响范围、严重程度等信息。问题记录可以使用表格、文档或专门的问题跟踪工具。

4. **评审分析**

对记录的问题进行深入分析，确定问题的根本原因和潜在影响。分析问题的解决难度和可能的解决方案，评估问题对项目进度、质量、成本等方面的影响。评审分析可以采用小组讨论、头脑风暴等方式，充分发挥评审人员的专业知识和经验。

5. **过程改进建议**

在评审过程中，除了发现问题，还可以提出过程改进的建议。这些建议可以针对项目的管理流程、开发方法、质量控制等方面，旨在提高项目的效率和质量。过程改进建议应该具有可操作性和实际价值，能够为项目团队提供有益的指导。

6. **问题解决**

根据评审分析的结果，制定问题的解决方案。解决方案应该明确责任人和时间节点，确保问题能够得到及时解决。在问题解决过程中，需要对解决方案进行跟踪和监控，确保其有效性和可行性。

7. 跟踪

对问题的解决情况进行跟踪，确保问题按照解决方案得到妥善处理。跟踪可以采用定期汇报、检查等方式，及时发现问题解决过程中的问题和风险，并采取相应的措施。

8. 满足要求？否

如果问题没有得到完全解决，或者项目仍然存在不符合要求的地方，需要重新进行评审和问题解决的过程，直到项目满足要求为止。

9. 满足要求？是

当项目满足评审要求时，进行总结。总结评审会议的结果，包括问题的解决情况、过程改进的建议、项目的优点和不足等。对项目的下一步工作进行安排和部署，确保项目能够顺利进行。

10. 总结

评审会议结束后，对整个评审过程进行总结。总结评审的经验教训，为今后的项目评审提供参考。整理评审的文档和记录，保存项目的历史信息。

总之，评审会议是项目管理中非常重要的一个环节，通过严格的评审流程，可以及时发现和解决项目中的问题，提高项目的质量和成功率。

7.5.4 如何有效地组织评审

这里以需求评审为例，介绍如何有效地组织评审。对于需求评审，通常会通过一些非正式形式（临时评审、走查等）来完成需求的前期评审或功能特性改动很小的需求评审，但至少会有一次会议审查，从头到尾地对需求说明进行评审。对于比较大型的项目、需求改动较大的项目等，一次评审会议也许不够，还要通过 2～3 次甚至更多次的评审会议才能最后达成一致。

SQA 人员组织评审，和各类项目人员交流，充分听取他们的建议，把握好流程和评审目标。测试人员和开发人员等需要认真、仔细地阅读评审材料，不断思考，从中发现问题。任何发现的问题、不明白的地方都应一一记录下来，通过邮件发给文档的作者，或通过其他形式（面对面会谈、电话、远程互联网会议等）进行交流。其中重要的一点就是要善于提问，包括向自己提问题。

- 这些需求都是用户提出来的吗？有没有画蛇添足的需求？
- 有没有漏掉什么需求？有没有忽视竞争对手的产品特性？
- 需求文档中，正确地描述了需求吗？
- 我的理解和作者、产品经理的理解一致吗？

通过交流，大家达成一致的认识和理解，并修改不正确、不清楚的地方。在各种沟通形式中，面对面沟通的效率较高，但是在口头交流达成统一意见后，还应该通过文档、邮件或工作流系统等记录下来，作为备忘录。

更重要的是，要从用户的角度来进行需求评审，从用户需求出发，一切围绕用户需求进行。要确定用户是谁，理解用户的业务流程，体会用户的操作习惯，多问几个为什么，尽量挖掘各种各样的应用场景或操作模式，从而分析需求，检验需求描述是否全面、是否具备完整的用例等，以真正满足用户的业务需求和操作需求。

评审方法有以下几种。

1. 分层评审方法

采用分层次评审的方法，先总体、后细节，一开始不要陷入细节，而是按从高层次向低层次推进的方法来完成评审。

- 高层次评审：主要从产品功能逻辑去分析，检查功能之间的衔接是否平滑、功能之间有没有冲突；从客户的角度分析需求，检查是否符合用户的需求和体验，检查需求是否遵守已有的标准和规范，如国家信息标准、行业术语标准、企业需求定义规范等；最后还要检查需求的可扩充性、复杂性、可测试性（可验证性）等。
- 低层次评审：可以建立一个详细的检查表逐项检查，包括是否存在一些含糊的描述，如“要求较高的性能”“多数情况下要支持用户的自定义”等。

高层次评审主要评审产品是否满足客户的需求和期望，是否具有合理的功能层次性和完备性。而低层次评审需要逐字逐行地审查需求规格说明书的各项描述，包括文字、图形化的描述是否准确、完整和清晰。例如，设计规格说明书中不应该使用具有不确定性的词，如有时、多数情况下、可能、差不多、容易、迅速等，而应明确指出事件发生或结果出现所依赖的特定条件。对说明书中所有术语（Terminology）仔细检查，看是否事先对这些术语已有清楚的定义，不能用同一个术语来描述意义不同的对象，对同一个对象也不宜用两个以上术语去描述，力求保证术语的准确性，不出现二义性。

需求规格的描述，不仅包括功能性需求，而且包括非功能性需求。系统的性能指标描述应该清楚、明确。例如，系统能够每秒接受 50 个安全登录，在正常情况下或平均情况下（如按一定间隔采样）Web 页面刷新响应时间不超过 3s。在定义的高峰期间，响应时间也不得超过 12s。年平均或每百万事务错误数须少于 3.4 个。而业务要求常用一些非技术术语来描述性能指标，如给出一个简单的描述——“每一个页面访问的响应时间不超过 3s”。有了更专业的、明确的性能指标，我们就有可能对一些关键的使用场景进行研究，以确定在系统层次上采用什么样的结构、技术或方式来满足要求。多数情况下，将容量测试的结果作为用户负载的条件，即研究在用户负载较大或最不利的情况下来保证系统的性能。

2. **分类评审方法**

需求往往由于来源不同而属于不同的范畴，所以需求的评审也可以按照业务需求、功能需求、非功能需求、用户操作性需求等进行分类评审。例如可按以下几类需求进行评审。

- 业务目标：整个系统需要达到的业务目标，这是最基本的需求，是整个软件系统的核心，需要用户的高层代表和研发组织的资深人员参加评审，如测试经理应该参加这样的评审。
- 功能性需求：整个系统需要实现的功能和任务是目标之下的第二层次需求，是用户的中层管理人员所关注的，可以邀请他们参加，而在测试组这边，可以让各个功能模块的负责人参加。
- 操作性需求：完成每个任务的具体的人机交互需求，是用户的具体操作人员所关注的。一般不需要中高层人员参加，而是让具体操作人员和测试工程师参加评审。

3. **分阶段评审方法**

在需求形成的过程中，建议采用分阶段评审方法进行多次评审，而不是在需求最终形成后只进行一次评审。分阶段评审可以将原本需要进行的大规模评审拆分成各个小规模的评审，降低需求分析返工的风险，提高评审的质量。例如，可以在形成目标性需求时完成第一次评审，在形成系统功能框架时再进行一次评审；当功能细化成几个部分后，可以对每个部分分别进行评审，并对关键的非功能特性进行单独的评审；最后对整体的需求进行全面评审。

7.6 缺陷预防和跟踪分析

软件缺陷不局限于程序功能的问题，任何与用户需求不符合的地方都是缺陷，需求说明、设计文档和测试用例等文档中也同样存在着缺陷。作为衡量软件质量的重要指标，人们总是希望缺陷越少越好。然而，人难免会犯错，因此软件不可能没有缺陷，软件测试也不可能发现所有缺陷。那么，尽可能地避免出现缺陷就显得尤为重要，这就是缺陷预防。

缺陷预防和跟踪

7.6.1 缺陷预防

质量管理专家菲利普·克罗斯比（Philip Crosby）所提倡的“零缺陷”思想，在传统工业工程中深受欢迎。“零缺陷”告诉我们一个很简单的道理，那就是“第一次就把事情做正确”（Do it right at first time）。如果第一次就把事情做对了，就消除了劣质成本，或者说将“处理缺陷和失误造成的成本”降到了最低，极大地提高了工作质量和工作效率。

如前文提过的，软件的劣质成本占开发的总成本的 40%以上。因此，在质量管理中既要保证质量又要降低成本，其最好的结合点就是要求每个人“第一次就把事情做好”，即每个人在每一时刻所做的每一项任务/作业都符合工作质量的全部要求。只有这样，那些浪费在补救措施（如修正软件缺陷）上的时间和费用才可以避免，这就是“零缺陷”的真实含义，也就是我们这里强调的软件缺陷预防思想。缺陷预防的思想和“零缺陷”如出一辙。如果系统分析员、架构设计师、设计人员、编程人员等在第一次就把事情做对，也许就不需要测试人员了。有一个例证，上千人的印度软件公司，只有 5～6 个真正的 QA 人员，而且没有独立的测试团队，软件产品质量依旧很好，这再一次验证了“质量是做出来的，不是测出来的”。

软件开发过程在很大程度上依赖于发现和纠正缺陷的过程，但一旦缺陷被发现之后，软件过程的控制并不能降低太多的成本，而且大量缺陷的存在也必将带来大量的返工，对项目进度、成本造成严重的负面影响。所以相比软件测试或质量检验的方法，更有效的方法是开展预防缺陷的活动，防止在开发过程中引入缺陷。

缺陷预防要求在开发周期的每个阶段实施根本原因分析（Root Cause Analysis），为有效开展缺陷预防活动提供依据。通过对缺陷的深入分析可以找到缺陷产生的根本原因，确定这些缺陷产生的根源和这些根源存在的程度，从而找出对策、采取措施消除问题的根源，防止将来再次发生同类问题。

缺陷预防也会指导我们怎么正确地做事，如何只做正确的事，了解哪些因素可能会引起缺陷，吸取教训，不断总结经验，杜绝缺陷的产生。

- 从流程上进行控制，避免缺陷的引入，也就是定义或制定规范的、行之有效的开发流程来减少缺陷。例如，加强软件的各种评审活动，包括需求规格说明书评审、设计评审、代码评审和测试用例评审等，对每一个环节都进行把关，杜绝缺陷，保证每一个环节的质量，最后就能保证产品的整体质量。
- 采用有效的工作方法和技巧来减少缺陷，即提高软件工程师的设计能力、编码能力和测试能力，使每个工程师采用有效的方法和手段进行工作，有效地提高个体和团队的工作质量，最终提高产品的质量。

补 充

TDD 是“零缺陷”质量管理思想的延伸，通过以测试为先、编程在后的方法迫使每个程序员第一次就将程序写对。测试驱动开发实施时，在打算添加某项新功能时，先不要急着写程序代码，而是将各种特定条件、使用场景等想清楚，为待编写的代码先写测试代码或测试脚本，利用集成开发环境或相应的测试工具来执行这段测试用例，结果自然是失败。根据反馈的错误信息，了解到代码没有通过测试用例的原因，有针对性地逐步地添加代码，直到代码符合测试脚本的要求，获得通过。TDD 从根本上改变了开发人员的编程态度，开发人员不能再像过去那样随意写代码，要求写的每行代码都是有效的代码，写完所有的代码就意味着真正完成了编码任务，代码的质量会有显著的改善。而且，编写所有产品代码的目的都是使失败的单元测试能够通过，这样做会强烈地激发程序员去解除各个模块间的耦合，其结果是模块的独立性好、耦合性弱。

TDD 一改以往的破坏性测试的思维方式，测试在先、编码在后，更符合“缺陷预防”的思想。这样一来，编码的思维方式发生了很大的变化。编写出高质量的代码去通过这些测试，在写每一行代码时就要确保能通过测试，确保测试具有独立性，不受实现思维的影响，代码质量得到根本保证。

ATDD 也是测试在先、开发在后。所不同的是，不是先写测试代码，而是先确定验收测试的标准，再开始开发（设计、编程）。TDD 可以看作代码层次的缺陷预防，ATDD 可以看作需求或业务层次的缺陷预防，即把需求搞清楚才开发。这也能很好地预防缺陷。

7.6.2 缺陷分析

缺陷分析是指将软件开发、运行过程中产生的缺陷进行必要的收集，对缺陷的信息进行分类和汇总统计。通过缺陷分析，可以发现各种类型缺陷发生的概率，掌握缺陷集中的区域，明晰缺陷的发展趋势，了解缺陷产生的主要原因，以便有针对性地提出遏制缺陷发生的措施、减少缺陷数量。

为了分析软件的缺陷，所有的缺陷都要有相应的记录，而且便于过滤出需要的数据。换言之，进行缺陷分析的必备条件是缺陷的有效收集。收集缺陷较好的方式是在软件开发的过程中使用缺陷管理系统，如 MantisBT、Bugzilla、BugFree 等。

1. 缺陷趋势分析

缺陷趋势分析，就是针对缺陷数据随时间而不断变化的趋势进行分析，了解缺陷的发现或修正的过程是否符合期望的规律性。这需要统计每天的缺陷发现、修复和关闭情况，如表 7-4 所示。根据表 7-4 所提供的数据，可以得到图 7-9 所示的缺陷发展趋势。

表 7-4　每日缺陷跟踪

日期	新发现缺陷	修复的缺陷	关闭的缺陷	发现的总缺陷数	修复的总缺陷数	关闭的总缺陷数
05/09/2023	5			5	0	0
05/10/2023	11			16	0	0
05/11/2023	9	2	2	25	2	2
05/12/2023	8	19	16	33	21	18
05/13/2023	（周末）			33	21	18
05/14/2023				33	21	18
05/15/2023	6	1		39	22	18
05/16/2023	2	5	2	41	27	20
05/17/2023	6	6	9	47	33	29
05/18/2023	1	10	10	48	43	39
05/19/2023	4	10	7	52	53	46
05/20/2023	（周末）			52	53	46
05/21/2023	（周末）			52	53	46
05/22/2023				52	53	46

根据总的缺陷发展趋势分析总的项目情况非常有效。例如，从图 7-9 所示的缺陷趋势中可发现关闭的总缺陷数具有明显的阶梯状。那么可以设想是不是测试人员集中在每周的头两天对缺陷进行验证，或者是不是由于软件包构建的周期性造成这样的趋势。通过分析，可以发现测试或开发过程中存在的问题，从而及时地采取措施进行调整。

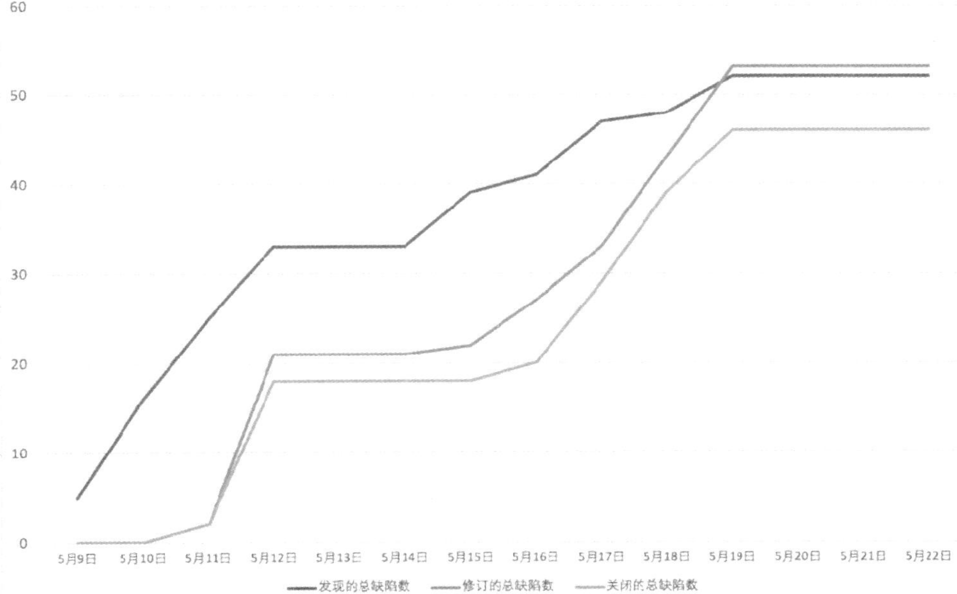

图7-9　缺陷发展趋势

2. 缺陷分布分析

缺陷趋势分析是从时间纵向来进行分析，而缺陷分布分析是横向分析，即针对缺陷在功能模块、缺陷类型、缺陷产生原因等不同方面的分布情况，如图 7-10 所示。缺陷分布分析可以在项目进行过程中的某个时刻或在项目结束后进行。

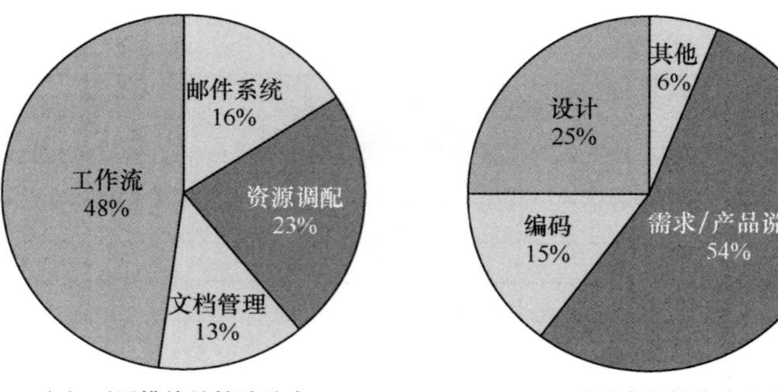

（a）不同模块的缺陷分布　　（b）不同阶段的缺陷分布

（c）不同级别的缺陷分布

图7-10　缺陷分布

缺陷分布图直观地反映了缺陷在不同地方的分布密度，有利于对缺陷进行进一步的深入分析。例如，从图 7-10（a）中可以看出工作流模块集中了近 50%的缺陷，因此该模块的质量直接影响着整个项目的质量情况。而图 7-10（b）则表明缺陷主要来源于软件的需求/产品说明。通过缺陷分布图可以很容易找出缺陷主要集中在什么地方，从而可以对相应区域的缺陷仔细分析，在以后的项目中采取相应的措施来避免类似的缺陷。

缺陷分布分析只是分析的第一步。它只不过提出了主要影响产品质量的是哪些模块，其信息不足以给出更深层次的原因。需要对高危模块进行进一步的分析，识别缺陷产生的根本原因。

7.6.3　鱼骨图

为了更好地分析缺陷产生的根本原因，需要对数据进行更详细的分析，这时经常采用鱼骨图法。鱼骨图又称为因果分析图，它是分析和影响事物质量形成的诸要素间因果关系的一种分析图，因为其形状像鱼骨，所以俗称鱼骨图。使用鱼骨图主要有如下 3 个优点。

- 可以更全面地探讨各种类别的原因。
- 鼓励通过自由讨论发挥大家的创造性。
- 提供问题与各类原因之间关系的直观表示。

鱼骨图分析法要完成从主刺到小刺的思维和分析的过程，即先找出最主要的问题，分析导致此问题的因素后逐层递推，分析导致各个小问题的因素，最后找出最根本的原因并采取对策，从而使主要的问题得到解决。

1. **确定问题**

在绘制鱼骨图的时候，首先需要抓住问题。问题可能是实际问题，也可能是潜在的问题，如现在要分析的问题是“大部分的缺陷来源于需求阶段”。

2. **找出问题的主要原因**

确定了问题之后，需要寻找问题产生的可能原因。沿着鱼骨图的“骨干”将它们分类作为原因的主要类别，这通常通过质量记录、经验、自由讨论等确定。对主要问题原因的分类可以运用 5M 方法，如图 7-11 所示。

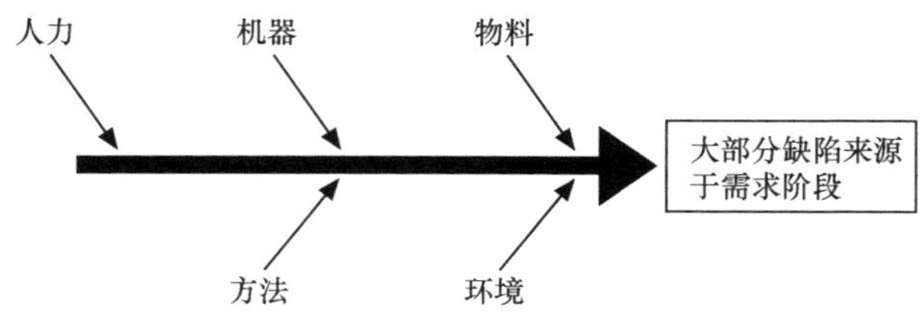

图7-11　鱼骨图主要问题分类

- Manpower（人力），造成问题产生的人为因素有哪些。
- Machinery（机器），通指软硬件条件对事件的影响。
- Material（物料），基础的准备以及原材料。
- Method（方法），与事件相关的方式与方法是否正确有效。
- Mother-nature（环境），指的是内外部环境因素的影响。

3. **根据问题类别，确定细节原因**

针对列出的每个主要问题，进一步讨论和分析，列出造成相关问题的根本原因，如表 7-5 所示，则得到图 7-12 所示的根本原因分析。针对各项原因分析，根本原因可能出在沟通上，和客户沟通不够充分，项目组成员之间沟通也不顺畅，导致对需求不够重视、方法不对，需求规格说明书质量不高，所以要想办法解决沟通问题。

表 7-5　问题根本原因分析

问题类别	原因
人力	需求评审人员不够认真、准备不够充分、没有和客户进行充分沟通
机器	沟通设备有限、交通不方便
物料	需求规格说明书质量不高
方法	没有采用正式的评审方法
环境	对需求分析没有给予足够的重视

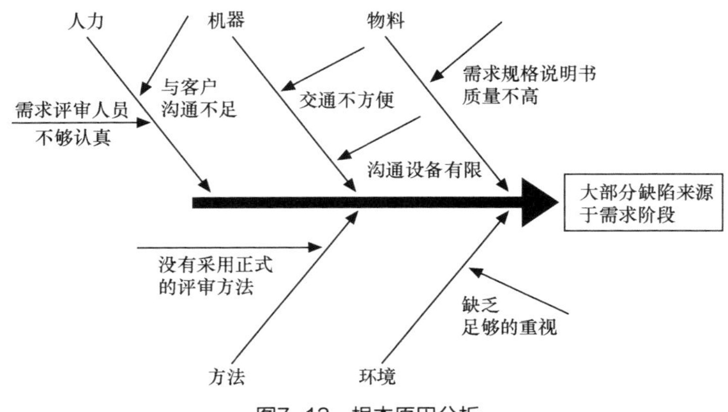

图7-12　根本原因分析

7.7 产品质量度量

随着软件系统规模、复杂度等的不断扩大和提高，靠简单的直觉判断来进行管理并做出决定会变得非常困难，甚至是危险的，会被假象所迷惑，做出错误的判断。这时，需要求助于度量，对软件过程和产品实施量化管理。度量可以帮助我们更客观、更全面、更准确地了解产品状况，发现产品的潜在问题，从而进行更有效的管理。质量度量可以实现以下目标。

（1）使沟通更有效，改进可见性。度量支持跨越组织所有级别的人员之间的沟通，而且这种沟通清晰、明确，不容易引起混淆，使管理更加透明。

（2）尽早地发现和更正问题。问题发现得越晚将越难管理，并且要花费越多的成本来修复问题。使用度量，不必等待问题出现，就可以通过统计分析或趋势分析，尽早发现问题出现的征兆，防微杜渐，采取更积极的管理策略。

（3）作出关键的权衡。某个领域的决定常常会影响其他领域，而度量为项目进度、质量等提供了客观的历史数据、当前数据和变化趋势等，能够帮助我们客观地评定各领域之间的相互影响，权衡利弊，从而做出合理的决策。

（4）跟踪特定的项目目标。度量能够帮助我们回答特定的问题，例如，“项目是按时间计划进行的吗？”或者“质量有所改进吗？”。通过跟踪项目计划的实际测量情况，我们能够针对所设定的目标评估项目的进展情况。

（5）管理风险。风险管理是一个被广泛接受的最佳实践，它也包括在项目周期中尽早地识别和分析风险。较晚地发现风险将使风险处理更加困难，并要花费更大的成本来处理风险。通过使用高质量的客观数据，我们能够提高对风险区域的可见性。通过度量和监视需求的变更，我们能够确定某个风险是否被降低了。

（6）计划未来的项目。通过度量活动，可以记录过去大量项目的周期、进度、费用和质量的信息，这可以为未来相似的项目计划的进度、资源和成本估算等提供可靠的参考数据，有助于制订合理的计划，有利于质量保证和管理工作的进行。

7.7.1 度量要素

获得准确的项目进展的度量是一个永恒的挑战。通常，当我们依靠团队成员所提供的状态数据时，得到的结果往往是不一致、不准确和难以比较的。此外，不同的管理人员和客户也许会要求提供包含所选定数据的、不同格式的状态报告。绝大多数情况是，团队发现将要花费比开发方案更多的时间来产生状态报告。

度量提供了对项目进度评估、质量状况的洞察力和用于决策的有关数据。虽然度量不能担保一个项目的成功，但是可以帮助决策者通过积极的方法来管理软件项目中与生俱来的关键问题。

软件度量主要包括 3 部分：项目度量、产品度量和过程度量等。

- 项目度量的对象有规模、成本、工作量、进度、生产力、风险、顾客满意度等。
- 产品度量：度量在制品/半成品（需求、设计、代码等）和阶段性产品的规模、质量属性（功能性、可靠性、易用性、效率、可维护性、可移植性等）等。
- 过程度量：度量研发过程整体及各项主要任务（开发、测试、运维等）的能力，主要针对成熟度、管理、生命周期、生产率、缺陷植入率等进行度量。

实施软件度量，主要通过 3 个基本要素——数据、图表和模型来体现度量的结果。

1. **数据**

数据是关于事物或事项的记录，是科学研究最重要的基础。由于数据的客观性，它被用于许多场合。研究数据就是对数据进行采集、分类、录入、储存、统计分析、统计检验等一系列活动。数据分析是在大量试验数据的基础上（也可在正交试验设计的基础上），通过数学处理和计算，揭示产品质量和性能指标与众多影响因素之间的内在关系。拥有阅读数据的能力以及在决策中尊重数据，是经营管理者的必备素质。我们应该认识到，数据是现状的最佳表达，是项目控制的中心，是理性导向的载体。表 7-4 所示为跟踪每日缺陷的数据。

2. 图表

仅拥有数据还不能直观地进行表现，而图表可以清晰地反映出复杂的逻辑关系，具有直观清晰的特点。

图表的作用表现在以下几点。

（1）图表有助于培养思考的习惯。图表可以直观地弥补文字解释可能存在的缺陷。

（2）图表有助于沟通交流。项目管理者需要和顾客、企业员工和项目组成员沟通，需要阐述项目的目标、资源、限制、要求、作用、日程、问题点等，在这种沟通过程中，如果能娴熟地使用图表，将降低沟通成本，提升沟通效率。

（3）图表有助于明确、清晰地说明和阐述内容。软件过程中的用例、作业流程、概要设计等经常以图表的方式加以说明和阐述，原因就在于图表一目了然。

例如，我们可以把表 7-4 中的数据转换成图表，如图 7-13 所示。

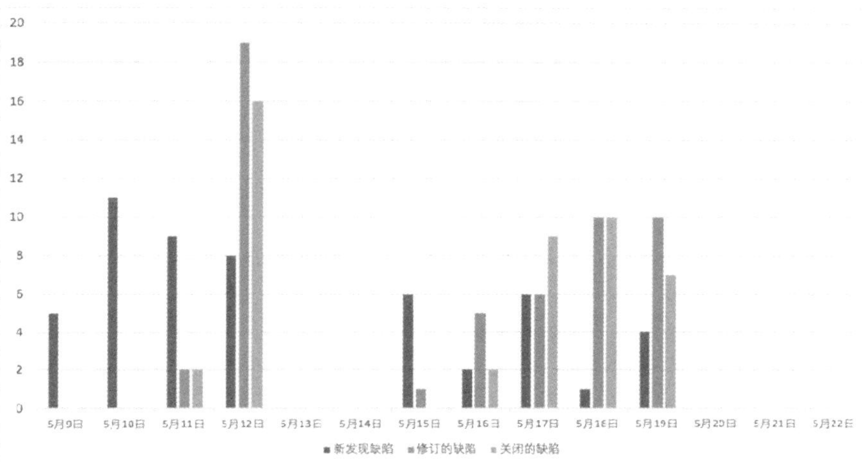

图7-13 跟踪每日缺陷情况的图表

3. 模型

模型是为了某种特定的目的而对研究对象和认识对象所做的一种简化的描述或模拟，表示对现实的一种假设，说明相关变量之间的关系，可作为分析、评估和预测的工具。数据模型通过高度抽象与概括，建立起稳定的、高档次的数据环境。相对于活生生的现实，“模型都是不准确的，但有些模型却是有用的”，“模型可以澄清元素间的相互关系，识别出关键元素，有意识地减少可能引起的混淆”。模型的作用就是使复杂的信息变得简单易懂，使我们容易洞察复杂的原始数据背后的规律，并能有效地将系统需求映射到软件结构上去，如可靠性增长模型等。

7.7.2 基于缺陷的产品质量度量

使用分解方法的软件质量度量需要花费大量的时间和精力来进行数据的收集。而实际上在很多情况下，仅需要对软件的总体质量进行粗略的度量。所以，许多工程师采用一种简易的方法来度量软件质量，这就是基于缺陷的产品质量度量。因为在软件周期中，缺陷信息一般都是实时记录的数据，如果通过缺陷来粗略地定义质量，那么工程师只需要花费很少的时间和资源就可以粗略地度量产品质量，而且其结果是比较可靠的。

对于在制品/半成品，可通过以下几个公式度量需求、设计及代码的质量。

1. 需求质量

需求质量可以用需求定义引入的 Bug 数除以软件产品的需求规模来度量。其中，需求规模可以采用功能点数、用户故事数、需求文档页数等。计算公式如下。

需求质量 ＝ 需求定义引入的 Bug 数/需求规模

2. 设计质量

设计质量可以用系统设计引入的 Bug 数除以软件产品的设计规模来度量。其中，设计规模可以采用设计文档页数、所设计的系统规模，如服务数、接口数等。计算公式如下。

设计质量 = 系统设计引入的 Bug 数/设计规模

3. 代码质量

对于代码的质量，通常的要求包括合理的代码模块层级、高内聚低耦合、扩展性好、统一的代码风格、代码可读性高等。部分用于度量代码质量的指标如下所示。

- 圈复杂度（Cyclomatic Complexity），是一个代码复杂度的衡量指标，用来衡量一个模块判定结构的复杂程度，数量上表现为独立线性路径条数，也可理解为覆盖所有的可能情况最少使用的测试用例数。圈复杂度高，说明程序代码可能质量低且难于测试和维护。根据经验，程序的可能错误和圈复杂度有着很大关系。
- 继承树深度 (Class Inheritance Depth)，每个类提供一个从对象层次结构开始的继承等级度量。对于继承树过深的代码，需要考虑优化。
- 包耦合指数（Package Tangle Index），给出包的复杂等级。最好的值为 0%，意味着没有循环依赖；最坏的值为 100%，意味着包与包之间存在大量的循环依赖。计算方式如下。

圈引用 = 2 × (package_tangles / package_edges_ weight) × 100

package_tangles：表示软件包之间的循环依赖数量。

package_edges_weight：表示软件包之间的所有依赖关系的总权重。每个依赖关系可以被视为一条边，权重可以根据依赖的强度取值。

- 代码缺陷密度是目前普遍使用的代码质量度量指标，即代码中存在的 Bug 数除以代码千行数（KLOC），计算公式如下。

代码缺陷密度 = Bug 数/KLOC

4. 产品质量

最终的产品质量需要由产品发布后在生产环境中或者客户现场发现的缺陷数来衡量，包括线上缺陷逃逸率和生产环境中的缺陷数。

- 线上缺陷逃逸率。从软件缺陷被发现的阶段来看，缺陷越早被发现，其修复的成本就越低。因此，产品需求方面的缺陷应该在需求评审阶段被发现，设计方面的缺陷应该在设计评审阶段被发现，代码方面的缺陷应该在软件开发阶段被发现。产品在发布后才发现的缺陷，数量越多，产生的后果越严重，反映出产品质量越差。同时，也必然直接影响软件过程的质量和性能。我们可以引入线上缺陷逃逸率（Defect Escape Rate，DER）对软件过程质量进行度量，DER 的定义如下。

DER = (产品发布后发现的缺陷数量/软件整个生命周期发现的缺陷数量)×100%

通常情况下，一个软件的生命周期很长，不可能等到软件的生命周期结束时再进行度量。因此，在实际应用中，通常选定一定的时期进行统计，例如软件发布后 1 个月、3 个月或 6 个月内。线上缺陷逃逸率可以修改为下面的定义。

DER =产品发布后一定时期内发现的生产缺陷数/(产品发布前发现的缺陷数+产品发布后一定时期内发现的缺陷数)×100%

假如一个软件产品在开发过程中发现了 50 个缺陷（R1），产品发布后的一个月内发现了 3 个缺陷（R2），则该产品总共发现的缺陷数量为 53（R1+R2），其对应的线上缺陷逃逸率 DER = [R2 / (R1 + R2)]×100%= 3/53×100%≈5.66%。

较高的线上缺陷逃逸率表明软件测试过程质量存在问题，而较低的缺陷逃逸率表明软件测试过程质量比较好。

- 生产环境中的缺陷数，即统计周期内产品发布后在生产环境中发现的缺陷数。

7.8 过程质量管理

随着开发的软件系统变得越来越复杂、越来越庞大，潜在的缺陷也越来越多。实际上，大项目的软件质量依赖于项目中更小的单元的质量，所以每个软件工程师个人的工作质量与整个项目的软件质量息息相关。个体软件过程（Personal Software Process，PSP）可以指导软件工程师如何有效地跟踪和管理缺陷，从而提高软件开发效率和质量。根据 PSP，工程师必须计划、度量和跟踪产品状况，从而保证整个项目的产品质量。为了以正确的方法完成分配的任务，软件工程师应该事先按照定义的流程做好工作计划。为了衡量每个工程师的工作表现，应该有效地记录工程师每天的时间分配、缺陷产生和修正的状况等。最后，工程师还需要分析这些数据，并根据结果改进个人过程。

PSP 简介

PSP 是由美国卡内基梅隆大学软件工程研究所的瓦茨·S. 汉弗莱（Watts S. Humphrey）领导开发的，于 1995 年推出。PSP 是一种可用于控制、管理和改进个人工作方式的自我改善过程，是一个包括软件开发表格、指南和规程的结构化框架。PSP 原则实际上是质量管理实施中的一些经验和基本法则，瓦茨提到的 PSP 原则如下。

- 每个人都是不同的，为了更有效地工作，工程师必须在各自的数据基础上安排各自的工作计划。
- 为了保持持续的改进，工程师必须遵守各自定义的过程。
- 为了保证产品质量，工程师必须保证各自开发部分的产品质量。
- 缺陷发现得越早，修复的花费越低。
- 避免缺陷比发现和修复缺陷更有效。
- 最正确的方法是用最快、最省的方法完成任务。

PSP 首要的原则就是工程师对各自开发的程序质量负有责任，因为工程师最熟悉自己所写的代码，所以也能更有效地发现、修复和避免缺陷。PSP 提供了一系列的实践和度量方法来帮助工程师评估代码质量并指导他们如何尽可能快地修复缺陷。PSP 的质量原则就是更早地修正缺陷以及避免缺陷。有数据表明，经过 PSP 培训的工程师在代码评审阶段平均每小时发现 2.96 个缺陷，而单元测试阶段平均每小时仅能发现 2.21 个缺陷。这说明 PSP 不仅节约了开发时间，而且提高了产品质量。

7.8.1 过程质量度量

产品的质量在一定程度上依赖于过程的质量，而过程质量依赖于工作的方法和方式。那么如何找到最好的工作方法呢？这就需要过程度量。软件过程质量的度量是对软件开发过程中各个方面质量指标进行度量，目的在于预测过程的未来性能，减少过程结果的偏差，对软件过程的行为进行目标管理，为过程控制、过程评价、持续改善建立量化管理奠定基础。软件过程质量的好坏会直接影响软件产品质量的好坏，软件过程质量度量的最终目的是提高软件产品的质量。过程质量度量一般有以下几个标准。

1. 过程缺陷密度

过程缺陷密度（Density In Process Faults, DIPF）是一种度量标准，可以用来判定过程产品的质量以及检验过程的执行程度。DIPF 的表示如下。

$$\mathrm{DIPF} = D_n/S_p$$

其中，D_n 是指某阶段或整个项目被发现的缺陷数，S_p 是指被测试的软件产品规模（如代码行数、功能点数、对象数等）。

当 DIPF 过低时，需要从多方面考虑原因，可能是产品质量很好以致难以发现产品中的缺陷，从而使缺陷密度偏低；也可能是因为工作的方法和策略不当或能力不足，造成不能发现产品中的某部分缺陷。如果发现是工作方法和策略的问题，就需要对流程进行仔细分析，看是否存在可以改进的地方；如果是能力问题，就要加强培训，或者让更多有经验、有能力的资深人员参加相应项目。

2. 缺陷遗留数

该指标统计的是从软件生命周期开始截止到统计时刻，未修复的软件缺陷总数。

3. 缺陷到达模式

产品的缺陷密度或者测试阶段的缺陷率是概括性指标，而缺陷到达模式可以提供更多的过程信息。例如，两个

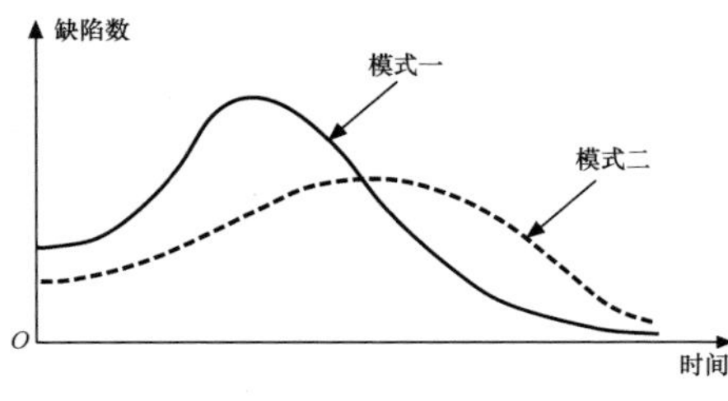

图7-14　软件项目的缺陷到达模式示意

正在开发的软件产品，其缺陷密度是一样的，但其质量差异可能较大，原因就是缺陷到达模式不一样，如图 7-14 所示。测试团队越成熟，峰值到达得越早（如模式一），有时可以在第一周末或第二周就达到峰值。这个峰值的数值取决于代码质量，测试用例的设计质量和测试执行的策略、水平等，多数情况下，可以根据基线（或历史数据）推得。从一个峰值达到一个低而稳定的水平，需要长得多的时间，可能是达到峰值所用的时间的 4～5 倍。这个时间取决于峰值、缺陷移除效率等。

在可能的情况下，缺陷到达模式还可以用于不同版本或项目之间的比较，或通过建立基线或者理想曲线，进行过程改进的跟踪和比较。缺陷到达模式不仅仅是一个重要的过程状态或过程改进的度量，还是进度预测或缺陷预测的数据源和有力工具。

为了消除不同的程序规模等其他因素的影响，即消除可能产生的错误倾向或误导，需要对缺陷到达图表进行规格化。使用缺陷到达模式，还需要遵守下列原则。

- 尽量将比较基线的数据在缺陷到达模式的同一个图表中表示出来。
- 如果不能获得比较基线，就应该为缺陷到达的关键点设置期望值。
- 时间（x）轴的单位一般为星期，如果开发周期很短或很长，也可以选天或月。y 轴就是单位时间内的软件缺陷数目。

缺陷到达模式，一方面可以用于整个软件开发周期或某个特定的开发阶段（如单元测试阶段、集成测试阶段、系统测试阶段等）；另一方面，缺陷到达模式还可以扩展到修正的、关闭的缺陷，可以获取有关开发人员工作效率、缺陷修正进程、质量进程等方面的信息。

7.8.2　缺陷移除和预防

PSP 的首要质量目标就是在编译和单元测试前发现和修复缺陷，正是为了达到这样的目标，PSP 中包含设计和代码评审步骤，工程师需要在编译和测试之前对所编写的代码进行评审。之所以需要 PSP 评审过程，是基于人总是容易犯同样的错误这个常理，而工程师也不例外。因此，创建常见错误检查表是一个很不错的方法，但需要说明的是，这里的检查表并不是通用的检查表，而是根据不同的工程师的个人习惯和缺陷数据完成的个人缺陷检查表。为了创建个人检查表，工程师需要对以前的缺陷数据进行分析和总结，找出最典型和常见的错误类型，将如何预防和发现它们的方法写入列表中。

经常查看缺陷数据并更新缺陷检查表是一个非常好的习惯。当发现什么地方做得好就保持，发现什么地方做得不好就思考如何改进并更新检查表。这样，检查表就变成了个人经验的总结。关于如何有效地创建检查表，《个体软件过程》一书中有详细的说明。

（1）根据在软件开发过程中每个阶段发现的缺陷类型和数目制作一个表（阶段可以分为设计、编码、评审、编译、测试等）。这样可以很容易地检查出是否所有的缺陷都已统计。

（2）把在编译和测试阶段发现的各种类型缺陷按类型降序排列。

（3）找出缺陷最多的那几个缺陷类型，分析是什么导致了这些缺陷。

（4）对于导致严重错误的缺陷，要找出在代码评审阶段发现它们的方法。例如，对于语法错误，可能最经常出现的问题就是少了分号或者分号位置错误，这样就可以在检查表中加入一项“对源程序逐行进行分号检查”。

（5）如果检查表在发现这些最重要类型的缺陷时很有效，那么增加另一类型再继续使用它。

（6）如果检查表在发现某些类型的缺陷时无效，那么尽量修改检查表以便它能更好地找出这些缺陷。

（7）开发完每个新程序后，用同样的方法简要检查一下缺陷数据和检查表，并标识出有用的更改和增加的部分。

（8）思考有没有方法可以在以后预防类似错误的发生。

然而缺陷移除毕竟是事后的处理办法，为了从根本上提高产品质量，还需要预防缺陷。PSP 还提到了 3 种相互支持的方法来预防缺陷。

1. 数据记录和分析

工程师在发现和修复缺陷时，记录下相关的数据；然后对这些数据进行检查并找出缺陷产生的原因；最后制定相应的流程来消除这些产生缺陷的因素。通过度量这些缺陷，工程师能更明确地知道他们的错误，在以后的工作中也会更加注意，以免发生同样的错误。

2. 有效地设计

为了完成一个设计，工程师必须彻底理解产品。这不仅能更好地完成设计，而且能避免产生错误。

3. 彻底地设计

这实际上是第二种预防方法的结果。有了更完善、彻底的设计，可以减少编码时间，而且还可以减少缺陷的引入。统计数据表明，工程师在设计阶段平均每天引入 1.76 个缺陷，而在编码阶段平均每天引入 4.2 个缺陷，因此设计的好坏直接影响产品的质量。

小结

清晰、明确的软件质量方针和计划是质量控制和管理的基础，而过程质量的提高是保证产品质量的根本。本章首先概括性地介绍了质量管理的基本内涵，然后讨论如何在组织上支持项目的质量管理，包括以下几方面。

- 管理层应该具有很强的“质量第一”的意识，制定有利于保证和提高质量的正确的策略和方针，在整个组织中营造良好的质量文化。
- SQA 组从流程上对软件的质量进行跟踪、控制和改进。
- 测试组负责对软件产品进行全面的测试，从中找出所存在的缺陷。
- **软件工程过程**组在软件开发组织中领导和协调过程改进。

然后，着重介绍了质量计划的内容，以及如何制订有效的质量计划、质量计划实施及其监控等。这个过程包括 6 个步骤。

- 了解项目的基本概况，收集项目有关资料。
- 确定项目的质量目标。
- 确定围绕质量目标的工作任务。
- 明确项目质量管理组织机构。
- 制定项目质量控制程序。
- 项目质量计划的评审。

接下来，主要是介绍软件评审方法和过程。软件评审是项目质量管理的日常工作之一，包括对需求定义、设计、代码、测试计划、测试用例等各项阶段性成果进行评审，尽早发现问题和解决问题，以最小的代价获得高质量的回报。除了软件评审，缺陷预防和跟踪分析也是项目质量管理的日常工作之一，缺陷预防是从根本上提高软件产品的质量，可以作为软件项目管理的重要工作来抓。

最后，介绍了软件质量度量，包括软件产品质量度量和软件过程质量度量。在度量指标的选择上，要围绕缺陷展开，包括缺陷密度、缺陷清除率、缺陷到达模式等，度量指标可以衡量代码质量、产品质量和测试有效性等。

习题

1. 谈谈你是如何认识软件质量的。
2. 如果某个项目是开发一个学校信息系统，如何完成该项目的质量计划？
3. 请简要说明评审的基本流程。
4. 谈谈缺陷趋势分析和分布分析有什么不同，以及它们对质量管理工作有什么帮助。
5. 有哪些指标可以用来度量软件过程质量？
6. 试通过鱼骨图对目前项目中的问题进行分析，找出其根本原因。

实验6：代码评审实践

1. **实验目的**

(1)学习代码评审的基本原则和方法。

(2)培养对代码质量和可维护性的关注意识。

2. **实验内容**

喧喧软件开发团队近期新加入了一位成员，团队需要定期对这位新成员的代码进行评审。以下是该成员为“语言消息”功能编写的一段代码，请对这段代码进行代码评审。

3. **实验环境**

学生分成小组，进行线下代码评审。

4. **实验过程**

(1)学生小组对代码片段进行代码评审。

(2)小组独立阅读代码，注意代码结构、可读性、错误处理等方面的问题，记录评审意见。

(3)班内进行讨论，做最终代码评审意见的汇总整理。

5. **交付成果**

每个小组需要提交组内汇总整理的代码评审意见。

代码如下。

```
package com.university.messaging.controller;

import com.university.messaging.model.VoiceMessage;
import com.university.messaging.service.VoiceMessageService;
import org.springframework.beans.factory.annotation.Autowired;
import org.springframework.http.HttpStatus;
import org.springframework.http.ResponseEntity;
import org.springframework.messaging.handler.annotation.MessageExceptionHandler;
import org.springframework.messaging.handler.annotation.MessageMapping;
import org.springframework.messaging.handler.annotation.Payload;
import org.springframework.messaging.simp.SimpMessagingTemplate;
import org.springframework.stereotype.Controller;
import org.springframework.web.bind.annotation.PostMapping;
import org.springframework.web.bind.annotation.RequestParam;
import org.springframework.web.multipart.MultipartFile;

import java.io.IOException;

@Controller
public class VoiceMessageController {

    @Autowired
    private VoiceMessageService voiceMessageService;

    @Autowired
    private SimpMessagingTemplate messagingTemplate;

    @PostMapping("/upload")
    public ResponseEntity<String> handleVoiceFileUpload(@RequestParam("file") MultipartFile file) {
        if (!file.getContentType().equals("audio/ogg")) {
            return ResponseEntity.status(HttpStatus.BAD_REQUEST).body("Only OGG files are allowed.");
        }

        try {
            voiceMessageService.saveVoiceFile(file);
        } catch (IOException e) {
```

```
            e.printStackTrace();
        }

        return ResponseEntity.ok("Voice file uploaded successfully.");
    }

    @MessageMapping("/voice")
    public void handleVoiceMessage(@Payload VoiceMessage voiceMessage) {
        if (voiceMessage.getVoiceFileUrl() == null) {
            messagingTemplate.convertAndSend("/topic/error", "Voice file URL is missing.");
            return;
        }

        try {
            String thumbnailUrl = voiceMessageService.generateWaveformThumbnail(voiceMessage.getVoiceFileUrl());
            voiceMessage.setThumbnailUrl(thumbnailUrl);
            voiceMessageService.distributeVoiceMessage(voiceMessage);
        } catch (Exception e) {
            messagingTemplate.convertAndSend("/topic/error", "Failed to process voice message: " + e.getMessage());
        }
    }

    @MessageExceptionHandler
    public void handleException(Exception e) {
        messagingTemplate.convertAndSend("/topic/error", "An error occurred: " + e.getMessage());
    }
}
```

08 第8章　项目风险管理

《与熊共舞》给我们讲了一个故事

一位船主就要送他的移民船出海，船上满载旅客。他知道这船已经非常破旧了，并且当初就造得不怎么样，因此他担心这船不能安全地完成此次旅行。但是，经过一番挣扎后，他还是战胜了自己的顾虑，说服自己相信：再多一次航行也不会出什么大事。毕竟，这艘船也是久经风雨了，不管遇上多么恶劣的天气，它总能安全回家。那么，这一次又怎么会不行呢？于是，这艘船出发了，船主也下定决心——这是最后一次运送旅客，回来之后，一定买一艘新船。结果，悲剧发生了，船主和船再也没能回来，还有那些旅客，一起沉入了海底。

风险管理概述

反观我们身处的软件行业，有很多类似这艘船的悲剧发生。这个行业常常要求我们进入一种状态，去相信那些随后被时间证明是不可能完成的任务，比如去相信一个根本不可能实现的任务或完全不能被接受的项目时间、预算等。很多时候，作为项目经理，在市场压力或领导的强迫下，像船长那样和项目组一起开始死亡之旅，走向失败。

风险越大，回报也越大。有时为了回报，不得不冒风险，但也不能视风险于不顾，尤其是在软件行业里。逃避风险的企业将很快被竞争对手远远抛在身后。但是，由于管理者的不审慎（他们自己更喜欢的说法是“乐观的思维”或者“‘我能做到’的态度”），软件企业常常被置于一种尴尬的两难处境：要么承担风险而失败，要么回避风险而落后。

风险管理，在许多人看来，是如此虚无缥缈的东西，人们似乎无法完整地定义风险，也无法确切地预知未来。在风险面前，除了迷惘与祈求，大多数时候如同鸵鸟一样将头埋在沙中，欺骗自己说没有看到风险。欺骗自己，显然是错误的。我们要面对现实、面对风险，以理性、客观的态度对待风险，识别风险以便回避风险、缓解风险和消除风险，坚信自己能和项目组一道克服困难，获得项目上的成功。

8.1　项目风险带来的警示

警示一

1628 年 8 月 10 日，瑞典有史以来耗资最多、耗时 3 年、当时世界最大的超级战舰瓦萨号，在非常隆重的下水首航仪式的欢呼声中，承载着皇家的荣耀与全瑞典人民的期望，出港了。可是，这艘排水量有一千多吨的瓦萨号却在出海 10 分钟后就在家门口沉没了。当时，并没有遭遇任何敌人，船长也没有喝醉酒，船居然沉入了离岸不到一海里的波罗的海中。

为什么如此巨大的超级战舰的航行寿命如此短呢？原来是因为该船体设计得异常瘦高，底下的压舱物又放得太少，启航时又遇上有风……于是，船身在一阵子晃动后倾斜，海水灌入，船发生翻倒并沉入海底。除此之外，国王的虚荣、主管人的急功近利、设计师的敷衍了事，使战舰设计和建造过程没有得到足够的论证，也缺乏实验和试航，到处布满了风险，从而酿成悲剧，也宣告“瓦萨号战舰建造”项目的彻底失败。在博物馆中展出的瓦萨号战舰如图 8-1 所示。

图8-1　在博物馆中展出的瓦萨号战舰

警示二

早在 1939 年，喷气式飞机就诞生了。那么，喷气式发动机能否用于民航客机呢？喷气式发动机的故乡英国给出了答案。10 年后，1949 年 7 月 27 日，由英国德·哈维兰公司研制的世界上第一架中程喷气式客机“彗星”号首航，将民航客运的平均速度由 400km/h 提高到 800km/h，飞行高度也突破了 10000m。“彗星”号首航成功证明了喷气式发动机不仅可以用于客机，而且能带来民航业的革命性变化——航程更远、载客量更大。由此，“彗星”号飞机成为第二次世界大战后欧洲航空工业第一颗闪亮的明星。

正当英国准备用“彗星”号大展宏图之际，噩梦却开始了。该机自投入使用后，接连出现了几次重大的空难事故。自 1952 年加入航线以后，短短的 1 年时间内，交付的 9 架“彗星”1 号客机就有 4 架坠毁，其中 3 架又是在空中解体的，这不能不令全世界为之震惊，而且也彻底毁掉了德·哈维兰公司。英国政府曾下令不惜一切代价，搞清飞机坠毁的原因。一个庞大的专家组展开了历史上少有的详尽调查。

经过大量的调查、实验和分析，专家组终于找到了飞机爆炸的原因，原来是飞机机体结构的金属材料产生了“疲劳破坏”。金属机体表面存在细小的裂纹，飞机增压舱内方形舷窗处的机身蒙皮，在反复的增压和减压冲击下，不断地来回弯曲变形，使裂纹逐步扩展，反复数次，最终导致金属疲劳断裂。在高空中，疲劳断裂导致座舱由于内外瞬间的压差爆炸，使飞机顷刻解体。

“彗星”飞机项目失败的主要原因是对于超出需求的技术的狂热，这导致产生了过于野心勃勃的设计。对具有挑战性和激动人心的技术解决方案的欲望会导致人们采用“前沿”方案。这在本质上比经过验证的方案更有风险。虽然可以用更简化、更容易的方案，但是项目决策者往往被充满风险的“前沿”方案所吸引。“彗星”喷气式飞机示意图如图 8-2 所示。

图8-2 “彗星”喷气式飞机示意图

警示三

某公司的管理信息系统（MIS）项目已经花了 10 个月的时间，却仍未能通过客户验收，项目的大部分款项无法收回，项目亏损很严重，公司的信誉受到很大的影响，从此，公司的业务每况愈下。

MIS 项目前期用了 3 个月完成功能开发，用了 1 个月部署和试运行，第 5 个月完成实际数据导入。当正式运行时，系统却出现了严重的性能问题，随后的 5 个月都耗在了系统的性能调优上。

为什么一个曾一度成功按时交付的系统，在新旧系统数据集成、上线运行几个月后会出现严重的性能问题，暴露出系统架构设计上的重大问题呢?

原因是项目采用快速原型开发模型，主要关注系统的功能和用户界面，而没有关注系统的非功能特性。例如，设计人员没有向自己发问：“系统性能满足用户的真实需要吗？”项目组成员中没有人意识到系统潜在的性能问题，在需求说明上没有明确描述系统的容量和性能要求。在设计过程中，缺乏有经验的系统架构设计师，也没有为此召开专门的设计评审会。在许多环节上，开发方没有识别出潜在的巨大风险，从而使风险变成了真正的问题，也就是“埋在地里的那颗地雷终于爆炸了”。

什么是风险管理

8.2 什么是风险管理

首先，风险关注未来将要发生的事情。今天和昨天已不再被关心，我们已经在收获由我们过去的行为所播下的种子。问题是，我们是否能够通过改变我们今天的行为，而为一个不同的、充满希望的、更美好的明天创造机会？其次，这意味着，风险涉及改变，如思想、观念、行为或地点等的改变。最后，风险涉及选择和选择本身所包含的不确定性。因此，就像死亡和税收一样，风险是生活中最不确定的元素之一。

当在软件工程领域考虑风险时，有 3 个要素是我们必须要关注的。

（1）未来是我们所关心的——什么样的风险会导致软件项目彻底失败呢?

（2）改变也是我们所关心的——用户需求、开发技术、目标计算机以及所有其他与项目相关的因素的改变，将会对按时交付和总体成功产生什么影响呢?

（3）我们必须抓住机会——我们应该采用什么方法及工具？需要多少人员参与工作？对质量的要求要达到什么程度才“足够”？

——罗伯特·沙雷特（Robert Charette）

在软件项目实施过程中，管理部门经常要在外部环境不确定和信息不完备的条件下，对一些可能的方案做出决策，于是决策往往带有一定的风险性，这种风险决策通常涉及进度、成本和质量这 3 个主要方面。这不仅包含着因不确定性和信息不足所造成的决策偏差，而且包含着决策的错误。

软件项目风险是指在软件开发过程中潜在的、可能发生的问题，它可能会对软件过程或产品造成伤害或损失。风险是不确定因素，它可能发生也可能不发生。如果某个问题百分之百会发生，那就不是风险，是真正的问题。今天的风险可能是明天的问题，如果加以防范或采取某些措施，今天的风险就不会在明天发生。如果项目风险变成现实，就有可能影响项目的进度，增加项目的成本，甚至使软件项目不能实现。

风险与机遇共存，虽然风险越大，会受到的挑战越大，但项目一旦成功，则获益匪浅。如果项目没有风险，也就缺少机遇和收获，项目甚至没有存在的意义。所以，项目计划也是在风险和收益之间的平衡艺术。其次，不管我们是否喜欢，每个项目都或多或少存在风险，风险管理也是不可避免的。但对软件项目来说，直到 20 世纪 80 年代，伯姆才比较详细地对软件开发中的风险进行了论述，并提出了软件风险管理的方法。伯姆定义软件风险管理为“试图以一种可行的原则和实践，规范化地控制影响项目成功的风险，其目的是辨识、描述和消除风险因素，以免它们威胁软件的成功运作”。

项目风险管理是指对项目风险从识别到分析直至采取应对措施等的一系列过程，包括风险识别、风险评估、风险应对和风险监控等，如图 8-3 所示，从而将积极因素所产生的影响最大化并使消极因素产生的影响最小化，或者说达到消除风险、回避风险和缓解风险的目的。对项目进行风险管理，就可以最大限度地降低风险的发生概率。

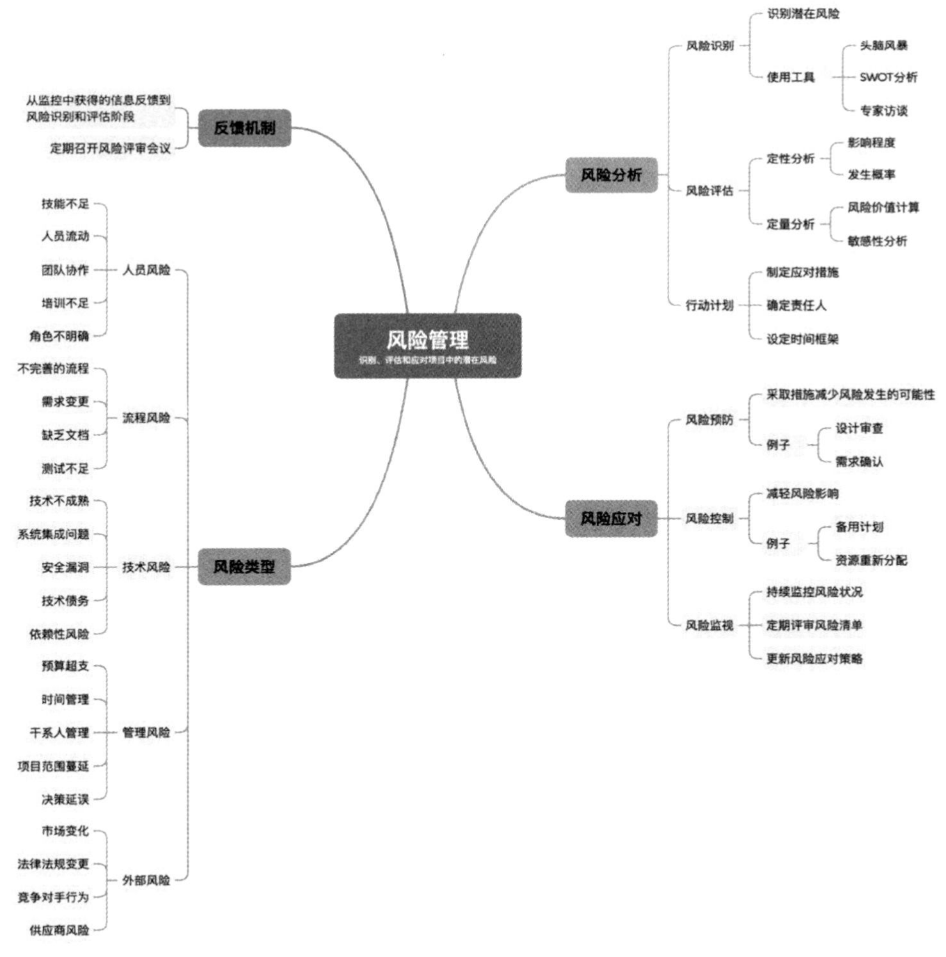

图8-3 项目风险管理的基本内容

1. 风险分析

在识别了风险类型后，进行风险分析是至关重要的。这一过程包括对每个风险进行详细评估，确定其发生的可能性和潜在影响。通过定量分析，我们可以使用数据和模型来量化风险的影响程度，而定性分析则依赖于团队成员的经验和专业知识。通过这种方式，项目团队能够优先处理最具威胁的风险，并制订相应的应对策略。

（1）风险识别要确定影响本项目的风险来源、风险产生的条件，并描述其风险特征。风险识别不是一次就可以完成的事，应该在项目的整个生命周期内持续进行。风险识别可以看作一个持续的过程。

（2）风险评估是对风险影响力进行衡量的活动，即衡量风险发生的概率和风险发生后对项目目标影响的程度，从而为后面制订风险对策提供依据。

（3）行动计划。一旦风险被识别和分析，接下来的步骤是制订行动计划。这个计划应明确每个风险的应对措施，包括如何减轻风险的影响、如何监控风险的变化以及在风险发生时的应急响应。行动计划应具体、可执行，并分配责任给相关团队成员，以确保每个人都清楚自己的角色和任务。

2. 风险应对

风险应对就是风险计划的实施，以设法避免、消除和降低风险，包括风险预防，风险发生的监视和控制。在整个项目管理过程中，首先要预防风险的发生，在风险发生之前就将它消灭在萌芽之中。其次，一旦风险发生，就要设法最大限度地缓解风险，降低风险所带来的后果。

3. 反馈机制

建立有效的反馈机制是确保风险管理成功的关键。定期召开风险评审会议，团队可以分享最新的风险信息和监控数据，确保所有成员对风险状况保持一致的认识。此外，反馈机制还应包括从项目监控中获取的信息，以便及时识别新风险和变化的风险状况。通过这种持续的沟通和反馈，团队能够灵活应对风险，确保项目的顺利进行。

管理风险就是通过制定相应的措施来应对风险，减少对项目可能造成的损失，尽量避免项目的失控，为具体项目实施中的突发问题做准备，预留缓冲空间。最常采用的应对风险的几种措施是规避、转移、弱化、接受。

- 规避。通过变更项目计划消除风险或风险的触发条件，使目标免受影响。这是一种事前的风险应对策略。例如，采用更熟悉的工作方法、澄清不明确的需求、增加资源和时间、减少项目工作范围、避免用不熟悉的分包商等。
- 转移。不消除风险，而是将项目风险的结果连同应对的权利转移给第三方。这也是一种事前的应对策略，如签订不同种类的合同、签订补偿性合同等。
- 弱化。将风险发生的概率或结果降低到可以接受的程度，其中降低发生的概率更为有效。例如，选择更简单的流程、进行更多的试验、建造原型系统、增加备份设计等。
- 接受。不改变项目计划，而考虑发生后如何应对。例如制订应急计划，甚至仅仅进行应急储备和监控，待风险发生时随机应变。

风险管理，一般由项目经理负责，相对而言项目经理管理过比较多的项目，见识广，具有良好的风险管理经验。当然，项目组的主要成员都要参与风险管理，特别是大家要共同做好风险识别和风险计划，然后项目经理、开发组长和测试组长等在各自负责相应的范围内做好风险监控。

成功的项目管理一般都对项目风险进行了良好的管理。Microsoft 的量化研究表明，在风险管理中投入 5%的项目工作可以获取 50%～75%的如期完成的机会。所以说，风险管理是软件项目管理的重要内容之一，而且能使软件开发做到事半功倍。甚至有人说，项目管理的过程就是风险管理的过程，把风险管理好了，项目也就管理好了。在《与熊共舞》中，作者展示了风险管理的益处，具体如下。

- 使企业可以积极地迎接风险。
- 使管理不致陷于盲目。
- 使项目能够以最小代价应对风险。
- 使责权划分更加明确。
- 使子项目的失败不致影响全局。

4. 风险类型

在软件研发项目中，风险可以从多个维度进行分类，主要包括人员、流程、技术、管理、外部等五类。以下是对这些风险类别的详细阐述。

（1）人员风险

- **技能不足**：团队成员可能缺乏必要的技术或管理技能，导致项目进展缓慢或质量不达标。
- **人员流动**：关键人员的离职可能影响项目的连续性和知识传承。
- **团队协作**：团队成员之间的沟通不畅可能导致误解和冲突，影响项目进度。
- **培训不足**：缺乏适当的培训可能导致团队无法有效使用新技术或工具。
- **角色不明确**：团队成员的职责不清晰可能导致工作重叠或遗漏。

（2）流程风险

- **不完善的流程**：项目管理流程不健全可能导致项目执行中的混乱和低效。
- **需求变更**：频繁的需求变更可能导致项目范围蔓延，影响进度和预算。
- **缺乏文档**：缺乏必要的文档支持可能导致知识丢失和沟通障碍。
- **测试不足**：测试环节的不足可能导致产品质量问题，影响用户体验。
- **项目管理不善**：项目管理不当可能导致资源浪费和目标未达成。

（3）技术风险

- **技术不成熟**：使用的新技术可能尚未成熟，存在不稳定性和不可预见的问题。
- **系统集成问题**：不同系统或模块之间的集成可能出现兼容性问题，影响整体功能。
- **安全漏洞**：软件中可能存在安全漏洞，导致数据泄露或系统被攻击。
- **技术债务**：由于快速开发而产生的技术债务可能在后期导致维护困难。
- **依赖性风险**：对第三方库或服务的依赖可能导致项目受到外部因素的影响。

（4）管理风险

- **预算超支**：项目预算控制不当可能导致资金不足，影响项目的持续性。
- **时间管理**：项目进度管理不善可能导致项目延期，影响交付时间。
- **干系人管理**：未能有效管理利益相关者的期望可能导致项目目标不一致。
- **项目范围蔓延**：项目范围不断扩大可能导致资源分散，影响项目的成功。
- **决策延误**：关键决策的延误可能导致项目进展受阻。

（5）外部风险

- **市场变化**：市场需求的变化可能影响项目的方向和目标。
- **法律法规变更**：法律法规的变化可能导致项目需要重新评估合规性。
- **竞争对手行为**：竞争对手的策略变化可能影响项目的市场定位。
- **供应商风险**：对外部供应商的依赖可能导致供应链中断，影响项目进度。

8.3 风险管理模型

1989 年，罗伯特·沙雷特将风险管理体系设计为两个阶段：分析阶段和管理阶段。而每个阶段内含 3 个过程，他为各个过程提供了相应的解决思路、方法和技术手段，从而构成了风险管理模型。风险管理模型也就是风险管理的指导框架，或者说，它是系统的风险管理解决方案，包括思想、方法和工具等。

风险管理模型比较多，这里介绍一些常见的风险管理模型，以帮助大家更好地理解后面风险管理的各项具体内容。

1. 伯姆模型

伯姆认为，软件风险管理是将影响项目成功的风险形式化为一组易用的原则和实践的集合，在风险成为软件项目返工的主要因素并由此威胁到项目的成功运作前，识别、描述并消除这些风险。他将风险管理过程归纳成两个基本步骤：风险评估和风险控制。其中风险评估包括风险识别、风险分析、风险排序等，而风险控制包括制订风险管理计划、监控风险和解决风险。图 8-4 所示描述了伯姆的风险管理模型，从制定技术与管理流程开始，然后完成风险计划和执行风险管理、管理项目风险特征库、风险分析、风险处理和风险监控，最后评估风险管理流程，以不断完善风险管理流程。

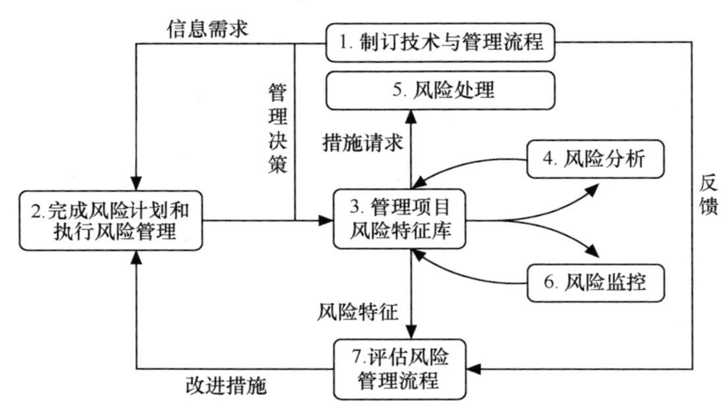

图8-4　伯姆的风险管理模型

十大风险分析

伯姆通过对一些大型项目进行调查，总结出了软件项目十大风险的列表，而他的风险管理理论的核心就是维护和更新十大风险列表，包括人员短缺、不切实际的工期和预算、不合时宜的需求、实现了错误的软件功能、设计了错误的用户界面、过高的性能要求、不断的需求改变、缺乏可复用的组件、外部完成任务不及时、实时性能过低和计算机能力有限。在软件项目开始时就应该归纳出当前项目的十大风险，然后定期召开会议重新审查、更新十大风险列表。十大风险列表是让高层经理的注意力集中在项目关键成功因素上的有效途径，可以有效地管理风险并由此减少高层的时间和精力消耗。

IEEE 风险管理标准基本来源于伯姆风险管理模型，IEEE 所定义的风险管理过程包括伯姆模型中的主要活动：计划并实施风险管理、管理项目风险列表、分析风险、监控风险、处理风险、评估风险管理过程。

2. CRM 和 CMMI 模型

卡内基梅隆大学软件工程研究所的持续风险管理（Continuous Risk Management，CRM）模型，要求在项目生命期的所有阶段都关注风险识别和管理，将风险管理划分为 5 个部分——风险识别、分析、计划、跟踪和控制，并强调风险管理的各个组成部分的沟通，将沟通视为风险管理的核心，不断地评估可能造成恶劣后果的因素，决定最迫切需要处理的风险，实现控制风险的策略，评测并确保风险策略实施的有效性。其管理原则包括：

- 全局观点；
- 积极的策略；
- 开放的沟通环境；
- 综合管理；
- 持续的过程；
- 共同的目标；
- 协调工作。

风险管理过程域是 CMMI（Capability Maturity Model Integration，能力成熟度模型集成）的已定义级（Ⅲ级）中的一个关键过程域（Key Process Area，KPA）。CMMI 认为风险管理是一种连续的前瞻性过程，首先要识别潜在的可能危及关键目标的因素，然后策划应对风险的活动，在必要时实施相应的活动以缓解不利的影响，最终实现组织的目标。

CMMI 的风险管理被清晰地描述为实现 3 个目标：

（1）准备风险管理；

（2）识别、分析风险；

（3）缓解风险。

每个目标的实现又通过一系列的活动来完成。该模型受到伯姆模型的影响，其核心也是风险库，实现各个目标的每项活动都会更新风险库，如图 8-5 所示。

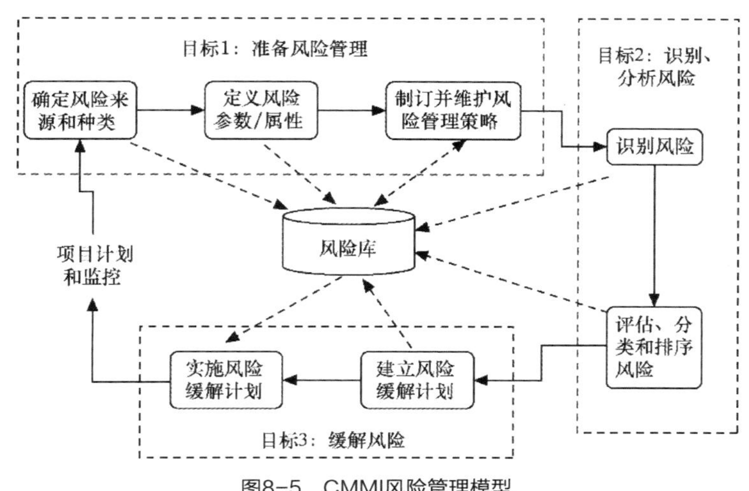

图8-5　CMMI风险管理模型

一般来说，风险会有原因、后果、严重级别、发生概率、类别等属性，每个企业可以根据自己的需要定义属性。风险管理策略指风险如何存储、记录、跟踪，以及采取什么缓解措施等所有关于风险管理的组织级别的要求。其中，“制订并维护风险管理策略”与“风险库”的关系是双向的交互过程，通过采集风险库中相应的数据并结合前一活动的输入来制订风险管理策略，而风险管理策略指导或约束风险库的构建。

风险缓解措施是指降低风险发生概率及风险发生时采取的减小影响的措施，处理风险的步骤包括提出风险处理意见、监督风险和超出规定的阈值时执行风险处理活动。应针对所选择的风险拟订并实施缓解风险的方案，主动降低风险发生时的潜在影响。这类方案可能包括用于降低所选风险万一发生时的影响的应急方案，这与缓解风险的意图无关。用于启动风险处理活动的判据、阈值和参数由风险管理战略规定，它确定风险的级别和阈值，指出风险在什么情况下将变得不可接受并且将启动风险处理行动。

风险缓解计划只针对项目的关键风险，对于一般风险仅进行监督即可。常用的风险应对措施有减轻、接受、规避和转移等。对于关键风险要有一种以上的缓解应对方法。风险缓解计划的实施需要定义缓解计划的实施负责人，定期跟踪并做出评估，如在缓解计划实施后风险的发生概率和影响程度是否得到了降低。有了这些跟踪和重新评估，就可以对风险状态和优先级进行重新更新。

3. MSF 风险管理模型

MSF（Microsoft Solutions Framework，微软解决方案开发框架）强调风险管理必须是主动的、规范的，是不可缺少的管理过程，应持续评估、监控和管理风险，直到风险被处理或消除。MSF 风险管理模型强调风险知识库、掌控风险列表和学习，如图 8-6 所示。

MSF 定义了以下风险管理原则。

- 风险是不可避免的，应主动规避风险。
- 识别风险是项目管理中一项积极、有益和必要的活动。
- 有效管理风险，管理活动应贯穿项目整个生命周期。
- 风险评估是一项持续的活动，不是一次性的，应在项目的不同阶段不断识别和评估风险。
- 培养开放的沟通环境，所有项目组成员应参与风险识别与分析。
- 不能简单地以风险的数量来评价项目的价值。

- 将学习活动融入风险管理，从经验中学习，学习可以大大降低不确定性。
- 项目组中任何成员都有义务进行风险管理。

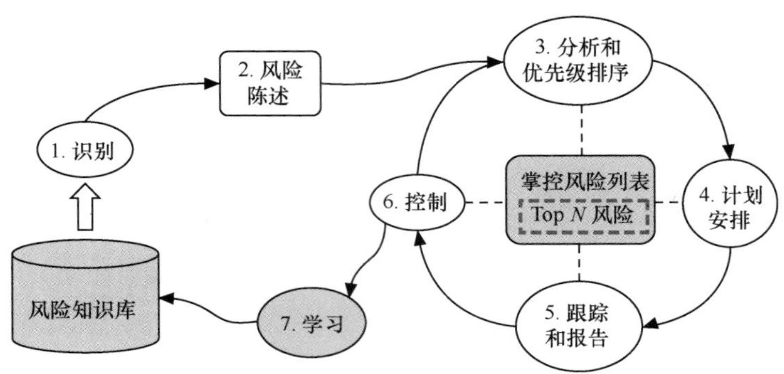

图8-6 MSF风险管理模型

4. Riskit 模型

美国马里兰大学的孔蒂奥（Kontio）教授提出了 Riskit 模型，该模型为风险管理的各项活动都提供了详细的活动执行模板，包括活动描述、责任、资源、进入/退出标准、输入/输出方法和工具等。

Riskit 模型包括以下内容。

（1）提供风险的明确定义。损失的定义建立在期望的基础上，即项目的实际结果没有达到项目相关者对项目的期望程度。

（2）明确定义目标、限制和其他影响项目成功的因素。

（3）采用图形化的工具 Riskit 分析图对风险建模，定性地记录风险。

（4）使用应用性损失的概念排列风险的损失。

（5）不同相关者的观点被明确建模。

8.4 风险识别

风险管理的源头是发现风险，如果不知道风险在哪里，那就谈不上风险管理。如果不能将那些对项目有重大影响的风险识别出来，风险一旦转化为问题，必将给项目带来损失或导致项目失败。风险识别作为风险管理的第一步，主要是识别那些可能影响项目进展的风险，并记录各项具体风险的特征。一般来说，风险识别过程不应该只在项目启动时进行一次，而应该是一个贯穿整个项目生命周期的持续过程，通常由项目经理牵头，项目主要成员参与，尽早、尽可能地识别出项目可能存在的风险。

8.4.1 软件风险因素

项目风险是指潜在的预算、进度、人力（工作人员和组织）、资源、客户、需求等方面的问题及其对软件项目的影响。每个项目经理都知道风险是项目无法避免的，无论怎么计划都不能完全消除风险，或者说不能控制偶然事件。但是，正是因为这种不确定性，风险的识别才显得更为重要。

风险因素是指可能影响项目向坏的方向发展的一系列风险事件的总和，这些因素是复杂的，包括所有已识别的和未识别的因素。即使是潜在的风险事件，如自然灾害、团队关键人员离职等，一旦发生也会对项目有重大影响。像这类潜在的风险事件发生的可能性更小，也是项目组无法控制的，不是风险管理的重点，但也必须考虑。

如果系统地看待项目风险因素，项目风险一般来自 3 个方面——项目自身、组织和环境，不同的方面还可细分出具体的风险因素，可以用表 8-1 来描述。

表 8-1　项目风险来源

项目自身	● 工作的技术方面。 ● 方法、过程和工具。 ● 资源。 ● 合同。 ● 程序接口
组织	● 组织结构。 ● 组织行为。 ● 商业/组织规则。 ● 组织文化
环境（外部因素）	● 客户。 ● 供应商。 ● 竞争对手。 ● 管理机构。 ● 职业道德规范。 ● 社会、经济和政治等环境（条件）

8.4.2　风险的分类

软件项目的风险无处不在，涉及软件开发和维护的各个方面，既有内部的因素，也有外部的因素；既有可能来源于需求、设计和编程，也有可能来源于测试和维护等。例如，《与熊共舞》一书中提到了 5 种核心风险：进度安排的先天错误、需求膨胀（需求变化）、人员流失、合同违约和低生产率。各种各样的软件风险都存在，所以为了更好地进行识别和分析，需要建立一种收集和归纳风险的机制，对软件风险进行分类，以确保风险能够引起管理者的关注。而且，不同的风险类别和来源所具备的风险概率、影响、干系人和风险阈值等基础参数可能都是不一样的，从这个意义上看，也需要对风险进行归纳和分类。从不同的角度出发，分类的结果也不一样。

- 从项目组是否能够控制风险的角度，可以将风险分为内在风险和外在风险，内在风险是项目组能够加以控制和影响的风险，而不能加以控制和影响的风险是外在风险。
- 按照风险来自哪个阶段来划分，可以分为需求风险、设计风险、编程风险和维护风险等，或分为计划阶段风险、实施阶段风险等。
- 按照风险来自哪部分，可以分为技术风险、管理风险和组织风险等。例如，如果项目采用了复杂的技术或新技术就会存在技术风险，而进度和资源配置不合理就会带来管理风险，高层对项目不重视则是组织风险。
- 按照风险对哪些结果或目标产生影响来划分，可以分为进度风险、成本风险和质量风险等。
- 从企业管理的角度看，还可以分为策略风险、市场风险、销售风险、客户风险和财务风险等。

1. **组织和管理风险**

- 组织结构层次过多或有其他问题，可能对项目的开发效率带来不利的影响。
- 如果管理层在审查、决策上花了太多的时间，也有可能做出错误决策，给项目带来致命的打击或影响。
- 缺乏良好的企业文化，或没有形成良好的质量文化，可能对质量带来负面影响。
- 财务管理水平不高，项目预算可能被削减，打乱项目计划。

2. **需求风险**

需求分析和定义中会存在风险，如需求经常变化就是最常见的软件项目风险。除此之外，还有一些其他风险。

- 客户参与度不够，需求挖掘不够。
- 和客户沟通困难，不能很好地理解客户的需求。
- 需求说明不清晰、模棱两可。

- 客户的意见未被采纳，造成产品最终无法满足用户要求。
- 缺乏有效的需求变更控制流程等。

3. 合同风险

合同里的条款比较多，存在风险的概率很大。例如，软件项目常常按固定总价的方式签订合同，软件投资方（客户）希望实现尽可能多的功能。如果事先没就项目范围进行明确定义，并将其作为合同的一部分，项目的验收可能会很困难，大家可能在功能范围和质量上相互扯皮，没有止境。最后，开发方被迫让步，去实现许多额外的功能特性，项目进度一而再，再而三地拖延，极大地增加了开发成本。

4. 项目计划方面的风险

软件计划风险比较大，因为软件的估算困难重重，误差比较大，所以计划本身和实施都存在较大的风险，主要有以下几方面。

- 计划过于理想化，脱离实际，难以实施。
- 计划主观性太强，受领导干扰过多，甚至直接由管理层下达指令决定。
- 产品过于复杂或涉足新的业务领域，软件估算与实际结果有很大差异。
- 项目经理对计划重视不够。
- 计划不能得到所有部门的承诺。

5. 设计和实施的风险

在软件项目中，在人员、流程和技术上都存在设计和实施的风险，只是下面会分别单独讨论人员风险和流程（过程）风险，所以这里主要集中讨论技术方面设计和实施的风险。

- 设计人员缺乏设计经验，导致系统结构埋下了很大的风险。
- 在设计和实施过程中，碰到了难以克服的技术困难。
- 设计评审不到位，设计中的问题没有被及时发现，将来有返工的风险。
- 代码不够规范，或者代码质量低，可能导致大量的缺陷，超出事先估计。
- 没有足够时间进行单元测试，或有些开发人员没有按照要求进行足够的单元测试。
- 过高估计了开发工具的作用，开发工具购买比计划的时间长或开发人员用了更多时间才熟悉选定的工具。
- 可能由于硬件没有及时到位，测试环境受影响，测试计划得不到保证。
- 在集成模块时，出现了意想不到的问题。
- 测试人员对自动化测试期望过高，在上面浪费了不少时间。

6. 人员风险

人力资源是软件项目实施过程中最为关键的因素，人员风险对项目的影响比较大，要对其给予足够的重视。

- 项目组人员分工不够明确，责任不够清晰，造成重复劳动或其他问题。
- 项目组人员分布在多个地方，人员之间的交流和协作比预先设想的还要难。
- 项目组人员缺乏培训，个人能力低于预期。
- 项目组人员突然生病或辞职离开。
- 项目组人员之间可能产生新的矛盾，从而导致在项目上不合作。
- 项目经理和开发人员、测试人员之间可能产生新的矛盾，导致沟通不畅，影响项目问题的解决和任务之间的衔接。
- 缺乏激励措施，士气低下，工作效率降低，影响项目的进展。
- 部分项目成员需要更多的时间适应项目的开发环境。
- 项目实施过程中或实施后期可能要新增人员，这些半途加入的人对项目不了解，经常要求教其他人，导致项目组工作效率降低。

下面的场景就是出现了人员风险，其实在项目开始之前就能估计到有这种风险。就如人们在进行计划时，要增加10%左右的缓冲时间，以应对人员请假等风险。

（第一天）

姐，我爸最近腰不好，我约了下个月去北京带他做检查，可能需要请一周的假。

好，没事，你去就行，我给你审批。

（第二天）

浩哥，下个月测试这边的资源有变动，卜凡有事请假一周，所以计划的测试工作可能会推迟，这是一个风险点，需要确认一下是否调整进度。

我知道了，我看看其他团队有没有资源可以调过来。

7. 过程风险

所有的风险都可以看作过程的风险，因为这些风险都有可能在软件开发过程中发生，但这里的过程风险主要是强调不合适的流程、不同阶段的影响等引起的风险。

- 项目流程的剪裁可能不合适，导致重新审视、修改项目流程。
- 项目流程可能流于形式，缺乏有效的执行。
- 某个里程碑控制不严，导致项目延期，并影响了项目团队的时间观念，从而使项目进度进入恶性循环。
- 过度追求项目进度，导致质量方面的巨大风险。
- 项目前期的质量保证工作比较放松，导致项目后期经常返工。
- 大量的文档工作，导致项目进展受阻。
- 与客户交流的过程中，客户答复的时间比预期的时间长。

8. 质量风险

因为难以完全模拟客户使用的各种场景，也无法覆盖全部的操作路径，无法保证客户完全满意，所以产品的质量风险总是存在的，关键是如何降低质量风险、提高软件产品质量，使客户的满意度达到很高的水准。这就要求控制质量风险。软件项目的质量风险很多，如以下几方面。

- 组织上对质量保证措施、软件测试不够重视，导致产品质量低下。
- 软件过于复杂，或人为设计过于复杂，导致问题较多，难以完成充分的测试，遗漏的缺陷可能会比较多。
- 没能全面地理解客户的需求，导致客户的需求被忽视、误解，从而带来软件产品的质量问题，导致客户对最后交付的产品不够满意，甚至拒绝验收。
- 需求变更导致测试不足，新产生的严重缺陷没能被发现。
- 设计评审、代码评审不足都可能错过某些严重的问题。
- 测试不够充分，或者测试缺乏有效的衡量手段，产品隐藏的质量问题难以发现或难以正确评估。
- 测试环境和产品真实运行环境之间存在较大差异，导致在产品实际运行时可能会出现比较大的问题（在测试环境不存在）。
- 项目组过于关心产品的功能，而忽视产品的非功能特性的设计和验证，造成产品性能、安全性、稳定性不够等问题。

8.4.3 风险识别的输入

为了做好风险识别的准备，不仅要了解各种各类风险，而且需要了解有哪些信息输入，即要了解风险识别的输入，包括产品说明、计划输出和历史资料等。

在所识别的风险中，项目产品的特性起主要的决定作用。项目产品的特性往往决定了项目范围，项目范围是否清楚、范围是否太大等都会影响项目的风险。另外，项目的产品特性也决定了该项目是否会涉及新的业务领域、是否会涉及新的技术领域或是否会采用新的开发平台等，一旦涉及新业务、新技术或新平台，就会带来较大的风险。所以，在进行风险识别之前，一定要弄清楚项目产品的特性需求以及项目范围。

另外，项目的风险识别是和项目资源计划、进度计划和成本计划等工作一起进行的，所以项目的资源估算、进度估算等都是风险识别所要考虑的关键领域。

以前所做的项目情况，对当前项目风险识别具有很大的参考价值。了解以前项目存在的问题，如哪些问题是由于风险控制不力造成的，哪些问题是由于事先根本不知道的风险而导致的，而哪些问题是突发事件、当时又是如何处理的，都对项目风险识别有帮助。如果企业建立了风险库，对风险的特征描述、因素分析、处理措施和跟踪结果等方面有很好的记录和归类，那么风险识别的工作会更轻松些。多个风险管理模型（如伯姆模型、MSF 模型）都强调或关注风险（特征）库，因为这可以看作组织财富，被将来的项目使用。

8.4.4 风险识别的方法和工具

风险的识别有多种方法和工具，包括面谈、头脑风暴会议、调查表、风险检查列表、风险库（包括历史资料）等，最常用的方法是头脑风暴会议、风险检查列表和风险库等，而对产品和技术的风险，则要借助于 WBS 方法来识别。

1. 头脑风暴会议

头脑风暴会议是一种自由、即兴发言的会议，邀请项目成员、外聘专家、客户等各方人员组成小组，尽可能想象各种情况，每个人根据经验尽量列出所有可能的风险因素。最后，将大家提出来的风险进行归纳、总结，就可能得到非常完整的项目风险列表。

2. 风险库

通过阅读类似项目的历史资料，能了解可能出现的问题。根据历史经验进行总结，通过调查问卷方式可以判别项目的整体风险和风险的类型。

3. 检查表

检查表是一个非常重要、有效的风险识别工具，将可能出现的问题列成清单，可以对照检查潜在的风险。项目组可以根据以往类似的项目和积累的其他风险管理的知识和信息，开发和编制项目的风险检查表。使用检查表的好处是可使风险识别过程短平快，提高效率，但是其风险识别的质量在于所开发的风险检查表的质量。对于单个或特定的项目，开发风险检查表是不实际的。如果企业进行大量类似的项目，如 IT 服务企业执行的多数是 IT 应用的项目，完全可以开发一套风险检查表来提高风险识别的速度和质量。表 8-2 是风险检查表的一个示例。

表 8–2 风险检查表

- 交付期限的合理性如何？
- 将会使用本产品的用户数及本产品是否与用户的需求相符合？
- 本产品必须能与之交互操作的其他产品/系统的数目。
- 最终用户的水平如何？
- 政府对本产品开发的约束。
- 延迟交付所造成的成本消耗是多少？

……

8.4.5 如何更好地识别风险

项目风险识别不仅依赖于上述方法，还依赖于经验。根据以前发生的问题，通过因果分析，可以从问题追溯到风险，从而结合当前项目具体情况，识别出相应项目的风险。在进行风险识别时，不妨多问自己几个问题。

- 什么样的风险会导致软件项目的彻底失败？
- 在需求分析过程中，哪些因素会影响需求定义的结果，进而影响质量？
- 开发技术中，哪些因素可能会对交付时间产生严重影响？
- 人员休假或离职将对项目进度有多大影响？

为了更好地识别项目风险，建立一张随着项目过程不断被更新和维护的风险清单是关键，还需要从以下几个方面进行分析和改进。

1．**项目的前提、假设和制约因素**

不管项目经理和其他有关各方是否意识到，项目的建议书、可行性研究报告、设计或其他文件一般都是在若干假设、前提和预测的基础上做出的。这些前提和假设在项目实施期间可能成立，也可能不成立。因此，项目的前提和假设之中就隐藏着风险。同样，任何一个项目都处于一定的环境之中，受到许多内外因素的制约。其中，法律、法规和规章等因素都是项目活动主体无法控制的。例如，在 1998 年，美国政府通过了康复法案（Rehabilitation Act）的第 508 节（Section 508），要求联邦机构的电子信息可供残疾人访问。该法案同时为软件应用程序和 Web 应用程序以及电信产品和视频产品提供了可访问性（Accessbility）准则。不仅联邦机构需要实施可访问性准则，与联邦政府签约工作的私人企业也需要实施这一准则。这些都是项目的制约因素，它们是不被项目管理团队所控制的，这其中自然也隐藏着风险。为了找出项目的所有前提、假设和制约因素，应当对项目其他方面的管理计划进行审查。

（1）审查项目范围说明书能揭示出项目的成本、进度目标是否定得太高。审查其中的工作分解结构，可以发现以前或别人未曾注意到的机会或风险。

（2）审查人力资源与沟通管理计划中的人员安排计划，会发现哪些人员对项目的顺利进展有重大影响。例如，某个软件开发项目的项目经理或参与系统设计的人员最近身体状况出现问题，而此人掌握着其他人不懂的技术。这样一审查就会发现该项目潜在的风险。

（3）项目采购与合同管理计划中，有关采取何种计价形式的合同的说明也需要审查。不同形式的合同，将使项目管理班子承担不同的风险。一般情况下，成本加酬金合同有利于承包商，而不利于项目业主。但是，如果预测表明，项目所在地经济不景气将继续下去，则由于人工、材料等价格的下降，成本加酬金合同也会给业主项目管理团队带来机会。

2．**可与本项目类比的先例**

以前做过的同本项目类似的项目及其经验、教训，对识别本项目的风险非常有用，甚至以前的项目财务资料（如费用估算、会计账目等）都有助于识别本项目的风险。项目管理团队还可以翻阅过去项目的档案，或向曾参与相关项目的有关方收集有关资料。例如，在上一个项目中由于忽略了性能测试并在项目后期才发现产品性能出现重大问题，从而不得不延迟项目的发布时间，那么在这个项目中，就可以将性能问题列为产品的潜在风险之一。

8.5　风险评估

其实不仅在软件界有风险管理，在其他领域，甚至在生活的方方面面都存在各种各样的风险管理。例如，从合肥去北京出差，不用考虑交通费用的话，人们一般会考虑时间、舒适程度和安全性等因素。如果只考虑安全性，你会选择飞机还是火车？许多人觉得火车比飞机安全，火车出问题的概率不大，即使出了事故，后果也不会太严重，在地上就比较踏实；飞机一旦出事，就是灾难性的。而有的人会觉得飞机更安全，飞机发生事故的概率很小，造成多人伤亡的事故率约为 1/3000000。如何正确评价飞机和火车的安全性？也就是如何对飞机和火车产生事故的风险进行评估呢？

要正确评估它们的安全性，就需要将事故发生概率和事故发生的后果一起考虑，不能单独考虑某个方面。危险性越低，安全性就越高。简单地说，危险性就等于事故发生概率和事故发生的后果的乘积。

在进行风险识别并整理之后，我们必须就各项风险对整个项目的影响程度做一些分析和评价，其目的是优先管理重大风险，降低项目的总体风险，确保项目成功。通常这些评价建立在以特性为依据的判断之上，并以数据统计为依据，采用适当的方法进行综合衡量而作出决定。风险评估的对象是项目的单个风险，而非项目整体风险。风险评估有如下几个目的。

- 加深对项目自身和环境的理解。
- 进一步寻找达到项目目标的可行方案。
- 使项目所有的不确定性和风险都经过充分、系统且有条理的考虑。
- 明确不确定性对项目其他各个方面的影响，估计和比较项目各种方案或行动路线的风险大小，从中选择出风险最小、机会最多的方案或行动路线。

8.5.1 风险度量的内容

在项目风险评估之前，先要对项目的各种风险进行度量，获得风险因素影响的量化数据，掌握风险的影响力，以对风险做出正确的评估，制定和实施正确的应对风险的策略。风险的影响力是指风险发生后对项目的工作范围、时间、成本、质量的影响程度，而风险度量内容包括风险发生的可能性、风险发生时间、风险发生后其结果影响范围和严重程度等。

1. **风险发生的可能性度量**

项目风险度量的首要任务是分析和估计项目风险发生的概率，即项目风险产生的可能性。一个项目风险的发生概率越高，给项目带来损失的可能性就越大，这就要求我们更加关注和更好地控制这类风险。项目风险可能性度量是项目风险评估的不可缺少的内容。

2. **风险发生后果度量**

项目风险后果是指项目风险发生后可能给项目带来的损失大小，或对项目成功造成负面影响的大小。例如，某项目风险发生的后果十分严重，即使项目风险发生的可能性不大，也不能忽视，要小心防范，一旦这种风险发生可能会直接导致整个项目失败。

3. **风险影响范围度量**

项目风险影响范围是指项目风险可能影响到项目的哪些方面。如果风险的影响范围很大，一旦发生，项目的许多工作会受到影响，可能会造成整个项目管理的混乱。例如，需求变更的风险影响范围就很广，需求发生变化，会影响设计、编码和测试等，几乎影响所有的软件开发工作。对影响范围大的风险，即使后果不严重或发生的可能性不大，也需要防范，并考虑如何缩小其影响范围，或者制定措施。一旦这类风险发生，将其影响范围控制在局部内，使之不扩散到其他方面。

4. **风险发生时间度量**

项目风险可能在哪个阶段或什么时间发生，也是项目管理者比较关注的一个点。知道风险可能发生的时间，风险控制会更有效，能做到恰到好处。例如，人员离职的风险对项目影响比较大，一旦知道有这种风险，就需要及时和当事人进行沟通，了解他或她什么时候可能会离开，就要做好相应的工作交接准备。当然，通过对其做思想工作和调整薪酬等设法挽留项目关键人员以消除风险是上策。

8.5.2 风险分析技术

风险是不确定的事物，它的不确定性会导致其评估很难做到十分精确和可靠。在项目风险度量中，人们需要克服各种认识上的偏见，消除主观臆断，避免人为地夸大或缩小风险。要客观看待风险，及时获得动态的信息，以正确地评估风险。

许多分析技术可以用来识别与评价风险事件的影响，包括数学模型、统计方法和人工估计等，可分为主观的方法和量化的方法。主观的方法一般进行定性分析，是一种经验的方法，它通过情景分析、专家决策综合获得；而量化的方法一般进行定量分析，需要借助模型来实现。

1. **情景分析和专家决策方法**

情景分析一般是主观判断什么地方可能会出错、出错的可能性有多大。给定这些变量的主观判断，使用主观的成本/收益思考过程能做出接受、缓解、转移或消除风险的评价。尽管风险没有被量化，但是在多数情况下，基于经验判断是比较可靠的。如果借助专家的经验，风险评估的结果更为可靠。

专家决策法主要根据过去很多类似项目中所获得的经验来做出评估，也可以通过查阅历史项目的原始资料（问题列表、总结文档等）来对当前项目的风险进行评估。专家决策法可以代替或者辅助损失期望值法、模拟仿真法等。例如，许多项目管理专家运用自己的经验做出的项目工期、成本和质量风险等的评估，结果通常比较准确可靠，有时比规范的数学计算与模拟仿真方法更为准确和可靠，因为这些专家的经验通常是比较可靠的依据。在项目风险管理中，采用定性分析的方法也是常见的，将发生概率和影响力分成 3～5 级，如就风险概率和风险损失程度给出类似“高”“中”“低”等不同级别的评判，通过相互比较确定每个事件的差级，最后通过分布图衡量风险，如表 8-3 所示。这时，就更体现出专家的价值。

表 8–3　　风险评估矩阵

风险事件	可能性	严重性	发现难度
系统崩溃	低	高	高
硬件故障	低	高	高
不易操作	高	中	中

2. 损失期望值法

这种方法是量化的方法，有时也称评分矩阵，一般应用于小项目。这种方法首先要分析和估计项目风险概率和项目风险可能带来的损失大小，然后将二者相乘求出项目风险的损失预估值，并使用这个预估值去度量项目风险。可以将风险发生概率用百分比表示，而给项目带来的损失用估计成本表示，然后找出那些“概率 × 估计成本”结果大的事件。

例如，某个风险发生概率是 40%，它发生后所带来的损失是 10 万元，则损失期望值为 10 万元 × 40% = 4 万元。而另一个风险发生概率是 10%，而它一旦发生所带来的损失是 100 万元，则损失期望值为 100 万元 × 10% = 10 万元。根据期望值，后面这个风险更高，需要优先防范。

3. 模拟仿真法

模拟仿真法是用数学模拟或者系统法模型去分析和度量项目风险的方法，通过不断调整参数、不断模拟，可以得到仿真计算的统计分布结果，由此作为项目风险度量的结果。模拟仿真法一般应用在大规模或复杂项目的风险度量上，可用来度量各种可量化的项目风险，包括项目工期风险和成本风险等。由于项目时间和成本的风险都是项目风险管理的重点，所以，模拟仿真法在项目风险度量中应用较为广泛。这类方法中人们经常使用的有蒙特卡罗方法（Monte Carlo Method）和三角模拟分析法。

4. 风险评审技术

风险评审技术（Venture Evaluation and Review Technique，VERT）是为了适应某些有高度不确定性和风险性的决策问题而开发的一种网络仿真系统。在 20 世纪 80 年代初期，VERT 首先在美国大型系统研制计划和评估中得到应用。VERT 在本质上仍属于随机网络仿真技术，它按照工程项目和研制项目的实施过程，建立对应的随机网络模型。VERT 根据每项活动或任务的性质，在网络节点上设置多种输入和输出逻辑功能，使网络模型能够充分反映实际过程的逻辑关系和随机约束。同时，VERT 还在每项活动上提供多种赋值功能，建模人员可对每项活动赋予时间周期、费用和性能指标，并且能够同时对这 3 项指标进行仿真运行。因此，VERT 仿真可以给出在不同性能指标下，相应时间周期和费用的概率分布、项目在技术上获得成功或失败的概率等。这种将时间、费用、性能（简称 T、C、P）联系起来进行综合性仿真的技术，为多目标决策提供了强有力的工具。

5. 敏感性分析法

敏感性分析法是从众多不确定性因素中找出对项目目标（进度、成本和质量等）有重要影响的敏感性因素，并分析、测算其对项目目标的影响程度和敏感性程度，进而判断项目承受风险能力的一种不确定性分析方法。根据不确定性因素每次变动数目的多少，敏感性分析法分为单因素敏感性分析法和多因素敏感性分析法。单因素敏感性分析法，是指每次只变动一个因素而其他因素保持不变。但在实际风险评估工作中，采用多因素敏感性分析法较多。敏感性分析法的目的有以下几个。

（1）找出影响项目目标的敏感性因素，分析敏感性因素变动的原因，并为进一步进行不确定性分析（如概率分析）提供依据。

（2）研究不确定性因素变动，如引起项目进度变动的范围或极限值，分析、判断项目承担风险的能力（底线）等。

（3）比较多方案的敏感性大小，以便在目标期望值相近的情况下，从中选出不敏感的解决方案。

多因素敏感性分析法是指在假定其他不确定性因素不变的条件下，计算分析 2 种或 2 种以上不确定性因素同时发生变动时，项目经济效益值受影响的程度，确定敏感性因素及其极限值。多因素敏感性分析一般在单因素敏感性分析基础上进行，且分析的基本原理与单因素敏感性分析大体相同。但需要注意的是，多因素敏感性分析须进一步假定同时变动的几个因素是相互独立的，且各因素发生变化的概率相同。

8.6　风险监控和规避

对风险采取的措施是规避措施，主要目的是降低风险发生的概率；而对问题采取的措施是应急措施和弥补措施。

背景介绍：

某大型公司基于喧喧软件做二次开发，通过招投标形式确认合作。在合同中，客户就几个功能模块写了需求，在具体实施过程中，项目严重逾期。

客户沟通会

客户端修改权限时，如何确保权限的影响范围不会对客户端的正常使用造成影响？

需求卡片

作为管理员，我希望在服务器修改用户发送文件权限时，客户端能实时响应，以便快速更新。

客户需求是比较合理的，在服务器修改权限，客户端应该实时响应。

不行。目前工时已经超出3倍，这个需求并没有写在合同里，而且这种需求属于完善需求，而非功能需求。

有没有既能满足需求，又能节省工时的实现方式？

我想想……可以在服务器改变用户权限时，通知客户端下线并提示重新登录。这样既可以更新客户端权限，又不影响正常的功能流程，还可以减少工时。

那就换一种减少工时的办法，虽然需求没有在合同内明确写出，但为了后期继续合作，还希望尽量配合完成这种完善需求的工作，这样项目也能尽快结项。

好，那我先按照目前的解决方案做需求的排期。

8.6.1 风险应对

在项目早期，了解的信息比较少，风险发生的概率比较大，但是风险事件发生得越早，造成的损失也就越小。风险应对越早，处理成本就越小，所以要尽早对项目中存在的风险采取应对措施。当项目过了半程之后，不确定因素越来越少，风险发生的概率会不断降低，但一旦风险事件发生，就容易引起更多工作的返工或对项目进度影响严重，即风险造成的损失会更大。例如，在最后一刻发现项目不能及时完成，这时不管采取什么措施，也难以改变现状，项目延迟不可避免，所带来的影响有时是致命的。在项目生命周期内，风险发生的概率和所带来的损失如图 8-7 所示，从图中可以看到，应对风险要及时，要尽早识别风险、尽早采取应对措施。

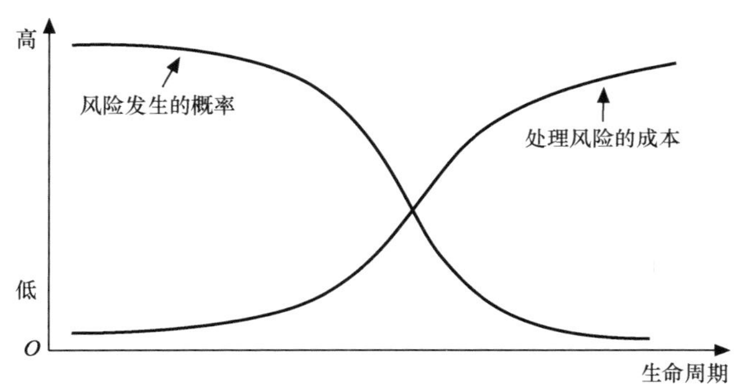

图8-7　项目生命周期中风险变化趋势

在传统开发中，加强需求评审和设计评审，目的也是尽量降低产品质量风险，降低需求变更的风险，更好控制产品研发进度。敏捷开发模式采用快速频繁迭代，每个迭代周期在 1～4 周，也是为了快速得到用户的反馈，及时调整产品方向，降低风险，开发出受用户欢迎的产品。

风险识别和风险分析的目的是让决策者能够在问题发生之前深思熟虑，准备好应对措施。风险应对的指导原则是，参加项目的各方应该尽可能地互相合作以得到风险分担。对于已经确认的风险，通常可采取以下几种措施：保留风险、降低风险、转移风险和避免风险。如果要在项目的各方之间分摊风险的话，那么有如下几个建议。

- 避免风险的最好方法是不继续执行项目。一定要判断是否值得承担这么多风险来取得项目的收益。
- 让最有能力控制风险的一方负责承担风险是比较明智的。
- 尽量把风险分配给那些受风险影响最小的项目参与者。

虽然对承担特殊的项目风险要给予一定的奖励，但是如果发生不幸事件，应该允许负责的一方去避免风险后果的发生，或者使其最小化。

为了规避风险，成熟的软件工程项目可以设置几道防线，采取许多措施。可以从项目一开始，就针对功能和非功能需求、系统架构要求进行细致、全面的分析，实施风险防范措施。例如，要降低系统性能方面的风险，靠性能测试是不够的，如果等到性能测试才发现问题，可能不得不对系统设计进行修改、重写代码，这时风险已经转化成问题，造成“返工”并增加了很多的开发成本。要真正避免系统性能风险，在设计时就要进行充分讨论，相关人员都要参与设计评审，消除各种疑问并达成一致。再比如，系统实际运行环境和测试环境不一致也会带来比较大的风险，我们也不可能等到软件产品发布后再采取措施，这样也会太迟了，而是应该在设计时就考虑可测试性，考虑通过适当的办法来模拟产品运行的环境。在搭建测试环境时，应尽量掌握产品运行环境的特征，尽量缩小测试环境和产品运行环境之间的差异。

针对风险采取的措施，一般分为 3 类：技术、组织管理和经济性措施。

（1）技术性措施应体现可行、适用、有效性原则，主要有预测技术措施（如模型选择、误差分析、可靠性评估）、决策技术措施（如模型比选、决策程序和决策准则制定、决策可靠性预评估和效果后评估）、技术可靠性分析（如建设技术、生产工艺方案、维护保障技术等的可靠性分析）。

（2）组织管理性措施主要是要贯彻综合、系统、全方位原则和经济、合理、先进性原则，包括管理流程设计、组织结构确定、管理制度和标准制定、人员选配、岗位职责分工以及风险管理责任的落实等。还应提倡、推广使用风险管理信息系统等现代管理手段和方法。

（3）经济性措施主要有合同方案设计（如风险分配方案设计、合同结构设计、合同条款设计）、保险方案设计（如引入保险机制、保险清单分析、保险合同谈判）、管理成本核算。

8.6.2　风险监控

虽然风险处理越早，风险所带来的损失越小，但是，风险处理和管理是需要成本的，我们无法去控制所有的风险，也没有必要控制所有的风险。我们应该对风险发生的概率进行评估，对发生概率大的风险制定风险缓解对策。如果风险发生的概率很小或风险概率没有明显变大，就无须采取应对措施。这就是处理风险防范和应对之间的平衡。要清楚什么时候启动风险应对措施，这就依赖于风险的监控。

风险监控可以通过设置控制基线来实现，即确定各类风险的阈值或警戒线。而风险控制基线则根据风险识别和评估的结果来获得，既可以按照风险发生概率的大小来设置基线，也可以按照风险发生的综合影响力（概率×损失大小）来设置基线。建议按照风险发生概率的大小来设置基线，这样就能尽可能防止风险的发生。一旦超过基线或阈值，就启动风险应对措施，使风险得到缓解，将风险发生的概率控制在基线以内，如图 8-8 所示。

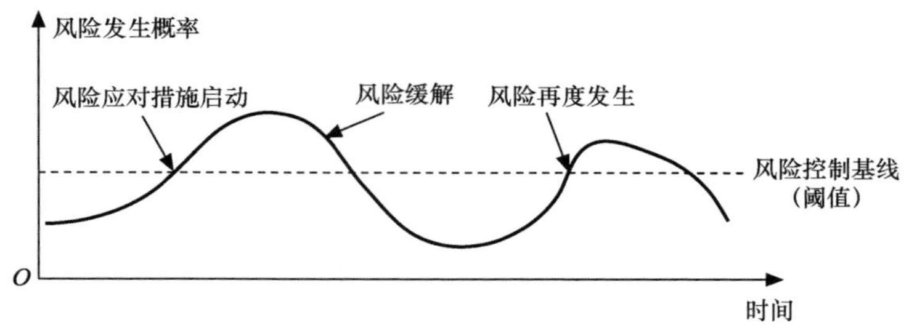

图8-8　风险监控示意

有些项目的风险（如进度风险）是慢慢显现的，对这类风险要防微杜渐，发现早就比较容易控制。而有些风险是突然出现的，例如，项目组长突然踢足球受伤了。这种风险发生的概率小，一旦发生了，影响很大，又难以处理，需要冷静面对，努力找到解决办法。

在项目进行过程中要跟踪和控制已知风险，同时注意识别可能会出现的新风险。随着项目的实施以及风险应对措施的执行，可能会发生风险转移。影响项目的因素不断变化，伴随某些风险的消失会产生新的风险。因此在整个项目过程中，需要时刻监督风险的发展与变化，将风险控制在可接受的水平之内。风险监控中一些常见的有效措施如下。

（1）建立并及时更新项目风险列表及风险排序。项目管理人员应随时关注关键风险相关因素的变化情况，及时决定何时采用何种风险应对措施。

（2）风险应对审计，保证风险应对计划的执行并评估风险应对计划执行效果，包括项目周期性回顾、绩效评估等。

（3）对突发的风险或“接受”的风险采取适当的应对措施。

（4）建立报告机制，及时将项目中存在的问题反映到项目经理或项目管理层。

（5）定期召集项目干系人召开项目会议，对风险状况进行评估，并通过各方面对项目实施的反应来发现新风险。

（6）更新相关数据库，如风险识别检查表，有助于今后类似项目的实施。

（7）引入第三方咨询，定期对项目进行质量检查，以防范大的风险。

8.7　风险管理的高级技术

在风险管理中，在风险度量和评估时不仅会采用情景分析、专家决策、风险损失期望值法等，还会采用其他高级方法，如风险评审技术、蒙特卡罗方法、SWOT 分析法和关键链技术方法等。表 8-4 给出了较完整的风险管理的主要方法和技术，前面已经讨论了头脑风暴法、检查表和挣值分析等方法，包括风险回避、转移和缓解等。

表 8–4　风险管理的主要技术

风险管理步骤	所使用的工具、方法
风险识别	头脑风暴法、面谈、德尔菲法、检查表、SWOT 分析法
风险量化	风险因子计算、VERT、决策树分析、风险模拟
风险应对计划制订	回避、缓解、转移、消除风险的措施
风险监控	核对表、定期项目评估、挣值分析

8.7.1 VERT

VERT 是在 PERT、GERT（图形评审技术）的基础上发展起来的，包括风险信息系统的成本分析法（Risk Information System Cost Analysis，RISCA）和全面风险评估成本风险网络（Total Risk Accessing Cost Analysis Net，TRACANET）。RISCA 和 TRACANET 是在网络数学分析器 （Mathematical Network Analyzer，MATHNET）、网络统计分析器（Statistical Network Analyzer，STATNET）和网络求解分析器（Solving Network Analyzer，SNA）等的基础之上开发出来的，其中 MATHNET 可以把离散事件活动、活动时间和费用综合起来构成一个概率特征进行计算和分析。

VERT 网络模型是一种数学意义上的随机网络模型，它是通过带有时间、费用和性能等变量值的弧和节点，按照其相互关系连接起来的网络。VERT 网络的建模要素是活动（弧）和节点，而每个活动和节点都具有“时间”“费用”“性能”3 种参数，例如，在网络中某项活动完成时，在该活动上可以得到从软件项目开始到此活动完成时刻的周期、累计费用和到此时已达到的性能值。VERT 网络的仿真过程可以被看作一定的时间流、费用流和性能流通过各项活动，并受到节点逻辑的控制流向相应的活动。每次仿真运行，就相当于这些流从源节点出发，经过相应的节点和活动，执行相应的事件，最后到达网络的终节点。由于可以选用网络中具有各种不同逻辑功能的节点，可能导致 3 种流只经过网络中的部分节点和弧，并到达某个终节点。因此，必须对网络进行多次重复的仿真运行，才能使整个网络中所包含的各个节点和活动都有机会得到实现，得出相应的概率分布，而每次仿真运行不过是对网络实现的一次抽样。

由于 VERT 网络中包含概率型和条件型两种逻辑功能，因此在仿真运行时有些活动能成功地实现（以概率为 1 得到实现），而有些活动则不能成功地实现（这表示前一段过程的失败）。例如进行某项设计工作，如果经过设计、试制、试验等各个阶段，其结果不能达到设计性能要求，在完成试验活动以后，时间和费用的累计值会被置零，表示该项设计试制工作的失败。

1. 弧（活动）的类别

（1）普通弧（活动），是 VERT 网络中的直接组成部分，普通弧上都带有以概率分布的时间、费用和性能等参数值。

（2）传送弧（活动），是 VERT 网络的组成部分，仅作为各种参数的通道，对某些节点之间的关系具有时间上的和先后次序的约束。传送弧上不赋时间、费用和性能参数值，因而被传送的参数流不发生增值。

（3）自由弧（活动），不在 VERT 网络中直接表示出来，而是被其他活动引用。自由弧上所赋的时间、费用和性能值可以通过一定的数学关系式进行调用。

（4）排放弧（活动），设置在节点的输出端，使流量通过相应活动传出系统。因为对于某些被取消的节点，如果已有活动引入该节点，则在 VERT 网络中可能出现流量的堵塞现象。

在仿真运行中，各类活动都可以处于不同的状态。当某项活动能成功地实现时，则参数流通过本活动输出至下一节点，这种状态称为成功完成状态。如果某项活动处于非成功完成状态，则该活动的时间和费用值仍通过本弧输出至下一节点，但没有性能值输出。如果某项活动处于被取消状态，则活动不能被执行，因而也没有参数流通过，不消耗任何时间和费用，更不会产生任何性能。

2. 节点的类别

VERT 网络中的节点是项目生命周期中的一个里程碑，表示前一个活动的结束和后一个活动的开始。VERT 节点具有丰富的逻辑功能，从而可以在仿真运行中决定要启动哪些排放弧或是否要启动本节点等。根据节点的逻辑功能，VERT 节点可分为组合节点和单个节点，组合节点由输入逻辑和输出逻辑组成，而单个节点只包含一种单个逻辑，如图 8-9 所示。

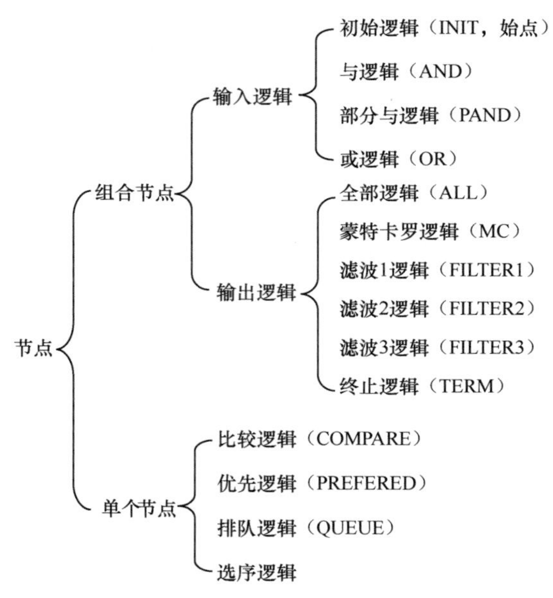

图8-9 VERT网络中的节点分类及其包含的逻辑

3. **建模**

VERT 随机网络模型是一个图论模型，称为图 G，记节点集合为 N，弧集合为 A，则有 $G=\{N,A\}$，这里 $N=\{N_1,N_2,N_3,\ldots,N_n\}$，$N_i$ 表示第 i 个节点，n 为节点总数；$A=\{A_{ij}|i,j=1,2,3,\ldots,n\}$。对于节点，只有累计时间（$NT_i$）、费用（$NC_i$）和性能（$NP_i$）组成的网流；而对于弧，有两种网流。

（1）自身携带的网流：由自身的时间（T_{ij}）、费用（C_{ij}）和性能（P_{ij}）组成的网流。

（2）累计网流：由弧的累计时间（$\overline{T}_{ij}$）、累计费用（$\overline{C}_{ij}$）和累计性能（$\overline{P}_{ij}$）组成的网流。

弧和节点的累计网流都是网络模型的未知量，是模拟过程中求解的对象，根据结果，可对节点和弧的机动时间、关键线路等进行分析。

网流形成原则要受节点、弧的状态和逻辑的限制。弧和节点都有成功、不成功和取消 3 种状态，节点逻辑相对复杂些，由于弧的不同状态而形成不同的节点逻辑。例如 AND 逻辑，先根据输入弧的状态确定节点的状态，然后确定成功节点的时间、费用和性能值，其数学表达式如下。

$$NT_i = \text{Max}\left\{\overline{T}ki \mid k=1,2,\cdots,n,k<n\right\}$$

$$NC_i = \text{OPT}\sum_k\left\{\overline{C}kl \mid k=1,2,\cdots,n,k<n\right\}$$

$$NP_i = \text{OPT}\sum_k\left\{\overline{P}kl \mid k=1,2,\cdots,n,k<n\right\}$$

其中，OPT 表示对有相同开始节点和结束节点的弧求最优。

对于真实决策系统，构造符合实际的随机网络模型，包括绘制网络图，是应用随机网络评审方法进行风险决策分析的关键步骤。构造网络模型的过程大体可分为以下几个步骤。

（1）确定决策的环境。在调查研究的基础上，确定被分析系统的问题、决策目标、变量和约束条件以及可接受的风险水平。

（2）按工作进程与风险分析的需要画出流程图，包括各个阶段的子流程。

（3）绘制 VERT 网络图，即在流程图的基础上，应用 VERT 的弧和节点功能，把流程图改造成 VERT 随机网络图。

（4）确定弧和节点的数据。确定弧上的时间、费用及性能参数和节点上参数及逻辑等，并在仿真运行中加以检验和修正，不断去伪存真，构造出反映真实系统的随机网络模型。

8.7.2　蒙特卡罗方法

在实际项目管理中，可以获得的数据有限，它们往往是以离散型变量的形式出现的。例如，对于某项活动的用时往往只知道最少用时、最多用时和最可能用时 3 个数据。经验告诉我们，项目进度、成本和风险可能性等变化服从某些概率分布，而现代统计数学可以将这些离散型随机分布转换为预期的连续型分布，这样就能针对某种概率模型在计算机上进行大量的模拟随机抽样，从而获得模型的参数估计值。

蒙特卡罗方法是一种随机模拟方法，更准确地说，是一种有效的统计实验计算法。目前，蒙特卡罗方法是项目风险管理中的常规方法，它通过设计概率模型，使其参数恰好重合于所需计算的量；同时，可以通过实验，用统计方法求出这些参数的估计值，把这些估计值作为待求的量的近似值。从理论上来说，蒙特卡罗方法简单，不需要复杂的数学推导和演算过程，但需要大量的实验，实验次数越多，所得到的结果就越精确。

以下是将蒙特卡罗方法应用于项目管理的主要过程。

（1）对每一项活动，输入最小、最大和最可能估计数据，并为其选择一种合适的先验分布模型。

（2）根据上述输入，利用给定的某种规则并通过计算机进行充分的随机抽样。

（3）根据概率统计原理，对随机抽样的数据进行处理和计算，求出最小值、最大值、期望值和单位标准偏差。

（4）自动生成概率分布曲线和累积概率曲线（通常是基于正态分布的累积概率曲线）。

（5）依据累积概率曲线进行项目风险分析。

背　景

第二次世界大战时，美国曼哈顿计划首次正式在项目风险管理中使用蒙特卡罗方法。蒙特卡罗方法得名于欧洲著名赌城——摩纳哥的蒙特卡罗，可能是因为赌博游戏与概率有内在联系。实际上，早在 1777 年，法国布丰伯爵（Comte de Buffon）就设计出著名的投针实验，用概率方法得到圆周率 π 的近似值，这被认为是蒙特卡罗方法的起源。

在投针实验中，假定在水平面上画上许多距离为 a 的平行线，然后将一根长为 l（$l<a$）的同质均匀的针随意地掷在此平面上。布丰证明，该针与此平面上的平行线之一相交的概率为 $p=2l/(a\pi)$。该实验重复进行多次，并记下成功的次数，能得到 p 的一个经验值，然后用上述公式计算出π的近似值。1901 年，意大利人拉泽里尼（Lazzerini）用这种方法获得了较佳结果——准确到π的 6 位小数，共掷了 3408 次针。但这种方法还没有达到公元 5 世纪祖冲之的推算精度（$3.1415926<\pi<3.1415927$）。这可能是传统蒙特卡罗方法长期得不到推广的主要原因。

计算机技术的发展，极大地促进了蒙特卡罗方法的普及。因为不再需要亲自动手做实验，而是借助计算机的高速运算能力，使得原本费时费力的实验过程变成了快速和轻而易举的事情。

8.7.3　SWOT分析法

运用各种调查研究方法，能分析出软件项目所处的各种环境因素，即内部环境因素和外部环境因素。

（1）内部环境因素，一般属主动因素，是组织在其发展中自身存在的优势（Strength）因素和弱势（Weakness）因素。内部因素可归为相对微观（如管理、经营、人力资源等）的范畴。

（2）外部环境因素是外部环境对组织的发展直接有影响的因素，包括机会（Opportunity）因素和威胁（Threat）因素，即有利因素和不利因素。外部环境因素一般属于客观因素，归属于相对宏观（如经济、政治、社会等）的范畴。

SWOT 分析法就是将调查所掌控的各种因素（内部因素和外部因素），根据其轻重缓急或影响程度等进行排序，构造成矩阵，更直观地进行对比分析。因为矩阵由 4 种因素构成，S 代表优势、W 代表弱势、O 代表机会、T 代表威胁，所以这个矩阵称为 SWOT 矩阵。在此过程中，应将那些对项目有直接的、重要的或严重的、范围广的影响的因素优先排列出来，而将那些间接的、次要的或不严重的、范围小的影响因素排在后面，如表 8-5 所示。

表 8–5　采用 SWOT 分析法的风险分析

S（优势）	W（弱势）
• 适应更多的需求变化 • 软件发布周期短，更容易满足客户的需求 • 由于采用配对编程和测试驱动开发思想，代码质量更高 • 团队的士气高	• 项目组认可度不高 • 系统架构设计不够充分 • 系统测试时间短 • 不适应大规模项目
O（机会）	**T（威胁）**
• 加速开发周期 • 更多的新功能可以及时融入产品 • 提高客户满意度 • 提高市场份额	• 团队需要熟悉的过程 • 需要占用项目时间进行培训 • 项目组成员可能不适应 • 新的流程可能影响工作效率 • 新的流程可能影响产品质量

在完成环境因素分析和 SWOT 矩阵的构造后，便可以制订出相应的风险应对计划了。制订风险计划的基本思路是：发挥优势因素，克服弱势因素，利用机会因素，化解威胁因素；考虑过去，立足当前，着眼未来。运用系统分析的综合分析方法，可以将排列与考虑的各种环境因素相互匹配起来加以组合，得出可选择的对策。这些对策包括以下几种。

- 最小与最小对策（WT 对策），着重考虑弱点因素和威胁因素，努力使这些因素的影响降到最小。
- 最小与最大对策（WO 对策），着重考虑弱点因素和机会因素，努力使弱点因素的影响趋于最小，使机会因素的影响趋于最大。
- 最大与最小对策（ST 对策），着重考虑优势因素和威胁因素，努力使优势因素的影响趋于最大，使威胁因素的影响趋于最小。
- 最大与最大对策（SO 对策），着重考虑优势因素和机会因素，努力使这两种因素的影响都趋于最大。

8.7.4　关键链技术

进度计划一般基于工作分解结构，通过对各个具体工作的时间估计来构建计划网络，并应用 VERT、蒙特卡罗方法等来获得工期的概率分布，以此来估计进度风险。1997 年，高德拉特（Goldratt）将约束理论（Theory Of Constraints，TOC）应用于项目管理领域，提出了关键链项目管理（Critical Chain Project Management，CCPM）方法，是项目管理领域自发明 CPM 和 PERT 以来最重要的进展之一。

概　念

约束理论是由高德拉特博士在最优化生产技术（OPT）的基础上发展起来的。约束理论的核心思想可以归纳为两点。

（1）所有系统都存在约束。如果一个系统不存在约束，就可以无限提高有效产出，而这显然是不实际的。因此，任何妨碍系统进一步提升有效产出的因素就构成了一个约束。

（2）约束的存在表明系统存在改进的机会。约束妨碍了系统的有效产出，但同时指出了系统最需要改进的地方——约束。

一个形象的类比就是“木桶效应”，一只木桶的容量取决于最短的那块木板，而不是最长的木板。因此，对约束因素的改进，才是最有效的改进系统有效产出的方法。

与其他管理理念不同，约束理论对企业的改进是聚焦的改进——只改进约束，而不是改进全部。为了有效提升系统的效率，约束理论提出了著名的“聚焦五步法”，这5个步骤构成一个不间断的循环，帮助系统实现持续改进。

（1）找出系统中的约束因素。

（2）挖掘约束因素的潜力。

（3）使系统中所有其他工作服从于步骤（2）的决策。

（4）给约束因素松绑。

（5）若该约束已经转化为非约束性因素，则回到步骤（1）。

CCPM用关键链替代了PERT/CPM中的关键路径，不仅考虑了不同工作的执行时间之间前后关系的约束（各任务的紧前关系），而且考虑了不同工作之间的资源冲突。关键链是制约整个项目周期的一个工作序列。关键链管理方法标识了资源约束和资源瓶颈，有利于项目过程资源的配置，降低因资源而引起的进度风险。基于关键链的项目管理方法特别适用于有高度不确定性的环境，如全新的软件开发项目。

高德拉特认为在PERT工期估计中包含大部分的缓冲时间，而缓冲时间并不能保证项目按时完成。因此他将工作可能完成的时间的50%作为工作工期的估计，并以此建立工作网络图。根据工作间的资源制约关系，修改网络图，确定关键链。然后通过为关键链和非关键链分别设置项目缓冲（Project Buffer）和输入缓冲（Feeding Buffer）来消除项目中不确定因素对项目执行计划的影响，控制进度风险，保证整个项目按时完成。

- 项目缓冲是为了保证项目在计划时间内完成，设置在关键链的末尾的缓冲区，它以关键链上所有工作比PERT中少估计的工期和的50%作为缓冲区的大小。
- 输入缓冲区是为了保护关键链上的工作计划不会因为非关键链上工作的延迟受到影响而设置的。它设置在非关键链与关键链的汇合处，以非关键链上的所有工作节省工期之和的50%作为缓冲区的大小。

基于关键链技术的软件项目进度风险管理方法，一般会采用下列步骤。

（1）对项目进行工作分解，估计理想工作条件下各工作的执行时间以及人力资源分配，建立工作节点网络图。

（2）考虑人力资源的约束，确定工作节点网络图中的关键链。

（3）采用技术风险评估技术（如风险量=风险概率×风险时间），对每项工作进行风险分析。

（4）在此基础上，为关键链配置项目缓冲，为非关键链配置输入缓冲。

（5）在项目进行过程中，通过对缓冲区的监控，进行计划风险的管理。

所谓理想工作条件，是指既不考虑风险因素，也不考虑资源约束的“理想”状况。这样的理想工作条件实际是不存在的，就如同物理学研究中经常用到的理想气体一样。之所以采用理想工作条件下的完成时间而不是可能完成时间的50%，是由于在50%的时间内肯定是不能完成工作的，太过紧张的计划时间会给工作执行人员造成不必要的压力，从而加大项目的系统功能风险。

在关键链的网络图中每个工作节点有一个三元组属性（$a/b/c$），其中 a 为理想工作条件下的工作执行（估计）时间、b 为该项工作需要的资源、c 是所需资源的数量。例如，R_S代表系统设计人员；R_P代表程序开发人员；R_T代表系统测试人员，关键链的网络如图8-10所示。与CPM不同的是，关键链技术不是单纯以时间最长的路径为关键路径，而是在考虑了工作所需资源之后，根据资源约束，对网络图中的工序进行必要的调整，然后由工作时间确定关键链，从而确定关键路径。

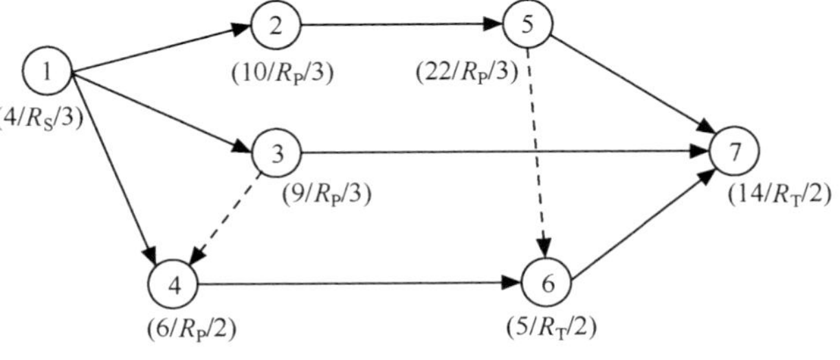

图8-10　关键链的网络

关键链技术不关注每项工作的开始日期、完成日期，取而代之的是每条链的起止时间。为了保护关键链上的工作而不影响到整个项目的计划进度，关键链技术要求为关键链设置项目缓冲区（Buffer Area）；同时，为了防止非关键链上的工作影响到关键链上工作的进度，在非关键链与关键链的汇合处设置输入缓冲，如图8-11所示。

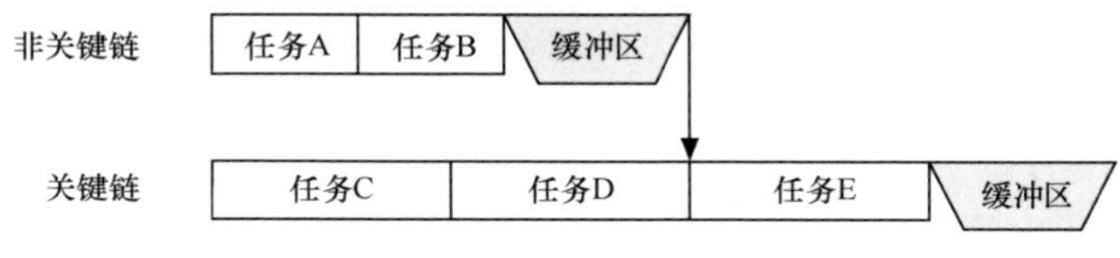

图8-11 项目缓冲区和输入缓冲区

缓冲区的设置是为了应对项目过程中可能出现的不确定因素，进行风险的监控和管理。如果某紧前任务（例如图 8-11 中的任务 B）没有在计划时间内完成，那么后续任务就无法按计划时间启动，其结果就是缓冲时间被占用。缓冲时间被占用得越多，就说明越有可能延误后续的关键任务。基于关键链技术的软件项目风险管理通过对缓冲区的监控进行，而对缓冲区的监控采用“三色法”，将缓冲区三等分，分别以绿色、黄色、红色表示不同的风险级别，以建立预警机制。

- 当缓冲区的占用处于绿色区时，风险级别低，项目仍然处于良好状态。
- 当缓冲区的占用处于黄色区时，风险级别提高，处于警告状态，虽不采取措施，但要密切关注，并了解背后的根本原因，开始防范风险。
- 当缓冲区已被占用到红色区，说明项目已经存在相当严重的进度风险，必须采取相应的补救措施。

控制缓冲区也可以为缓冲区设置安全底线，缓冲区的安全底线是项目过程中各时刻缓冲区大小的最小值。在项目进行过程中，应定时观测缓冲区的大小。若缓冲区处于安全底线之上，我们认为工作情况正常；低于安全底线，则有必要采取风险措施。

进一步，还应考虑资源约束对关键链的影响，尤其是同一资源在不同任务间切换常常需要一定的准备时间。因此，关键链方法引入了资源缓冲的概念，以防止关键链任务因资源没有及时到位而发生延误。与缓冲时间不同，资源缓冲本质上是一种警示信号，用来提醒项目经理或者部门经理保证资源及时到位。关键链方法要求在关键任务所需的资源被紧前的非关键任务占用时，应当提前一定时间在项目进度计划上标识资源缓冲，以便及时提醒项目经理协调资源，防止因资源不能及时到位而延误关键任务。

8.8 风险管理最佳实践

> 有时，企业文化会使得我们根本不可能谈论任何真正能够造成麻烦的风险——我们就像愚昧无知的部落原始人一样，以为只要不说出魔鬼的名字就不会招来魔鬼。
>
> 在工作中，我们常被迫保持“我能做到”的心态，这也是风险管理的障碍所在。提到一项风险，就等于一次“我做不到”的表态。风险管理与传统企业文化一些根本的方面有着深刻的冲突。
>
> ——《与熊共舞》

风险管理应让每个成员都参与规划和防范的过程，并采取主动策略，其主要目标是预防风险，强有力的风险管理过程可以减少 80%～90%的问题，消除令人意外的结果或意想不到的项目风险。但是，不是所有的风险都能够预防，可以动态维护一张最具威胁的十大风险因素表，加强监控和防范。项目组还必须建立一个应对意外事件的计划，投入适当的人力，保持开放的沟通渠道，使其在必要时能够以可控、有效的方式做出反应。

其次，风险管理应设法消除或缓解那些后果严重的风险，对比较容易处理的风险，尽量避免其发生。例如，质量风险的后果比较严重，其优先级比较高，应通过持续集成、强化测试等措施来尽量降低质量风险。

风险管理或监控要确定责任人，即谁负责监控某类风险，例如，项目经理负责监控进度、需求变化、团队协作等方面的风险；开发组长负责监控技术风险、产品系统架构不合理等风险；而测试组长则负责监控质量方面的风险，包括测试策略、测试环境给质量带来的威胁。同时，风险因素相互影响、交错进行，这需要站在更高的或全局的角度来制订风险应对计划、监控风险。这要求各类人员保持良好的沟通，协同防范风险。所以，风险管理既要保持专人负责某类风险，又需要项目组成员合作，交流信息和看法，从而在风险管理中达到独立和协作的和谐。

有些风险，我们不得不面对，发生后影响大又不容易处理，这时，我们应集中精力制定对策来降低风险。例如，对于客户依赖性很强的风险，一方面应尽量和客户建立良好的合作关系，另一方面，要留有空间来应对出现的风险。

说到风险管理，人们总希望“消除风险”，其结果不仅没有消除风险，而且项目管理人员还很疲惫。例如，我们肯定希望规避进度风险，只要项目一发生延期，我们就安排加班，设法尽早地将延迟的进度追回来，结果进度没有追回来，反而质量在下降，项目组人员也疲惫不堪。其实，对于进度落后需要认真分析其根本原因，找到真正问题所在，加以解决。例如，由于开发环境问题、需求定义模糊等引起的问题，通过加班是解决不了的，而是要通过其他办法解决实际问题，进度才会加快。如果当前进度反映了实际情况，可能需要修改计划，调整进度。

当实施某种缓解风险的措施时，可能会带来另外的风险，例如，为缓解项目延期风险加人或加班，则可能会带来成本风险和质量风险。在采取任何的风险缓解措施时，都需要考虑是不是真正缓解了当前风险，更重要的是，是否缓解了项目的整体风险。

如果进度延迟很小，修改进度表可能会引起更大的进度风险，因为需要召开项目例会，重新讲解任务进度安排，每个人都要调整自己的安排，从而可能造成更大的进度风险和成本风险。

- 有效的风险管理可以提高项目的成功率。
- 风险管理可以增加团队的健壮性，可以使团队对困难有充分估计，对各种意外有心理准备，大大提高组员的信心，从而稳定队伍。
- 有效的风险管理可以帮助项目经理抓住工作重点，将主要精力集中于重大风险，将工作方式从被动救火转变为主动防范。

小结

项目风险管理是一门艺术，里面有太多的不确定性，可以通过列表、头脑风暴、专家经验等各种方法来识别软件项目的风险，然后针对项目所面临的风险进行评估，制订风险应对计划，从而监控风险、防范风险、减小风险、转移风险和避免风险等。风险管理的主要内容有以下几个方面。

- 借助风险检查表，项目组一开始就要列出所有风险。
- 通过风险发现过程，识别出项目面临的风险。
- 确认软件项目所有的核心风险都已出现在项目风险的列表中。
- 为风险命名，并提供唯一的编号。
- 通过头脑风暴找出各项风险的转换指标——风险发生的所有征兆中最早出现的那个。
- 估算风险发生的可能性及其发生时对成本和进度造成的影响，或给项目带来的损失。
- 根据风险发生的概率和影响程度（即它们的乘积）来进行风险排序。
- 排序越高的风险，越应优先得到处理，通常高度监控5～10个高级别风险。
- 采用相应的有效方法进行监控。
- 判断如果风险开始转化，需要采取哪些应急措施。判断在风险转化之前采取哪些缓解措施，才能保证应急措施不会失效。
- 将缓解措施列入项目的总体计划，将所有细节记入模板。

习题

1. 风险管理中，最重要的事情是什么？最难处理的问题是什么？
2. 对于需求变更的风险，应如何防范和控制？
3. 在软件开发过程中，严格执行开发流程和规范，对防范风险有什么帮助？
4. 如何更好地应用VERT？
5. 谈谈关键链技术和关键路径技术的异同。

实验7：项目风险管理

（1.5 个学时）

1. 实验目的

掌握如何进行风险识别、风险分析和制定应对措施。

2. 实验内容

针对第一个迭代的用户故事应如何进行开发，召开一次风险管理会议。

3. 实验环境

（1）5 个人一组，准备若干大白纸，也可以用电子文档。

（2）讨论时间为一个学时。

4. 实验过程

（1）组内选择一位记录人负责记录、总结。

（2）大家共同查看用户故事，用头脑风暴的方法列出所有发生和未发生的风险。

（3）通过讨论选出优先级最高的十大风险项。

（4）针对每个风险进行分析，商讨出应对方案（消除、缓解还是转移）。

（5）讨论时间结束后，每组记录人分别解说和展示自己团队的十大风险清单。

5. 交付成果

（1）十大风险清单，包括风险项、分析和应对策略。

（2）写一个报告，总结所学到的经验和教训。

09

第9章　项目团队与干系人

概述

人就是一切（或者说，几乎是一切）。

很多读者发现很有趣的是，《人月神话》的大部分文章在讲述软件工程管理方面的事情，较少涉及技术问题。这种倾向部分是因为我在 IBM 360 操作系统（现在是 MVS/370）项目中角色的性质。更基本的是，这来自一个信念，即对于项目的成功而言，项目人员的素质、人员的组织管理是比使用的工具或采用的技术方法更重要的因素。

节选自《人月神话》（20 周年纪念版）

软件项目以人为本的思想，决定了人是软件项目管理的关键环节，正如敏捷宣言所说“个体和互动高于流程和工具”。软件开发是团队合作的过程，即使是很小的、一个人开发的项目，他也要和其他人进行合作来处理需求、调试环境、进行用户培训等。那么如何处理人员之间的关系，如何把人员组织成有效率的团队并把他们的潜能尽量发挥出来呢？正所谓“一人拾柴火不旺，众人拾柴火焰高”，只有项目团队所有成员团结起来，劲儿往一处使，才能到达项目成功的顶峰。

软件开发活动是智力活动的集合，人占主导因素，软件开发不同于一般传统产品的制造。所以在进行人员管理的时候，要利用有效的手段，在提高工作效率的同时不断地激励员工，达到双赢的目的。

不仅要做好团队内部——各个团队成员之间的沟通，而且要做好团队外部的沟通，和项目干系人（包括客户、管理层、市场人员、技术支持人员等）进行有效、良好的沟通。这其中和客户的沟通更为关键，正如敏捷宣言所强调的“客户合作高于合同谈判”。相对客户来说，团队内部有更多的共同利益、更相似的语言、更方便的沟通渠道、更多的沟通时间。客户的利益和团队的利益往往不一致，例如客户希望实现团队能交付更多的功能、尽早交付产品，而团队希望任务少些、交付时间不要太紧。所以在 PMBOK 中，没有把沟通和人力资源管理放在一起，而是强调外部沟通更为重要，沟通不局限于团队内部。

人力资源管理属于项目的人力资源管理，也就是项目团队的管理。而项目干系人往往指项目团队之外的但在项目中有利益的人，如软件研发项目中，项目干系人主要有用户、项目资助者、公司管理层、数据中心运维人员、市场人员、技术支持人员（客服人员）等。不管是团队，还是项目干系人，都是人。只要是人，沟通、协作、知识分享、经验传递等都很重要。本书为了节省篇幅，更为了整合人的问题，把 PMBOK 中“人力资源管理、沟通、项目干系人管理”3 章内容整合为一章。

9.1 项目团队建设

羚羊是草原上跑得极快的动物，但它们却常常成为狼群捕食的对象，而速度比它们慢的马群却很少被狼当作捕食的目标。狼为什么能够捕获到跑得快的羚羊，而很少捕获到跑得慢的马群呢？原因很简单，羚羊遇到危险时会四散而逃，但是马是群居动物，它们有很强的团队合作意识和团队精神。每当有食肉动物袭击时，成年而强壮的马就会头朝里、尾巴朝外，自动围成一圈，把弱小的和衰弱的马围在中间。只要敌人一靠近，外围的马就会扬起后蹄去踢敌人。一旦被马踢到，即使不死也会受重伤，所以很少有食肉动物愿意去袭击马群。正是这样的团队意识，使得马成为草原上自由自在的动物。

个体的能力是有限的，但是如果能搭配起来组成力量强大的团队，那效果就大不相同了。“世上没有完美的个体，却有完善的团队。”

项目团队建设

那么如何建立、培养有效的团队呢？结合 TSP（Team Software Process，团队软件过程）的精髓，笔者认为有效的项目团队建设需要软硬兼施、双管齐下，在建立坚实的“硬件”基础上逐步完善团队的“软件”功能。这当然离不开团队领导和团队成员共同的努力。

9.1.1 制度建立与执行

“没有规矩不成方圆”，项目的团队建设亦是如此。项目团队是由所在企业管理层来领导的，项目团队除了要遵守企业的规章制度外，还要在软件项目启动之前及时制定适合项目发展的管理制度。

- 对于异地同时开发的项目，一定要事先统一好代码检入（Check In）的时间，否则进行日常构建（Build）的时候，很容易因为不同步的问题而失败。
- 由团队成员参加项目计划制订过程，建立一套用于发现和处理冲突的基本准则，如麦肯锡解决问题的“七步法”。
- 根据项目开发经营模式或者项目特点总结出可供参考的过程模型，如 MSF、IBM 统一过程模型（RUP）等。
- 对于规模大或复杂的项目，建立监督、控制委员会，以便协调管理和统一决策。
- 建立统一格式的项目各类模板（如需求文档模板、设计文档模板、用户手册模板和工作报告模板等），有利于整体管理和后期分析。
- 对于系列项目或者类似项目建立不同项目阶段的任务检查清单，以便确保项目质量。
- 控制代码质量管理，比如单元测试覆盖率分析、静态代码扫描分析、代码审查等管理。
- 测试用例管理，将测试用例从设计、运行到存档规范起来，形成项目的知识沉淀。
- 缺陷管理。缺陷通常都会经历从发现、解决到关闭的过程，但是会有些特例，有些缺陷不能重现，有些缺陷暂时没办法解决，有些缺陷是目前业界的难题等，这样就需要把这些暂时处理不了的缺陷管理起来。

这些制度的制定，需要项目团队根据或者借鉴以往的经验来共同协商。如果在项目进行中仍然发现有些问题需要制定流程或者制度来解决，那么应该及时召开项目协商会议，讨论解决方案，以免问题像雪球一样越滚越大，妨碍项目进展。

麦肯锡解决问题的“七步法”

（1）陈述问题：清晰地阐述要解决的问题。

（2）分解议题：使用逻辑树把问题分解。

（3）消除非关键议题：使用漏斗法淘汰非关键议题。

（4）制订详细的工作计划。

（5）进行关键分析。

（6）综合结果并建立有结构的结论。

（7）整理一套有力度的文件。

9.1.2 目标和分工管理

什么是团队管理?

网络上有个比较形象的例子：如果有一车沙从大厦顶上倒下来，对地面的冲击是不太大的；如果把一整车已凝固成整块的混凝土从大厦上倒下来，结果就大不一样了。团队管理就是把一车散沙变成已凝固成整块的混凝土，将一个个独立的团队成员变成一个坚强有力的团体，从而顺利完成项目的既定目标。

这个例子展现了团队管理中的一个核心——建立和实现共同的目标。无论团队规模大小、人员多少，必须有效设立目标体系，达成团队共识，合理目标的设定可以成为团队发展的驱动力。那么如何进行目标管理呢?

首先，要考虑设置团队短期和长期的目标。

在《梦断代码》中提到了 Linux 之父莱纳斯・托瓦尔兹（Linus Torvalds）的话："别做大项目，从小项目开始，而且永远不要期望它变大。如果这么想，就会做过度设计，把它想象得过于重要。更坏的情况是，你可能会被自己想象中的艰难工作所吓倒。如果项目没解决某些眼前的需求，多半就是被过度设计了。别指望在短时间内有大成就，我致力于 Linux 达 13 年之久，我想后面还得花上好些时间。如果一早就妄想做个大东西，可能现在还没动手呢。"

托瓦尔兹的话意味着——做项目从小处着手更容易成功，即要先建立短期目标。但是项目的短期目标和长期目标都是不可缺少的。短期目标带给整个团队真实的动力，长期目标或宏伟蓝图会带给团队无形的激励。Chandler 项目在基本没有定型版本发布的基础上能维持 6 年多的时间，可能也是被他们的宏伟蓝图"只为打造卓越软件"不断激励。

其次，把目标通过合理的手段进行分解，制订详细计划，执行、评估和反馈，不断地把团队的目标标准化、清晰化，加快达到目标的过程。

再次，要为团队成员设定个人目标。团队中存在不同角色以及不同性格的个体，由于个体的差异，导致每个人看问题的角度不同，对项目的目标和期望值都会有很大的区别。这就要求管理层像乐队指挥那样，让乐器和谐共鸣。项目经理或者主管要善于捕捉成员间不同的心态，理解他们的需求，帮助他们树立和项目同方向的不同阶段的目标，并要求团队成员对相应的目标做出承诺。项目经理在项目实施中进行监督，直到完成。这样就可以使得大家劲儿往一处使，发挥出团队应有的合力。

最后，有了目标体系，还要有合理的工作分工，这样才能高效、高质量地完成任务。就好比足球队，如果教练安排前锋队员去打后卫，球赛的输赢暂且不论，至少这场球赛会踢得很辛苦。因为分工不合理，配合起来很困难。在团队建设中道理同样如此，要根据每个成员的知识结构、工作经验等进行合理的任务安排，以达到互补的功效。这也是团队管理的另一个核心内容。团队管理的本质是让其成员通过合理分工来相互协作，从而发挥出"1+1 > 2"的力量。

团队的分工包括纵向工作职能的划分和横向项目任务的工作量分配（任务分配，即项目组各成员具体工作任务的分配），如图 9-1 所示。想做到合理分配工作量其实并不容易，这需要项目经理、项目组负责人和其团队成员共同协商讨论、综合考虑，包括采用 WBS 方法将工作分解到位。项目经理和项目组负责人应提前掌握每个成员的不同工作能力、经验、技能等，以便在分配意见不一致时及时协调处理。

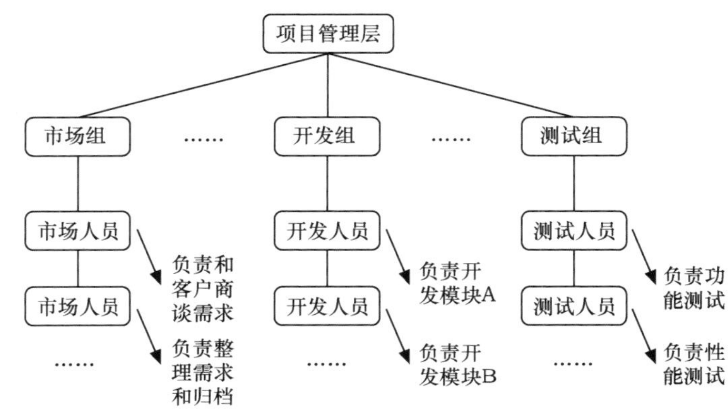

图9-1 某软件项目工作分工

明确的职能角色和任务分配能让员工在工作中互相监督，同时有了工作准则和工作目标，互相推诿、推卸责任的现象就会减少或者消失。

9.1.3 工作氛围

鱼离不开水，人离不开空气。任何事物要想有良好的发展，都需要适合其生存的环境。软件项目的良好生存环境就是项目团队的工作氛围。

令人愉快、积极向上的工作氛围是提高工作效率的一个很重要的因素。设想一下，如果每天都要身处在毫无生机、气氛压抑的工作环境之中，那么员工怎么可能会积极主动地投入工作呢？只有创造良好、轻松的工作氛围，才能获得高效且具有创造性的工作成果。在工作中，“人”是环境中最重要的因素，许多优秀的“人”在一起才能塑造好的环境，成就优秀的团队，同时在良好的氛围熏陶下，“人”也会变得更加优秀。这是相互影响的，要依赖团队每个成员的努力，才能形成良性循环。

良好的工作氛围，概括起来为 8 个字：开放、真诚、平等、信任。

1. **开放**

很多知名企业都致力于为员工营造开放、自主的工作氛围。在谷歌，员工可以随意穿着，甚至可以带着自己的宠物狗来工作。在西门子，为了加强开放式沟通，管理层努力改善管理方式及行为，如内部网站的建立、定期的员工沟通交流会、员工满意度调查等。在思科，每层楼都留有开放式讨论空间供员工使用。Meta 的开发人员大多在开放式环境下办公，办公桌分列整齐排列，工位沿着公共桌位对齐排开，员工与员工之间没有阻隔物，便于交流。开放的工作氛围可以使人压力缓解，工作张弛有度，有益于员工充满热情地投入工作、激发更多的创作力。

2. **真诚**

一个团队的良好氛围离不开真诚的态度，尤其是在上级对下级的关系上。有一位新应聘进入 IBM 的员工，在接受上岗前的培训时由于心神不宁、注意力不集中，被总经理路过时无意看到了。结果这位员工被总经理叫了出来，了解到这位员工的妻子正在另一个城市的妇产医院待产，而这位员工刚应聘到 IBM，非常珍惜这次机会，虽然非常担心自己的妻子，但不敢请假，结果在培训课上出现思想不能集中的情况。总经理听到事情的原委后，立即派专机将这位员工送到其妻子所在医院的那座城市，这位员工一进入妻子的产房，所看到的是挂有 IBM 总经理签名的花篮！原来，在这之前 IBM 已经做了该做的事情，让这位员工大为感动，声称公司让干什么都会全力做好，可总经理的回答是“希望你能永远为 IBM 服务”。工作在这样的环境中，应该没有人会整天想着如何偷懒、准备跳槽吧？虽然不是每个企业都有 IBM 那样的条件，但是可以做一些力所能及的事情，以真诚的态度给项目成员以关爱、温暖，让项目成员切身体会到团队的优越感、自豪感，这样项目成员对工作的热情会是发自内心的，更愿意以主动的、积极的热情努力工作。项目成员在被真诚感染的同时，也会以真诚的态度来感染其他人。

3. **平等**

平等待人是对人最起码的尊重，同时会带来令人意想不到的财富。2001 年起，上海波特曼丽思卡尔顿酒店多次获得“亚洲最佳雇主奖”的殊荣。有别于传统的对财富、权力的看重，这项评选的一个重要指标是员工“人际体验的满意度”。在上海这个国际化大都市中，波特曼丽思卡尔顿面临着众多明星酒店的竞争压力，它是如何通往“亚洲最佳雇主奖”之路的呢？是因为“像绅士淑女一样待人”一直是酒店的座右铭。不管是对顾客还是对同事，他们平等待人的态度从来没有改变过。在软件项目的开发中，平等对保持团队和谐和增强信心更为重要。不要因为是“技术牛人”就要以他的意见为主，也不要因为是“新人”而不理会他的建议。团队成员都是站在同一个平台上来做项目，人人平等。在思科，平等的意识已深入人心。思科不设高级管理层专用车位，公司董事局主席兼 CEO 约翰·钱伯斯（John Chambers）也得自己到处找车位，他为了有车位停车往往比其他员工更早来上班。在思科，和许多美国公司一样，不管你的头衔有多高，也不管你是干什么工作的、处在什么职位，大家都一律称呼对方名字，这也充分体现了人人平等和相互尊重。

图9-2 背摔

4. **信任**

玩过拓展项目中的“背摔”吗？如图 9-2 所示，此项目就是团队成员对一个团队的信任考验，只有充分地相信你的团队，才可能顺利地完成任务。将自己完全地交付于其他人员，需要的不仅仅是魄力和胆量，更重要的是信任，信任自己、信任他人、信任团队。在信任的基础上，才有可能建设好团队。信任是团队建设的基础，信任是一种激励，更是一种力量。团队力量的发挥来自团队领导与成员之间的相互信任。信任可以导致连锁反应：有了信任，才能建立积极的工作态度和良好的工作氛围，从而激励员工的工作热情，最后增强团队整体竞争力和生产力。

背　摔

一个人站在一米多高的平台上笔直地向后倒下，大家齐心协力将他/她接住，这就是背摔。这是一个刺激而冒险的游戏，可以加强人与人之间的信任和责任感。

营造良好的工作氛围和企业文化的建设是分不开的，可以通过培养团队的“感性”“理性”“悟性”“韧性”来进行。

“感性”的培养是指通过各种方式鼓动员工，使团队充满生机和活力。可以多组织一些团队活动（如定期聚餐、项目倒计时、项目活动庆典之类）来培养“感性”，还可以在公司的各个角落设置一些激励标语等。在思科，每位员工像挂钥匙一样佩有 3 张胸卡：办公区的出入卡、公司愿景目标卡以及简要阐述公司核心文化理念的企业文化卡。这种“卡式文化”不断地提醒员工企业文化是什么。思科通过这种方式，把公司愿景和文化植入每个员工的心里。

“理性”的培养是指让团队成员熟悉技术和项目，有效完成本职工作。可以多进行一些培训和项目交流讨论会、结对工作（如结对编程、结对测试）来促进“理性”的培养，还可以进行一些网络上的交流。同时更重要的一点是，要激励团队的自学能力。只有不断完善自己，整个团队的实力才能迅速提高。

“悟性”的培养是指培养团队及时洞悉项目的隐藏缺陷和客户的真实需求、及时修正和解决相关问题。悟性的培养是最难的。拓展培训可以给予一定的帮助，但重要的还是要靠上级正确的指引和团队成员自己的领悟。

“韧性”的培养是指培养团队坚韧不拔的精神，从而能应对各种状况。在工作中，我们经常会遇到这样那样的问题，而且有些问题是初次遇到或者非常棘手。但是无论如何，为了项目的正常运行，我们必须想尽各种办法采取应对措施。

“每天你都会看到报刊说我们生活在一个多么糟糕的年代，这话，我可是都听了一辈子了。”1988 年，霍顿・富特（Horton Foote）在接受国家公众广播电台著名主持人特里・格罗斯（Terry Gross）的访谈时说道，“我不认为有哪个年代会比其他年代更糟糕，说到底，每个年代都有不同的新问题。”霍顿・富特是美国著名剧作家，曾获得普利策奖和奥斯卡最佳编剧奖。富特的话是在 30 多年前说的，但今天仍然提醒我们，人性中有一种品质叫韧性。我们都有忍受艰难困苦的巨大能力。管理者应该激发和培养员工的这种韧性，使团队变得更加强大。

总之，创造良好的工作氛围就是为了给团队成员创造自由交流和沟通的平台，并潜移默化地打造相互帮助、相互尊敬、相互信任、相互理解、相互激励、相互鼓舞、相互关心的团队，从而塑造有凝聚力、向心力的优秀团队。

9.1.4　激励

再好的车，没有能源照样跑不了。人的情感是复杂的，人们不是任何时候都对工作富有激情，所以需要激励来为团队加油。

管理学发展到现在，很多科学家都对激励提出了自己的理论。其中比较著名的有马斯洛需要层次论、麦克利兰需要理论和弗罗姆的期望理论等。

1. 马斯洛需要层次论

亚伯拉罕・马斯洛（Abraham Maslow）的需要层次论把需要分成生理需要、安全需要、社会需要、尊重需要和自我实现需要 5 类，如图 9-3 所示。

马斯洛的需要层次理论有以下基本观点。

- 5 种需要像阶梯一样从低到高，按层次逐级递升，但这样的次序不是完全固定的，可以变化，也有种种例外情况。
- 一般来说，某一层次的需要相对满足了，就会向高一层次发展，追求更高层次的需要就成为驱使行为的动力，获得基本满足的需要就不再是一股激励力量。

- 5种需要可以分为高、低两级，其中生理需要、安全需要和社会需要属于低一级的需要，这些需要通过外部条件就可以满足；而尊重需要和自我实现需要是高级需要，通过内部因素才能满足，而且一个人对尊重和自我实现的需要是无止境的。同一时期，一个人可能有几种需要，但每一时期总有一种需要占支配地位，对行为起决定作用。任何一种需要都不会因为更高层次需要的发展而消失。各层次的需要相互依赖和重叠，高层次的需要发展后，低层次的需要仍然存在，只是对行为影响的程度大大减小。

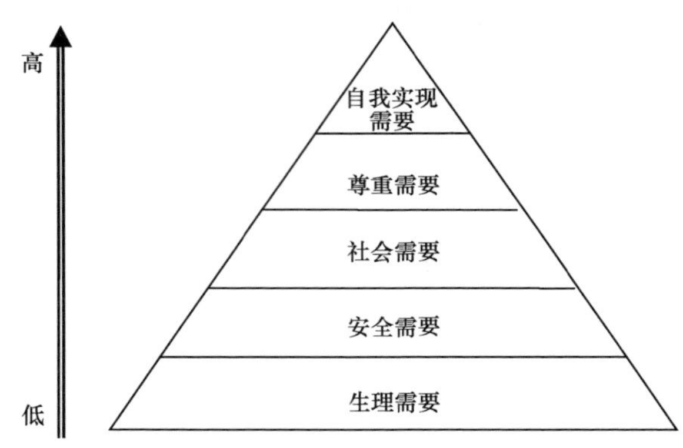

图9-3 马斯洛的需要层次论

2. **麦克利兰需要理论**

美国哈佛大学教授、社会心理学家戴维·C. 麦克利兰（David C. McClelland）把人的高层次需要归纳为对成就、权力和亲和的需要。

- 成就需要（Need for Achievement）：争取成功，希望做得最好的需要。
- 权力需要（Need for Power）：影响或控制他人且不受他人控制的需要。
- 亲和需要（Need for Affiliation）：建立友好、亲密的人际关系的需要。

不同类型的人有不同的需要，应该给予相应的激励。

3. **弗罗姆的期望理论**

北美著名心理学家和行为科学家维克托·H. 弗罗姆（Victor H. Vroom）认为，人总是渴求满足一定的需要并设法达到一定的目标。这个目标在尚未实现时，表现为一种期望，这时目标反过来对个人的动机又是一种激发的力量，而这个激发力量的大小，取决于目标价值（效价）和期望概率（期望值）的乘积，公式表示如下。

$$M = \sum V \times E$$

M 表示激发力量，是指调动一个人的积极性，激发人内部潜力的强度。

V 表示目标价值（效价），这是一个心理学概念，是指达到目标对满足其个人需要的价值。同一目标，由于各人所处的环境不同，需要不同，其需要的目标价值也就不同。同一个目标对每一个人可能有3种效价：正、零、负。效价越高，激励力量就越大。

E 是期望概率（期望值），是人们根据过去的经验判断自己达到某种目标的可能性是大还是小，即能够达到目标的概率。目标价值大小直接反映人需要动机的强弱，期望概率反映人实现需要和动机的信心强弱。

这个公式说明：假如一个人把某种目标的价值看得很大，估计能实现的概率也很高，那么这个目标激发动机的力量就会很强烈。

激励理论还有很多。其实不论什么理论，要想激励有效，都要通过3个基本步骤来完成。

（1）分析激励。不管是针对个体还是针对团队，要产生好的效果，首先必须深入分析他们的需要和期望。

（2）创建激励环境。良好的环境可以帮助员工发挥最大的潜能，善于运用激励的领导者可以帮助员工超越过去，创造更好的成绩。

（3）实现激励。对于有成就的员工，要实施奖励。有成就的员工包括有进步的员工、工作表现好的员工、达到目标的员工、帮助他人的员工等，凡是有助于团队建设和项目发展的员工，都应该给予相应的奖励。

一提起激励，大多数人首先想到的就是钱。当然不能忽视物质奖励的力量，但也可以运用一些切实可行的软性激励法和相关技巧。

- 目标激励：给下属设定切实可行的目标，之后跟踪完成。
- 及时认可：上司的认可是对员工工作成绩的极大肯定，但认可要及时，采用的方式可以是发一封邮件给员工、在公众面前表达对他/她的赏识等。
- 信任激励：信任永远是最重要的激励守则之一。
- 荣誉和头衔：为工作成绩突出的员工颁发荣誉称号，强调公司对其工作的认可，让员工知道自己是出类拔萃的，这样更能激发他们工作的热情。
- 情感激励：发掘优点比挑剔缺点重要，即使是再小的成就也一定要给予赞许。
- 给予一对一的指导：很多员工并不在乎上级能教给他/她多少工作技巧，而在乎上级究竟有多关注他/她。读过《杰克·韦尔奇自传》的人，肯定对韦尔奇的便条式管理记忆犹新，这些充满人情味的便条对下级或者朋友的激励是多么让人感动。
- 参与激励：提供参与的机会。
- 授权是一种十分有效的激励方式。合理授权可以让下属感到自己受到重视和尊重，在这种心理作用下，被授权的下属自然会激发起潜在的能力和热情。
- 激励集体比激励个人更有效（两熊赛蜜故事中的哲理）。
- 听比说重要、肯定比否定重要等。

两熊赛蜜的故事

黑熊和棕熊喜食蜂蜜，都以养蜂为生。它们各有一个蜂箱，养着同样多的蜜蜂。有一天，它们决定比赛看谁的蜜蜂产的蜜多。

黑熊想，蜜的产量取决于蜜蜂每天对花的“访问量”。于是它买来了一套昂贵的测量蜜蜂访问量的绩效管理系统。在它看来，蜜蜂所接触的花的数量就是其工作量。每过完一个季度，黑熊就公布每只蜜蜂的工作量；同时，黑熊还设立了奖项，奖励访问量最高的蜜蜂。但它从不告诉蜜蜂们它是在与棕熊比赛，它只是让它的蜜蜂比赛访问量。

棕熊与黑熊想得不一样。它认为蜜蜂能产多少蜜，关键在于它们每天采回多少花蜜——花蜜越多，酿的蜂蜜也越多。于是它直截了当告诉众蜜蜂：它在和黑熊比赛看谁产的蜜多。它花了不多的钱买了一套绩效管理系统，测量每只蜜蜂每天采回花蜜的数量和整个蜂箱每天酿出蜂蜜的数量，并把测量结果张榜公布。它也设立了一套奖励制度，重奖当月采花蜜最多的蜜蜂。如果一个月的蜜蜂总产量高于上个月，那么所有蜜蜂都受到不同程度的奖励。

一年过去了，两只熊查看比赛结果，黑熊的蜂蜜不及棕熊的一半。

黑熊的评估体系很精确，但它评估的绩效与最终的绩效并不直接相关。黑熊的蜜蜂为尽可能提高访问量，都不采太多的花蜜，因为采的花蜜越多，飞起来就越慢，每天的访问量就越少。另外，黑熊本来是为了让蜜蜂搜集更多的信息才让它们竞争，由于奖励范围太小，为搜集更多信息的竞争变成了相互封锁信息。蜜蜂之间竞争的压力太大，一只蜜蜂即使获得了很有价值的信息，比如某个地方有一片巨大的槐树林，它也不愿将此信息与其他蜜蜂分享。

而棕熊的蜜蜂则不一样，因为它不限于奖励一只蜜蜂，为了采集到更多的花蜜，蜜蜂相互合作，嗅觉灵敏、飞得快的蜜蜂负责打探哪儿的花最多、最好，然后回来告诉力气大的蜜蜂一起到那儿去采集花蜜，剩下的蜜蜂负责贮存采集回的花蜜，将其酿成蜂蜜。虽然采集花蜜多的能得到最多的奖励，但其他蜜蜂也能捞到部分好处，因此蜜蜂之间远没有到人人自危、相互拆台的地步。

相比之下，激励集体比激励个人更有效。

对于激励还有一点非常重要，那就是自我激励。自我激励可以使自己拥有积极心态并充满信心。

在推销员中间，广泛流传着一个这样的故事：两个欧洲人到非洲去推销皮鞋，由于炎热，非洲人向来都是打赤脚。第一个推销员看到非洲人都打赤脚，立刻失望起来："这些人都打赤脚，怎么会要我的鞋呢？"于是放弃努力，失败沮丧而回；另一个推销员看到非洲人都打赤脚，惊喜万分："这些人都没有皮鞋穿，这皮鞋市场大得很呢！"于是想方设法，引导非洲人购买皮鞋，最后发大财而回。

这就是自我激励的作用。同样是非洲市场，同样面对打赤脚的非洲人，一个人看到之后就灰心失望，不战而败；而另一个人就自我激励，满怀信心，结果大获全胜。

激励之所以是一门艺术，是因为组成团队的每个人都各不相同，那么他们的需求和期望也就各不相同。经理要在不同时期，针对不同成员，发挥聪明才智，不断摸索、运用不同的激励方法和技巧给部下加油。

9.1.5 过程管理

团队建设要软硬兼施，同时要站在更高的角度来发展团队。这个角度就是团队的过程管理，即通过熟悉和了解团队在不同时期的特点来进行适当的管理。

和产品有生命周期一样，团队也有自己的生命周期，图 9-4 描述了一个团队从建立到成熟或者重组的历程。

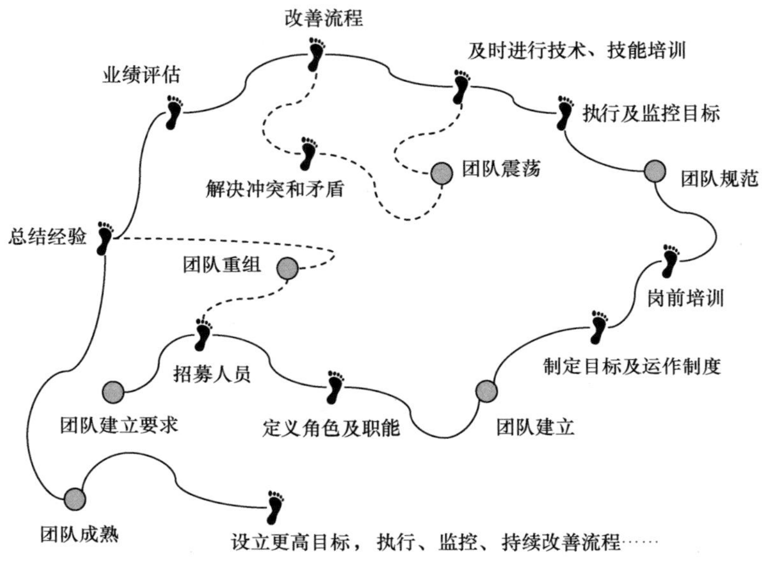

图9-4 团队生命历程

团队的发展一般都会经过形成期、震荡期、规范期、成熟期和重组期这 5 个典型阶段，如图 9-5 所示。实际上，团队发展不一定是按照这 5 个阶段顺序发展的，有可能是跳跃循环发展的。

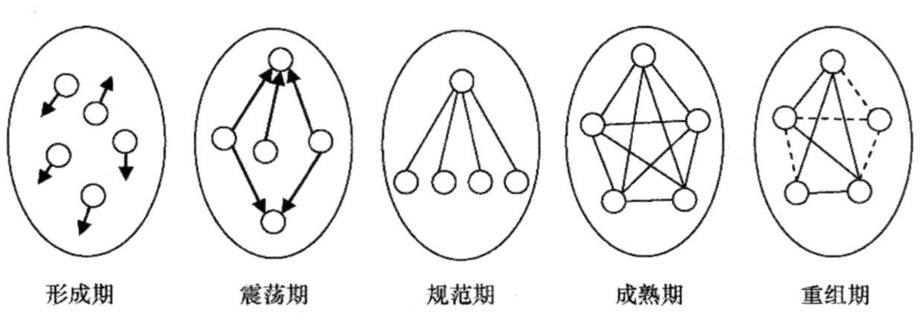

图9-5 团队生命周期5个典型阶段

在团队"形成期"和"规范期"，要发挥"领"的作用，即团队主管/项目经理应该引领团队成员尽快适应环境、融入团队氛围，让成员尽快进入状态，降低不稳定的风险，确保事情顺利进行。在这个过程中，团队主管/项目经理应该采取控制型领导风格，目标由领导者设立并清晰、直接地告知想法与目的，不能让成员自己想象或猜测，否则容易走样。在项目实施的过程中，团队主管/项目经理要时刻走在前面，起到榜样和示范的作用。这个时期也要快速建立必要的规范，不需要多么完美，只需要能尽快让团队进入轨道，这时规定不能太多、太烦琐，否则不易理解，又会导致成员绊手绊脚。

在团队“震荡期”，团队主管/项目经理要发挥“导”的作用。因为在震荡期团队的人际关系尚未稳定，所以需要不时地帮助协调，还需要不断强调互相支持、互相帮忙的重要性，那么团队主管/项目经理就应该及时解决冲突、化解矛盾，在团队中形成有效的制度体系、发展合力。在这个过程中，团队主管/项目经理要走在中间，观察分析、随机应变。

在团队进入“成熟期”后，主管要为团队设立更高的目标，刺激团队登上新的发展高度。此阶段的领导风格要采取民主方法，促进全体成员参与，晓之以义，动之以利，使团队全体成员明确远期目标、中期目标和近期目标，达成共识，紧密团结起来为实现整体利益而努力。在这个过程中，团队主管要走在后面，纵观全局，深思熟虑，既要鼓励创新、保持团队成长的动力，又要有危机意识，提倡持续学习、持续成长。

团队发展的不同阶段，其特点各不相同，必须因时而异，正确、及时化解团队发展过程中的各类矛盾，促进团队的不断发展。

从《梦断代码》整本书来看，Chandler 项目并没有进行有效的团队管理。除了提供给成员们优越的办公环境和氛围外，其他有关团队管理的方方面面都做得不尽如人意。

- **迟迟没有短期目标**：版本目标在做完 0.3 版之后，到 2004 年才通过白板上的即时贴确定 0.4、0.5、0.6、0.7 版本实现的特性。
- **激励不够**：决定在狗食版（Dogfooding，通常是指团队在内部使用尚未正式发布的版本）中暂时只实现日历功能，延误与特性削减给团队带来了不良的影响，一些人离开了。Chandler 项目是一个开源项目，而其成员也是开源的拥护者。他们共同的激励来源就是通过发展开源项目来改变这个世界，让更多的人享受到开源的好处。那么项目延误与特性削减就是对他们最大的伤害。延期或者没法实现他们的期望（他们的激励就越来越少）导致一些人没有动力而离开了。
- **缺少团队过程管理**：Chandler 项目太专注于技术的研究，而且由于长时间没有成果可见，为“改变世界”的理想所吸引的团队成员在漫长的过程中逐渐感到失望而离去，新的成员再补充进来。团队基本没有正式进入执行期，也就没有真正发挥出团队有效的合力。

对于团队建设，有句话总结得很经典，套用一下就是“无情管理”和“友情关爱”相结合，建立良好的团队秩序和工作氛围；同时明确目标，合理分工；建立激励机制，实行过程管理，从而提高团队成员的凝聚力，使整个团队发展壮大。

9.2 知识传递和培训

知识传递和培训，沟通和协作以及经验、知识共享

在软件开发过程中，信息和知识的传递是非常重要的。因为软件开发要经历不同阶段，需要不同的角色来协同工作。如果信息传递不正确，就会发生各种各样的问题。“管理学之父”彼得·德鲁克（Peter Drucker）说：“每一次传递都会使信息减少一半，噪声增加一倍。”图 9-6 描述了一个项目在不同阶段，由各个角色对软件实现的功能描述进行的信息传递，经过各个阶段信息传递的误差不断放大，从而导致最后的结果让人啼笑皆非。

- 客户没有把自己的需求描述清楚，一开始传递就有问题。
- 项目经理没有认真倾听客户的需求，客户的需求被打了折扣。
- 分析人员进一步误解了客户的需求，设计的内容几乎到了不可理喻的地步。
- 程序员写的代码也是漏洞百出，在原来需求错误的功能设计上雪上加霜。
- 项目过程中忽视文档，文档几乎是一片空白。
- 软件在安装之后，某些功能又不能正常工作，几乎不可用。
- 技术支持人员可能将问题弄得更糟糕……

图9-6 讽刺软件信息传递的著名幽默画

软件开发过程是知识传递或知识转换的过程，注重和维持知识在转换中的完整性，才能保证知识通过需求、设计、编程、验证等各个阶段正确、有效地传递。

9.2.1 知识传递

在软件开发过程中，信息和知识是通过纵向（项目发展的不同阶段）和横向（不同角色和不同团队之间的合作）交错进行传递的，如图 9-7 所示。

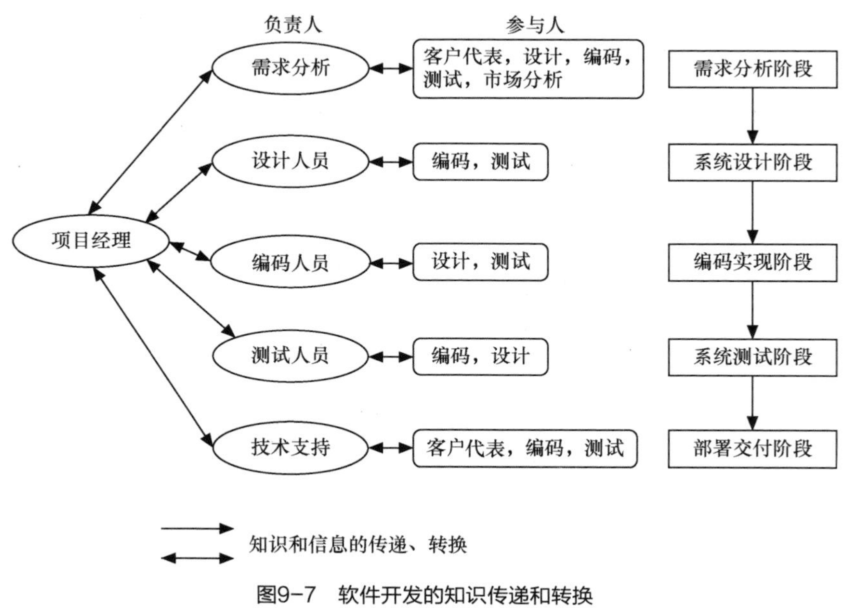

图9-7 软件开发的知识传递和转换

1. 纵向传递

纵向传递是指软件产品和技术知识从需求分析阶段到系统设计阶段、从系统设计阶段到编程实现阶段等的知识传递过程。纵向传递是一个具有很强时间顺序性的接力过程，是任何一个开发团队都必须面对的过程问题。在软件成为成品之前，知识的主要载体是文档和模型，即常称的工件（Artifact）。例如，需求分析阶段市场人员、产品设计人员，将对客户需求的理解、对业务领域的认识传递给工程技术人员（软件工程师），并通过需求文档（包括用例）、软件产品规格说明书来描述。软件过程每经历一个阶段，就会发生一次知识转换的情况，特别是在系统设计阶段和编程实现阶段。

- 需求分析阶段到系统设计阶段，是从业务领域的、自然语言描述的需求转换为计算机领域的技术性描述，也就是将需求文档、产品设计规格说明书转换为分析模型、设计模型、数据模型等工件。
- 在编程实现阶段，将分析模型、设计模型、数据模型的描述语言（如UML）转化为编程语言（如C/C++、Java等），将设计模型中隐藏的知识转化为更为抽象的符号集。

最后，发布的软件产品又试图完整地复原用户的需求。用户需求和产品功能特性的差异，可以看作知识传递的失真程度，这种程度越大，产品的质量越低。所以知识传递的有效性和完整性也是影响产品质量的重要因素。

另一方面，我们知道，知识在传递过程中，失真越早，在后继的过程中知识的失真会被放大得越厉害。所以从一开始就要确保知识传递的完整性，这就是为什么大家一直强调“需求分析和获取”是最重要的。在敏捷开发模式下，良好用户故事的编写也应突出这一点，即应明确该如何搜集和整理用户故事、如何排列用户故事的优先级，进而澄清真正适合用户的、有价值的功能需求。

2. 横向传递

横向传递是指软件产品和技术知识在不同团队之间的传递过程，包括不同工种的团队（市场人员、产品设计人员、编程人员、测试人员、技术支持人员）之间、不同产品线的开发团队之间、不同知识领域之间、新老员工之间等的知识传递过程。可以说，横向传递是一种实时性过程。

横向传递的例子比较多。在软件项目团队中有不同的角色，不同的角色有不同的责任和特定的任务。但是一个项目的成功需要团队的协作，需要相互之间的理解和支持，这也必然要求不同知识（设计模式、程序实现的思路、质量特性要求和测试的环境等）的相互交流。

3. 知识传递的有效方法

无论是纵向传递还是横向传递，保证知识传递的有效性、及时性、正确性和完整性是必要的。因此应建立一套知识传递的流程、方法来帮助达到这些目标。另外，为一些重要信息建立正规的文档是非常必要的。这一点在《人月神话》提纲挈领的章节中也提到：“为什么要有正式的文档？”

为什么要有正式的文档？

首先，书面记录决策是必要的。只有记录下来，分歧才会明朗，矛盾才会突出。

其次，文档能够成为同其他人沟通的渠道。

最后，项目经理的文档可以作为数据基础和检查列表。

——《人月神话》

知识传递和转换的主体是人，知识传递的重点就是把人的工作做好，即在组织过程管理中加强这一个环节，包括团队文化的建设、员工的教育和培训等。

- 创造愉快、活跃的团队关系和团队氛围，可以促进充分、有效的知识传递。
- 对团队适时、定期的培训是保证知识传递的及时性和正确性的常用手段。
- 对新进的员工进行足够的培训，并为每个新人配一个资深的工程师辅导或帮助这个新人，即建立和实施师傅带徒弟、伙伴的关系等。

需求文档、产品规格说明书、设计的技术文档、测试计划和用例等的评审、复审，起着一箭双雕的作用，既是保证质量的一种措施，也是传递知识的一种方式。在评审前，不同的团队主动地进行充分的讨论和交流，应得到鼓励和支持。在实际工作中，我们常常有计划、有意识地安排专门的知识传递活动（如培训、讲座等）。

使用统一的语言（如 UML）来描述领域知识、设计模型和程序实现等，能使大家对同样的一个问题有同样的认识，降低知识传递的难度和成本。在引入原型开发方法、迭代开发、敏捷开发模式后，软件产品的开发是在不断演进的，软件团队人员可以通过这个演进的过程不断吸收领域知识，进行知识转换和传递，知识传递过程就会变得相对容易。另外，建立良好的反馈机制（如阶段目标的设定和审查就是很好的反馈方式）、文档管理系统、知识库和论坛等，都有助于知识的共享、传递和积累。

9.2.2 培训

培训是知识传递和转移的最主要的手段，也是学习技能和培养良好工作态度的重要途径。为什么这么说呢？先来看看《论语》中的一个小故事。

有一天，孔子带着学生去楚国，途经一片树林，看到一个驼背老头拿着竹竿粘知了，好像是从地下拾东西一样，一粘就是一个。孔子问道："您这么灵巧，一定有什么妙招吧？"驼背老头说："我是有方法的。我用了 5 个月的时间练习捕蝉技术，如果在竹竿顶上放 2 个弹丸掉不下来，那么去粘知了时，它逃脱的可能性是很小的；如果竹竿顶上放 3 个弹丸掉不下来，知了逃脱的机会只有十分之一；如果一连放上 5 个弹丸掉不下来，粘知了就像拾取地上的东西一样容易了。我站在这里，有力而稳当，虽然天地广阔，万物复杂，但我看的、想的只有'知了的翅膀'。如因万物的变化而分散精力，又怎能捕到知了呢？"

从上面的故事可以看到，老汉练习捕知了分为 3 个阶段进行。

第一阶段：练到会做，也就是练习技能。

第二阶段：练到熟练，也就是熟练技能。

第三阶段：不分散精力，全神贯注，炉火纯青。

- 在日本，一个贴商标的工人必须经过两年的培训才能上岗，这么简单的一个工作，为什么要这么做呢？因为他们需要的是第三阶段工作状态的工人，也就是能够在最高工作境界下工作的工人。
- 在思科，员工培训的时间没有规定，思科认为业务和培训是一体的，培训是无时不在的。
- Infosys 是印度的软件公司，世界 500 强企业之一。Infosys 为员工提供了良好的工作环境，建立了完善的员工培训体系。公司设有专门的培训管理部门，综合运用岗前培训与在职培训等多种形式，结合内部培训与外部培训来组织高质量的培训资源，提供从开发技术、项目管理到质量控制等全方位的培训课程，确保每一位员工拥有所在岗位所需要的技能。

可以看出，员工要想发展，企业要想壮大，都离不开培训。而且随着社会的不断进步，培训不再是工作，而是一种理念，要在企业中合理地运作和推行，这样企业才能更上一层楼。

培训工作的内容确定要考虑各个方面的需求。例如，对于项目上的技术需求，要在项目开始实施前安排相关的技术培训；对于不同工作岗位、不同层次的人员，就要不定期地安排一些业务方面、管理方面、流程方面等不同内容的培训；对于团队成长方面的需求，就有必要开展一些理论和实践相结合的合作、沟通等方面的培训。如果不了解实际的培训需求，可以做个培训需求调查，这样有助于有针对性地开展培训工作。培训的形式可以多样化，比如内训——针对业务相关的不同部门进行的技术展示或者交流；外训——可以去了解业界的一些好的技术和管理方法，之后回来进行分享；系列培训——针对新人、技术骨干、管理人才进行的一系列相关的课程；单一的课程培训——针对共性问题的指导，时间管理、沟通技巧、团队合作等；实践训练的拓展培训。

9.3 沟通和协作

一位父亲下班回家很晚了，他很累并有点烦，发现 5 岁的儿子靠在门旁等他。"爸，我可以问你一个问题吗？""什么问题？""爸，你一小时可以赚多少钱？""这与你无关，你为什么要问这个问题？"父亲生气地问。"我只是想知道，请告诉我，你一小时赚多少钱？"小孩哀求道。"假如你一定要知道的话，我一小时赚 20 美元。"

“哦，”小孩低下了头，接着又说，“爸，可以借我 10 美元吗？”父亲发怒了：“如果你只是借钱去买那些无聊的玩具的话，给我回到你的房间，并躺在床上好好想想为什么你会那么自私。我每天长时间辛苦地工作着，没时间和你玩小孩子的游戏。”

小孩安静地回到自己的房间并关上门。

父亲坐下来还在生气。过了一会儿，他平静了下来，开始想，也许他对孩子太凶了，或许孩子真的想买什么有用的东西，再说他平时很少要钱。

父亲走进小孩的房间：“你睡了吗，孩子？”“还没有，爸，我还醒着。”小孩回答。

“我刚刚可能对你太凶了，”父亲说，“我将今天的气都爆发出来了，这是你要的 10 美元。”“爸，谢谢你。”小孩子欢快地从枕头底下拿出一些零碎的钞票来，慢慢地数着。

“为什么你已经有钱了还要呢？”父亲生气地问。

“因为这之前还不够，但现在足够了。”小孩回答，“爸，现在我有 20 美元了，我可以向你买一个小时的时间吗？明天请你早一点回家，我想和你一起吃晚餐。”

多么感人的故事，但从中我们还可以看到有效沟通的重要性。PMBOK 中有单独的一章是讲述沟通管理的，它建议项目经理花 75%以上的时间在沟通上，可见沟通在项目中的重要性。

如果是 2 个人，只有 1 条沟通渠道；如果是 3 个人，就有 3 条沟通渠道；如果一个项目组有 5 个人，那么沟通链就有 10 条沟通渠道，如图 9-8 所示。沟通渠道随人数的增长而增长，不是线性的，而是非线性的，其计算公式为 $n(n-1)/2$。

图9-8　人数和沟通渠道之间的非线性关系

对大型项目来讲，其涉及人员众多，沟通渠道呈指数级增长，如果不能有效控制，沟通的成本就会很高。这也是敏捷 Scrum 建议 5～9 人一个团队的原因。如果没有及时、有效的沟通，项目的延误和失败会常常发生。所以，在软件项目的人力资源管理中，不仅要认识沟通的重要性，而且要采取有效的方法来提高沟通的有效性。

9.3.1　有效沟通原则

人无法只靠一句话来沟通，总是得靠整个人来沟通。

——管理大师彼得·德鲁克

沟通这个词太令人熟悉了，几乎人人都知道。但是要做到有效沟通，就不是一件容易的事情了。很多娱乐节目都有这样一个竞赛环节，就是双方配合猜成语、生活用品等词语，这自然要看两个人的合作默契程度，但是其中的有效沟通也是很关键的。猜的那个人要注意倾听，而比划、描述的那个人就要注意自己的表达是否准确。游戏同时考验两个人的双向沟通，也就是默契，是否能通过一个眼神、一个手势就明白对方的意思。通过这个游戏，可总结出有效沟通的 5 个原则。

1. 原则之一：学会倾听

有这样一则故事，巴顿将军为了展示他对部下生活的关心，搞了一次参观士兵食堂的突然袭击。在食堂里，他看见两个士兵站在一个大汤锅前。

“让我尝尝这汤！”巴顿将军向士兵命令道。

“可是，将军……”士兵正准备解释。

“没什么‘可是’，给我勺子！”巴顿将军拿过勺子喝了一大口，怒斥道，“太不像话了，怎么能给战士喝这个？

这简直就是刷锅水！”

“我正想告诉您这是刷锅水，没想到您已经尝出来了。”士兵答道。

只有善于倾听，才不会做出愚蠢的事。只有善于倾听，才能让对方把意思表达清楚。多听听对方的看法，明白对方的意思，才能进行有效的沟通，也有益于解决问题。善于倾听是有效沟通的前提。

2. 原则之二：表达准确

要想表达准确，光口头表达是不够的。要想 100%传递信息，还要借助其他辅助表达方法。例如，用说话的语气、手势、通用的图形、文件来辅助说明。在软件项目开发中，辅助表达方法尤为重要。例如，在和客户确认需求的时候，应提前准备简单的界面设计模型来进行说明；在和别人讨论设计的时候，也应该基于逻辑结构图阐述设计思想等。

3. 原则之三：及时沟通

及时进行沟通是很重要的。例如，如果在参与检查别人的设计的时候，发现有个地方设计不妥，但是说不清楚哪里不对。可能这个时候有些人会选择不说，他们打算等自己想清楚了再告诉设计者。但是这可能就耽误了时机，等想清楚要说的时候，设计人员可能已经把设计给代码人员进行编码了。如果这个设计真的错了，那么代码要重新修改，代价就大了。所以，有疑问的时候应及时和大家沟通，毕竟人多思路广，可能问题在现场就解决了。

4. 原则之四：双向沟通

实践证明双向沟通比单向沟通更有效，双向沟通可以了解到更多的信息。因为在沟通的过程中，一定存在发送方和接收方。如果发送方发送出信息，得不到及时反馈，那么可能发送方就会重复发送。所以在沟通的时候，即使你没有问题或者有更好的建议、想法，也要及时给对方反馈，表示你接收到了对方的信息，以便后面的沟通可以顺利地进行。

5. 原则之五：换位思考

大家都知道，许多电梯里都安装了镜子，但人们却很少去想安装这些镜子的初衷是什么，为这个问题我们可以提供好几个答案：整理仪容、扩展空间，甚至“偷看美女”。但是正确答案是：为了方便残疾人。因为残疾人坐着轮椅进电梯后，不便于转过去看电梯到了几楼，但如果有一面镜子，他们就可以很方便地看看自己是不是到了目的地，到时候退出来就可以了。

从中可以看出，人们往往喜欢从自身的角度去考虑问题，但是当尝试着从别人的角度去考虑问题的时候，得出的答案往往会不同。在做软件项目和别人沟通的时候，这一点也很重要。要从多个角度来考虑和讨论问题，沟通双方均多一分理解，少一分误解，才能比较容易达成共识。如果能养成下面几个沟通的好习惯，沟通会更有效。

（1）态度积极：积极面对冲突，迎难而上，回避只会导致情况恶化。

（2）牢记目标：清楚沟通的目的是什么后再开始。当你的想法不能被对方接受的时候，你需要尽力改变对方的想法。当然在整个沟通的过程中要维持良好氛围，减小分歧，协商一个双方/多方认可的方案。在 Chandler 项目中有过很多会议讨论，每次开会的目标其实是消除一到两个问题，确定一些事情，好让项目本身能够向前迈进。但是，参会者讨论的时候常常忘记了会议目标，导致讨论的东西越来越多，提出的问题也是一个接一个，无穷无尽。所以很多会议都没有结果，成为无效的讨论，浪费了大家的时间。

（3）重要的先说：在沟通过程中，要着眼于要点，不要跑题或者在无关紧要的东西上大费周章。要反复重申自己关注的要点，步步为营。

（4）协同效应：有效的冲突管理都是基于协同效应来完成的。不同的价值观、意见和愿景都不是问题，而是机会，妥善处理可以扬长避短。

（5）不断学习：时时更新自己的知识和技能，不断学习他人好的经验。

9.3.2 消除沟通障碍

要真正做到有效沟通，不仅要遵循上述沟通原则尽量主动、积极地沟通，而且要消除沟通中常见的障碍。

1. 不要不敢和上级沟通

在这一方面，墨子的学生耕柱做得非常好，他能大胆主动地与老师沟通，消除心中的郁闷。春秋战国时期，耕柱是一代宗师墨子的得意门生，不过，他老是挨墨子的责骂。有一次，墨子又责备了耕柱，耕柱觉得自己真是非常委屈，因为在众多门生之中，大家公认耕柱是最优秀的人，但他又偏偏常遭到墨子指责，这让他面子上过不去。一天，耕柱愤愤不平地问墨子："老师，难道在这么多学生当中，我竟是如此差劲，以至于要时常遭您老人家责骂吗？"墨子听后，毫不动肝火："假设我现在要上太行山，依你看，我应该要用良马来拉车，还是用老牛来拖车？"耕柱回答说："再笨的人也知道要用良马来拉车。"墨子又问："那么，为什么不用老牛呢？"耕柱回答说："理由非常简单，因为良马足以担负重任，值得驱遣。"墨子说："你答得一点也没有错，我之所以时常责骂你，也只因为你能够担负重任，值得我一再地教导与匡正。"耕柱从墨子的解释中得到欣慰，放下了思想包袱。

所以说不要不敢和上级沟通，遇到什么困难或有什么疑惑，要积极、主动和上级坦诚沟通，说不定你的问题和疑惑就会迎刃而解。

2. 不要说"我以为……"

沃尔玛 CEO 李斯阁（H. Lee Scott, Jr.）教导我们："第一次说的话常常被人误解和忽略。"所以不要以为说清楚了，别人就明白了；不要以为沟通过，别人就很清楚了；不要以为没有反馈就是没有意见了；更不要以为"对方会这样想，对方会那么做"。只有真正沟通了，才能知道对方的真正想法。只有让对方给出一个明确的答复，才能确认对方的态度。在沟通过程中一定要注意对方的反馈，明确是否已经把事情和问题交代清楚了，对方是否已经理解了。特别是跨部门、跨区域的沟通，一定要注意确保双方理解一致。

3. 不要对下属缺少热忱

下属所需要的不仅仅是前面提到的激励，更需要上级用真诚的"心"去和其沟通。让下属及时了解公司的进展、公司的目标、公司的规划和管理层的相关想法，有利于激发下属的热情和工作积极性，让其时刻认为自己是公司不可缺少的一部分。这一点，世界上最大的连锁零售企业沃尔玛公司做得非常好。

沃尔玛公司的股东大会是全美国最大的股东大会，每次大会公司都尽可能让更多的商店经理和员工参加，让他们看到公司全貌，做到心中有数。创始人萨姆·沃尔顿（Sam Walton）在每次股东大会结束后，都会和妻子邀请所有出席会议的员工（约 2500 人）到自己的家里举办野餐会，在野餐会上与众多员工聊天，大家畅所欲言，讨论公司的现在和未来。为保持整个组织信息渠道的通畅，他们还让各工作团队成员全面注重收集员工的想法和意见，通常还带领所有人参加"沃尔玛公司联欢会"等。

萨姆·沃尔顿认为让员工们了解公司业务进展情况，与员工共享信息，是让员工最大限度地干好其本职工作的重要途径，是与员工沟通和联络感情的核心。而沃尔玛也正是借用共享信息和分担责任，满足了员工的沟通与交流的需求，达到了自己的目的：使员工产生责任感和参与感，意识到自己的工作在公司中的重要性，感觉自己得到了公司的尊重和信任，积极主动地努力争取更好的成绩。

4. 不要忽视沟通技巧

20 世纪世界最成功的建筑师之一贝聿铭是著名的华裔建筑设计师。在一次正式的宴会中，他遇到这样一件事：宴会嘉宾云集，他邻桌坐着一位美国百万富翁。在宴会中，这个百万富翁一直在喋喋不休地抱怨："现在的建筑师不行，都是蒙钱的，他们老骗我，根本没有水准。我要建一个正方形的房子，很简单嘛，可是他们做不出来，他们不能满足我的要求，都是骗钱的。"

贝聿铭听到后，他的风度非常好，没有直接地反驳这位百万富翁，他问："那你提出的是什么要求呢？"百万富翁回答："我要求这个房子是正方形的，房子的四面墙全都朝南！"贝聿铭面带微笑地说："我就是一个建筑设计师，你提出的这个要求我可以满足，但是我建出来这个房子你一定不敢住。"这个百万富翁说："不可能，你只要能建出来，我肯定住。"

贝聿铭说："好，那我告诉你我的建筑方案，是建在北极。在北极的极点上建这座房子，因为在极点上，各个方向的墙都是朝南的。"

在这种正规的商务场合，贝聿铭并没有使矛盾冲突升级，而是很好地、很委婉地反击了这个百万富翁。这正是语言沟通技巧的应用。下面列出一些基本技巧。

- 倾听的技巧：在倾听的时候尽量不要说话、不要打断对方、集中精力、少批评、少提问、让对方感到轻松。如果有反对意见，也要尽量控制自己的情绪等。

- 反馈的技巧：如果赞同则点头、微笑或者给予正面的反馈；如果有其他意见则表达自己的不同看法和感受，提出积极的建议。
- 语言的技巧：同样一句话，用不同的语气，或者用不同的表达方式，可以达到不同的效果。当然，不是每个人都是语言专家，在沟通中尽量用客气的语气和表达方式比较好。
- 沟通方式的选择：沟通方式有单独沟通、会议沟通、书面沟通、口头沟通等，可以针对不同的事情选择适当的沟通方式。
- 引起共鸣的技巧：对于有争议和产生冲突的地方，要想办法尽量减少争议、转化冲突，让双方达成共识。

有效沟通对项目的成功是很关键的，项目经理在沟通中还要起到承上启下的作用。要重视沟通，尊重他人，确保项目顺利完成。

9.3.3 沟通双赢

9.3.1 小节已经提到沟通必须是双向的才更有效。有个生活中的实例，奶奶和孙女有时候会相互抱怨“你今天做的饭菜不好吃”“你这孩子怎么这么难伺候呀”，其实奶奶已经想尽办法变换花样，孙女也是个好孩子，只是难免有时候有些要求没有及时和奶奶沟通。为了消除这种抱怨，让家庭更和睦，爷爷想出个好办法，把奶奶和孙女叫到一起来商讨下周食谱。这方法真有效，从此家里没有了这样的抱怨声，其乐融融。在沟通的同时，如果能时刻保持双赢的理念，如图 9-9 所示，和对方积极地配合，积极地协同工作，会更有利于双方快速达成共识，并向着共同的愿景而努力。

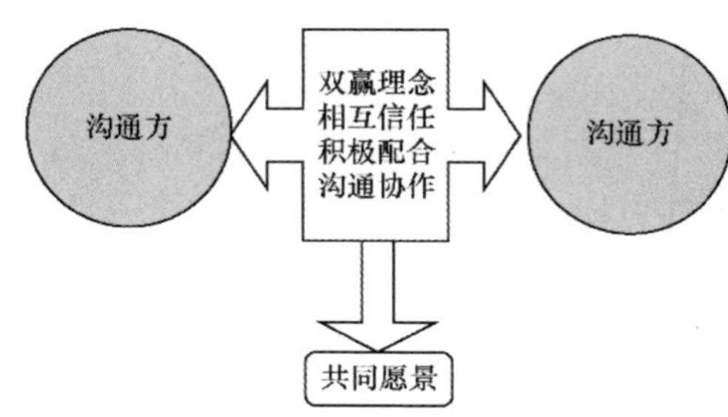

图9-9 沟通双赢理念

例如，在软件设计中，任务 B 和任务 C 之间有接口。项目主管把两个任务分给了不同的人，但是他们在讨论接口设计的时候意见不一致。在这个时候，双方就应该及时沟通协作，本着双赢的理念，站在客观的角度上判断到底谁的理解出了问题，耐心地讨论，然后两人达成共识。

在实际研发工作中，由于工作或进度的压力，容易出现沟通问题。但是只要双方及时、积极、主动地沟通，那么误会都可以在沟通中消除，大家也能愉快地合作，共享项目的成功，实现双赢。

沟通是软件项目管理中的重要一环。项目中的每个人都应该高度重视沟通，重视沟通的主动性和双向性。只有这样，项目才能顺利进行，同时为质量和效率的提高打下基础。

9.4 经验、知识共享

软件行业的发展历程，其实是一个漫长的知识和经验分享、积累、创新和发展的过程。很多知名的软件公司越来越注重完善知识和经验分享的模式。IBM 通过建立知识分享和信任的文化，鼓励和培养员工贡献经验和想法；麦肯锡的资深管理者会说服专业人员去和他们的同事分享知识和经验，以帮助提升公司的整体水平；惠普建立了专家网络，让遍布全球、拥有个别特殊专业知识的员工能在需要的时候迅速地被找到；而台积电的每个新人一加入公司都会被指派一个资深员工来进行传帮带。

图9-10 知识共享漫画

在 KMPRO 知识管理系统首席分析师王振宇的知识管理博客中，有一幅漫画很耐人寻味，如图 9-10 所示。

技术团队的创新成果和经验如果没有共享和保存，那么就会出现循环式的“发明”，既耽误了时间又做了无用功。所以，在企业发展中要提倡和鼓励不断交流、持续学习和无偿分享。

要达到知识经验共享的双赢目的，企业和个人都需要做出努力。

1. 企业角度

（1）要提倡和强调知识经验共享的重要性。要让大家认识到知识共享不是可有可无、可做可不做的事情。要创建良好的环境，营造良好的氛围。可以编制知识共享的相关宣传手册发给大家，还可以张贴一些宣传画，重点是让员工认识到其重要性并能形成紧迫感。

（2）要确立正确而鼓舞人心的知识管理愿景和战略目标。要围绕长期和短期目标来考虑，为团队成员指明努力的方向。

（3）要建立指导监督团队来提供足够的推动力。

（4）要激励知识共享的贡献者。西门子就是一个很好的典范。西门子建立了一个被称为 ShareNet 的知识共享网来收集员工共享的知识信息。那么，西门子是用什么来激励 ShareNet 用户共享知识的呢？他们通过一个质量保证和奖励计划（The ICN ShareNet Quality Assurance and Reward System）来激励员工共享有价值的知识。在西门子通信网络集团，员工可以通过知识共享活动获得“知识股票”，“持股量”积累到一定程度，员工可以获得公司的特别奖励。例如，前 50 名的员工可获得由公司赞助的去纽约旅行的机会。

2. 个人角度

（1）要做到无私奉献，无偿分享。知识的共享追求精神就是利他主义的代表。对于知识不要采取封锁的态度，而是要让知识快速地流动，形成知识共享的连接和互动。

（2）要积极参与知识的分享和讨论，在讨论中不断学习、相互提高，真正实现从知识到能力的跨越。

知识的积累与创新，都是在知识共享的前提下完成的。软件行业是一个称得上日新月异的行业，如果没有做好知识共享，也就没有企业的快速发展。

9.5 项目绩效管理

项目绩效管理、项目干系人管理

享誉北美的绩效管理专家罗伯特·巴克沃（Robert Bacal）先生在他的经典著作《绩效管理——如何考评员工的表现》里对绩效管理做了经典的定义。

绩效管理是一个持续的交流过程，该过程由员工和他/她的主管之间达成的协议来保证完成，并在协议中对下面的问题有明确的要求和规定。

- 明确期望员工完成的实质性工作职责。
- 明确员工的工作对公司实现目标的影响。
- 以明确的条款说明“工作完成得好”是什么意思。
- 员工和主管之间应如何努力维持、完善和提高员工的绩效。
- 工作绩效如何衡量。
- 指明影响绩效的障碍并排除之。

对此定义，巴克沃先生补充说：“这些只是初步的观点，后面我们还会对其不断丰富。但要注意这里的一些关键观点，绩效管理工作是同员工一起完成的，并且最好以共同合作的方式来完成，因为这对员工、经理和组织都有益。绩效管理是一种防止绩效不佳和共同提高绩效的工具。最重要的是，绩效管理意味着经理同员工之间持续的双向沟通。它是两个人共同学习和提高的过程。”

所谓绩效管理，是指各级管理者为了达到组织目标，在持续沟通的前提下，与员工共同进行绩效计划制订、绩效辅导实施、绩效考核评价、绩效反馈面谈、绩效目标提升的持续循环过程，如图 9-11 所示。绩效管理的目的是管理者与员工共同完成绩效目标，在其过程中不断提升员工的能力和素质，从而提高公司的整体绩效水平，实现组织的愿景规划和战略目标。

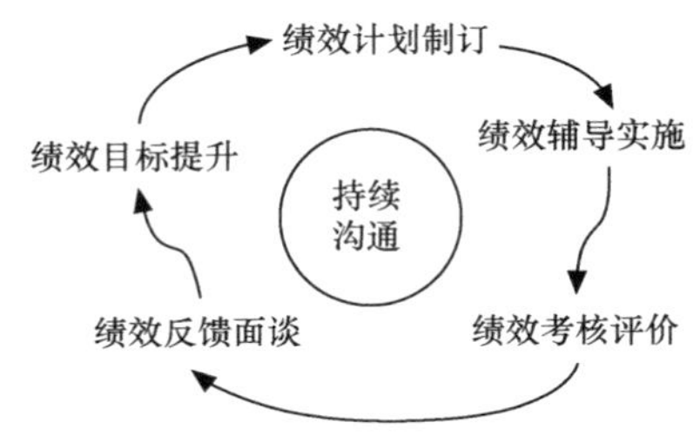

图9-11 绩效管理过程示意

9.5.1 绩效管理存在的问题

如今软件企业数不胜数，但是真正做好绩效管理的企业少之又少。在软件行业中，软件项目管理通常具有不完善、技术变化快、需求旺盛、市场竞争激烈、软件人员流动性较强等特点，这也导致其绩效管理普遍存在以下几个方面的问题。

1. **理念错误**

很多员工认为绩效管理是人力资源部门和经理的事，与自己无关。反正自己是被考核的对象，只要按照规定和制度做事就好了。这种错误的认识会导致员工消极参与绩效计划、实施、反馈等阶段，甚至不愿接受绩效管理。在这种情况下，必须事先让员工明白绩效管理对他们的好处，这样他们才会乐意接受，才会配合做好绩效管理工作。因此，在实施绩效管理之前，一定要将其目的、意义、作用和方法等对全体员工进行解释，必要时还要进行相关的培训。

2. **将绩效考核等同于绩效管理**

在前面的概念中已经说了，绩效管理是一个计划、辅导实施、评价、反馈、目标提升的持续循环的过程。这个过程强调管理层和员工持续的双向沟通。如果简单地认为绩效考核就是绩效管理，那么可能在做绩效管理时就会忽略极为重要的计划制订、沟通管理、目标提升等过程，绩效管理也就失去了其本来的目的。

3. **过于强调量化**

软件产品开发主要是一项智力活动，而其活动成果又是抽象的、具有知识性的产品，方方面面都使得量化比较困难。《梦断代码》中有一段让人印象深刻的话："数十年来，程序经理们尽力寻找一种准确的方法来测量该领域的生产力。程序员每天的工作成果是代码，而软件生产力最明显的量尺也是代码。然而这量尺却不能令人满意，有时甚至具有欺骗性。诺博尔和毕多在研究可复用软件对象时发现，代码行各有不同。在代码量、程序完成度、质量以及对用户的价值之间，并无可靠的关联关系。"当过分强调绩效要量化、精准的时候，就必然走入误区。当然，量化指标作为科学管理的一个重要特征是值得我们去关注和研究的。但是，对软件绩效管理来说，除了量化，我们还有很多其他更重要的工作要做，如着眼于前瞻性指导目标、着眼于更有效的沟通管理、着眼于良好的绩效管理环境的改善等。

4. **缺少绩效反馈流程**

缺少绩效反馈流程，导致项目组成员情绪很大，项目结果每况愈下。正如前面所说，绩效考核是双向的，反馈很重要，通过有效的反馈沟通可以及时分析绩效管理的成果。对于达到预期目标的员工，可以针对情况设定更高的目标；对于未达到预期目标的，可以及时分析原因，从而找到改进绩效的措施。

5. **不注重沟通**

许多管理活动失败都是因为沟通出现了问题，沟通在整个项目管理中起着决定性作用，当然对于绩效管理也不例外。制订绩效计划和目标要沟通，帮助员工实现目标要沟通，给员工评价要沟通，收集员工的反馈也要沟通。离开了沟通，绩效管理就会成为形式，名存实亡。

6. **目标不清晰，持续性较差**

对软件企业来讲，外部环境变化（市场方向变化、技术变化、人们需求的不断提升等）太快，导致一些软件企业对未来的发展方向比较模糊，没有明确的目标和自己核心的价值观。这样绩效管理的目标就没办法确定，又何谈后面的实施、考核、反馈等环节呢？软件企业的人员流动率高，又使已经确定的目标难以持续进行。

7. **管理方式千篇一律**

每个人都是独一无二的，所以要避免千篇一律的管理方式，实行个性化管理。每个人都有不同的个人特质，如不同的价值取向、不同的文化背景、不同的成就动机、不同的压力感知程度等。管理者需要根据每个人的不同特质采取相应的管理方法，实现对员工的"私人定制式管理"，以使其能充分发挥能力。

员工管理常见的几种方式如下。

- 管过程，即全流程监控，适用于生产型员工和新员工。
- 管结果，即结果导向，适用于知识技术型员工和资深员工。
- 管方向，即把控主线和底线，适用于有一定能力的管理型员工。

- 管愿景，即价值观的引导和管理，适合有丰富经验的综合型员工。

8. **不能有效利用评估结果**

大部分软件企业对于评估结果一般有两招：物质激励和晋升。对物质激励来讲，软件企业的员工大多是充满活力、富有理想的知识分子，除了物质激励外，他们更看重个人知识和技术的提升、发展空间的扩大等方面的"软性"激励，所以应该找寻更多符合他们需求的有效的激励方法，如岗位轮调、培训发展、进入企业人才库等。对晋升来讲，其实并不是所有优秀的开发人员都适合做管理人员，也不是所有优秀的开发人员都对管理岗位感兴趣。走向不擅长或者不感兴趣的管理岗位，会使这些优秀人员工作起来越来越不顺手、越来越缺乏信心，对个人和企业的发展反而不利。

9.5.2　如何做好绩效管理

虽然软件绩效管理问题很多，但是业内人士都在孜孜不倦地找寻有效的管理方法和对策。这里从绩效管理的循环流程来详细说明如何做好软件的绩效管理工作。

1. **绩效管理工作前期调查**

这一环节是绩效管理的前提。在制订计划之前，要明确企业的经营发展战略、组织结构、工作流程、岗位设置、企业文化等方面的信息。掌握这些信息对后面制订计划有很大的帮助。

2. **绩效计划的制订**

这里包括两个方面，一是团队整体绩效计划，二是团队成员个人绩效计划。这两个方面的计划是分别进行的，但不管是团队还是个人的绩效管理计划，都应针对其发展目标如何实现、如何执行绩效管理做出深入细致的规划，保证各个环节都有监控和负责的人。这样可以确保整个绩效管理过程是可以追踪和衡量的，对绩效管理整个方案的实施将大有裨益。可以借助一些方法来做计划，如 SMART 法、WBS 方法和 5W2H 法等。计划没有一成不变的，在实施的过程中要不断地调整和改善。

绩效管理计划制订结束后应该确定出几个方面的内容：绩效目标、绩效实施计划方案、绩效实施时间或者周期、绩效管理追踪与辅导方法和绩效衡量标准等。

目标设定的 SMART 法

——S 代表具体（Specific），目标一定要是具体的、确定的，不能够模糊。

——M 代表可度量（Measurable），制定的目标一定是可以度量的，如某人制定的目标是"提高代码质量"，这个目标就是不可度量的，没有什么标准来判断代码质量是否提高。而"单元测试覆盖率达到 80%"这个目标相对来说就是可以度量的。

——A 代表可实现（Attainable），目标在付出努力的情况下可以实现，避免设立过高或过低的目标。就如"单元测试覆盖率达到 80%"这个目标，应该是在前一个阶段目标（如达到 60%的覆盖率）的基础上设定的，那么这个阶段目标才是有可能达到的。如果设定一个不可能达到的目标，那么目标也就失去了意义。太低的目标显然没有什么激励作用。

——R 代表结果（Result-based），明确目标达到什么样的结果，可以让审查的人知道目标的目的。

——T 代表时限（Time-based），必须具有明确的达到目标的截止期限。

3. **绩效辅导实施**

在绩效计划实施的过程中，管理层要通过有效的沟通不断地对团队及其成员实施绩效辅导，并在取得或偏离阶段性目标的过程中给予适当的激励或纠正，使整个计划的实施不偏离中心轨道。还有一点比较重要，就是沟通过程中要提倡创新意识。随着社会的快速发展，创新越来越重要。想要在纷繁多变的市场经济环境中寻找发展和机会，没有创新是不可能实现的。

4. **绩效考核评价**

绩效实施结束后不管有没有达到预期目标，都要进行评价。管理层通过合理的分析，把绩效目标和实际所做的工作进行对比，尽量客观地为被评估者指出优点及有待改进的地方。在员工和团队整体考核评价的基础上再进行分析，为绩效目标提出更有效的改善建议和可执行的工作计划。

5. **绩效反馈和绩效目标的提升**

任何流程中的反馈环节都值得重视。通过反馈，可以掌握单方面看不到的信息和状况，再通过有效的沟通和讨论使流程和制度更加完善，从而提高个人和整体的绩效。反馈的渠道可以多种多样，时间也没有限制，可以贯穿整个绩效流程。但这里要强调的是，考核评价的结果一定要与被评估人进行绩效面谈，通过有效的沟通技巧让被评估人了解其在工作中的优缺点，并一起分析下一阶段的发展规划。

9.5.3 软件团队绩效考核方法讨论

软件是一个团队合作的结晶。那么软件完成之后，对团队的绩效考核就很重要。通过考核结果可以清楚地知道需要改进和继续发扬光大的方面，对团队的发展有利。当然前提是考核的指标要设定得合理。

在很多软件企业中，都是在项目结束后由项目组长或者项目经理来做总结和评价。这种方法不提倡，其中主观的因素比较多。比较好的方法是将定性和定量指标相结合。

1. **定性指标**

- 工作态度，如责任心、敬业精神、工作热情等。
- 工作氛围，如团队士气如何、精神状态如何。
- 工作经验，如工作方法高效与否，知识的传递正确、及时与否。
- 团队合作能力，沟通是否顺畅、是否能及时处理矛盾。
- 应变能力，对变更的控制、计划、实施和监督的效果如何。
- 处理问题能力，对出现的问题能否及时、正确地解决。

对定性指标而言，为了平衡主观因素带来的误差，可以采用反馈调查的方法。由团队内部成员、团队外部成员共同参与做一个整体的调查，之后统计平均的满意度，将结果公布出来。现场投票也是一种可借鉴的开放方式，如图 9-12 所示。

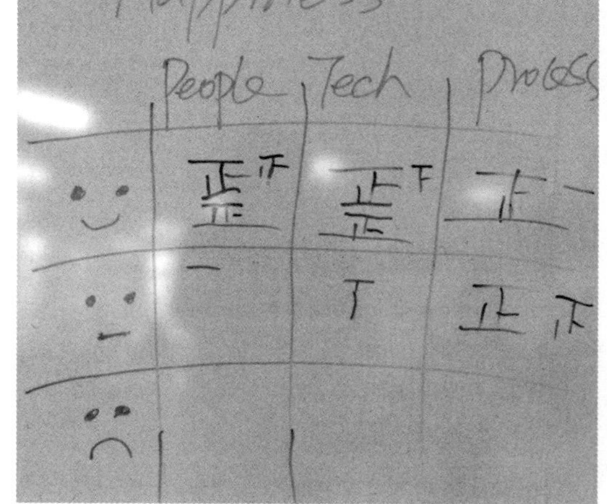

图9-12 某项目满意度现场投票结果

2. **定量指标**

- 工作量，如完成产品的功能点数量、人员实际工作天数。
- 工作效率，对比前面版本工作效率是否提高，或者和项目初期制定的相关度量指标对比，如每天执行的测试案例数量、每天完成的代码行数/功能点数和每天发现的缺陷数量等。
- 工作质量，通过项目相关工作度量来对比，如每天/每一千行/每个功能点的缺陷率、回归缺陷率和客户满意度反馈等。
- 按时完成度，是否每个里程碑都能按时完成等。

对定量指标而言，关键在于其度量标准制定得是否合理，是否能较准确地反映项目真实情况，所以在定量指标设定之前，必须做好相关的调查和研究，衡量利弊，做出合适的考核指标。如果软件企业的不同系列产品工作流程、方式等都不相同，那么就需要制定适合各个系列产品的定量考核指标。

总之，绩效管理犹如一把双刃剑，用得好则“削铁如泥”，用不好反而会“割伤自己”。想做好绩效管理，在避免一些常见问题的同时还要与员工进行持续、动态的沟通，明确绩效目标，建立正确的指导和考核体系，在过程中提高员工的能力，从而实现公司的目标，使员工和企业共同发展。

9.6　项目干系人管理

一项已经动工两年多的地铁市政工程，会因为沿线老百姓的意见而改变规划吗？2005年北京在修地铁5号线的时候，就发生了这样的事情。5号线北经天通苑。天通苑是北京新兴的大型社区，人口30多万。按照5号线原规划，在人口稠密的天通苑只设一站。能不能在天通苑人口最密集的地方再加上一站？起初，这只是在社区网上论坛里说说的话题。后来，在10多位天通苑居民的推动下自发成立了一个"加站推动小组"。他们通过网络发帖、联系相关部门、联合签名等方式，把加站变成了现实。后来加上的这一站，就叫天通苑站。

类似地，一个竞争对手新功能的发布、一条法律法规的变动、一个人心情的好坏、一个人所处地位的改变、一条公司/团队的决策等，都可能会影响到项目的成败。积极参与项目或其利益在项目执行中或成功后受到积极或消极影响的组织和个人，在项目管理中称为项目干系人。前文已经阐述了什么是项目干系人以及其与项目、项目团队的密切关系，那么如何才能有效地管理项目干系人呢？项目经理和项目团队需要完成大概3步工作。

（1）识别干系人——如果不能对项目干系人进行无遗漏的识别，只关注项目具体事情和计划，那么项目出了问题可能都不清楚问题出在哪里。

（2）分析了解干系人——真正弄清楚干系人的需求和期望。

（3）管理干系人的期望——平衡、满足期望，让大家做朋友。

9.6.1　识别干系人

我们要在项目之初尽早识别出这些人和组织，因为从项目一开始就要和他们有充分的沟通以确保项目正常运行。所以也可以说识别项目干系人是沟通的基础。可以通过头脑风暴法识别，也可以利用之前项目的存档文件把相关干系人列出来。仔细思考哪些人和组织可能影响到项目，或者项目可能影响到的人和组织。软件项目可能的内部干系人、外部干系人有出资方、客户、项目执行组织、项目团队成员、项目总监、项目行政负责人、老板、供应商、承包商和合作伙伴等。项目干系人头脑风暴结果可为项目经理提供项目干系人的全景，为进一步对干系人进行分析、更好地把握项目管理打下坚实的基础，如图9-13所示。

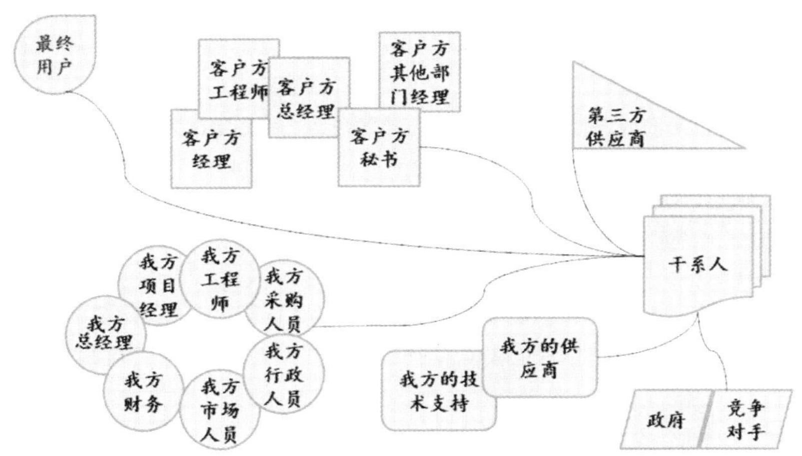

图9-13　某项目干系人头脑风暴结果

无遗漏地识别干系人是有一定难度的。我们可以逐步理顺干系人的关系，尽可能地找出所有干系人。图9-14所示为某项目内部干系人关系，管理层主要和项目经理经常沟通来了解和掌握项目状况；项目经理要和所有的项目团队、产品经理、PMO等保持频繁的沟通；项目团队之间因为相互的依赖必须经常联系；产品经理主要和客户代表、最终用户讨论需求，并把确定的需求提交给项目团队。

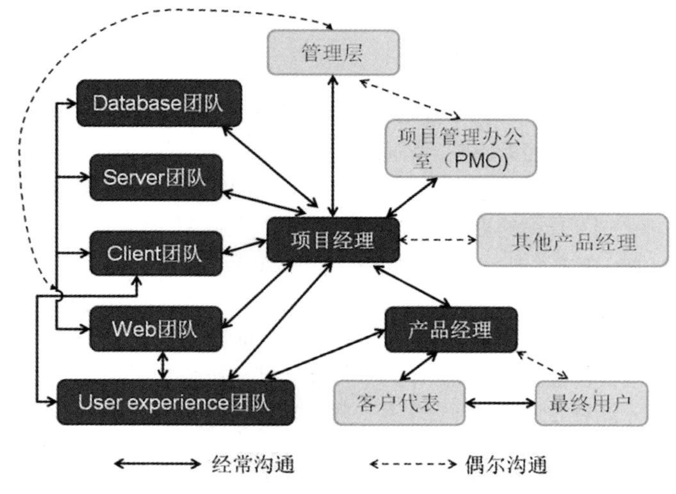

图9-14　某项目内部干系人关系

不同的项目阶段，项目的干系人会不同，因此持续地识别干系人是项目经理或项目团队重要的工作组成部分。当干系人发生变动时，要重新对干系人进行识别和评估，并主动投入精力进行沟通和交流，力争新的项目干系人是为项目服务的。

9.6.2　分析了解干系人

这个阶段要确定项目利益干系人的需求和期望并做出分析。例如，如果在开发一个软件应用系统的时候，最终目标用户的期望是一个能满足现有的需要、稳定性强的应用系统，则系统的设计就需要向结构简单、性能稳定的方面来考虑，而不应该浪费时间来做一些可扩展、可升级的复杂结构。我们需要深入地了解干系人的真正需求。

管理层向你索要项目进度状态报告，他的真正需求是什么？他想知道项目是否进展顺利、是否有阻碍项目进展的问题需要解决、是否有潜在的风险需要规避等。

产品经理不断要求更改项目范围，他的真正需求是什么？通过和客户代表沟通或者对比竞争者的产品，他更改范围的最终目的是使产品让客户更满意。

项目团队想要更多的时间来完成设计，他们的真正需求是什么？希望尝试更多设计方案，找出最优的。

我们需要了解干系人对于项目可能的感受与反应，同样需要了解怎样让他们融入项目，并积极与他们进行沟通。直接与干系人面谈、召集会议和展开问卷调查都是获取需求和期望的方式。

不同的干系人对项目的影响不同，有的是积极的，有的是消极的。在各种干系人分析方法中，最常用的主要有影响力/利益矩阵、SWOT 分析法等。

（1）影响力/利益矩阵（Power/Interest Matrix）：根据相关利益人的影响力及其与项目的利益水平进行分类。我们可以通过影响力/利益矩阵来决定与各相关利益人分别构建什么样的关系，如图 9-15 所示。

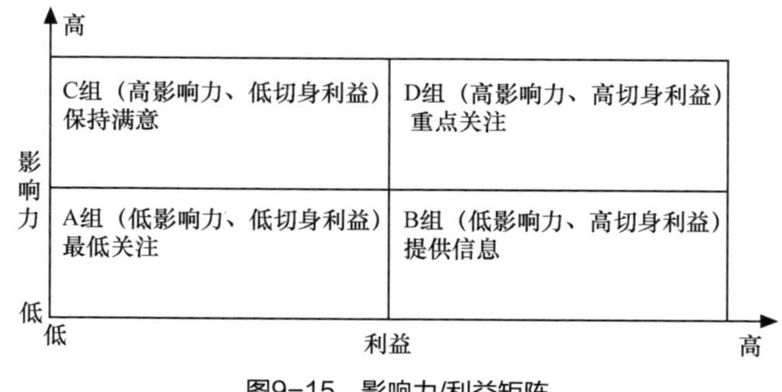

图9-15　影响力/利益矩阵

- A 组（低影响力、低切身利益）相关利益人只需最低限度的关注。
- B 组（低影响力、高切身利益）相关利益人应予以知会，他们能够影响更为重要的相关利益人。
- C 组（高影响力、低切身利益）相关利益人虽然具有相当的影响力，但由于项目所采取的战略举措牵涉到他们利益的不多，他们基本上会采取相对顺服的姿态，但也可能因为任何突发事件改变态度而成为 D 组的一员。所以，对他们的利益要求应予以满足。
- D 组（高影响力、高切身利益）相关利益人既具有很强的影响力，又与项目所采取的战略举措具有极高的关联性。所以，项目实行战略举措之前，必须要把他们能否接受该战略纳入考虑范畴。

（2）SWOT 分析法：这是一个由麦肯锡咨询公司提出的常用的分析方法，包括分析优势（Strength）、劣势（Weakness）、机会（Opportunity）和威胁（Threat）。

首先识别出所有项目相关利益人需求的优势和劣势，然后把识别出的所有优势分成两组，分的时候以两个原则为基础，一个是与项目中潜在的机会有关，另一个是与潜在的威胁有关；用同样的方法把所有的劣势分成两组，一组与机会有关，另一组与威胁有关。最后，将刚才的优势和劣势按机会和威胁分别填入 SWOT 矩阵，如图 9-16 所示。

图9-16　SWOT矩阵

根据分析，我们整理出干系人登记册，如表 9-1 所示，包含关于已识别干系人的所有详细信息。

（1）基本信息：姓名、角色、联系方式等。

（2）评估信息：主要需求和期望，对项目有何影响、与项目生命周期哪个阶段最密切相关。

（3）干系人分类：内部/外部，影响级别分类（核心、重要、非核心）。

表 9-1　项目干系人登记册

项目名称：

项目编号：

项目经理：

序号	基本信息				评估信息		干系人分类	
	角色	部门	姓名	联系方式	主要需求和期望	与生命周期的哪个阶段最密切相关，有何影响	分类	重要度分级
1	项目经理						内部	核心
2	项目组成员							核心
3	项目总监							核心
4	行政部门							非核心
5	……							
6	客户						外部	重要
7	供应商							重要
8	承包商							重要
9								
10								

9.6.3　管理干系人的期望

相关干系人的识别、分析都是管理干系人的基础，最终目标是项目经理和项目团队需要利用分析的结果，采用适当的沟通方式，通过所拥有的资源、技能等去沟通协调，影响干系人的行为，以达成项目的目标。一个不能平衡并满足项目相关干系人期望的项目经理，在项目的开展过程中将会“举步维艰”。

针对不同影响级别的项目干系人，应该考虑不同的沟通渠道。

核心干系人：定期的全方位项目交流，包括项目组例会、与项目管理部门的沟通会议、项目关键里程碑会议总结等。

重要干系人：关键里程碑的前期评审会议、定期的项目状态和信息发布、定期收集反馈等。

非核心干系人：不定期、非正式的沟通是必要的。保持良好的合作关系。例如项目紧，需要加班，可能就需要行政部门提供加班餐和班车等服务。

项目经理除了要在项目前期编制良好的沟通计划外，更要懂得如何“艺术地”与项目干系人进行沟通，站在各角色人的立场上，提前想别人所想、急别人所需。例如，投资方更关注“预算”，就定期地提供“项目变更花费”情况，并且提供下个月的预计花费，保证投资方清晰地知道项目花费状况；项目团队士气低落，项目经理应该及时找部门经理了解情况并给些提高士气的意见等。这些做法会让干系人觉得团队会使他们的利益更大化，更愿意和团队合作，和团队做朋友。

当然在满足需要的同时，项目经理和团队还要及时预测、发现、控制和解决干系人对项目可能造成的不利影响。

分析和管理项目相关干系人是贯穿项目始终的。因为他们的需求和期望不是唯一的，在各个软件项目阶段都可能有所不同。这就需要我们的项目经理不定期地与相关干系人沟通，并发挥自己的管理能力来平衡项目干系人的需求和期望，最终成功完成项目。

小结

本章从软件项目管理的角度，对如何管理项目团队和干系人进行了几个重点方面的阐述。在软件项目中，人是最重要的资源，管理不好就会导致人员流失、生产效率低、工作积极性不高、干系人不满意等状况，所以做好有效沟通、促进团队和干系人的协作是本章的重点。

要想激发员工的动力，发挥出团队的合力，管理层不但要挖掘和培养高素质、高能力的人员，建立符合公司发展的正确策略，还要注重在工作中采用理论和实践相结合的方法，通过分析成功和失败的案例，不断改善和提高管理方法，尽快找到并完善适合团队发展的管理体系。

习题

1. 团队建设有几个核心内容？简单阐述一下。
2. 思考一下自己在哪个需要层次，以及如何才能激励自己。
3. 在软件开发过程中，信息和知识是如何传递的？
4. 请结合身边的事情举例说明沟通管理的重要性。
5. 本章总结了有效沟通的几个好习惯，请结合实际生活中的案例再总结出几个。
6. 双赢的概念是什么？
7. 绩效管理是怎样的循环过程？
8. 组织你的团队讨论一下绩效考核的有效方法并尝试去实践。
9. 干系人管理的重要性是什么？如何有效地做好干系人管理？

实验8：Lean Coffee讨论法

（共 1.5～2 个学时）

Lean Coffee 是一种敏捷讨论会，所有被讨论的议题都是参与者现场提出并投票选出的。这在很大程度上保证了参与者的积极性和讨论的有效性，同时，一个议题 8 分钟的时间限制也保证了讨论不会过于冗长。

Lean Coffee 于 2009 年由吉姆·班森（Jim Benson）和杰里米·莱特史密斯（Jeremy Lightsmith）在波士顿提出，在 4 年多的时间里风靡世界各大企业。

1. 实验目的

（1）快速掌握 Lean Coffee 讨论法。

（2）加深理解参与积极性和讨论的有效性。

（3）训练演讲能力。

2. 实验内容

围绕学习的相关知识或者课程确定讨论主题，比如主题是软件项目管理、软件测试等。

3. 实验环境

5 个人一组，问题便签若干，每组一个定时器。

教师设定讨论持续时间，比如 1 个小时。

4. 实验过程

（1）每人写下想和大家讨论的问题，至少两个。

（2）大家把自己的问题都贴在桌子上，并逐个解释自己的问题。

（3）进行投票，每人有 3 票。

（4）投票完毕进行统计，按票数多少进行优先权排序。票数最多排第一位，以此类推。

（5）选出小组组长，组长将在讨论结束时代表小组总结演讲。

（6）设定 8 分钟计时，开始讨论第一优先级的问题。

（7）8 分钟计时完毕，大家终止讨论，投票决定是否下个 8 分钟继续讨论这个问题。如果同意继续，重新设定 8 分钟来讨论，否则按优先级讨论下一个。

（8）重复步骤（6），直到讨论持续时间结束。由于时间有限，没讨论完的问题可以留到下次讨论。

（9）进行小组演讲，每位组长 3 分钟演讲时间，总结概括讨论的精髓。1 分钟问答时间，其他组成员可提问，本组人做出相应回答。

5. 交付成果

写一个总结报告，描述讨论过程，对发言的要点进行记录和分析，并总结所学到的经验和教训。

10 第10章　项目监督与控制

概述

“软件乃是人类自以为最有把握，实则最难掌控的技术。”

——《梦断代码》译后记

软件工程发展至今，失控的项目屡见不鲜。在《梦断代码》一书中，作者不止一次地问：“为什么就是不能像造桥那样造软件？”每个做软件的人其实都期望做软件可以像造桥一样按计划一步一个脚印地来实施，即使中途有紧急变化，也有紧急处理方案来确保项目在掌控之内。但是，在当今这个互联网蓬勃发展的时代，顾客需求瞬息万变，全球性竞争和技术创新不断加速等，导致产品生命周期不断缩短，商业模式不稳定，软件开发的计划必须跟得上变化，那么软件开发过程中的监督和控制工作就尤为重要。

对项目进行过程的监控，可以是定性的，也可以定量的。定性的监控虽然主观，但可通过定期的活动（如敏捷开发中的每日站会）发现问题，及时纠正问题。定量的监控则依赖度量，设定监控指标，通过项目管理系统收集数据来反映实际情况的数据是否超过指标的阈值。

站会中

昨天主要制定团队编码规范、评审技术方案，今天在做……

昨天做后端架构和技术方案的评审，今天计划实现Web-Socket服务端逻辑……

昨天做响应式设计，今天继续做响应式设计……

站会结束后

若谷，有遇到什么问题吗？我看这两天你都在做同样的任务，按理说进度不应该这么慢，看看我们能不能解决问题？

其实是有，适配1366像素×768像素尺寸的时候，一直出问题，我一直没找到原因。

啊，那简单，我让彤彤看一下，她这方面的经验比我丰富。

好的。

10.1　项目过程度量

项目过程度量、数据收集、可视化管理

软件项目的监督和控制工作须以一定的基准来进行校对、核实，这些基准就被称为软件的度量。软件过程度量是指收集、分析和解释关于过程的定量信息，是软件过程评估和改进的基础。只有在建立一组基线度量后，才能评估过程及其产品改进的成效。基于度量，可以更好地用数据来描述软件过程的能力、效率和质量等，以及更好地对软件开发的整个过程进行监督、控制和改进，从而达到不断提高软件开发的生产力和软件产品的质量的目标。

10.1.1　内容

软件过程度量贯穿整个软件生命周期，包括需求度量、设计度量、编程和测试度量、维护度量等，其度量工作要求能覆盖过程评估和改进标准（ISO 12207、ISO 15504 和 CMMI 等）中的各个条目，涵盖软件过程能力和软件过程性能两大方面，涉及控制过程、支持过程、管理过程、组织过程和服务过程。

1. **软件过程能力度量**

CMM/CMMI 是对软件过程能力最好的诠释，软件过程能力通过 CMM 的 18 个关键过程域或 CMMI 的 24 个过程域体现出来。以 CMMI 为例，要对软件过程能力进行度量，就意味着要对下列对象实行度量。

- 需求管理和需求开发能力。
- 技术解决能力、因果分析能力和决策分析能力。
- 项目计划能力、项目监督和控制能力、合同管理能力和集成化项目管理能力。
- 质量管理能力、配置管理能力和风险管理能力。
- 组织级过程定义能力、组织级培训能力、组织级改革能力和产品集成能力。

针对敏捷成熟度模型，业内有太多的讨论和纷争，从不同的角度提出了各不相同的模型。笔者认为惠普提出的模型相对成熟一些。它基于协作、自动化、流程这 3 个方面的成熟度划分出了 5 个等级，如图 10-1 所示。

详情可以参考惠普官网。

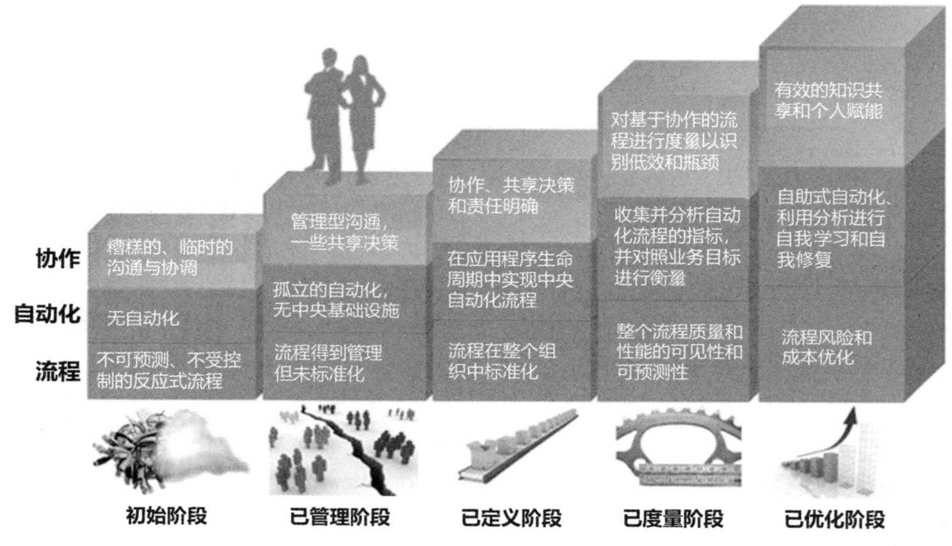

图10-1 惠普敏捷成熟度模型

2. **软件过程性能的度量**

软件过程性能的度量分为 4 部分：过程质量度量、过程效率度量、过程成本度量和过程稳定性度量。进一步划分后，软件过程性能的度量包括软件产品和服务质量、过程依赖性、稳定性、生产率、时间和进度、资源和费用、技术水平等，如图 10-2 所示。

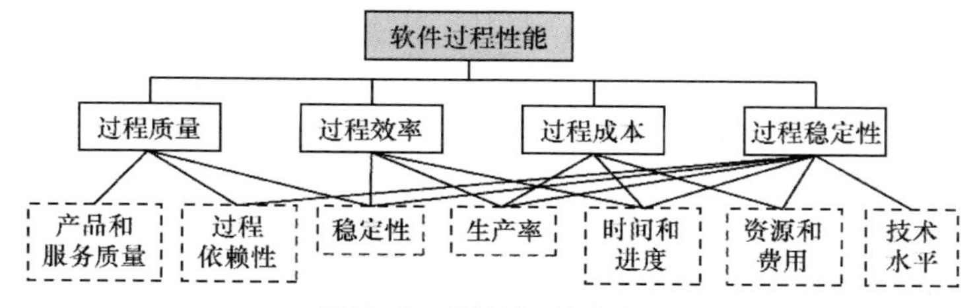

图10-2 软件过程性能度量

3. **过程效率度量和质量度量的有机结合**

软件开发过程的度量，往往将过程效率和过程质量结合起来进行度量及度量分析，以获得过程性能的最优平衡。

- 衡量过程效率和过程工作量——工作量指标，如软件过程生产率度量、测试效率评价、测试进度 S 曲线（见 10.1.3 小节）等。
- 从质量的角度来表明测试的结果——结果指标，如累计缺陷数量、峰值到达时间、缺陷平均增长速率等。

例如，在实际测试过程度量工作中定义了测试效率和缺陷数量的矩阵模型，就是将过程度量值和测试结果的缺陷度量一起研究，如图 10-3 所示。

- 情形 1 是最好的情况，显示了软件良好的内在质量——开发过程中的缺陷少，并通过有效的测试验证。
- 情形 2 是一个较好的情况，潜伏的、较多的缺陷通过有效的测试被发现。
- 情形 3 是不确定的情况，我们可能无法确定缺陷少是因为代码质量好还是测试效率不高。通常如果测试效率没有显著恶化，缺陷少是一个好的征兆。
- 情形 4 是最坏的情况，代码有很多缺陷，但测试效率低，很难及时发现它们。

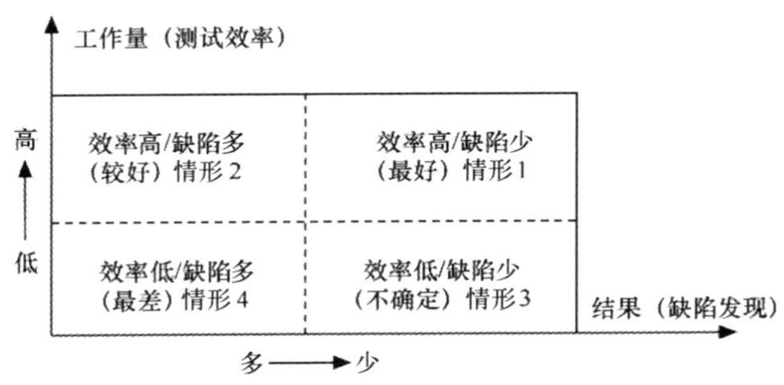

图10-3 测试效率和缺陷数量的矩阵模型

10.1.2 过程

软件过程度量是收集、分析和解释数据，并对整个软件项目进行监督、控制和改进的过程。其一般过程如图 10-4 所示。

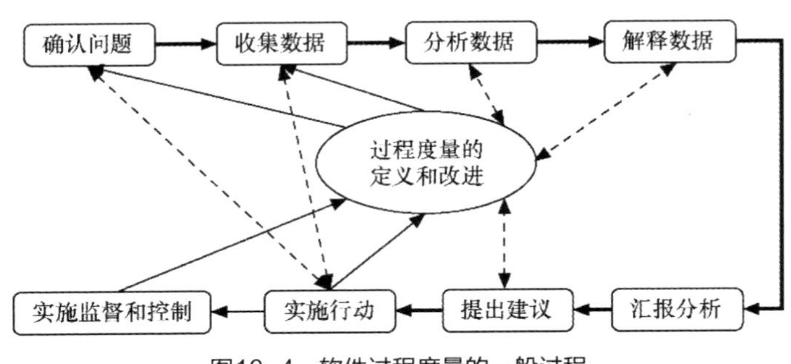

图10-4 软件过程度量的一般过程

图中粗箭头表示过程的主要流动方向，即从确认问题到实施监督和控制的全过程；细实箭头表示和过程强关联；过程度量受过程控制性的影响；虚线表示和过程弱关联，相互参考。软件过程的度量需要按照已经明确定义的度量过程加以实施，这样能使软件过程度量获得充足的数据，并具有可控制性和可跟踪性，保证过程度量的准确性和有效性。

为了说明度量的过程，这里以项目目标驱动的度量活动为例，度量过程被定义为 5 个阶段。

（1）**识别目标和度量描述**。根据各个项目的不同要求，分析出度量的工作目标，根据其优先级和可行性得到度量活动的工作目标列表，并由管理者审核确认。根据度量的目标，通过文字、流程图或计算公式等来描述度量活动。

（2）**定义度量过程**。根据各个度量目标，分别定义其要素、度量活动的角色、数据收集过程、数据格式和存储方式、度量数据分析反馈过程、环境支持体系等。

（3）**搜集数据**。根据度量过程的定义，接收有关方面提供的数据，主动采集数据，或通过信息系统自动收集数据，并按指定的方式审查和存储。

（4）**数据分析与反馈**。根据数据收集结果，使用已定义的分析方法、有效的数学工具进行数据分析，并做出合理的解释，完成规定格式的图表，将分析报告反馈给项目经理、相关的管理者和项目组。

（5）**过程改进**。对软件开发过程而言，根据度量的分析报告，可以获得对软件过程改进的建设性建议，管理者可以基于度量数据做出决策。

其中，“识别目标和度量描述”“定义度量过程”是保证成功搜集数据和分析数据的先决条件，是度量过程最重要的阶段。

对软件度量过程而言，在进行过程的可视化或者搜集可归属因素以求改进的过程中，经常需要对所获得的信息彻底分类和理解，包括组织数据以及寻找模式、趋势关系等。在改进过程中也需要评估度量过程自身的完备性。度量核心小组根据相应度量活动所发现的问题，将对度量过程做出变革，以提高度量活动的效率，或者使之更加符合项目目标的要求。

10.1.3 方法

为了保证项目过程度量的有效实施，首先需要建立软件项目过程的基线，然后将获得的实际测量值与基线进行比较，找出哪些度量指标高于上限、哪些低于下限以及哪些处在控制条件之内。同时，还需要获得度量值的平均值和分布情况，平均值反映了组织的整体水平或程度，而分布情况反映了组织的过程能力和执行的稳定性。

- 指定基限，即上限（Upper Limit，UL）和下限（Lower Limit，LL）。
- 平均期望值，即均值（Average Value，AV）。

在统计学上用 σ（Sigma）来表示标准偏差，即表示数据的分散程度，可以度量待测量对象在总体上相对目标值的偏离程度。常用下面的计算公式表示 σ 的大小。

$$\sigma=\sqrt{\sum_{i=1}^{n}(X_i-X_v)^2/(n-1)}$$

其中，X_i 为样本观测值，X_v 为样本平均值，n 为样本容量。

在正态分布曲线中，均值±1σ 只能给出约 68.27%的覆盖程度，而使用均值±2σ、±3σ 则分别可以界定正态分布曲线中约 95.45%、约 99.73%的覆盖程度。±6σ 则说明样本观测值非常集中，过程能力很强，所以被用来表示高质量的生产水平，如图 10-5 所示。

人们已经建立了众多的连续分布数学模型来帮助进行各类过程的度量和分析，这些模型可以在软件过程度量中得到应用。例如，常用 S 曲线模型来度量软件项目测试进度的变化，用缺陷到达模式和累积预测模型度量软件产品质量在过程中的变化，7.8.1 小节介绍过缺陷到达模式。

S 曲线模型用于度量项目测试进度，而进度的跟踪是通过对计划中的进度、尝试的进度与实际的进度进行对比来实现的。其数据一般采用当前累计的测试用例（Test Case）或者测试点（Test Point）的数量。由于测试过程 3 个阶段中前后 2 个阶段（初始阶段和成熟阶段）所执行的测试数量（强度）远小于中间的阶段（紧张阶段），累计数据关于时间的曲线形状很像 S 形，所以被称为 S 曲线模型，如图 10-6 所示。

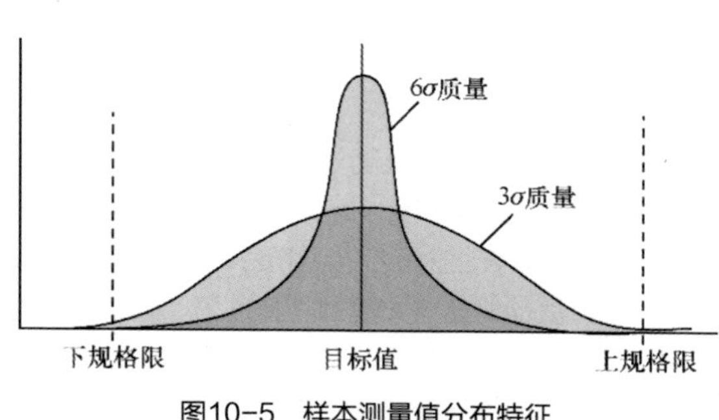

图10-5 样本测量值分布特征

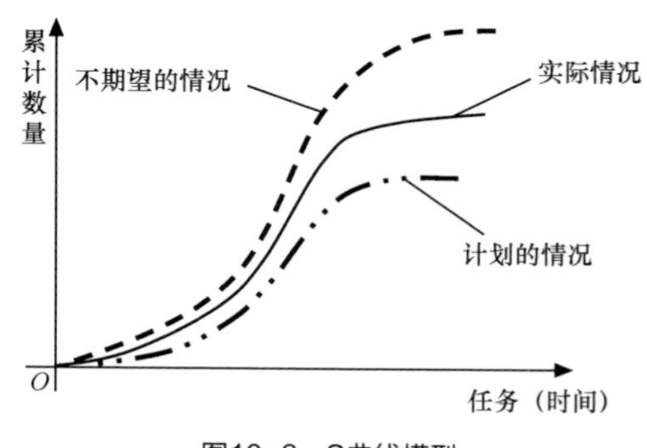

图10-6 S曲线模型

10.1.4 规则

过程度量使得一个组织能够从战略级洞悉一个软件过程的功效，并使得管理者能够以实时的方式改进项目的工作流程及技术方法。这对提高和改进软件过程有很大的帮助。不过，和其他工业度量一样，只有遵循一定规则并合理利用才能收到好的成效。度量规则总结如下。

- 确定度量参数时应尽可能考虑组织的受用性和通用性。不适合、不通用的度量对软件过程的改进没有任何意义，还会浪费研究和确定度量的时间。如一个没有接触过任何 CMMI 流程的软件企业，一开始就用 CMMI 4 级来度量所有项目的过程，这根本不现实。
- 度量的目标是改进软件开发过程，提高质量和效率，因此不要使用度量去片面地评价个人或组织团队，这样会违背度量的初衷，并影响团队成员的积极性。
- 避免度量指标太多或者太少。如只设定了唯一的度量指标——千行代码缺陷率必须小于 3，就是一千行代码只允许产生 3 个缺陷，如果一个项目的千行代码缺陷率大于 3，就能说这个项目的质量不合格吗？在评价项目质量的时候，要结合项目的规模、业务逻辑复杂度和代码复杂度等多方面数据来做综合评价。
- 利用专门的系统或者由专人进行统计度量工作，以确保数据的一致性和准确性，同时便于及时做数据分析、修改不合理的度量参数。有些数据的收集要遵循一定的规则来进行，如果没有专人或者专门的工具来做这项工作，其度量结果也就没有可信性。例如代码行的统计，就要对格式、空行、注释行、删除行等制定不同的处理规则。
- 为收集数据和制定度量标准的个人及小组提供定期的反馈。“当局者迷”，往往制定制度的人看不到其缺点和要改进的地方，所以需要大家积极、及时地提供反馈来改进度量方法。
- 对于新的度量参数要增加试运行环节，在正式应用时应尽可能确保度量参数的合理性。
- 在度量方面要遵循灵活性原则。例如在度量过程中，对于新现象和变化要积极面对，进行合理分析。如果需要，应抛弃过时的数据，对度量指标进行调整。
- 不定期地进行度量数据的分析和预测。分析和预测结果可以帮助项目负责人/项目经理进行估计、管理和监管。

10.2 数据收集

数据收集包括项目进展过程中的进度、状态数据收集，也包括项目完成后对整个项目进行总结时统计数据的收集。这里主要讨论项目进展中的数据收集，对项目监督和控制的影响。

对项目进行监督和控制的有效性高低取决于进度数据收集得是否真实可靠、是否完善。有了准确、足够的数据信息，才能进行分析，做出正确的判断，最后采取相应的解决办法和措施。Chandler 项目中，有人用社交网络写工作状态信息，有人偶尔向邮件列表发一些消息，还有人在个人网站上贴出进度，导致项目的整体状态无处可寻。数据信息收集得不准确、不及时和不完整，也是这个项目失败的原因之一。

10.2.1 数据收集方式

在第 4 章和第 6 章介绍的进度计划和管理中，已经将项目划分成多个可控制的活动，并定义出主要的里程碑来控制项目的进度。但是，在一个里程碑或者具体活动没有完成之前，尤其是对大型或者参与人员分布在不同团队、不同地点的项目来说，及时收集数据和相关问题/相关风险数据是非常重要的。掌握和分析这些数据，可以及时地将项目控制在计划的轨道范围内。数据收集的主要方式有两种：被动接收和主动收集。

1. 被动接收

被动接收是指项目成员按规定/要求发出项目的相关数据，之后由项目经理或者项目组长进行整理和分析。目前，比较常见的方式是日报、周报和月报，这 3 种方式就是要求项目成员在每天/每周/每月对自己的相关项目工作信息进行自我总结和归纳，然后发给项目经理及项目组主要成员等指定人员。报告的内容通常包括以下几个方面。

- 任务状态。可以用信号灯图的形式来表现，例如，任务进度良好基本没有问题，就可以用绿色来表示；如果进度严重落后或者目前存在很多问题不能确保项目的进展，就可以用红色来标记。这样项目组长/负责人/经理一眼就可以看到需要重点关注的方面。
- 任务完成情况。应把任务的各个细节部分加以权重，以真实的数据来说明任务完成的百分比。
- 已经解决的问题及其解决方法。这主要是给项目相关的其他成员的案例参考，还可以方便项目负责人对实践经验进行收集并存到知识库。
- 需要解决的问题。如果有需要解决的问题，则需要在报告中列出，以方便其他人提供解决方案和线索。
- 潜在的风险。如果有潜在的风险，则需要在报告中列出，以方便其他人提供降低或避免风险的策略和方法。
- 人员的工作分配情况。
- 共用的开发、测试环境信息。
- 相关的缺陷报告、代码审查等可供参考的信息。

被动接收还包括项目成员遇到问题或者需要帮助的时候发出的不定期的数据信息。这样的数据信息不要求格式，只要求能准确地描述就可以了。

2. **主动收集**

被动地收集数据是不够的。因为有些问题可能会被隐藏起来，所以需要主动地收集数据，随时掌握项目状况，这对项目的监控很有帮助。项目组长/负责人/经理应该通过各种手段主动地进行数据的收集。

（1）即时和项目成员进行沟通，掌握项目情况。大多数软件企业都有自己固定的沟通渠道，如常用的 E-mail、即时通信工具、电话、会议等，项目成员之间也大多通过这些方式相互交流。项目经理为了收集数据，以及及时了解和掌握目前的项目状态和存在的问题，每天都会和项目成员进行大量的沟通。如果事情紧急或者重要，那么面对面沟通是较好的方式。如果身处异地，可以开个网络会议来进行声音、视频、文档共享等同步交流。

（2）建立例会制度，定期主动收集和掌握各方信息。可以针对项目情况，实施日例会/周例会/双周例会/月例会制度。在例会上，各负责人主动汇报项目的状况，对存在的问题和困难进行汇总分析，找出解决方法或者降低不确定性因素对项目的影响。

（3）查看跟踪系统中记录的相关信息。为了方便管理，项目经理可以建立一个 Web 站点或者共享项目数据的系统，要求项目成员共同合作更新项目数据信息，如新问题的提交数据、人员变动信息等。还可以利用缺陷跟踪系统来收集需要的数据，如目前要解决的缺陷数量、有多少阻碍测试进度的缺陷等。

（4）不定期召开项目研讨会。根据项目进展情况召集相关人员进行现状、未来的讨论，以此来获取团队成员对项目的真实感受和相关建议。这也是获取有用信息的好途径。

要想得到足够、完整的数据信息，就必须将主动收集和被动接收相结合，并要定期地对收集到的数据进行整理存档，为数据分析做好准备。

10.2.2 数据质量

在收集足够、完整的数据的同时，还要在数据采集过程中确保数据的质量。有高质量的数据才能做出相对准确的分析结果。针对数据的质量需要注意以下几点。

1. **数据的真实性**

只有真实的数据才能反映真实的情况，才能给出真实的依据。基于真实数据的分析才可靠，才能帮助我们做出正确的决策。对收集的数据应进行筛查，以保证数据的真实性。例如，在测试阶段中，对发现的缺陷做分析，如果不去除一些影响真实数据的信息，那么分析的结果就有偏差。像重复的缺陷（由于多个测试人员同时测试一个模块，难免会报重复的缺陷）、不是缺陷的缺陷（如由于环境配置问题等导致的缺陷）和浮现概率非常低的缺陷（只出现一次又查不到任何诱因的缺陷，可能是由于个人错误操作或者同步运行程序过多等原因导致）等，都属于影响真实数据的信息。

2. **数据的及时性**

在软件开发过程中，有些数据是要求及时收集的，如果不能及时上报这些数据并解决数据所反映的问题，将会对软件项目的进度，甚至对质量、成本造成很大的威胁。例如，在分析需求的时候，明知道在现阶段是不可能满足某个需求的，但抱着试试看的态度，没有及时向客户说明，结果导致在项目开发后期才向客户表明需求不能满足。这样的做法可能会影响项目的整体设计，延误进度，还可能严重损害公司的声誉。所以在做软件项目的时候，有任何问题和风险都要及时提出来，项目经理可以及时汇总、分析，并同大家一起快速找到问题的解决方案。

3. **数据的有效性**

有效的数据才有分析的价值。数据的有效性基于管理规范和成员的积极配合。不管是在项目的开始、进行中还是结束阶段，都要不时地对员工进行相关管理和培训。这样在提高员工能力的同时，管理理念/相关规范也会深入人心，员工就更容易识别和上报有效的数据，提高数据分析的可信度，减少筛选数据的人员的工作量。例如，有的测试人员为了提高自己所发现的缺陷数，可能会提交一些自己都不能确认的缺陷，这样就可能会浪费开发人员的时间。针对这种情况，可以使用伪缺陷率（误报缺陷所占的比率）来对测试人员进行综合评价。有的开发人员为了提高自己的单元测试行覆盖率，会编写没有断言的测试代码，这样既做了无用功，又耽误了时间。要和员工不断强调，我们不是追求统计上的漂亮数据，而是要追求反映真实情况的有效数据。

10.3　可视化管理

通常在安装软件或者系统的时候，安装程序会以一个可视的进度条来展示安装完成的百分比。如果没有这个安装进度显示，我们就不知道进展到了哪里，可能会焦急地等待。没有时间限制的等待会显得特别漫长，软件开发项目尤其如此。软件工程师每天都要专注于无形的、抽象的工作，如果不知道进展到哪里，很容易造成进度失控、预算超支、质量降低等问题。软件的可视化管理是解决这一问题的好办法。可以利用项目管理的方法、工具和技术将复杂纷乱的项目任务进行可视化管理，从而及时、尽早地发现和解决问题，以降低或避免潜在的风险。

10.3.1　全程可视化

可视化管理可以使管理任务“化繁为简”，监控起来“一目了然”，但是要做到软件全程可视化不是一件容易的事情。因为在软件开发的各个阶段，关注点是不同的，所以要在各个阶段做好相关的规划、监督和控制。另外，借助软件项目管理工具能更容易、更好地实现项目的可视化管理。

1. **项目前期调查时期**

在这个时期项目还没最终确定是否要做，我们所关注的是可行性分析的结果。对于技术上没把握的或者用户界面复杂的项目，建议采用原型设计方法。通过可行性原型或者一些模拟技术来实现可视化，让大家清楚技术难度和可实现性。

2. **项目启动时期**

在项目刚刚启动的时候，确定组织结构是可视化的首要任务。典型的组织结构图如图 10-7 和图 10-8 所示，这其实就是组织结构的可视化。通过组织结构图，项目组成员可以清楚地知道项目涉及哪几个不同的组和不同的人员，这样便于人员之间的相互联系。

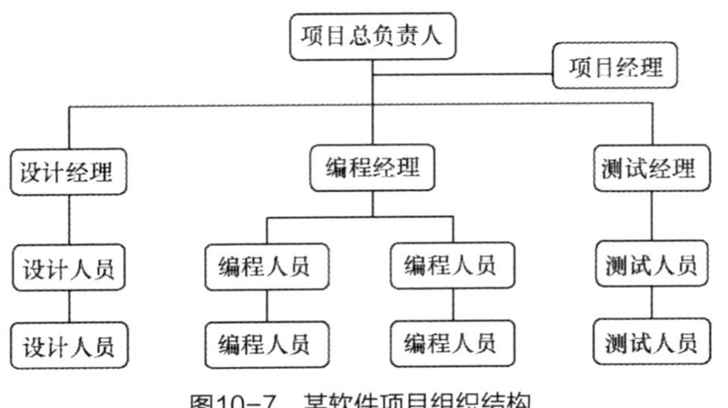

图10-7　某软件项目组织结构

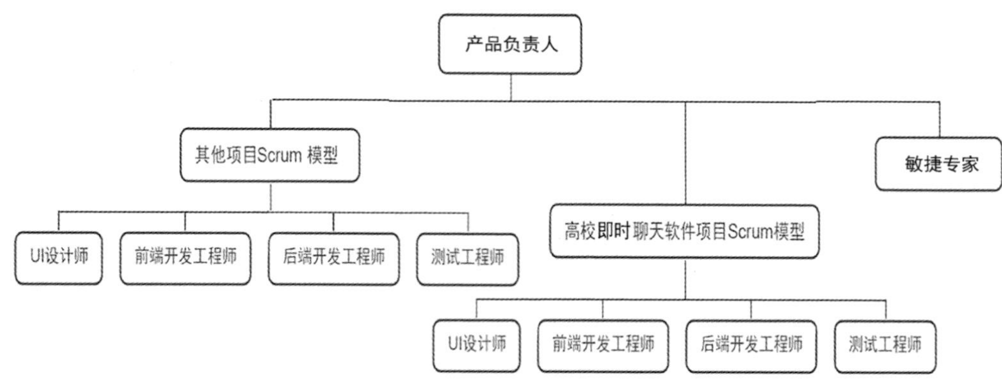

图10-8　高校即时聊天软件项目Scrum模型的组织结构

3. 项目计划时期

在项目计划时期，工作任务分解及任务之间相互关系的可视化是非常必要的，尤其是活动之间相互的依赖关系。表格/图形有助于提高项目计划的可视性，如 WBS 图表就是经常使用的可视化计划图表。

在对项目进行任务计划时，会直接考虑到人员和其他资源的划分情况。责任到人是软件开发管理的核心。那么如何让人员的职责可视化呢？角色责任矩阵就是一个好方法，如表 10-1 所示。从表中可以很清楚地知道各个项目活动的负责人和协调人，如果有任何相关的问题可以很快找到对应人员来解决问题。

表 10-1　角色责任矩阵

活动	后端开发工程师 文睿	项目经理/敏捷专家 浩哥	产品负责人 露露	测试工程师 玉洁	客户代表 朱老师
需求	P	P	A	P	I
设计	C	A	P	C	I
编码	P	A	C	C	I
测试	C	A	I	P	I
验收	I	A	P	C	P

注：A（Accountability）责任，对项目成败负责和进行协调管理；P（Participate）参与，参与项目的具体任务；C（Consulted）咨询，提供意见，帮助决策；I（Informed）通报，知晓进度。

4. 项目执行时期

在项目的执行时期，最重要的信息就是项目进度如何、计划完成多少工作、实际完成了多少工作、项目是否可以按计划保质保量地完成等。项目经理在项目执行的过程中会不断地收集各个参与小组的进度和相关数据，汇总后分析出项目的进度、质量、风险、资源等情况。项目经理会根据不同的情况选择适合的可视化方法来呈现项目的进展信息。

- 展示进度信息，可以选用甘特图、时间线。
- 展示代码质量，可以利用一些代码审查结果和缺陷分析图表。
- 展示缺陷的可视化信息，可以使用缺陷日增长率分析图、缺陷仪表板（见表 10-2）等。

表 10-2　缺陷仪表板

级别	总数	未处理	正在处理	修正	不是缺陷	重复	暂不处理	关闭
致命的	2	0	0	0	0	0	0	2
严重的	216	18	7	5	1	4	20	161

续表

级别	总数	未处理	正在处理	修正	不是缺陷	重复	暂不处理	关闭
一般的	31	23	1	0	0	0	0	7
微小的	5	2	0	0	0	3	0	0

- 展示风险可视化，项目初期就建立十大风险清单（即列出风险最高的前 10 项），然后进行跟踪，风险也会随着项目的进展而发生变化，所以要动态地维护十大风险清单。
- 针对资源信息的可视化，可以利用资源利用率分析图表，如表 10-3 所示，可以看出露露和浩哥的工作安排过多，需要了解实际情况协调处理。

表 10-3　人力资源利用率

人员名单	部门	项目	利用率
露露	产品	项目 A 60%，项目 B 50%	110%
方方	产品	项目 A 50%，项目 B 50%	100%
浩哥	开发	项目 A 70%，项目 B 20%，项目 C 30%	120%
彤彤	开发	项目 A 100%	100%
文睿	开发	项目 A 100%	100%
鲁飞	开发	项目 A 100%	100%
若谷	开发	项目 A 100%	100%
卜凡	测试	项目 A 100%	100%
玉洁	测试	项目 A 100%	100%
国栋	运维	项目 A 10%，项目 B 30%，项目 C 20%	60%
傅利	客户支持	项目 A 90%	90%
皓文	市场	项目 A 80%	80%

5. **项目收尾总结时期**

在这个时期，由于项目接近尾声，紧张的工作终于可以告一段落，是时候把大家的成绩和不足好好总结一下了。把这些信息分析完之后，应用表格、图形等可视化形式进行呈现，如可以用柱形图来显示项目总体缺陷的不同级别所占百分比，如图 10-9 所示。

6. **项目后期维护时期**

软件后期维护的可视化主要是针对维护过程中遇到的问题进行汇总和分析，最后将汇总的数据转换成图形、表格之类的可视化结果。例如，做一个分类分析，把维护工作分成纠错性维护、适应性维护、预防性维护和完善性维护，之后对各个分类所占的工作比重进行分析，如图 10-10 所示。这样就可以知道项目以后开发的努力方向。

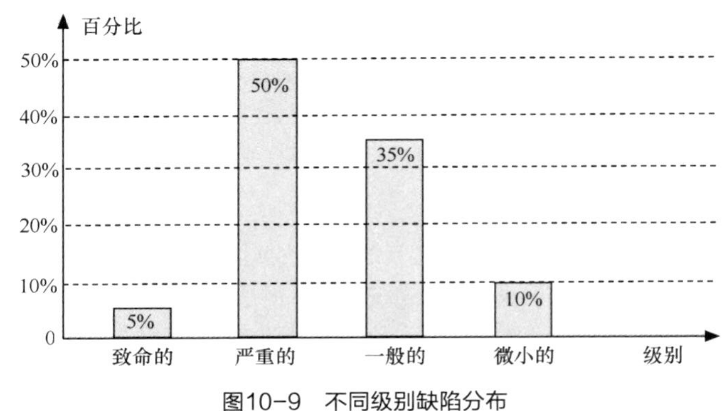

图10-9　不同级别缺陷分布

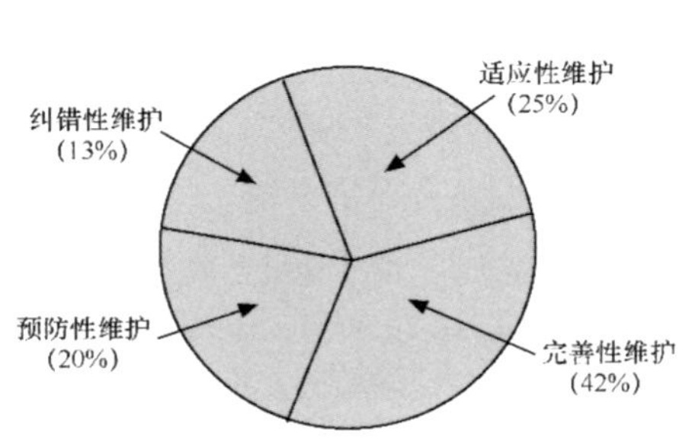

图10-10　维护工作分类比例

10.3.2　进度可视化监控方法

软件项目管理很重要的一点是在确保质量的前提下做好进度监控。项目经理在收集到项目相关进展数据之后，如何进行可视化监控呢？如何以最好的形式将项目进度展现给不同的利益相关者呢？根据不同利益相关者不同的需求，项目经理需要选择合适的可视化方法，并以最好的效果呈现出项目的进展情况。下面介绍几种常用的方法。

1. 甘特图

甘特图不仅是制订进度计划的工具，还是进度监控可视化的好帮手。图 10-11 显示了 2 月 23 日当天的高校即时聊天软件项目进度情况，其中黑色竖线是当日指针线，水平方块表示实际进度，没有到达当日指针线说明实际进度落后于计划，超过当日指针线说明实际进度比计划提前。

优先级：0 1 2 3 4

按任务类型分组	指派给	进度	开始日期	结束日期	工期
#5 实现前端的WebSocket客户端逻辑	彤彤	100%	2024-02-18	2024-02-19	2
#6 设计系统的后端架构	鲁飞	100%	2024-02-18	2024-02-19	2
#7 实现WebSocket服务端逻辑	鲁飞	100%	2024-02-18	2024-02-21	4
#13 定义设置用户名的具体需求	文睿	100%	2024-02-18	2024-02-22	5
#15 实现用户名设置的前端界面	彤彤	33%	2024-02-20	2024-02-23	4
#16 添加表单验证以确保用户名的有	文睿	100%	2024-02-18	2024-02-22	5
#17 实现或更新处理用户资料更改的	文睿	100%	2024-02-18	2024-02-22	5
#18 实现数据库层面的验证	文睿	46%	2024-02-22	2024-02-23	2
#22 开发聊天界面	彤彤	50%	2024-02-18	2024-02-24	7
#23 实现消息发送功能	鲁飞	47%	2024-02-21	2024-02-23	3
#25 实现消息按时间顺序展示	鲁飞	33%	2024-02-23	2024-02-24	2
#26 消息上显示发送者姓名或用户名	鲁飞	100%	2024-02-20	2024-02-23	4

图10-11　进度甘特图

2. 延迟图

延迟图其实是由甘特图演变而来的，它注重强调每个活动的相对进度情况。这种图为那些没有按计划完成进度的活动提供了更加醒目的可视化显示，如图 10-12 所示，其中虚线就是延迟线。虚线偏离当日指针线向左的活动就是比计划延迟了，虚线偏离当日指针线向右的活动就是比计划超前了。如果虚线一直在当日指针线的附近，说明计划做得比较符合实际。否则，说明计划做得不合实际，尤其是在大、中型项目的进展中若发现这种状况，应及时重审项目计划，找到问题的根源，重新制订后面的进度计划。

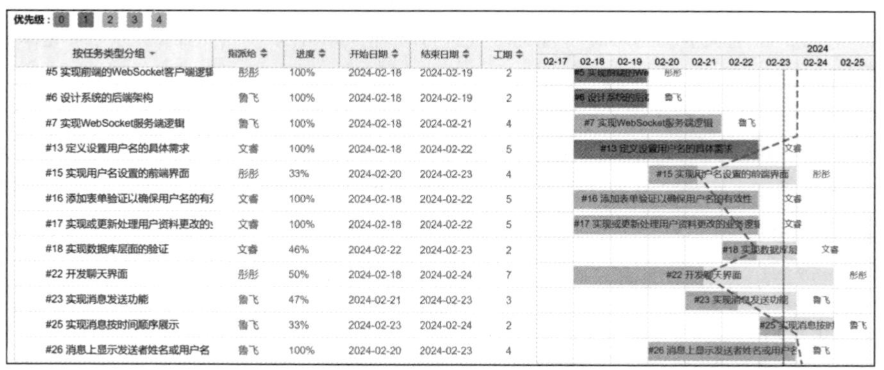

图10-12　进度延迟图

3. 时间线

如果想简单、清楚地展示项目整体进度（客户和有些利益相关人只关心项目的整体进展情况），那么可以选用时间线，如图 10-13 所示，让人一眼就可以看出项目进展到哪一步，进度完成情况如何。但是这个表示法的前提是项目的前期规划比较精确，能比较准确估计里程碑和检查点占总进度的完成百分比。并且随着项目的进展和变化，要不断地调整和完善后面的计划。

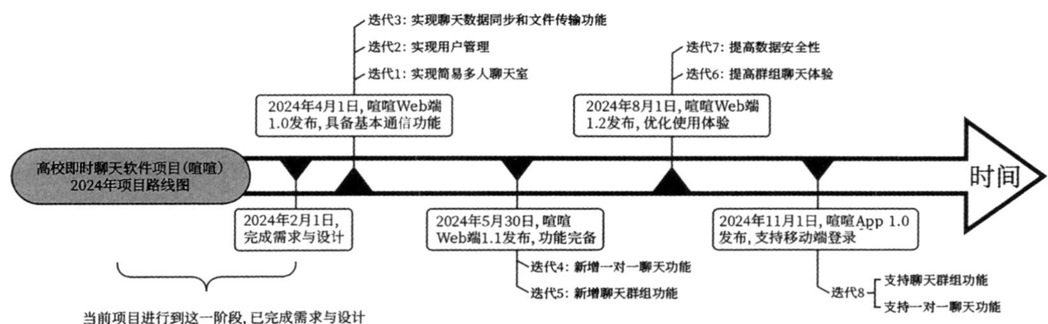

图10-13　进度时间线

4. 计划与实际对比图

在软件项目的监督和控制过程中，经常需要将收集到的项目实际进展信息与进度基准计划做比较，从而判断出项目是否偏离正常的轨道。要使项目尽可能早地回到正确的轨道上来，就要在对比的过程中及时找出偏差，纠正错误，解决问题。图 10-14 所示为某软件项目计划与实际进度对比曲线。从图中可以看出这个项目 4 月 6 日之前的进度比较正常，基本按计划完成，而且快到 3 月 30 日的时候进度就超前了。

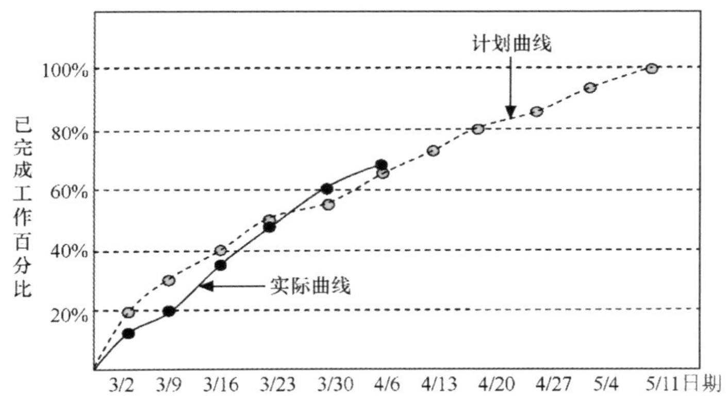

图10-14　某软件项目计划与实际进度对比曲线

5. 燃尽图

从图 10-15 可以看出这个项目前期工作量预估过少，中后期进度有些滞后，迭代的最后一天有的用户故事没有完成。图 10-16 所示为完美软件项目燃尽图，剩余工作逐步燃尽，分批接收用户故事，直到最后全部完成。

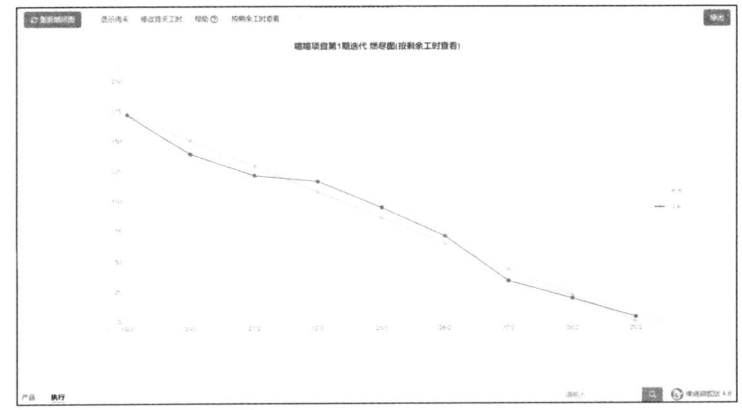

图10-15　高校即时聊天软件项目燃尽图

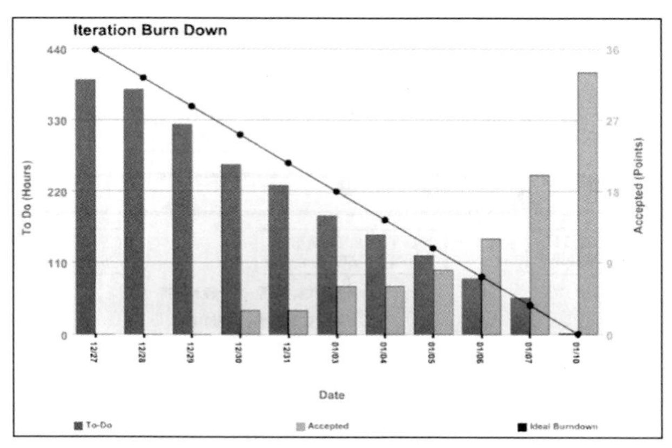

图10-16　完美软件项目燃尽图

6. **其他可视化方法**

结合实际工作经验，还有一些其他可视化方法介绍给大家。这些方法对日常监督和控制项目也起到了很重要的作用。

（1）预警提示。在软件开发中，尤其是多人合作的项目中，项目被分解成各个不同的子任务分派给不同的软件工程师。有时候工程师由于过于专注自己的任务时间表，而忘记或者忽略了项目的整体时间表，那么就有可能对相关联的任务造成影响。所以项目经理或者负责人就有必要做出预警提示。针对预警提示的可视化，可以利用软件项目管理工具自带的功能（如邮件提醒功能），也可以根据项目情况自己做一个预警提示表，如表 10-4 所示。

表 10-4　任务完成状态及预警提示

任务	负责人	状态	下一个检查点	期限
测试数据库，新建管理员功能	玉洁	测试进行 50%	完成测试	2024/3/8
实现“新建用户”功能	文睿	完成 90%	完成编码	2024/3/11

（2）代码审查可视化分析。代码审查是确保代码质量的好办法。如果靠人工来审查，可能需要很多的时间，一般会利用代码审查工具来提高效率。借助工具，可以对代码的覆盖率、风格、复杂度、深度等进行分析，之后提供分析结果。有了这些可视化的分析结果就可以很容易地找出代码的一些潜在的问题。图 10-17 所示为代码审查工具 CodePro Analytix 的一个分析结果。CodePro Analytix 是一个基于 Eclipse 的代码审查工具，能够自动地完成代码评审、覆盖率度量等工作。

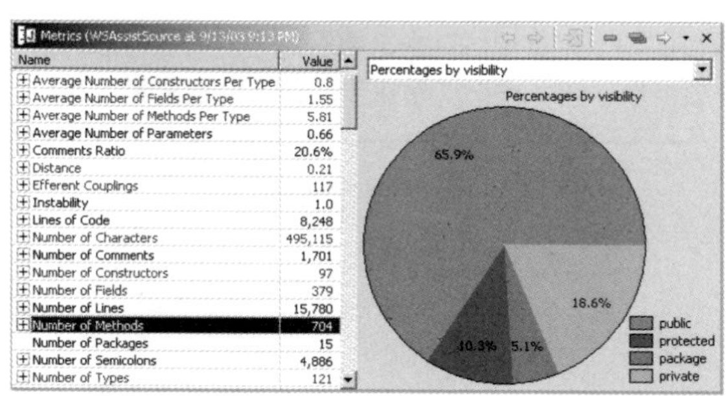

图10-17　代码审查工具CodePro Analytix的一个分析结果

（3）缺陷分析。根据不同需要对缺陷进行分析，能帮助我们掌握开发、测试的进展情况以及产品质量状况。缺陷分析包括随时间的缺陷趋势分析、各个模块的缺陷分布分析和引起缺陷的根本原因分析等。

（4）即时战报。这个方法基本上是所有可视化方法的综合体现，对涉及人员众多和相互关系比较复杂的项目比较实用。项目经理需要及时收集和整理信息，把项目实际进展情况、项目中存在的问题及其处理办法、项目风险信息等用可视化的方法及时呈现给大家。通过战报的形式呈现出来，生动活泼，更能激励团队。

10.3.3 研发质量看板

质量看板也叫质量仪表盘（Quality Dashboard），是指以电子方式收集质量信息并生成描述状态的图表。第 7 章已经介绍过，质量度量指标可以按照产品质量和过程质量进行划分。质量看板将产品质量和过程质量指标以可视化的形式呈现出来，可帮助研发团队及时了解质量状况，及时发现质量风险，厘清关键路径，集中解决关键问题，保证项目得以顺利进行。

在质量看板中呈现各项指标和数据需要通过自动化的手段来实现，包括数据的采集、计算、存储、展现。一方面是为了准确、有效、快速地度量和呈现，另一方面是为了减少研发过程中在这方面投入的时间和精力。

如果要打造多项目、多团队和多数据源的质量看板并实时呈现在制品质量状况，研发团队需要考虑开发一个质量度量平台，通过对接多种数据源，如缺陷管理系统、代码管理系统、CI/CD 工具、测试管理系统等获取项目执行过程中的产品质量数据和过程质量数据，通过质量看板统一呈现。

本书 7.7 节已经讨论过，软件产品质量度量指标包括线上缺陷逃逸率和统计周期内生产环境中发现的缺陷数，还介绍了能够反映在制品/半成品（需求/设计/代码）质量的度量指标。图 10-18 所示为某项目最近半年内按月统计的代码缺陷密度及趋势看板。

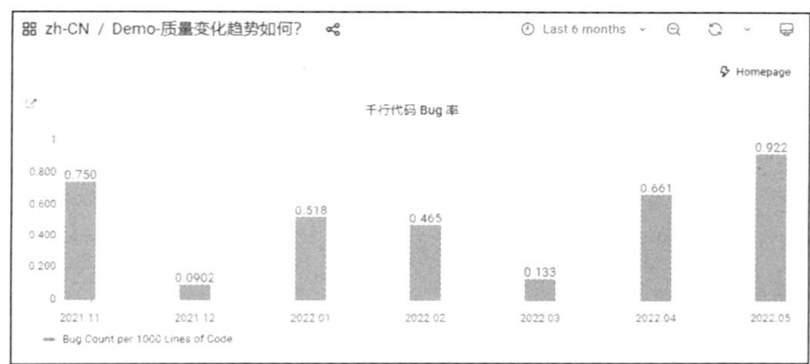

图10-18 代码缺陷密度及趋势看板（图片来源：DevLake）

本书 7.8 节讨论过软件过程质量的度量指标，包括过程缺陷密度、统计时刻缺陷遗留数、缺陷到达模式等。这些指标都可以通过质量看板来呈现。图 10-19 所示的缺陷趋势看板展示了某项目新增 Bug、修复 Bug 和遗留 Bug 的每周数据和趋势。

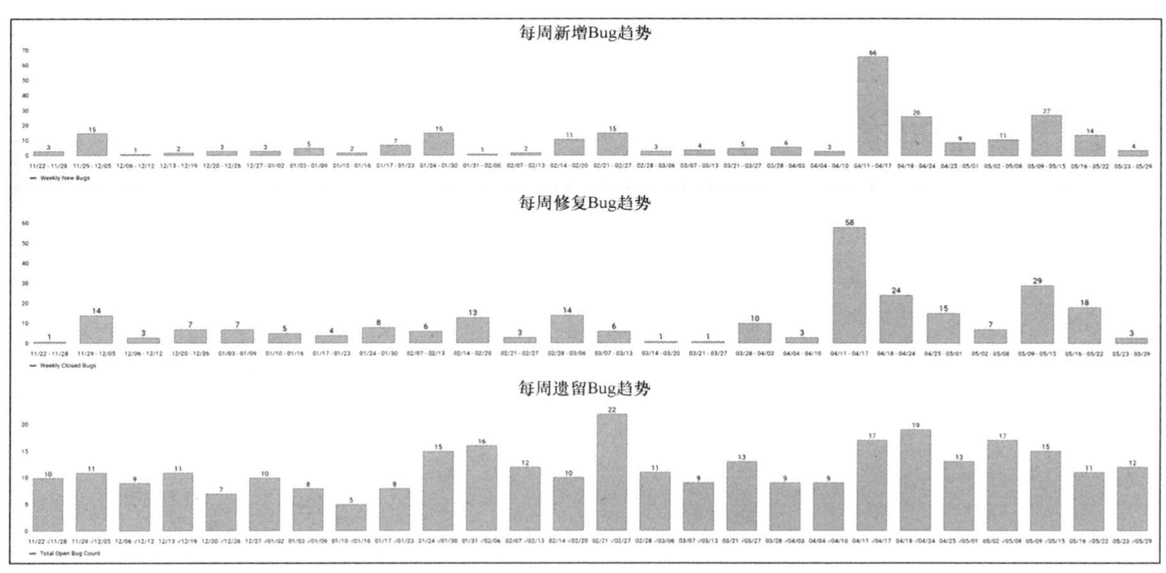

图10-19 每周缺陷趋势看板（图片来源：DevLake）

在工程实践中，质量看板可以根据任务类型呈现指标数据，例如，可以呈现在统计周期内持续集成流水线中的软件构建结果的统计数据，如图 10-20 所示。

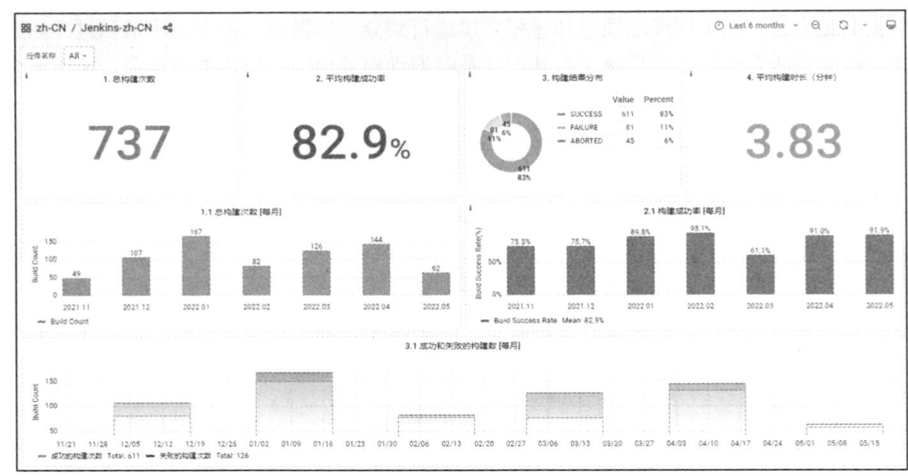

图10-20 持续集成流水线中的构建结果看板（图片来源：DevLake）

- 第一行展示的数据：在给定周期内总的构建次数、平均构建成功率、构建结果分布，还有平均构建时长（分钟）。
- 第二行展示的数据：按月统计总构建次数以及构建成功率。
- 第三行展示的数据：每月成功和失败的构建数。

10.3.4 研发效能看板

在软件生命周期中，产品质量及其软件过程质量只是一个团队需要跟踪度量的一个方面。随着软件复杂度的提升和迭代速度越来越快，人们发现不仅需要关注质量，还需要关注交付速度，更需要关注交付给用户的价值（避免浪费），因此产生了研发效能度量以及效能看板。软件的研发效能就是软件研发交付能力和效果，而效果体现在所交付的价值大小和速度。研发效能关注软件的交付质量、交付效率，以及整个团队的工程交付能力。在 DevOps 时代，我们关心价值能否持续交付，越能持续交付就越能体现产出的能力、产出的稳定性。

研发效能指标体系一般分为 3 个维度：交付效率、交付质量、交付能力。研发效能看板主要呈现这 3 个维度的相关度量指标和数据。10.3.3 小节已经讨论过研发质量看板中的指标，这里我们讨论交付效率和交付能力的度量指标以及如何通过效能看板进行可视化管理和分析。

交付效率的目标是促进端到端、及早地交付，用最短的时间顺畅地交付用户价值。可以度量交付效率的指标有很多，如以下两个指标。

- 需求交付周期：指从需求提出到完成开发、测试，直到完成上线的时间周期，反映了整个团队（包含业务、产品、开发、测试、运维等职能）对客户问题或业务机会的交付速度。需求交付周期趋势看板如图 10-21 所示。

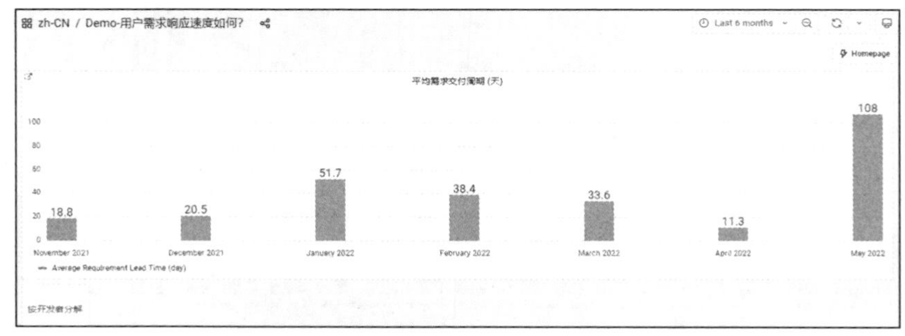

图10-21 需求交付周期趋势看板（图片来源：DevLake）

- 线上缺陷修复时长：指软件产品发布后，从用户反馈问题或者线上系统发生故障开始，多长时间可以在生产环境中修复。

交付能力的目标是建设卓越的工程能力，实现持续交付。可以用需求吞吐量指标度量交付能力。需求吞吐量即单位时间交付的需求个数，计算方式如下。

需求吞吐量=统计周期内交付的需求个数 / 统计周期

研发效能看板的真正意义在于能够帮助团队监控研发效能的状况，找到影响研发效能的根本原因，不断驱动研发效能的提升。因此，效能看板需要支持团队进行研发效能的趋势分析、关联分析、下钻分析等，具体如下。

- 对效能指标数据按照指定的时间周期（按天/月/季度等）呈现出随着时间推移的指标趋势，很多时候这比了解某个时间的绝对值更有意义，因为它可以帮助团队了解某一个指标的变化趋势，以发现问题。
- 效能看板不仅需要呈现效能结果指标，也要能够呈现效能过程指标，帮助团队进行指标之间的关联分析。软件研发效能的提升是复杂的，受到多种因素的影响，一个研发效能的结果指标可能和多个过程指标有相关性。我们可以针对大量的历史数据分析出指标之间的相关性，哪些是正相关，哪些是负相关。然后通过实验的方式进行探索，找到真正能够提升效能的因素并实施干预。例如，与需求交付周期这一指标正相关的指标包括研发各阶段耗时、需求变更率、缺陷解决时长、代码复杂度/重复度等指标，而需求评审通过率、代码评审通过率、发布成功率等指标与需求交付周期有负相关关系。
- 效能看板需要支持指标和数据的下钻，帮助团队按照多种维度对指标进行分解，从宏观到微观、从表象到根因逐层排查问题，找到影响效能的瓶颈点。一个反映研发效能结果的指标可以按照不同的维度下钻，包括按阶段、按团队、按任务类型、按项目等。以“需求交付周期”这一交付效率指标为例，如果这一指标在连续几个统计周期中变长，就有必要将这一指标进行分解，下钻到需求在研发各阶段的停留时间，找到表现异常的阶段进行根本原因分析。以需求交付周期为例，可以将需求交付周期下钻到每个接收需求开发任务的开发人员，如图 10-22 所示。

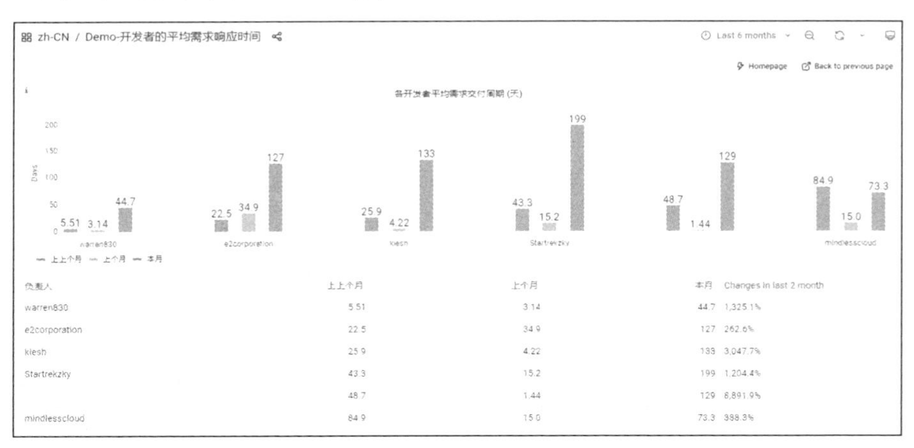

负责人	上上个月	上个月	本月	Changes in last 2 month
warren830	5.51	3.14	44.7	1,325.1%
e2corporation	22.5	34.9	127	262.6%
kiesh	25.9	4.22	133	3,047.7%
Startrekzky	43.3	15.2	199	1,204.4%
	48.7	1.44	129	8,891.9%
mindlesscloud	84.9	15.0	73.3	388.3%

图10-22　各开发者平均需求交付周期（图片来源：DevLake）

数据分析、优先级控制、变更控制、DevOps 实践、合同履行控制

10.4　数据分析

在对软件项目进行监控的过程中，项目经理会收集到大量的数据，如果不对这些数据进行分析和整理的话，可能会迷失在纷乱的数据当中，而不能做出正确的判断和决策。来看一个啤酒与尿布的故事。

啤酒与尿布

在美国的一家超市里，有一个有趣的现象：尿布和啤酒赫然摆在一起出售。但是这个奇怪的举措却使尿布和啤酒的销量双双增长了。这不是一个笑话，而是发生在世界零售连锁企业巨头美国沃尔玛超市里的真实案例，并一直为商家所津津乐道。原来，美国的妻子们经常会嘱咐她们的丈夫下班后为孩子买尿布。而丈夫中有30%～40%的人同时为自己买一些啤酒，因此啤酒和尿布在一起购买的机会还是很多的。

按常规思维，尿布与啤酒是风马牛不相及的。是什么让沃尔玛发现了尿布和啤酒之间的关系呢？正是商家通过对超市一年多原始交易数据进行详细的分析，才发现了这对神奇的组合。

《人月神话》中有句话说得好，"实践是最好的老师，但是，如果不能从中学习，再多的实践也没有用"。如果不对这些繁杂的数据加以分析，我们就得不到数据之间隐藏的关联性，也发现不了数据中的规律，会丧失很多学习和提升的机会。

10.4.1 设定不同阶段

刚开始做数据分析的时候，面对大量、繁杂的数据，我们可能不知道该如何进行。如果简单套用一些分析模型，可能会得到适得其反的效果，即不但不能给出正确的分析结果，反而花费了大量的人力成本。数据分析要经过观察探索、模型选定、推断与改进的过程。

1. 观察探索性分析

这是开始做数据分析的第一阶段。当收集到原始数据时，必须从杂乱无章、看不出规律的数据下手，通过作图、造表、用各种形式的方程拟合、计算某些特征量等手段进行探索性分析。在开始分析之前，应确定大致的分析方向，以免分析过于盲目。观察探索性分析很大程度上需要分析者有比较丰富的工程经验，对数据比较敏感，善于从不同的视角发现问题。

2. 模型选定分析

在观察探索性分析的基础上总结出一类或几类可能适用的模型或者方法，然后结合历史数据进行进一步的验证，之后从中挑选出确定的模型和方法。

3. 推断分析

应用所确定的模型和方法对软件开发过程中的数据进行分析，得出比较可靠的、精确的推断，以对风险的预防和项目的监控起到积极的作用。

4. 改进分析

没有任何事物可以一成不变地适应外界环境，软件数据分析也是一样。要在开发项目过程中不断积累经验，不断学习和吸取更好的分析模型和方法，持续改进数据分析的流程和方法，为软件项目的监控提供更加有力的分析结果。

10.4.2 分析方法

数据分析是对收集的数据进行加工和整理，将其转化为可利用的信息的过程。软件开发行业正在使用很多已经广泛用于传统行业的数据分析方法，常用的方法有以下几种。

- "老7种"工具，即排列图、因果图、分层法、调查表、散布图、直方图、控制图。
- "新7种"工具，即关联图、系统图、矩阵图、KJ法、计划评审技术、PDPC法、矩阵数据图。

这里介绍一下排列图法、关联图法、KJ法和PDPC法。

1. 排列图法

排列图是为寻找主要问题或影响质量的主要原因所使用的图。它是由两个纵坐标（左纵坐标和右纵坐标）、一个横坐标、几个按高低顺序依次排列的长方形和一条累计百分比折线所组成的图。排列图又称帕累托（Pareto）图。排列图分析适用于控制和提高软件质量，因为软件缺陷密度分布总是不相同的，大量的缺陷往往呈现聚集模式，也就是说大量的缺陷集中存在于少数质量较差的模块或部件中，或者说80%以上的缺陷是由20%的原因造成的。例如，有分析师为惠普的4个软件项目提出了一个关于软件缺陷分类的排列图。结果发现，有3种类型的缺陷占了总缺陷的30%以上，它们是需要新功能或不同处理、需要对现有数据进行不同的组织和表现，以及用户需要额外的数据字段。通过把注意力集中在这些更普遍的缺陷类型上，确定引起问题可能的原因，并且实施过程改进，惠普就能实现显著的质量改进。某软件缺陷分析排列图如图10-23所示。

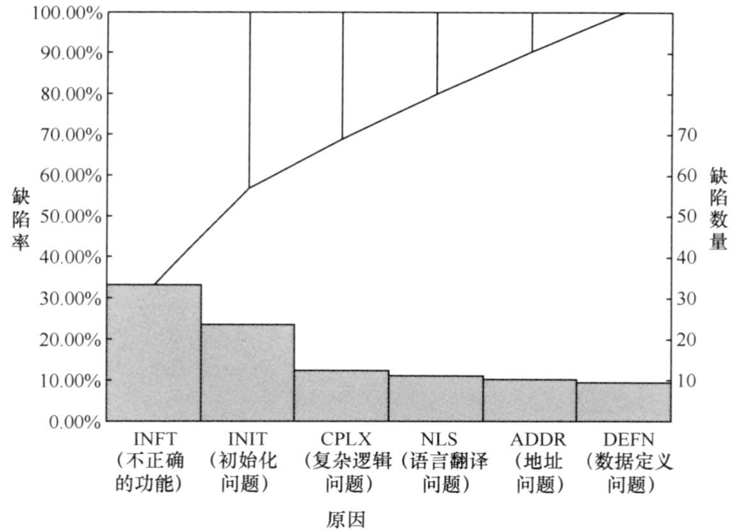

图10-23 某软件缺陷分析排列图

2. 关联图法

在分析数据信息的时候，特别要注意数据之间的关联性。如果众多因素交织在一起，就可以使用关联图法来分析。它将众多的影响因素以一种较简单的图形来表示，如图 10-24 所示。这样易于抓住主要矛盾，把握问题的关键。就如同牵牛理论：牧童的力气很小，但却能牵着牛走。找出关键问题后，就可以进一步集思广益，找出解决问题的方法。

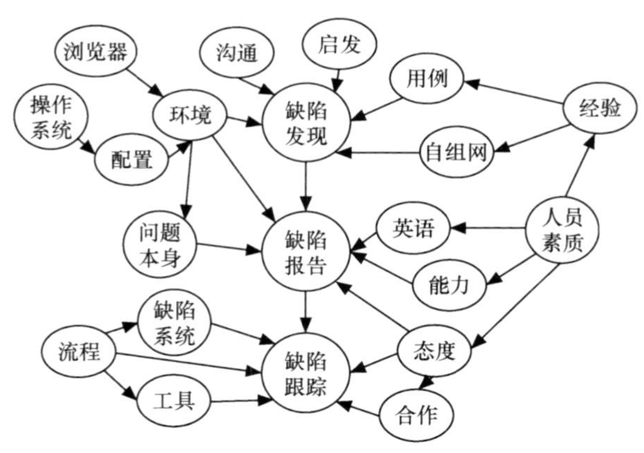

图10-24 关联图示例

关联图法适用于根据事物之间横向因果逻辑关系找出主要问题。对纵向关系可以使用因果分析法来加以分析，但因果分析法对横向因果关系的考虑不够充分，这时关联图就大有用武之地了。

在图 10-24 中，缺陷发现、缺陷报告、缺陷跟踪之间就存在着先后的因果关系，其中又纠缠着环境、流程、人员素质等相关因素。在这种情况下，就可使用关联图法及时厘清它们之间的横向因果关系，找出关键问题，从全盘加以考虑，以找出根本的解决办法。

3. KJ 法

KJ 法又称 A 型图解法、亲和图（Affinity Diagram）法，KJ 是该方法创始人——人文学家川喜田二郎姓名的英文缩写。KJ 法是将未知的问题、未曾接触过的领域的问题的相关事实、意见或设想之类的语言文字资料收集起来，并利用其内在的相互关系制作成归类合并图，以便从复杂的现象中整理出思路，抓住实质，找出解决问题的途径的一种方法。

KJ 法所用的工具是 A 型图解、亲和图。亲和图是一种数据精简的图示方法，通过识别各种观点潜在的相似性（亲近关系、亲和性）来进行分类，如用于归纳、整理由头脑风暴法产生的观点、想法等语言资料。亲和图把大量的定性输入转化为少量的关键因素、结构或类别。亲和图有利于分析质量问题（如软件缺陷）、顾客投诉、顾客满意度调查等，如在软件开发过程中，通过一些技术小组、质量小组进行独立工作，找出软件缺陷的主要产生原因，而且是透过现象找出根本原因，可能就是那么几个根本原因。澳大利亚质量组织（Australian Organization for Quality）在其报告“Modern Approaches to Software Quality Improvement”中就通过一个亲和图来描述软件开发过程改进的一些要素，包括创新、适用性增强、过程控制等。某软件开发过程的亲和图如图 10-25 所示。

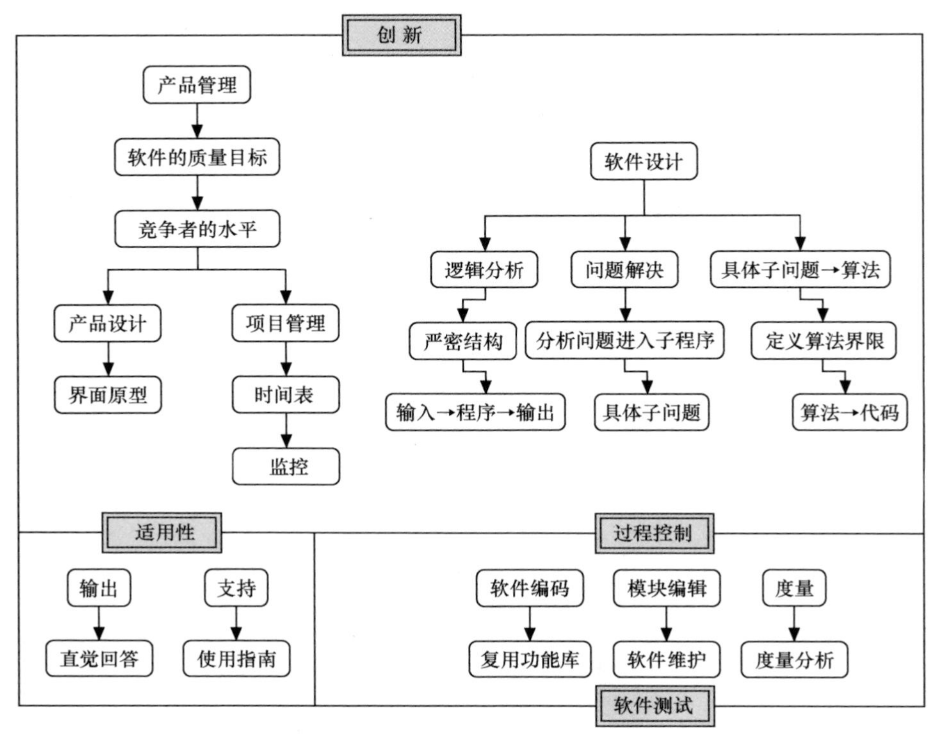

图10-25　某软件开发过程的亲和图

KJ 法的实施步骤如下。

（1）准备。主持人和 4～7 个与会者，准备好黑板、粉笔、卡片、大张白纸、文具等。

（2）头脑风暴会议。主持人请与会者提出 30～50 条设想，将设想依次写到黑板上。

（3）制作卡片。主持人同与会者商量，将提出的设想概括为 2～3 行的短句，写到卡片上，每人写一套。这些卡片称为“基础卡片”。

（4）合并为小组。让与会者按自己的思路各自进行卡片分组，把内容在某点上相同的卡片归在一起，并用绿色为它加一个适当的标题。不能归类的卡片则自成一组。

（5）合并为中组。将每个人所写的小组标题卡和自成一组的卡片都放在一起。经与会者共同讨论，将内容相似的小组卡片归在一起，用黄色笔为它加一个适当的标题。

（6）合并为大组。经讨论再把中组标题卡和自成一组的卡片中内容相似的归纳成大组，加一个适当的标题，用红色笔写在一张卡片上，称为“大组标题卡”。

（7）编排卡片。将所有卡片以隶属关系，按适当的空间位置贴到事先准备好的大纸上，并用线条把彼此有联系的连接起来。如编排后发现不了有何联系，可以重新分组和排列，直到找到联系。

（8）确定方案。将卡片分类后，就能分别暗示出解决问题的方案或显示出最佳设想。经会上讨论或会后专家评判确定方案或最佳设想。

4. PDPC 法

PDPC（Procedue Decision Program Chart，过程决策程序图）是建立在故障模式、风险分析（FMEA）、故障树分析之上的综合性分析方法。它可以采用顺向思维和逆向思维的不同模式来构造决策程序。PDPC 用于分析缺陷或故障对项目进程或软件开发过程进展的影响，从而寻求预防问题发生的相应措施，寻求消除或减轻问题产生的影响的解决方法，如图 10-26 所示。PDPC 也可以应用在制订计划阶段或进行系统设计的时候，事先预测可能发生的障碍（不理想事态或结果），从而设计出一系列对策措施以最大的可能引向最终目标。

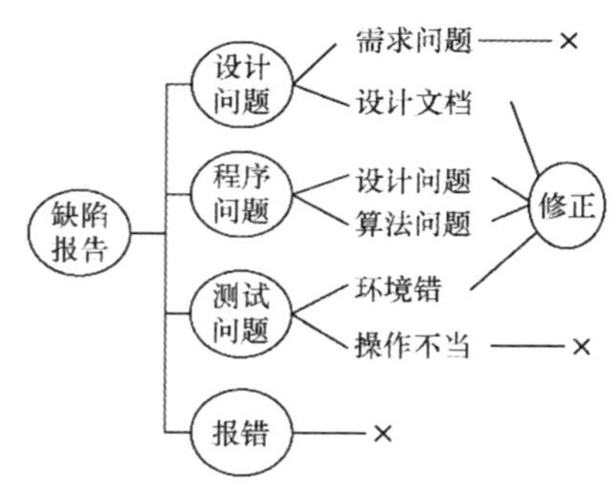

图10-26　过程决策程序图

在做数据分析的时候，不能局限于分析方法的应用。要在数据收集和分析中，不断积累经验，不断发掘数据信息的规律性和关联性。比如在《人月神化》中就提到“缺陷修复总会以 20%～50%的概率引入新的缺陷，也称作回归缺陷”，那么在修复缺陷的时候，就要采取相应的办法或者机制来控制这种回归缺陷的产生，以避免重复劳动。

10.5　优先级控制

了解时间管理的人都知道，在安排自己的时间的时候，要先区分事情的重要性和紧急性，把事情分为 4 个级别。

（1）重要的、紧急的是第一优先级。

（2）重要的、不紧急的是第二优先级。

（3）紧急的、不重要的是第三优先级。

（4）不重要、不紧急的是第四优先级。

然后，再按照事情的优先级来合理安排自己的时间。在对软件项目进行控制的时候，要照顾到质量、成本和进度之间的平衡关系，同样要对事务进行优先级管理和控制，确保优先级高的事情先得到处理。

10.5.1　优先级设定与处理

一般地，在管理软件开发的过程中，会遇到 3 个不同层面的优先级处理问题。

1. 多项目并行优先级处理

在一个软件企业中，多项目并行运作是常有的事。而且每个客户都希望自己的项目可以最早完成，这在现实中是不可能的。那么公司的领导层要站在全局的角度来处理项目的优先级，管理的重点在于评估好项目的优先级，然后协调各个并行项目之间的资源，从而获得最大收益或最佳投入产出比。其评价筛选流程如图 10-27 所示。

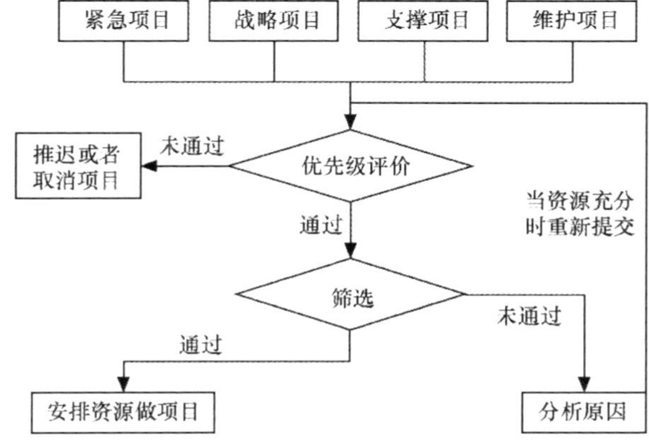

图10-27　多项目优先级评价筛选流程

例如，出于重要性及战略考虑，某个项目需要延迟提交给客户，而另一个并行项目必须要增加大量的临时性人力、物力和财力来保证其尽快完成。一般来说，处理在线产品的严重破坏性问题的项目优先级是最高的。这个时候就要尽快做出紧急的产品包来补上这个严重的漏洞。

2. **任务和问题优先级处理**

不管是项目经理、项目负责人还是项目成员，在整个项目进行中，都会遭遇任务或者问题解决的优先级控制问题。

针对任务来说，常见的几种高优先级的任务如下。

- 核心功能或核心模块的任务。
- 关键路径上的任务。
- 有相互依赖关系的前导任务。
- 不是关键路径上的，但是没有任何缓冲期的任务。
- 依赖外界因素的任务，如软件产品要和其他公司的硬件产品做集成，其接口任务是决定整个软件产品是否成功的关键。
- 优先级高的项目任务，比如：有的工程师同时工作在几个项目上，由于没有“分身术”，当然要先完成优先级高的任务。根据经验，一个人最好集中精力在一个项目上，这样效率最高。但是现实往往有些偏离。遇到类似状况，要学会及时、正确地处理。

针对问题来说，以下几种属于高优先级。

- 影响范围大的问题，如某些软硬件环境问题，一旦出现就会阻碍开发人员和测试人员的正常工作。
- 阻碍进度的问题，例如，某个模块的设计不合理，导致相关的其他模块不能完成接口的编码，阻碍了编码进度；某个缺陷的产生导致整个模块不能进行测试，阻碍了测试进度。
- 严重影响项目质量的问题，如《梦断代码》中提到的黑洞式缺陷，即无法确定修正所需时长的缺陷，就是这个缺陷导致一个核心的需求不能完成，影响了项目的质量。
- 客户发现的严重问题，有些项目在正式发布之前，会邀请客户进行 Beta 或者体验性测试。这样做，一方面可以避免严重问题影响项目验收，另一方面可以提高客户满意度。
- 在 Scrum 模式下，产品负责人接收完成用户故事时发现的严重问题。这类问题如果不及时解决，可能会影响用户故事的完成，进而影响到迭代和版本发布。

3. **协调工作优先级处理**

也许当前项目团队是由跨部门、跨区域或跨国界的人员组合而成的，也许只是单一的团队内部成员的组合，不管我们身处何方，都要处理好协作关系。一项基本原则是在同样的时间紧迫程度的条件下，他人的问题需要优先解决，因为你的协助是解决他人问题的前提，如同前导任务，有依赖关系；自己的问题自己可以随时解决，没有什么依赖条件。当然如果自己的问题需要寻求别人帮助，别人也应该优先解决你的问题。这也是良好团队合作的表现。

要想控制好优先级，需先做好优先级的判断。当然每个企业或个人都有其不同的方法，而且方法适不适用是要通过实践来检验的。

10.5.2　缺陷优先级和严重性

在修正软件缺陷的时候，经常会遇到混淆缺陷优先级和严重性的情况。如果对缺陷处理不当，最后会严重影响项目质量。先来看一下严重性和优先级的定义。

缺陷严重性是指软件缺陷对软件质量的破坏程度以及对客户使用产品或服务的影响程度，即此软件缺陷的存在将会对软件的功能和性能的负面影响程度。缺陷的严重性一般被定义为 5 个级别。

- A 类：致命错误，如死循环、数据库发生死锁、严重的数值计算错误等。
- B 类：严重错误，如功能不符、程序接口错误等。
- C 类：一般性错误，如界面错误，打印内容、格式错误。
- D 类：较小错误，如显示格式不规范、长时间操作未给用户进度提示等。

- E 类：建议性问题。

优先级是指表示处理和修正软件缺陷的先后顺序的指标，即哪些缺陷需要优先修正、哪些缺陷可以稍后修正。缺陷的优先级一般被分为 4 个级别。

（1）最高优先级，立即修复，否则阻碍进一步测试。例如，软件的主要功能错误、造成软件崩溃、数据丢失的缺陷。

（2）较高优先级，在产品发布之前必须修复。例如，影响软件功能和性能的一般缺陷。

（3）一般优先级，如果时间允许就修复。例如，本地化软件的某些字符没有翻译或者翻译不准确的缺陷。

（4）低优先级，可能会修复，但是不影响正常发布。例如，对软件的质量影响非常轻微或出现概率很低的缺陷。

一般来说，严重性高的软件缺陷具有较高的优先级，但并不是严重性高的缺陷优先级就一定高。例如，如果某个严重的软件缺陷只在非常极端的条件下产生，其出现的概率很低，则没有必要马上解决。另外，如果修正这个软件缺陷，需要重新修改软件的整体设计结构，可能会产生更多潜在的缺陷，而且软件由于市场的压力必须尽快发布，此时即使缺陷的严重性很高，也要进行全方位考量，尽量在合适的时间来修正这个缺陷。反过来，也不是严重性低的缺陷优先级就不高。例如，一个错别字的缺陷，如果不在产品发布之前修正，那么就可能严重影响公司的市场形象。

那么如何正确区分缺陷的优先级和重要性呢？除了根据其定义和级别外，还有几个必不可少的原则，如下所示。

1. 从客户的角度考虑

“客户是上帝”。软件最终是为客户服务的，从客户的角度考虑问题、修改问题和解决问题，软件才能符合客户的需要和期望。当评估缺陷优先级的时候，要常考虑这个缺陷是否对客户造成很大的负面影响。负面影响大，优先级就高。

2. 遵照二八原则

二八原则是 19 世纪末、20 世纪初意大利经济学家帕累托提出的，这个原则很简单：任何一组事物中，最重要的只占其中约 20%，其余的约 80%虽然是多数，但却是次要的。所以抓住重要的部分来处理很重要，只有先抓住了重要的关键缺陷，测试效率和测试质量才能提高，同时产生最大的效益。

3. 四象限原则

效仿时间管理四象限法则，把缺陷按轻、重、缓、急进行分类，优先处理重要和紧急的缺陷。厘清这些关系后，会很快清楚哪些缺陷是必须马上修复的，哪些缺陷是可以暂时缓一缓的，这样也就不会被堆积如山的缺陷所压垮，工作效率自然也会得到很大的提高。

10.6　变更控制

“不变只是愿望，变化才是永恒。”

——《人月神话》

对大多数软件开发来说，发生变更的环节比较多。

（1）需求变更。软件开发项目中大多数的变更来源于需求变更。“需求变更”也是业界公认的项目管理重大挑战，尤其是项目后期产生的需求变更，对项目的影响是非常大的。因为客户的需要是无止境的，虽然在制订合同时已经规定了相关项目的需求范围和截止时间，需求范围的定义也不是绝对的或无懈可击的。随着项目的深入，客户往往会提出新的需求，而且有时候为了特别的需求，客户也愿意支付额外费用来赢得自己最大的利益，项目开发方也愿意或不得不尝试满足客户的新需求。

（2）设计变更。这一方面来源于需求的变更，另一方面来源于初始的设计缺陷。如果在设计过程中考虑不完善或忽视了某些非功能特性（如安全性、故障转移等），设计难以通过验证，就必须进行设计的变更。如果设计的变更影响范围比较广或发生在项目后期（代码已完成），那么项目的风险就很大。

（3）代码变更。在代码没有冻结之前，变更基本上是常有的事。需求、设计的变更会导致代码的变更；功能缺陷需要修复，代码需要变更；代码不符合设计、不符合客户习惯等，也需要变更。

（4）进度、费用、合同时间、测试计划等的变更。

项目进度、测试计划的变更通常与需求和设计变更密切相关，一般需求或设计发生变更，会增加项目的工作量，必须修改测试计划，以适应需求或设计发生变更，也必然导致进度延迟，合同交付时间也受影响。预算、合同时间的调整虽然比较少见，但一旦发生，对项目的影响也是直接的。

变更在软件开发的过程中是不可避免的。如果缺乏对变更的管理，就可能会导致过程混乱、经常性地重复工作，以至于项目的完成时间一拖再拖、没有止境。变更并不可怕，关键是如何管理。

在这些变更中，需求变更影响最广，因为需求是源头。而且，在敏捷开发中，由于市场竞争加剧，需求变更比较频繁，对项目的影响很大，我们必须关注该问题。

10.6.1 流程

变更控制的目的并不是控制变更的发生，而是对变更进行管理，确保变更有序进行。为了有效管理变更，需要规范相应的变更控制流程，从变更请求的提交，到接收、评估、决策直至结束，如图 10-28 所示。

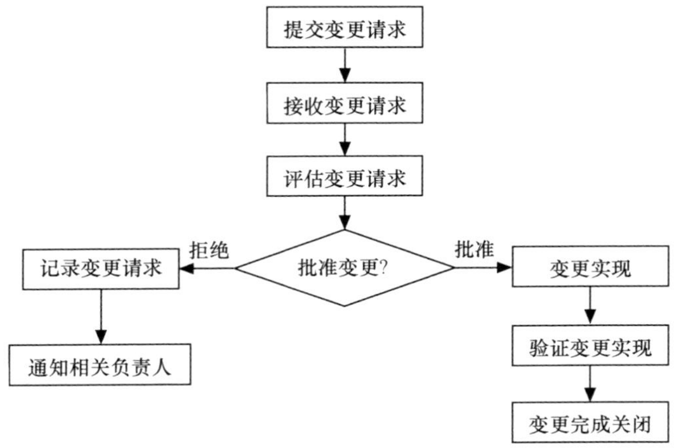

图10-28　变更控制流程

1. 变更提交

在提交阶段，要对变更请求进行记录。根据请求起源和收集信息类型的不同，可以分为新功能、功能增强、缺陷修复等不同类型的请求。

新功能或功能增强请求，一般来自客户、市场产品部门或者客户支持部门，不同的是，功能增强是在原有功能的基础上对功能进行改善。这类请求要提供的关键数据或信息要说明对客户的重要性、对客户的益处和具体的用例。大多数的缺陷是在软件项目开发内部测试过程中被发现的，不需要经过严格的变更控制流程，缺陷跟踪系统或者缺陷管理流程会记录、控制，直到缺陷的修复。而对于客户发现的缺陷，必须经过严格的变更控制流程，决定是发布紧急的补丁还是放在下一个版本中修复，这取决于缺陷对客户的影响程度和修复难度，也就是后面“变更评估”和“变更决策”中考虑的重点因素。

2. 变更接收

项目必须建立变更请求的接收和跟踪机制，包括指定接收人和处理变更请求的负责人，确认变更请求。变更接收时，需要检查变更请求的内容是否清晰、完整、正确，并确定变更请求的类型、分配唯一的标识符、记录在案等。

3. 变更评估

首先浏览所有新提交的变更请求，详细了解每个请求的特征，确定变更的优先级、影响范围和所需的工作量，为下一步决策提供足够的数据信息。不同的请求类型，其评估方法和流程是有区别的。例如缺陷修复请求评估，首先是再现当前的缺陷，然后评估缺陷的严重程度；而对功能增强请求，首先是了解客户的意愿，然后将同类型的请求放在一起比较，以决定各自的优先级，这取决于涉及多少用户、客户类型（大客户还是小客户）、对销售额的影响程度、是产品主版本还是淘汰版本等。

4. 变更决策

根据评估结果（如工作量估计数据、资源需求、紧迫程度）来做出决策，即决定批准请求还是拒绝请求，或者决定在当前版本还是推迟到将来某个版本上实现请求。自然，不同的请求，其决策的影响因素是不一样的。例如功能增强的决策因素主要考虑竞争对手的产品功能、自己产品的竞争力、符合哪些客户的期望等。而缺陷处理的决策会受时间的影响，在开发周期的早期，绝大部分的缺陷都应得到修复；而在后期，会经过多方正式会审来决定。

5. 变更实施与验证

在变更请求批准后，就开始实施和验证。对新功能、功能增强等请求的实施，往往需要与其他变更结合起来控制，如设计的相应变更、费用的相应变更、进度的相应变更等。变更请求还涉及相应的文档更新，即要保持文档和功能特性的同步，以避免给后续项目管理带来麻烦。

通过流程控制可以确保采纳最合适的变更，使变更产生的负面影响降到最低，还可以跟踪已批准变更的状态，确保不会丢失或疏忽已批准的变更。

10.6.2 策略

针对变更控制，只有规范的控制流程是不够的，还要运用一些适当的策略来预防、控制和管理变更。

1. **变更预防**

先来看个小故事，看从中能学到什么。

扁鹊医术

魏文王问名医扁鹊说："你们家兄弟三人，都精于医术，到底哪一位医术最好呢？"扁鹊答说："长兄最好，中兄次之，我最差。"文王吃惊地问："你的名气最大，为何反而长兄医术最好呢？"扁鹊惭愧地说："我扁鹊治病，是治病于病情严重之时。一般人都看到我穿针管来放血、在皮肤上敷药等，大家以为我的医术高明，名气因此响遍全国。我中兄治病，是治病于病情初起之时。一般人以为他只能治轻微的小病，所以他的名气只及于本乡里。而我长兄治病，是治病于病情发作之前。由于一般人不知道他事先能铲除病因，所以觉得他水平一般，但在医学专家看来他水平最高。"

这个故事说明了一个简单的道理，那就是事后控制不如事中控制，事中控制不如事前控制。不能仅仅靠流程来控制变更，更应该防患于未然，做好事前的预防是很有必要的，可以采用下面的方法。

- 在项目开始之前，调查和研究历史项目的变更信息，找出变更的集中区域，做好相关准备。例如，有些客户对产品界面的风格和美观要求很高，经常提出修改，甚至到了项目后期还提出修改，这会严重影响整个项目的实施进程。为了预防这种对项目影响很大的变更，在项目合同中，就可以针对这一需求进行协调和讨论，在合同中增加一项条款，限制界面修改次数和时间。
- 请经验丰富的专家对项目可能出现的变更进行评估，这有助于项目经理了解项目变更的可能性，以便在事件发生时做出及时的响应。
- 在项目计划时，预留一些缓冲时间，以应对突发的变更。

2. **变更控制委员会**

作为变更管理的一个核心控制机制，变更控制委员会（Change Control Board，CCB）起着决策和管理的作用。一个有效率的 CCB 会定期地考虑、讨论每个变更请求，并且由于是集体决定，可以做出正确的决策。有了 CCB，变更控制流程会得到严格执行，变更发生的概率也会大大降低。CCB 成员应能代表变更涉及的团体，可能包括客户代表、市场部代表、开发人员代表、测试人员代表等。在保证权威性的前提下应尽可能精简 CCB 人员，涉及太多人员可能很难集中起来讨论并做出决策。有时为了获得足够的技术和业务信息，会邀请其他人员临时列席会议。

3. **变更执行管理**

在实践中很多开发团队虽然组成了 CCB 并有一定的处理流程，却往往忽视了对变更执行的管理。而变更实施的好坏依然对项目有很大的影响。对于批准的变更，要建立一个变更任务列表，和对待其他常规任务一样管理和监控，直到完成。

4. **变更适应——敏捷开发**

软件业一直"喧嚣"了多年的"敏捷开发"，就是想使软件开发更适应需求变化，使开发团队能力提高，反应越敏捷就越能适应变化。现阶段一些技术和理念可以帮助项目更好地适应变化。

- 构件/组件化——最大限度的软件复用。大量的 IT 项目都已证明，最大限度的复用已有成果，无疑是提高软件开发效率、缩短开发周期、降低开发成本，以及改善软件质量的有效方式。据统计，如果软件系统开发中的复用程度达到 50%，则其生产率将提高约 40%，开发成本降低约 40%，软件出错率降低近 50%。
- 配置化设计理念——让软件开发更敏捷。由于平台高度封装了大量成熟而实用的应用构件/组件和模块，并内置功能强大、成熟而实用的各种应用系统和开发工具，因此在软件开发过程中绝大多数开发与应用无须特殊编码，只需按照项目需求选择相应的组件或模块进行"拖曳式"配置，而系统集成过程自动完成——正如统一规格、统一标准的机器零部件，只需按要求简单地组装即能成为完整的机械设备一样，因而大大提高了软件开发的效率，缩短了应用开发的调试期，降低了软件开发与应用的难度，并且应用可立即部署。

- 持续集成——自动构建、自动部署、自动测试。这是一个开发的最佳实践，它要求开发小组的每个成员频繁地集成他们的工作成果，这个频度通常是至少每天一次，有时甚至每天多次。每次的集成通过自动构建、自动部署、自动测试去尽快探测潜在的错误。很多团队都发现这种实践能快速、有效地减少集成问题，加快软件开发的步伐。
- 设计和开发充分考虑扩展性和复用性，避免后期大量重复代码和进行代码的重构。
- TDD，先写测试程序，然后再编码使其通过测试，利用测试来驱动软件程序的设计和实现。这样可以让开发者在开发中拥有更全面的视角，有效预防缺陷，避免过度实现带来的浪费。

5. 变更经验收集与总结

在管理和跟踪变更的同时，应该把各种变更的原因、方法和经验教训都记录下来，如表 10-5 所示的高校即时聊天软件项目审批通过的需求变更记录单。在项目结束后及时总结，形成变更控制更有效的方法，为今后的项目提供有价值的参考。

表 10-5　高校即时聊天软件项目审批通过的需求变更记录单

日期	变更类型	变更内容	评估影响	负责人
2024 年 2 月 19 日	需求增加	用户使用用户名、密码登录聊天系统	需要增加 1 天	文睿
	需求移除	管理员通过浏览器登录管理后台	不影响当前进度	文睿
2024 年 2 月 26 日	需求改变	聊天窗口发送图片消息格式限制调整	不影响当前进度	若谷

10.7　DevOps实践

DevOps 被翻译为“研发运维一体化”，旨在解决研发（Development）阶段与运维（Operation）阶段割裂的问题。DevOps 强调开发、测试和运维不同团队间的协作与沟通，通过自动化工具与人、流程、技术的密切结合，加快交付速度，提高交付质量。DevOps 生命周期包括计划（计划）、编码、持续构建/持续集成（构建）、持续测试（测试）、持续交付（发布）、持续部署（部署）、持续监测（运维）、持续监控（监控）等多个阶段，如图 10-29 所示。

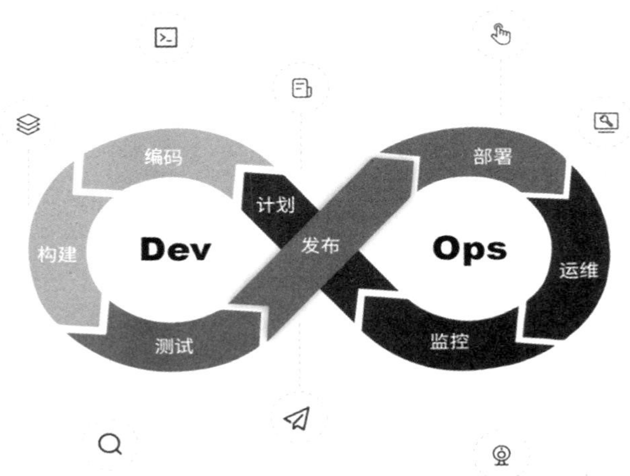

图10-29　DevOps生命周期

我们以喧喧团队为例，详细阐述 DevOps 实际流程。在前期设计阶段，喧喧团队为提高软件开发效率，缩短产品上市时间，决定采用敏捷+DevOps 流程的模式进行软件开发。在落地工具上，团队选择了禅道项目管理软件的

DevOps 平台作为管理载体，通过 Git 仓库、流水线、制品库等工具，实现自动化构建、测试和部署。

10.7.1 需求与计划

这个阶段是 DevOps 流程的入口，也是前一个迭代结束后下一个迭代的开始，处于图 10-29 中的“计划”部分。

对喧喧团队来说，既然想让交付的喧喧高校即时聊天软件能够体现业务价值，首先需要了解用户真实的需求。当收集好需求、产品经理将需求整理好后，在禅道项目管理软件的产品模块中进行条目化管理。可以通过产品或项目来承载需求，也就是说，需求并不是孤立的，需求要与产品关联，这样才能通过迭代需求的方式来迭代产品。需求收集如图 10-30 所示。

产品经理通过与开发人员、测试人员沟通、确认需求后，进入持续开发阶段。

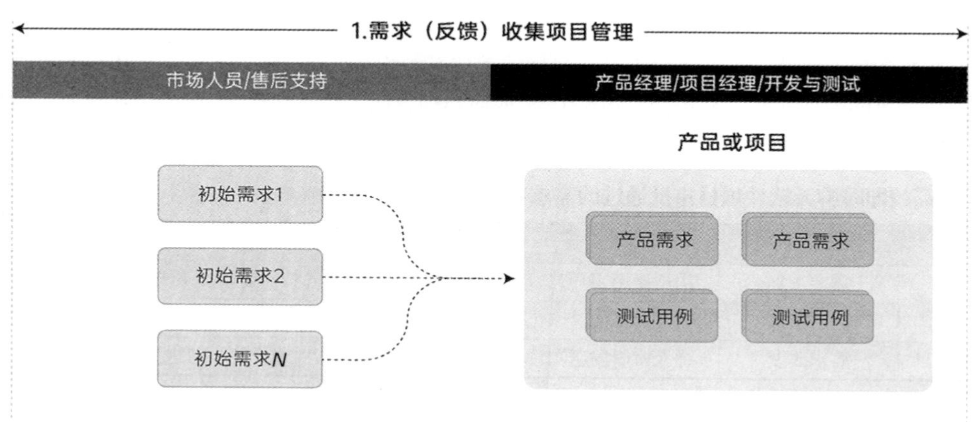

图10-30 需求收集示意

10.7.2 编码与构建

作为 DevOps 生命周期的第二个阶段，持续开发中的核心角色聚焦于开发人员与测试人员。在这个阶段，喧喧团队需要先深入了解项目背景，与产品经理一起评审需求，根据需求确定技术方案与测试用例，如图 10-31 所示。

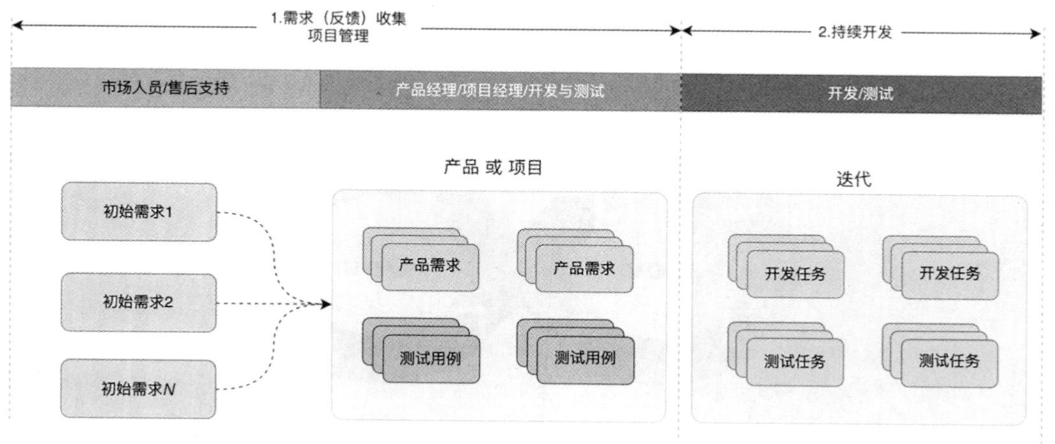

图10-31 持续开发示意

1. 构建版本控制过程

为确保喧喧的稳定运行、快速迭代，在开发过程中，团队通过版本控制工具（如 GitLab、GitFox 软件）进行源代码管理，源代码、配置文件、脚本和文档都存储在 Git 仓库中。团队的开发人员对代码的任何修改都需要通过 Git

进行提交，确保代码的变更历史可追溯。

除此之外，喧喧团队还制订了如下策略。

- 自动化构建：使用持续集成工具（GitFox 流水线、GitLab CI），当开发人员提交代码到 Git 仓库时，会触发自动构建流程，为实现持续集成做好铺垫。
- 环境一致性：通过 Docker 容器技术，确保开发、测试和生产环境的一致性，降低生产环境出现问题的风险，提高开发、测试效率。
- 变更管理：生产环境的变更需要通过变更管理流程。变更请求需要经过审批，然后由自动化脚本执行，确保变更的可控性和可审计性。
- 监控和日志：使用日志管理和监控工具（如 Grafana）收集和分析系统日志，监控配置变更带来的影响，以便识别潜在问题或异常行为。

2. 制订分支策略

为确保持续开发的顺利进行，构建应用程序代码的稳定版本，喧喧团队确定了功能分支策略：确定一个主分支（通常是 master 分支），保存稳定的、可发布的代码。当需要进行新功能的开发或修复 Bug 时，从主分支创建一个新的分支（如发布分支），在发布分支上进行开发工作。开发完成后，将发布分支合并回主分支，然后进行发布。这样可以确保主分支始终保存着稳定的代码，同时方便多人协作开发。

作为 DevOps 中持续开发阶段的一个重要组成部分，分支策略有助于提高代码质量和团队协作效率，支持快速迭代、持续交付。

做好源代码管理后，研发团队通过合并请求功能，开启分支代码合并的评审机制。同时，团队也可通过 SonarQube 实现静态代码分析，有效提高主分支代码质量。

10.7.3 持续集成

在持续集成阶段中，开发人员将代码频繁地提交到 Git 等版本控制系统的主分支或共享开发分支中。这些提交会自动触发构建系统，执行一系列的自动化构建和测试步骤，以验证代码的质量和稳定性。

在喧喧开发过程中，研发团队根据需求/Bug 完成代码改动并提交，将代码推送到特定分支。此时，团队内部需检查提交内容，通过 SonarQube 实现静态代码分析，通过 ZTF 自动化测试管理框架进行单元测试。测试完成后，发起合并请求，如图 10-32 所示。

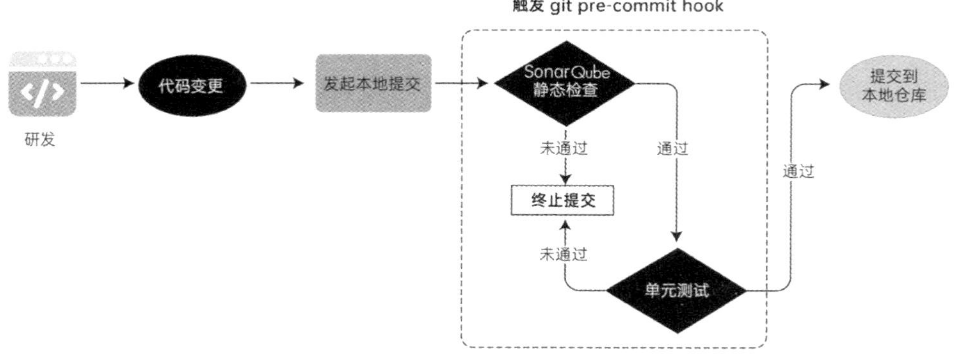

图10-32 测试与代码合并

在发起合并请求时，开发人员需准确、清晰地表达合并请求的标题和描述、任务/Bug ID，明确说明新增文件发送功能的目的和变更内容。一旦合并请求被发起，将自动触发代码审查流程，团队成员会对代码进行审查并提供反馈，如图 10-33 所示。

代码通过评审后，将提交至 GitLab/GitFox 远程代码仓库，并与主分支的其他代码兼容，团队将代码合并到主分支。合并代码后，触发 SIT（集成测试）流水线。

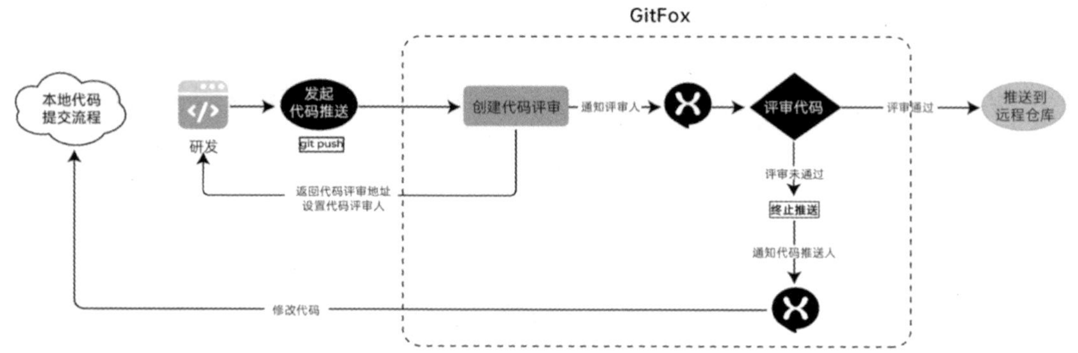

图10-33 代码评审与反馈构成闭环

在 SIT 流水线运行期间，也很容易发现问题。喧喧团队在 SIT 流水线运行中，注意到了一个潜在的性能问题：在传输大文件时，当前的实现方式可能导致内存占用过多。考虑后，团队采用分块传输的方式，将大文件分成小块进行传输，从而减少内存占用。开发人员在修改代码后，重新提交代码。团队成员最终确认修改后的代码符合要求，对合并请求进行批准，将发送文件功能的代码成功合并到主代码中。

10.7.4 持续测试

在持续测试阶段，喧喧团队通过 ZTF 自动化测试管理框架与 ZenData 通用测试数据生成器，建立脚本、用例以及测试数据之间的关联，执行自动化测试，监控各节点测试脚本执行情况，并自动回传执行结果到禅道，生成测试报告。

上述自动化测试工具能够帮助团队节省测试步骤，提高测试效率。团队的 QA 人员也能够使用这些工具对其他代码库进行并行测试，把好质量关卡。

10.7.5 持续部署

在软件或变更部署到生产环境时，喧喧团队会通过上线计划维护上线步骤、上线范围、用例等，用结构化、可管理的方法管理上线过程，确保交付的可靠性、一致性和可追溯性，推动持续交付。

研发团队在迭代结束后，会创建新的版本，包含此次迭代中实现的所有新功能以及修复的 Bug。为了管理版本，开发人员会为这个版本打上 Tag（标签），以便后续跟踪、管理。一旦创建 Tag，就会触发 Tag 流水线。流水线会自动执行代码编译、单元测试、集成测试等，维护代码的质量和稳定性。

在 Tag 流水线成功完成后，会触发 UAT（用户测试）流水线。UAT 流水线旨在让用户体验新版本的功能，并提供反馈。UAT 流水线会部署新版本到 UAT 环境，并提供测试链接给用户。用户通过测试链接，可以访问新版本，进行实际的测试和体验。

用户测试完成后，会提供反馈给研发团队。研发团队根据用户的反馈，进行必要的修改和优化。一旦修改完成，会重新触发 Tag 流水线和 UAT 流水线，如图 10-34 所示。

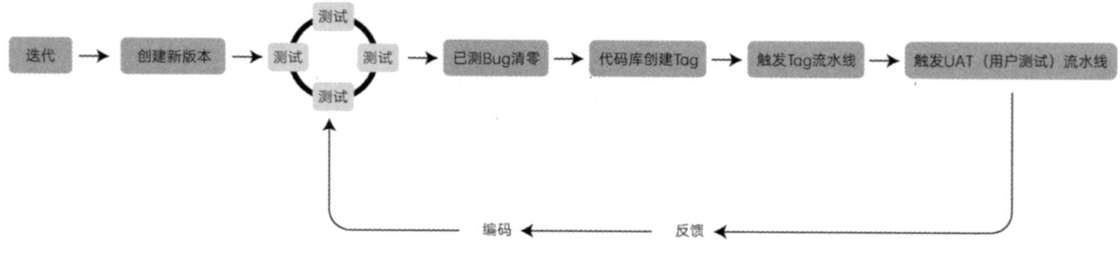

图10-34 DevOps流水线示意

当用户测试通过后，产品负责人将会在禅道中选择产品，创建发布，选择测试通过的制品，触发版本发布流水线。此时，流水线会自动执行发布和部署任务，新版本会被部署到生产环境中，供所有用户使用。

同时，运维团队会通过 OpenSCAP 安全扫描工具，定期扫描系统漏洞和合规性问题。一旦发现安全问题，运维团队会及时修复漏洞，更新系统的安全配置。

10.7.6　持续监测与反馈

监测产品性能对喧喧团队来说至关重要。在此阶段，开发人员通过日志管理和监控工具（如 Grafana），记录有关产品使用的数据，持续监测产品功能。在这一阶段，运维团队主要观测用户活动、检查系统是否有异常行为以及跟踪错误与缺陷等。

团队、用户都可以在这一阶段中反馈对研发流程以及产品的建议，总结自身的经验。通过及时评估反馈，团队可以着手进行新更改。这样，用户反馈能得到及时回应，也可为新版本的发布铺平道路。

10.8　合同履行控制

销售人员订立合同后，如释重负，合同交给执行部门，按合同做就好了。看似简单，如果不对合同履行加以控制的话，意想不到的事情可能会随时发生，例如下面这个真实的故事。

在一个软件项目实施的中后期，项目经理接到项目组程序员小张的请求，要求为他增派人手，说他的活儿干不完了，可安排给他的工作按计划应该完成了。原来，小张与客户小刘在工作中成了铁哥们儿，小刘几次请小张开发一些小的模块。小张也没向项目经理请示，就自作主张给做了。这次，他又答应在客户原有模块上增加信息归类功能，结果做起来发现他做不了，这才向项目经理求救。项目经理和客户沟通，要求做项目变更。可客户咬死说前几次都是免费的，这次也应该免费。

故事里的小张固然有错，但根本原因在于缺乏对合同履行情况的监控。合同履行控制也是容易忽视的环节，可以通过下面几种措施来减少或避免相关问题的发生。

1. 制定科学完整的合同管理制度

企业应事先制定完备的合同管理制度，这是做好合同履行控制的前提。软件企业应当根据自己的业务特点制定一套常用的合同范本，确定常见的法律风险种类并规定相应的合同条款加以管理，如企业在某些重大问题上的风险承受级别（底线条款）。企业法律部门或法律顾问应更多地参与甚至主导合同管理的过程，包括对合同对方当事人进行资信调查，参与合同谈判、起草、修订、签署、履行以及事后审查等。为此，企业应当订立相应的流程和指南，用于指导法律部门和业务部门的关联性工作。

2. 制定合理完善的合同履行控制系统

对合同履行采用专人负责、一合同一档案、履行合同的相关审查、定期汇报、法律部门监督等方式，以加强对合同履行过程的控制，保证合同履行严格按照合同约定的方式及合同要求的流程进行。

3. 加强合同变更的管理

我们知道，在软件开发过程中，需求变更是较常见的，而需求变更的结果往往会引起合同条款的改变。当需要改变或者添加合同条款时，应遵照企业的变更控制流程进行变更的提交、审核和批准，最后更改合同，双方签字，合同正式生效后进行相关的变更实施。

4. 强化企业法律顾问的职责

对于法律顾问的工作范围，企业往往注重于起草、签订完备的合同或者赢得诉讼，而忽视了企业法律顾问在合同履行过程中的监督作用，这就使企业浪费了宝贵的法律资源。因为企业法律顾问参与了合同的起草、签订以及对对方当事人的前期调查，其所掌握的信息是企业其他工作人员无法比拟的。另外，企业法律顾问一般是专职执业律师，拥有丰富的法律知识和实战经验，所以要把合同的履行状况和相关审查结果定期汇报给法律顾问审阅，真正发挥法律顾问在合同履行中的控制作用。

5. 组织企业职工的法律培训

企业合同的最终履行要靠企业员工去完成，所以对企业员工的法律知识培训是不可缺少的，特别是对项目/产品/开发/测试经理们的培训尤其重要。对企业员工的培训主要注重两个方面。

（1）加强对员工的企业内部合同履行控制系统的培训，尤其是对负责履行合同的员工的培训，使每一个员工清楚合同履行的流程和合同履行中应该保存的法律文书。

（2）加强对员工的法律意识及基础法律知识的培训，使员工在履行合同过程中自觉地遵守公司的合同履行流程，不擅自承接相关的需求变更，并及时发现问题、报告问题和解决问题。

合同履行控制着重于企业自身制度的设计和员工的培训，通过对企业自身的管理和建设，达到控制合同履行中法律风险的目的，避免损失，对保证合同按期完成具有重要的意义。

小结

“一份完美的图纸并不等于一幢坚实的大楼。”

事实的确如此，再好的计划如果没有有效的控制和监督，一切如同纸上谈兵，毫无意义。软件开发的特性决定了控制和监督尤为重要。本章讨论了实施有效监控的前提是对数据信息进行了度量、收集和整理，而为了有效地反映数据信息的进度，应以直观、醒目的可视化方式来展现项目的进度。本章还介绍了一些常用的可视化管理方法，如甘特图、时间线和延迟图等。另外，本章还通过研发质量看板和效能看板介绍了工程实践中常用的质量和效能指标，以及如何利用看板进行数据分析。

本章后面的几个小节针对优先级控制、变更控制和合同履行控制进行了充分的讨论。变更控制是重点，其主要功能是通过正规的控制流程来管理软件开发过程中的任何变更，以减小变更造成的负面影响，确保软件产品的质量。

习题

1. 什么是项目过程度量？其方法有哪些？
2. 过程度量的制订规则有哪些？请根据你的项目，制定一些切实可行的度量指标。
3. 数据收集的方式有几种？举例说明。
4. 数据收集的难点在哪里？
5. 数据可视化的作用是什么？
6. 结合实际项目，你会选择哪个可视化方法来显示项目进度信息？
7. 简述变更控制的流程。
8. 结合实际项目，你会采取哪些有效方法来预防变更？

实验9：任务优先级排序

1. 实验目的

（1）理解并掌握任务优先级排序的方法和技巧。

（2）加深对项目管理和团队协作中优先级设置的理解。

2. 实验内容

产品经理已将两个需求拆分成如下任务，同学们需对这些任务进行优先级排序。

3. 实验环境

4人一组，准备白板、马克笔、便利贴或禅道项目管理软件，以记录和排序任务。

4. 实验过程

（1）小组讨论，澄清需求及相关任务。

（2）每个成员根据自己的理解和经验，对任务进行初步的优先级排序。

（3）小组讨论，分享各自的排序结果，就有争议的任务优先级进行讨论。

（4）根据讨论结果，确定最终的任务优先级排序。

5. 交付成果

交付所有任务的优先级排序结果，并记录讨论过程中的关键点和决策理由。

任务列表如下。

以下任务包含两个需求。

需求 ID	研发需求名称	描述
PBI_01	用户可以使用浏览器访问聊天系统	作为用户，我希望能通过浏览器访问聊天系统，通过输入姓名，能直接在浏览器里与人聊天，这样更方便
PBI_02	用户可以在聊天界面中设置自己的姓名	作为用户，我希望能在聊天界面中设置自己的名字，以便和他人沟通时能更容易辨认彼此

任务名称	任务描述
设计系统的后端架构	包括技术实现目标、技术实现方案，确定服务器语言，后端服务器、消息中转服务器和客户端的实现
实现数据库层面的验证	确保在更新用户名时进行适当的验证和错误处理，如用户名唯一性检查
开发浏览器登录页面	实现浏览器登录页面，包括用户名输入框、登录按钮等
实现用户名设置的前端界面	实现用户名设置的前端界面
确保主流浏览器兼容性	确保主流浏览器（如 Chrome、Firefox、Safari、Edge）兼容性
定义设置用户名的具体需求	定义设置用户名的具体需求，如字符限制、是否允许重复等
实现 WebSocket 服务端逻辑	实现 WebSocket 服务端逻辑，与前端进行实时通信
实现前端的 WebSocket 客户端逻辑	实现前端的 WebSocket 客户端逻辑，以支持实时消息推送
编写前端组件的单元测试	编写前端组件的单元测试
设计用户名设置功能的用户界面	设计用户名设置功能的用户界面
设计浏览器登录页面	实现浏览器登录页面，包括用户名输入框、登录按钮等
添加表单验证以确保用户名的有效性	添加表单验证以确保用户名的有效性（如长度限制、字符限制等）
编写单元测试来验证用户名更新逻辑	编写单元测试来验证用户名更新逻辑
实现数据库的配置和管理	实现数据库的配置和管理

续表

任务名称	任务描述
实现响应式设计	通过响应式设计支持不同屏幕尺寸
测试数据库的读写是否正常	测试数据库的读写是否正常
编写后端逻辑的单元测试	编写后端逻辑的单元测试
测试前后端的集成是否顺畅	测试前后端的集成是否顺畅
实现或更新处理用户资料更改的业务逻辑	实现或更新处理用户资料更改的业务逻辑，包括用户名的更新

【喧喧项目】
03-创建看板

【喧喧项目】
04-创建看板项目

11

第11章　项目收尾

项目收尾

“不到最后，不是结束。”——瑜伽修行者

项目收尾是项目生命周期最后一个阶段，可以称之为收官之战。软件项目的收官之战，虽然不像很多围棋高手比赛，在收官之战后胜负才见分晓，但是同样非常重要。成功的项目收尾是软件公司和客户追求的共同目标。

与项目的其他阶段不同的是，收尾阶段没有系统、有序的工作过程，而往往是非常零碎、烦琐、费时、费力的工作，所以在软件开发项目中收尾工作往往不被大家重视，这可能会导致一些严重的问题。例如，验收前期工作准备不充分，在客户验收现场，软件运行环境出现问题，没办法解决，验收通过不了；用户手册不全面，客户不满意，不肯付清费用。所以，做好项目收尾工作是项目管理的重要一环。

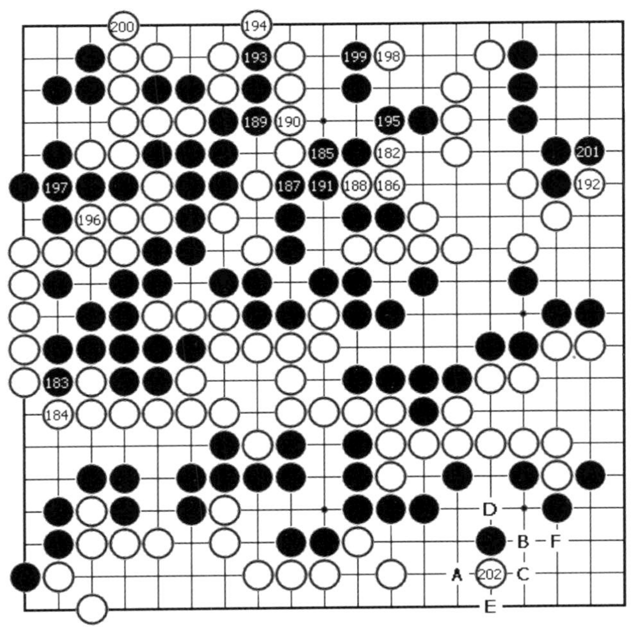

项目收尾是一项复杂的工作，项目经理是其中的关键人物，需要与用户、客户、企业管理层、团队成员进行良好的沟通和交流。成功的项目收尾应当呈现项目通过验收、资金落实到位、认真总结工作经验、与客户保持良好关系的状态，收尾成功要求项目经理机智地协调、处理收尾工作中的人际关系，推动收尾工作顺利进行。

11.1　持续交付流水线发布

持续交付的核心在于频繁小批量发布软件给最终用户，每个版本之间的变更很少，更容易定位问题和解决问题。随着软件系统的复杂度越来越高，软件迭代速度越来越快，对软件发布的质量和效率的要求也会越来越高，研发团队需要依靠可靠的持续交付流水线平台来保证软件产品的持续发布。

11.1.1　持续部署

当一个软件版本通过了持续集成以及所有的测试，下一个目标就是将软件部署到生产环境中，并最终发布给用户使用。将软件部署到生产环境中应该实现一键式自动化部署，无须人工干预。一个持续交付流水线平台能够支持从开发人员提交代码触发持续集成，到通过所有的测试，再到部署发布的全程自动化。这将加快新功能或缺陷修复上线的速度，保证新的功能特性和修复能够第一时间部署、发布到生产环境被用户使用。

软件的自动部署是实现高频、低风险发布的技术基础，不仅需要支持在生产环境中的部署，也要支持在研发过程中开发、测试环境中的部署。一个自动化部署流程包括以下几个步骤。

（1）准备目标环境，安装和配置必要的系统和软件。

（2）执行部署脚本自动化部署软件包。

（3）完成必要的系统配置。

（4）执行部署测试，确保系统在目标环境中可以正常运行。

生产环境的搭建和任何修改都应该通过自动化来完成，尽可能减少人为错误，将管理生产环境的流程也应用于管理其他环境。软件部署到每个目标环境的部署流程是相同的，这就相当于在研发过程中对部署流程进行反复测试。同时，尽量让测试环境贴近生产环境。

在整个流水线中，只要有一个环节失败，就会中止整个流水线任务，研发团队需要立刻排查问题，修复后再启动新的流水线任务，直至成功。

11.1.2　灰度发布

在软件持续交付流水线中，软件灰度发布的应用越来越广泛。采用灰度发布的目的是，如果新的软件版本出现问题，可以将对客户的伤害控制在局部范围内。软件变更和持续发布的 3 个要点是可灰度、可观测、可回滚。

与灰度发布密切相关的一个概念是“金丝雀发布”，这个名字来源于 17 世纪的英国，矿井中会产生一种有害气体，经常引起矿工中毒，造成人员伤亡。而工人们发现，金丝雀对有害气体十分敏感，在人体还没有察觉时，金丝雀就会中毒身亡。于是，矿工们每次下井时都带上一只金丝雀，一旦金丝雀中毒，矿工就会知道井下有毒气，立即返回地面。金丝雀发布是把新的软件版本先行发布给少数用户使用的一种方式，如果发现问题，就不会让更多用户升级使用新的版本，从而避免对更多用户的影响和伤害。

灰度发布是将发布分成不同的阶段，先把新版本发布给小部分用户先行使用，如果新版本在一定时间内没有出现问题，就逐渐扩大发布范围，直至覆盖所有的用户。因此，灰度发布可以认为是在金丝雀发布基础上的扩展，整个过程相当于在旧版和新版之间（黑白之间）平滑过渡。

灰度发布有两种实现方式：一种是开关隔离方式，即在代码中为新功能设置开关，将软件的新版本部署到生产环境中的所有节点，通过代码中设置的开关针对不同范围的用户逐渐开放新功能，一旦出现问题，就马上关闭开关，下线新功能；第二种是通过滚动部署的方式，将新版本部署到生产环境中的一部分节点上，当确认没有风险后再逐渐部署到更多的节点上，在当前阶段发现问题可以通过回滚机制将软件版本回滚到上一个稳定的版本，这样就可以把对用户的影响降至最低。

另外，我们还需要搭建类似生产环境中的监控告警系统，对灰度环境进行监控，对日志、系统数据采集和分析，当配置的指标超过阈值时监控系统触发报警，从而有效预防风险。

在确定灰度流量分配策略时，可以按照 3 种方式来划分。**第一种是按流量百分比划分**，以先到先得的方式，先访问网站的用户优先升级到新版本，直到达到这一阶段事先定义的用户量，然后逐级扩大用户量；**第二种是按人群**

划分，根据用户画像，选择特定地域、性别、年龄的用户，或者按照用户活跃程度划分人群进行逐步升级；**第三种是按渠道划分**，发布到不同应用市场的应用都会被打上渠道标签，所以可以根据渠道来区分用户。

11.2 验收

当软件项目即将完工或已经完工的时候，项目验收是项目承包方及客户方都期望能够按时进行的一个阶段性过程。项目一旦进入验收阶段，对项目承包方来说，主体的工作基本上已完成，他们可能不再需要投入大量的人力、物力在这个项目上，一旦验收通过则意味着他们所承担的这个项目将进入下一个阶段的移交工作，如产品/资料移交、客户培训，从而圆满地完成当前项目，开始售后服务的常规性工作。而对客户来说，项目验收是对该项目进行全方位的检验，以确保产品功能、性能等符合需求。一旦验收通过，意味着他们所投资的东西即将为他们带来经济上或管理上的某种效益，同时要安排后面的一系列工作，包括项目接收、人员培训、付清合同款项等。项目的成功验收是一系列细致工作完成到位的结果，验收的前期工作要准备充分才行。

对于公司内部的项目，如一些研究性项目，其项目验收过程就相对简单。一旦项目完成，就可以由项目负责人组织相关的专家和领导进行项目成果的检查和验收。其验收标准是当初立项的目标和项目负责人对其做出的相关承诺，例如，某领域的技术可行性研究项目，其成功检验标准就是必须用这种技术做出一个成型的功能模块展示给大家。如果研究成果表明其技术不可行，那么就不必进行成果检验了，但是要出具研究报告说明技术不可行的缘由。对于敏捷的迭代项目，针对需要上线发布的迭代，要按照验收流程来走。

针对不上线发布的迭代，其验收过程相对简单，基本上由项目组做演示（Demo），之后产品负责人来验收用户故事的完成程度（根据项目计划中定义的用户故事验收标准和迭代验收标准）。将没有完成或者失败的用户故事重新进入待办列表，按优先级重新排序。在下个迭代开始之前，完成当前迭代总结。

11.2.1 验收前提

一般来说，项目承包方和客户方对何时进行项目的验收，往往看法不同。对项目承包方来说，只要完成了前期与客户共同认定的项目需求书中规定的各项工作，并且进行了相关的功能测试、性能测试等，将相关的项目文档准备完善后就可以进行项目的验收了。然而对客户来说，主要关心的不是合同、技术协议、需求规格说明书、用户使用手册等文档是否齐全、内容是否详尽，而是其业务是否真正地在软件系统中得以实现，并且能良好地运行，不会出现任何严重的问题。

针对大型、复杂的软件项目，提前做一个详细的验收计划是非常有必要的，可以用来指导验收工作的进行。针对中小型和相对简单的软件项目，准备一份完整的检查清单，到时逐项进行验收就可以了。不管项目大小，项目承包方在正式验收之前，都应该做到以下几点。

（1）完成合同要求的全部内容，即软件开发已经完成，并修复了已知的软件缺陷。

（2）完成软件系统测试，包括单元测试、集成测试、功能测试和性能测试等，并出具相关的测试报告。

（3）各项文档、代码和报告的审查全部完成，包括软件需求说明书审查，概要设计审查，详细设计审查，所有关键模块的代码审查，所有的测试脚本代码审查，对单元、集成、系统测试计划和报告的审查。

（4）准备好相关的开发文档和产品文档。

- 开发文档包括投标方案、需求分析和功能要求、系统分析和技术设计、数据库结构和数据字典、功能函数文档、API 说明等。
- 产品文档包括产品简介、产品演示、常见疑问解答、功能介绍、评测报告、安装手册、使用手册和维护手册等。

（5）准备好验收测试计划，并通过评审和批准。

（6）准备好其他验收资料，如变更记录控制文档、验收审核表等。

（7）软件问题处理流程已经就绪。

（8）准备好软件安装和验收测试环境。

（9）与客户确认验收流程。

（10）完成合同或合同附件规定的其他验收内容。

还有一点非常重要，就是项目承包方必须经常积极、主动地与客户沟通，越是在项目的后期及验收阶段，这种沟通需要越频繁，以明确验收前需要完成的工作，及时处理沟通中出现的问题。还要与客户商定相对固定的验收期限，使双方都继续朝着这个方向去努力，以防止出现无限期拖延。

11.2.2　验收测试

验收测试（Acceptance Testing）或用户验收测试（User Acceptance Testing，UAT）是软件开发结束后，相关的用户和/或独立测试人员根据验收测试计划对软件产品投入实际应用以前进行的最后一次质量检验活动，用于检验软件产品是否符合预期的各项要求，以及用户能否接受等方面的问题。即软件的功能和性能如同用户所合理期待的那样。由于它不只是检验软件某个方面的质量，而是要进行全面的质量检验，并且要判定软件是否合格，因此验收测试是一项严格的正式测试活动。需要根据事先制订的验收计划，进行功能检测、质量鉴定和资料评审等活动。在敏捷项目中，项目验收内容应该都包含在 Release definition of done（产品发布中工作完成的定义）中。项目验收的这些内容都是在项目计划时定义好的，如果有进一步要求，应该及时通过变更管理，并在项目验收标准中更新。

1. 功能检测

客户依据项目合同内容、验收标准和相关的需求功能说明书，对所要求达到的成果进行验证，确保功能和接口与需求说明一致。范围检测是项目验收中对该项目实际功能的全局性检查，在整个项目验收中，它将对该项目每一个功能模块进行细致的检查，找出可能存在的错误、漏洞，这可能需要花费大量的时间和精力来进行。但是由于验收时间的限制，项目开发方最好提前让客户参与一些功能性测试。这既有利于缩短验收的时间，还有利于尽早发现一些客户关心的问题，尽早解决问题。

还有一种常用的办法，就是按照软件产品的模块或者业务内容分类来进行阶段性验收。当完成几个相关的模块或者达到某个业务目标时，双方就这部分内容完成验收工作。在项目结束时，只要针对接口部分、依赖部分等进行相关的验收就可以了。这种办法和敏捷迭代的思想比较一致。这种分阶段验收更有利于及早发现和解决问题，但是缺点是客户可能为了自己的实际需要，提出更多的需求变更。对于这种情况，要以不变应万变，做好需求变更控制，确保项目的质量、时间和成本之间的平衡。

2. 质量鉴定

质量鉴定是依据合同中的质量条款、质量计划中的指标要求，遵循相关的质量检测标准，对项目进行质量评定。这部分工作可能与功能检测的部分工作有重叠的地方，但两者的侧重点是不同的，质量鉴定主要是对软件的性能、安全性、兼容性、系统升级和维护等方面做综合性鉴定，如软件性能是否稳定、资料共享是否存在安全隐患、操作使用是否便捷、程序接口是否可扩展等。质量好的系统不仅能够满足现有的需求，而且具有可靠的安全性、系统的兼容性和良好的可扩展性等。

在进行性能测试和压力测试时，测试范围必须限定在那些使用频度高的和时间要求苛刻的软件功能子集中。性能测试通常需要辅助工具的支持。由于开发方已经事先进行过性能测试和压力测试，因此可以直接使用开发方的辅助工具，也可以通过购买或其他方式来获得辅助工具。

3. 资料评审

项目资料是验收的重要依据，也是项目交接、维护、后期总结和存档的凭证。向客户和上级部门移交的资料是不同的。

向客户提交的评审资料主要是产品相关说明/简介文档、测试报告、用户手册、培训文档等和客户相关的信息资料。

向上级提交的评审资料除了提交给客户的软件产品和资料存档以外，还包括软件开发管理文档，如需求说明书、概要设计说明书、项目计划、重要的会议纪要、各类检查报表以及各类重要信息记录等。这些文档都是很宝贵的财富，可以方便维护人员进行必要的资料查找，还可以为后续项目提供参考依据。当然，对于内部项目，这些文档可能都已经在文档管理系统里，而且在到达各个里程碑时就已经完成评审，所以最后验收的内容就比较少了，可能只是软件产品本身、测试报告和质量评估报告等。

在实际的验收测试执行过程中，常常会发现资料评审是最难的工作。一方面是由于变更需求等方面的压力使这项工作常常被弱化或推迟，造成持续时间变长，加大了审核的难度；另一方面，资料评审中不易把握的地方非常多，每个项目都有一些特别的地方，没有统一的标准。这就依靠供求双方本着双赢的目的，对争议之处尽快达成共识，找到解决办法。

11.2.3　验收流程

软件验收应是一个循序渐进的过程，要经历准备验收材料、提交验收申请、初审、复审等，直到最后的验收合格，完成移交工作。验收流程如图 11-1 所示。

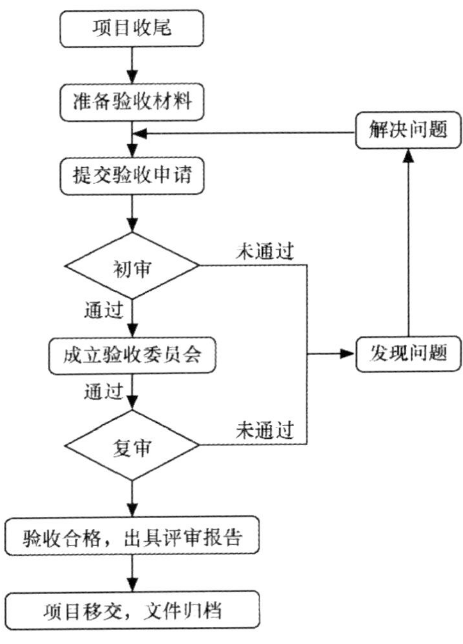

图11-1　验收流程

1. 准备验收材料并提交验收申请

准备好验收材料就可以提交验收申请了。这个申请一般是由项目经理或项目总负责人提交给上级领导、产品经理、市场部、项目管理委员会或产品发布委员会。

2. 初审

产品经理或市场部经理在收到验收申请后，组织公司内部专家对项目进行初审。初审的主要目的是为正式验收打基础。根据专家的建议，可能需要重新整理验收材料，为复审做准备。如果在审核过程中发现严重的软件功能性问题或其他问题，那就需要和技术人员一起讨论解决方法，必要时需要向客户申请项目延期。

3. 成立验收委员会

初审通过后，产品经理或市场部经理协调或组织管理层领导、业务管理人员、客户代表、投资方代表和信息技术专家成立验收委员会，负责对软件项目进行正式验收。

4. 复审（验收测试）

软件承包方/开发方以项目汇报、现场应用演示等方式汇报项目完成情况，验收委员会根据验收计划、合同内容、验收标准对项目进行评审、讨论并形成最终验收意见。一般来说验收结果可分为验收合格、需要复议和验收不合格 3 种。对于需要复议的，要做进一步讨论来决定是要重新验收还是解决了争议的问题就可以通过；对于验收不合格的，要进行返工，之后重新提交验收申请。

5. 验收合格、出具评审报告

经过初审和复审后，若验收合格，就会出具评审报告。该报告将详细记录验收过程中的各项指标、测试结果以及项目是否满足合同要求和客户需求。评审报告不仅是对项目成果的正式认可，也是后续项目移交的重要依据。

6. 项目移交，文件归档

项目移交是指将软件产品及相关文档正式交给客户或使用方。在这一过程中，项目团队需确保所有相关文件、用户手册、技术文档等资料完整归档，以便于后续的维护和支持。

11.2.4 验收报告

在验收结果公布之前，项目验收委员会应该根据验收的实际情况出具验收报告。因为验收委员会是由客户方、投资方、承包方、信息技术专家等组成的团队，他们给出的验收报告代表项目全局的视角。所以不管验收合格与否，都应提供详细的验收信息给项目组成员。

一般来说，正规的验收报告应该包括项目的基本情况审核、进度审核、变更审核、投资结算审核、验收计划、情况汇总和最后的验收结论等。

验收报告内容要细致、全面、客观、真实，因为验收报告一方面是出具验收结果，另一方面是给项目组成员提供验收的详细信息。尤其针对项目验收中的问题处理和建议，应该尽可能给出明确和详尽的信息。例如，“建议提高项目质量和产品的可用性”，这样的描述就不是很好，会给项目组成员带来困惑，到底是哪个功能或者模块做得不好？质量改进和可用性又指的是哪一方面呢？在这种情况下，应举例加以具体说明，如表 11-1 所示。

表 11-1 高校即时聊天软件项目意见汇总表

意见	说明
提高项目测试覆盖率	提高测试覆盖率，保证项目质量
优化产品使用体验	如优化页面布局以符合用户的操作习惯等

11.3 项目总结和改进

离完美的终点只有一步之遥了。过程无法让我们成熟，但过程可以帮我们发现问题，只有通过不断总结和不断学习，才能走向成熟。结果固然重要，但经验的总结和积累更重要，这是专业化长远发展的基石。任何质变都来自量变。

每个项目，不论其是否成功，都应该被当作学习的好机会，恰当地进行总结将给项目管理者、团队成员和相关人员、组织带来很多收益。

11.3.1 总结目的和意义

项目结束后，大家本能地认为可以松一口气，休息一下了。当项目经理召集大家准备和开始总结会议的时候，很多人都认为项目做都做完了，结果就是那样，总结还有什么意义呢？追其根源，是他们不清楚项目总结的目的，即使勉强做一些经验总结和失败分析，其分析结果也不够深入，给今后的工作带来不了太多的收益。

项目总结的目的要提前深入人心，才能带来好的效果。敏捷迭代模式建议每个迭代做总结，这样更及时有效，利于持续改进、不断完善。一般来说，项目总结至少应包括以下几个目的。

（1）**分享经验**。项目结束后，项目团队成员在一起分享经验和体会，不仅有助于团队建设，还有助于知识和经验的共享和积累。

（2）**避免犯相同的错误**。“无法从失败中吸取教训是最大的失败”，但是软件项目的执行和管理常常犯重复性错误。这就需要我们更加重视通过事后总结分析错误的根源，找到可改进或者可修正的方法，防止发生重复性错误。例如阻碍项目进展的问题分析、项目的缺陷分析、没有按计划完成的用户故事分析等。

（3）**提出合理性建议**。针对软件项目的完成结果和存在的一些问题，提出可行的合理化建议是非常必要的。不管哪一方面的建议，都可能对将来的项目管理改进有很好的帮助。

（4）**提升项目流程的改进**。任何项目都不能简单套用已有的项目流程，通过实践才能发现哪些方面推进项目正常运行、哪些方面阻碍项目正常运行。如果在做项目的时候由于时间有限没办法深入思考这类问题，现在是时候静下来想想是否流程有哪些方面的不足、要如何改进。

（5）**激励项目团队成员**。做任何事情都应该有始有终，软件项目以人为本的思想，更决定了要重视和肯定项目组成员为项目做出的成绩。嘉奖成绩优异者，不仅可以鼓励个人，也可以激励团队其他成员积极努力地工作。

（6）**最佳实践的积累**。项目是流程、方法等具体实践的主要途径，通过项目的检验，良好的实践得以传递，这些最佳实践是公司宝贵的财富，有助于提高公司的生产力水平，也能为后续的项目提供可参考的实践依据。

11.3.2　总结会议

项目验收完毕以后，通常项目经理会召集该项目的参与人员在一起开个总结会。在总结会上，大家对项目进行回顾、反思，总结、分享项目中好的方法和好的实践，分析项目中存在的问题、缺点和不足，讨论、提出改进方案等，然后把这些内容写成一个报告，提交给上一级部门。在项目管理领域通常把这个会称作 Postmortem Meeting 或者 Retrospective Meeting。

Postmortem 是医学名词，原意是对尸体的剖检，在项目管理中引申为事后总结，对项目进行总结式的回顾，发现问题、剖析问题，以便以后做得更好。很多高水准的软件团队都会在项目结束后把开发过程中的“酸甜苦辣”如实地写下来，把开发过程总结写成文章来发表。

Retrospective 也是指事后总结回顾，是 Scrum 里的叫法。Scrum 流程是步步迭代的，而其迭代的不仅是一个团队所开发的产品，也是这个团队的工作方式。因此每个 Sprint 之后回顾一下走过的这一段经历的各种故事，包括从计划、开发、测试到展示的方方面面。列出来之后，针对问题讨论可能的解决方案，可以分为如下 3 类。

- Start doing。
- Stop doing。
- Continue doing。

1. **项目回顾**

项目回顾就是对所做的工作或过程做扼要的概述和评价。如果项目涉及不同的项目组，那么每个项目组代表应分别进行项目的回顾，因为每个项目组在项目开发过程中工作的内容和性质不同，看待项目的角度也就不同。

在召开会议之前，项目经理和各个项目组代表应该提前准备好项目总结信息。如果每个人都在开会现场回忆项目进展的历程，这必然会耽误所有与会者的时间，也可能遗漏一些暂时想不起来的重要信息。这些项目总结信息不应该等到项目结束后再来进行整体的回顾，应该在软件项目启动阶段就开始积累，包括一些问题的跟踪、变更的管理、突发事件和冲突的处理等，一些重要的事情都应详细地记录下来。有了这些清晰明确的记录信息，才能真实、全面地反映项目在整个开发过程中的轨迹，有利于做好后续的分析和整理工作。针对持续时间长的项目，阶段性总结是有效可行的好方法。例如，在项目里程碑和重要节点进行阶段性小结，看看现阶段的工作进展如何、还有哪些需要改进的方面、如何做好下一阶段的工作等，这样在项目结束的总结阶段就可以把各个阶段性小结拿出来回顾。

2. **软件度量结果分析**

第 10 章已经介绍了软件过程度量是软件过程评估和改进的基础。在项目结束的时候，要对过程度量的结果进行适当的分析和总结，以便更好地改进软件项目的质量和效率。

软件项目的度量一般都是围绕质量、成本、进度、规模、缺陷和代码等进行的。常用的度量指标如表 11-2 所示。

可以看出，偏差的指标当然越小越好，这说明计划做得很符合实际情况。如果哪一项偏差大，就要重点分析一下原因，找出减小偏差的解决方法，为下一个项目计划提供参考依据。

回归缺陷率和无效缺陷率一般用来评价开发和测试的工作质量。回归缺陷率低，表明开发人员在修复缺陷的时候，考虑周全，较少引起回归缺陷；而无用缺陷率低，表明测试人员在报告缺陷的时候，经过了认真的核实，避免了重复无用的劳动。

千行代码缺陷率经常被视为一个重要的软件度量指标，其值表面上看是越低越好，但是需要结合软件规模和生产率的指标来综合分析。如果软件规模大，生产率高，千行代码缺陷率相对低，基本可以说明其软件质量还不错，缺陷率不高。

看问题都要透过表面看本质，度量结果分析也是如此，不能单凭一个指标结果来断言。只有从全局考虑、综合相关联的指标结果，才能找到问题的根源，从而进一步地找寻问题的解决方法。

表 11-2 软件项目常用度量指标

基本度量项		计算公式（方法）
进度、规模度量指标	持续时间偏差（%）	((实际持续时间−计划持续时间)/计划持续时间)×100%(持续时间不包含非工作日)
	进度偏差（%）	((实际结束时间−计划结束时间)/计划持续时间)×100%
	工作量偏差（%）	(实际工作量−计划工作量)/计划工作量
	规模偏差（%）	((实际规模−计划规模)/计划规模)×100%
	软件需求稳定性指数（%）	(1−(修改、增加或删除的软件需求数/初始的软件需求数))×100%
	发布前缺陷发现密度（个/KLOC）	发布前所有报告的总数/代码规模（KLOC）
	遗留缺陷密度（个/KLOC）	发布后发现的/缺陷数规模（KLOC）
质量、成本度量指标	质量成本（%）	((评审工作量+返工工作量+缺陷修改工作量+测试计划准备工作量+测试执行工作量+培训工作量+质量保证工作量)/实际总工作量)×100%
	返工成本指数（%）	((返工工作量+缺陷修改工作量)/实际总工作量)×100%
缺陷度量指标	文档缺陷发现密度（个/页）	发现的缺陷数/文档页数
	测试用例缺陷发现密度（个/用例）	发现的缺陷数/测试用例数
	千行代码缺陷率（个/KLOC）	发现缺陷数/千行代码行数
	回归缺陷率（%）	(各个 Build 中回归缺陷数/全部缺陷数)×100%
	无效缺陷率（%）	((重复的缺陷数+报错、误报的缺陷数)/全部缺陷数)×100%
代码质量	代码覆盖率（%）	通过统计测试对功能代码的行、分支、路径等覆盖的比率，来量化说明测试的充分情况。低水平的代码覆盖率表明软件的大部分区域都没有经过充分的测试。所有测试类型的总代码覆盖率比单元测试的代码覆盖率更有价值
	圈复杂度(Cyclomatic Complexity)	它可以用来衡量一个模块判定结构的复杂程度，数量上表现为独立线性路径条数，也可理解为覆盖所有的可能情况最少使用的测试用例数
	继承树深度(Class Inheritance Depth)	每个类提供一个从对象层次结构开始的继承等级度量
	圈引用（Package Tangle Index）	给出包的复杂等级，最好的值为 0%，意味着没有一个循环依赖；最坏的值为 100%，意味着包与包之间存在大量的循环依赖。该指数计算方式：2×(package_tangles / package_edges_weight)× 100%
每千行代码度量指标	每千行代码缺陷率	缺陷数/代码千行数（KLOC）
	每千行代码文档规模（pages/KLOC）	文档页数/代码千行数
	每千行代码测试用例规模（测试用例/KLOC）	测试用例数/代码千行数
生产率指标	文档生产率（页/人天）	文档页数/(文档准备工作量+文档评审工作量+文档修改工作量)
	测试用例生产率（用例/人天）	测试用例数/(用例准备工作量+用例评审工作量+用例修改工作量)
	代码生产率（LOC/人天）	实际代码行数/(代码准备工作量+编码工作量+代码评审工作量+代码修改工作量)

续表

基本度量项		计算公式（方法）
测试执行效率	自动化测试覆盖率	自动化测试用例/全部测试用例
	用例执行效率（用例/人天）	用例数/测试人员工作量

在做软件度量结果分析的时候，应该拿公司内部类似的项目或者系列项目来进行纵向对比分析，有条件的还可以和同行业的类似项目进行横向对比，找出不足和需要改进的方面。

3. 经验、体会分享

软件项目基本上都是多人合作的成果，从项目的立项、需求分析、设计、编码、测试到结束，每个项目组成员多多少少都会有自己的体会和感受，这个部分就是鼓励大家把好的经验拿出来分享，提出不足和需要改进的地方和大家一起讨论。

不是所有的项目成员都有记录开发日志的好习惯，这需要公司的倡导和个人的感悟。但是项目经理需要想办法让大家分享自己的感受和体会，这对个人的成长和项目的发展都是有利的。这里有个比较适用的方法分享给大家：当没有开发日志、不知从哪开始总结的时候，可以使用 TopList 的方法。例如，让每个人总结自己在项目中做得最好的两个方面和最差的两个方面。如果是大中型项目或者比较复杂的项目，那么可以要求总结得更详细，如在质量方面做得好/差的两点、在项目控制方面做得好/差的两点、在团队合作等方面做得好/差的两点等。

4. 改进和建议方案讨论

这部分内容和经验分享是同步进行的，在大家分享和讨论的过程中，要真正地从实际出发，逐步总结出经验教训之后，根据已经取得的成绩和新形势、新任务的要求，提出改进和建议方案。

在这里需要注意的是，一定要根据讨论的可行性方案设定一些行动目标，以便跟踪。要想提高，光说不做是不行的，落实行动才是最重要的。表 11-3 所示为高校即时聊天软件项目总结行动目标设置，包括行动负责人、截止日期等。在行动截止日期之前，应及时地、不定期地检查进行状态，确保可以按时完成。如果有特殊原因需要延迟，请及时协调相关人员商定合理的时间。

表 11-3　高校即时聊天软件项目总结行动目标设置

序号	行动目标	行动负责人	截止日期
1	整理项目相关文档，存档	露露	2024/6/30
2	研究接口问题处理模式	鲁飞	2024/3/30
3	研究自动化测试压力工具，提供一个可行性方案	玉洁	2024/3/30

5. 嘉奖和庆祝

项目结束了，对于表现优秀的员工，要给予其精神上的鼓励或者物质上的奖励，一方面是对其进行鼓励，另一方面是给大家树个榜样，激励其他员工努力、高效地工作。

在经费允许的条件下，还可以举行一个小的庆祝会，加强大家的沟通交流，同时肯定大家的工作成果。这是团队建设、增强团队合作和友好气氛的有效途径之一。

11.3.3　总结报告

总结报告就是根据总结会议的内容和讨论结果生成的正式书面报告，一方面提交给上级部门审阅，另一方面保存在项目档案中。

总结报告不同于其他报告，其格式无关紧要，重要的是要真实地记录项目的历史信息和会议讨论的结果，包括下面几方面的内容。

（1）项目整体信息回顾、度量结果分析。

（2）做得好的方面。

（3）做得差的方面。

（4）改进方案和建议，包括要采取的措施和责任人。

（5）寻求帮助信息（就是需要上级领导关注并给予支持和帮助的方面，如硬件设施需要购买、工作环境需要改善等）。

写好总结还需要注意以下几个问题。

（1）一定要实事求是，成绩不能夸大，缺点也不能缩小，更不能弄虚作假。

（2）分析问题着眼点要准确，分析要深入，不要回避、隐瞒问题和矛盾。

（3）条理要清楚，有主次之分。条理不清的报告，谁都不愿意看，即使看了也不知其所以然，又怎么会给予支持和帮助呢？

（4）应剪裁得体，图文并茂，去芜存精。对于一些分析结果，以图表方式呈现可以给人清晰明了的感觉。

11.3.4 项目改进

项目改进的目的是通过持续学习和过程改进提高团队能力，了解在哪些方面可以做得更好（经验教训），以不断演变工作方式，产生更好的成果。在实施项目改进的过程中，需要做好哪些事情呢？

首先，针对项目总结报告中体现的改进建议和方案，组织还需要制订切实可行的改进计划，对改进进展进行定期审查，确保每一项改进的闭环。

其次是项目知识的管理和转移。在一个项目的生命周期中，项目组会进行大量的学习和分享，好的项目团队会沉淀下来丰富、有价值的大量文档和知识分享的视频资料。一旦项目完成，大部分知识如果不进行妥善转移，就会丢失。组织应做好知识的转移和管理工作，把项目中获得的知识转化成组织的经验。

最后是项目实施过程中对流程的改进。由于项目自身的特点和项目情况的不断变化，每个项目团队根据项目需要对流程进行裁剪和改进往往是不可避免的。在保持项目团队具备灵活性和应对变化的能力的前提下，组织需要制定相应的制度，对流程的变更进行监督和审批。一方面，保证改进的合理性并且不会损害组织的整体利益和战略；另一方面，让项目的改进措施融合到组织持续改进的过程中。

小结

收尾是项目生命周期最后一个阶段，也是形成产品闭环的关键一步。如何确保项目收尾工作顺利完成是本章的重点内容。项目收尾基本上分为两个重要过程，一个是项目验收，另一个是项目总结和改进。项目验收重点是确保项目可以通过客户验收并能顺利移交；项目总结和改进则是实事求是地列出自己的优缺点，分析不足，找出改进和解决的方案，制订具体的改进计划，并定期审查改进计划的进展。

习题

1. 项目经理在项目收尾工作中起到什么作用？
2. 项目验收的前提是什么？
3. 项目验收测试应该包括哪些方面？
4. 项目总结的目的有哪些？
5. 如何召开项目总结会议？
6. 软件度量的意义是什么？结合手边的项目，尝试做一下度量分析，看看有什么收获。
7. 项目改进要做好哪些方面的工作？